中等职业教育系列教材

SQL Server 2005基础教程及上机指导

编著　王　溧　甘里朝

主审　许成云

西安电子科技大学出版社

2009

内 容 简 介

本书内容包括数据库简介及数据库安装、创建数据库、访问及修改数据库、备份与还原数据库、SQL Server 2005 安全性管理、存储过程、触发器以及视图与索引、SQL Server 代理服务等大部分与 SQL Server 2005 相关的基础知识。每章末均有精心编写的上机实验，并附有习题，且在书末附有简要答案。

本书始终站在初学者的角度来编排学习内容，体会初学者在学习 SQL Server 2005 的过程中所要遇到的问题，然后循序渐进地解决这些问题。内容以实例项目为主，强调实际动手操作，由一个数据库项目“学生管理数据库”来贯穿始终。当读者最终完成这个项目时，也就学会了 SQL Server 2005 的大部分基础内容。

本书语言简要浅显，描述平实精要，层次分明。本书不仅可以作为各类大专和中职学校师生的教材，还可作为 SQL Server 2005 初学者的自学指导书。对于专门从事数据库开发和管理的人员来说，本书也具有一定的参考价值。

本书配套的资源文件(包括示例数据库及所有的 T-SQL 示例语句)见西安电子科技大学出版社网站(www.xduph.com)中的详细页面，点击该页面中的“免费下载”栏目即可调用相关文件。

图书在版编目(CIP)数据

SQL Server 2005 基础教程及上机指导/王溧，甘里朝编著. —西安：西安电子科技大学出版社，2009.5

(中等职业教育系列教材)

ISBN 978-7-5606-2211-8

Ⅰ.S… Ⅱ.①王… ②甘… Ⅲ.关系数据库—数据库管理系统，SQL Server 2005—专业学校—教学参考资料

Ⅳ.TP311.138

中国版本图书馆 CIP 数据核字(2009)第 021317 号

策　　划　戚文艳

责任编辑　张　玮　戚文艳

出版发行　西安电子科技大学出版社(西安市太白南路 2 号)

电　　话　(029)88242885　88201467　　邮　　编　710071

网　　址　www.xduph.com　　电子邮箱　xdupfxb001@163.com

经　　销　新华书店

印刷单位　西安文化彩印厂

版　　次　2009 年 5 月第 1 版　2009 年 5 月第 1 次印刷

开　　本　787 毫米×1092 毫米　1/16　印　张　20.75

字　　数　488 千字

印　　数　1～4000 册

定　　价　29.00 元

ISBN 978 - 7 - 5606 - 2211 - 8/TP・1126

XDUP 2503001-1

中等职业教育系列教材
编审专家委员会名单

前　言

当今是信息化的时代，如果没有数据库，则海量信息是无法进行有效的存储和管理的，可以说数据库是信息时代的基石。

数据库至今已有 30 多年的发展历史，技术日趋成熟。本书所介绍的 Microsoft SQL Server 数据库是全球公认的三大数据库之一，也是成熟强大的关系型数据库中最受欢迎、应用最为广泛的一个。

微软公司于 2005 年 11 月正式发布了 Microsoft SQL Server 的最新版本 SQL Server 2005，这是迄今为止微软所发布的最重要的数据库产品，是其一系列数据库的历史结晶。SQL Server 2005 数据库是一个充分成熟的企业级数据库，它包含着许多令人惊奇的最新数据库技术，例如 XML 数据类型、Service Broker、.NET 集成、综合服务(Integration Service)、分析服务(Analysis Service)、报表服务(Reporting Services)等。目前已经有很多全球性的大型企业选择 SQL Server 2005 作为其企业数据存储平台，如美国的国际希尔顿酒店和施乐公司、日本的富士公司、韩国的现代公司等等。

本书始终站在初学者的角度来编排学习内容，体会初学者在学习 SQL Server 2005 的过程中所要遇到的问题，然后循序渐进地解决这些问题。本书主要以实例项目为主，强调实际动手操作，由一个数据库项目“学生管理数据库”来贯穿始终。当读者最终完成这个项目时，也学会了 SQL Server 2005 的基础内容。具体内容包括数据库简介及数据库安装、创建数据库、访问及修改数据库、备份与还原数据库、SQL Server 2005 安全性管理、存储过程、触发器以及视图与索引、SQL Server 代理服务等与 SQL Server 2005 相关的基础知识。每章末均有精心编写的上机实验，并附有习题，且在书末附有简要答案。本书所有的 T-SQL 代码均在 SQL Server 2005 中成功运行过，并附在本书的配套资源文件中。

本书由广州市无线电中专学校的王溧、甘里朝编著(其中王溧编写了 1、2、4、5、9 章，甘里朝编写了 3、6、7、8 章)。两位作者均在网络、.NET 架构、SQL Server 数据库方面有多年的开发经验。王溧完成的“学生管理网站”项目采用 ASP.NET 编写前台动态网页，程序语言主要采用 C# 结合 VB.NET，其后台数据库采用 Microsoft SQL Server 2005(此数据库即为本书所用到的示例数据库)。该项目具备一定规模，采用规范的 n 层访问架构体系，具备较强的伸缩性，目前尚在继续开发中。读者若有兴趣，可以访问 http://WangLiBM.mycool.net。

我们衷心希望本书能给广大 SQL Server 2005 数据库爱好者带来实际的帮助，引导读者进入数据库的殿堂。尽管我们尽了最大努力来避免错误，但疏漏在所难免，希望广大读者批评指正，不吝赐教。读者如有意见或建议，可通过以下方式与编著者联系：

E_Mail：WangLiBM@sina.com　　QQ：302610170

MSN：WangLiBigm@hotmail.com

编著者

2009 年 1 月

目　录

第 1 章　数据库简介及安装

当今世界，数据库的重要性不容置疑。小到智能手机、个人办公，大到铁路、航空、金融系统以及政府部门和军事领域，其身后无一不是因为有数据库在默默支撑，方可正常运转。

试想，大家在日常生活中所接触的信息，尤其是无所不包无所不容的 Internet，其海量信息都存放在哪里？在网站上注册的用户名和个人信息(可能包括个人介绍、相片、影集等)都存放在哪里？众多电子商务站点、即时通讯(如 QQ、MSN)工具等，都采用什么方式来存放自己的信息？在日常生活中，这样的情况不胜枚举。归根结底，这一切都离不开数据库。

本章学习目标：

(1) 了解数据库的发展历史、数据库的种类。
(2) 掌握数据库 SQL Server 2005 的安装方式。
(3) 掌握数据库 SQL Server 2005 的基本组件。

1.1　数据库发展史

信息技术发展至今，已经与各行各业的业务发生越来越紧密的联系，而任何强大的 IT(Information Technology，信息技术)架构或应用，一旦脱离底层的数据，便会变得毫无意义。为此，数十年来人们一直在探索如何更好地管理和应用数据。

数据库技术是现代信息科学与技术的重要组成部分，是计算机数据处理与信息管理系统的核心。数据库技术研究和解决了计算机信息处理过程中大量数据的有效组织和存储问题，以在数据库系统中减少数据存储冗余、实现数据共享、保障数据安全以及高效地检索数据和处理数据。

随着计算机技术与网络通信技术的发展，数据库技术已成为信息社会中对大量数据进行组织与管理的重要技术手段及软件技术，是网络信息化管理系统的基础。

信息技术是当今使用频率最高的名词之一，它随着计算机技术在工业、农业以及日常生活中的广泛应用，已经被越来越多的个人和企业作为自己赶超世界潮流的标志之一。而数据库技术则是信息技术中一个重要的支撑，若没有数据库技术，人们在浩瀚的信息世界中将显得手足无措。

数据库技术是计算机科学技术的一个重要分支。从 20 世纪 50 年代中期开始，计算机应用从科学研究部门扩展到企业管理及政府行政部门，人们对数据处理的要求也越来越高。1968 年，世界上诞生了第一个商品化的信息管理系统(Information Management System，IMS)，从此，数据库技术得到了迅猛发展。在互联网日益被人们接受的今天，Internet 又使数据库技术、知识、技能的重要性得到了充分的放大。现在数据库已经成为信息管理、办公自动化、计算机辅助设计等应用的主要软件工具之一，能帮助人们处理各种各样的信息数据。

1.1.1 数据库种类

数据库最初是在大公司或大机构中用作大规模事务处理的基础。后来随着个人计算机的普及，数据库技术被移植到 PC 机(Personal Computer，个人计算机)上，供单用户个人数据库应用。接着，由于 PC 机在工作组内连成网，数据库技术因而得以移植到工作组级。现在，数据库正在 Internet 和内联网中被广泛使用。

20 世纪 60 年代中期，数据库技术被用来解决文件处理系统问题。当时的数据库处理技术还很脆弱，常常发生应用不能提交的情况。20 世纪 70 年代，关系模型的诞生为数据库专家提供了构造和处理数据库的标准方法，推动了关系数据库的发展和应用。1979 年，Ashton-Tate 公司引入了微机产品 dBase Ⅱ，并称之为关系数据库管理系统，从此数据库技术移植到了个人计算机上。20 世纪 80 年代中期到后期，终端用户开始使用局域网技术将独立的计算机连接成网络，终端之间共享数据库，形成了一种新型的多用户数据处理，称为客户机/服务器数据库结构。现在，数据库技术正在被用来同 Internet 技术相结合，以便在机构内联网、部门局域网甚至 WWW 上发布数据库数据。

数据模型是数据库技术的核心和基础，因此，对数据库系统发展阶段的划分应该以数据模型的发展演变作为主要依据和标志。按照数据模型的发展演变过程，数据库技术从开始到现在短短的 30 年中，主要经历了三个发展阶段：第一代是网状和层次数据库系统，第二代是关系数据库系统，第三代是以面向对象数据模型为主要特征的数据库系统。数据库技术与网络通信技术、人工智能技术、面向对象程序设计技术、并行计算技术等相互渗透、有机结合，成为当代数据库技术发展的重要特征。

1．第一代数据库系统

第一代数据库系统是 20 世纪 70 年代研发的层次和网状数据库系统。层次数据库系统的典型代表是 1969 年 IBM 公司研发出的层次模型的数据库管理系统 IMS。20 世纪 60 年代末至 70 年代初，美国数据库系统语言协会(Conference on Data System Language，CODASYL)下属的数据库任务组(Data Base Task Group，DBTG)提出了若干报告，被称为 DBTG 报告。DBTG 报告确定并建立了网状数据库系统的许多概念、方法和技术，是网状数据库的典型代表。在 DBTG 思想和方法的指引下，数据库系统的实现技术不断成熟，人们开发了许多商品化的数据库系统，这些系统都是基于层次模型和网状模型的。

可以说，层次数据库是数据库系统的先驱，而网状数据库则是数据库概念、方法、技术的奠基者。

2．第二代数据库系统

第二代数据库系统是关系数据库系统。1970 年 IBM 公司的 San Jose 研究试验室的研究员 Edgar F. Codd 发表了题为《大型共享数据库数据的关系模型》的论文，提出了关系数据模型，开创了关系数据库方法和关系数据库理论，为关系数据库技术奠定了理论基础。后来 Edgar F. Codd 又陆续发表了多篇文章，奠定了关系数据库的基础。关系模型有严格的数学基础，抽象级别比较高，而且简单清晰，便于理解和使用。Edgar F. Codd 于 1981 年被授予 ACM 图灵奖，以表彰他在关系数据库研究方面的杰出贡献。

20 世纪 70 年代是关系数据库理论研究和原型开发的时代，其中以 IBM 公司的 San Jose 研究试验室开发的 System R 和 Berkeley 大学研制的 Ingres 为典型代表。大量的理论成果和实践经验终于使关系数据库从实验室走向了社会，因此，人们把 20 世纪 70 年代称为数据库时代。20 世纪 80 年代几乎所有新开发的系统均是关系型的，其中涌现出了许多性能优良的商品化关系数据库管理系统，如 DB2、Ingres、Oracle、Informix、Sybase 等。这些商用数据库系统的应用使数据库技术日益广泛地应用到企业管理、情报检索、辅助决策等方面，成为实现和优化信息系统的基本技术。

3．第三代数据库系统

从 20 世纪 80 年代以来，数据库技术在商业上的巨大成功刺激了其他领域对数据库技术需求的迅速增长。这些新的领域为数据库应用开辟了新的天地，并在应用中提出了一些新的数据管理的需求，推动了数据库技术的研究与发展。

1990 年高级 DBMS 功能委员会发表了《第三代数据库系统宣言》，提出了第三代数据库管理系统应具有的三个基本特征：

(1) 应支持数据管理、对象管理和知识管理。

(2) 必须保持或继承第二代数据库系统的技术。

(3) 必须对其他系统开放。

面向对象数据模型是第三代数据库系统的主要特征之一。数据库技术与多学科技术的有机结合也是第三代数据库技术的一个重要特征。分布式数据库、并行数据库、工程数据库、演绎数据库、知识库、多媒体库、模糊数据库等都是这方面的实例。可以说，第三代数据库就是一个混合型的数据库。当今的主流数据库皆属于第三代数据库。

1.1.2　主流数据库简介

数据库的发展史也是世界各大数据库厂商相互竞争的历史。大浪淘沙，适者生存，这个道理也适用于数据库。能够在残酷的竞争中立于不败之地而幸存下来的数据库必然有其存在的理由。当今世界公认的权威主流数据库分别是：

- Oracle(Oracle 公司)
- DB2(IBM 公司)
- MS SQL Server(Microsoft 公司)

1．Oracle 数据库

Larry Ellison 是 Oracle 公司的创始人。Ellison 仔细地阅读了 Edgar F. Codd 发表的那篇《大型共享数据库数据的关系模型》论文，被其内容震惊并敏锐意识到在这个研究基础上可以开发商用软件系统。

1977 年 6 月 Larry Ellison 与其他三人合伙出资 2000 美元成立了软件开发 RelationalSoftware 公司，Ellison 拥有 60%的股份，即稍后的 Oracle 公司，开始开发通用商用数据库系统 Oracle。

次年他们完成了 Oracle1。Oracle1 用汇编语言开发，基于 RSX 操作系统，运行在

128 KB 内存的 PDP-11 小型机上。但这个产品没有正式发布。1980 年，Oracle 公司正式发布了基于 Vax/VMS 系统的 Oracle 2。两年后，又发布了 Oracle 3，主要用 C 语言开发，具有事务处理的功能。1983 年，RelationalSoftware 公司改名为 Oracle 公司。

1984 年，他们推出了 Oracle 4。该产品扩充了数据一致性支持，并开始支持更广泛的平台。Oracle 的主要对手是 Ingres 数据库，1984 年 Oracle 的销售额是 1270 万美元，Ingres 是 900 万美元，1985 年两者销售额都翻了一倍以上，只是 Ingres 增长得更快，如果照此发展，Ingres 将会超越对手，但是在 1985 年 IBM 发布了关系数据库 DB2，采用了和 Ingres 不同的数据查询语言 SQL(我们将在第 2 章学习这种语言)，而 Ingres 用的是 QUEL。Ellison 借此机会广为宣传 Oracle 和 IBM 的兼容性，结果从 1985 年到 1990 年虽然 Ingres 的销售额每年增长高于 50%，但 Oracle 却更快，每年增长率超过 100%，最终 SQL 在 1986 年成为了正式的工业标准。Oracle 的市值在 1996 年就达到了 280 亿美元。

1986 年的 Oracle 5 实现了真正的 Client/Server 结构，开始支持基于 VAX 平台的群集，成为第一个具有分布式特性的数据库产品。1988 年 Oracle 公司发布了 Oracle 6，并于 1992 年正式推出 Oracle 7。

目前最新的 Oracle 版本为 Oracle 10g。图 1-1 是 Oracle 10g 的安装界面。

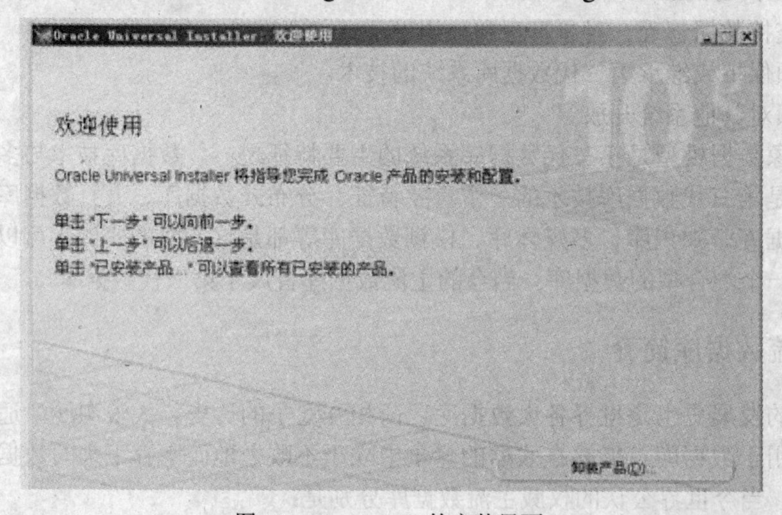

图 1-1　Oracle 10g 的安装界面

2．DB2 数据库

IBM 副总裁 Donald J. Haderle(也是 DB2 数据库的开创者)带领的小组在 1982 年到 1983 年之间完成了 DB2 for VSE/VM 上的原型。1983 年底，DB2 for MVS V1 正式发布，这标志着 DB2 产品化的开始，也标志着 DB2 品牌的创立。

IBM 公司于 1984 年成立了 DBTI(DB2 Technology Institution，DB2 技术研究所)，这是一个集研究、开发、市场推广于一身，致力于发展 DB2 的部门。DB2 的性能、可靠性、功能、吞吐量都有了极大的提高，已经能够适应各种关键业务的需求。1988 年，DB2 for MVS 的卓越处理能力和稳定性得到了业界的广泛认可。

1987 年，IBM 发布了具有关系型数据库能力的 OS/2 V1.0 扩展版，这是 IBM 第一次把关系型数据库处理能力扩展到微机系统，也是 DB2 for OS/2、Unix 和 Windows 的雏形。1988 年 IBM 发布了 SQL/400，为集成了关系型数据库管理系统的 AS/400 服务器提供了 SQL 支持。1988年IDUG(国际DB2用户组织)成立，这标志着DB2的用户已经形成了相当的规模。1989年IBM定义了Common SQL和IBM分布式关系数据库架构(DRDA)，并在IBM所有的关系数据库管理系统上加以实现。1993年IBM发布了DB2 for OS/2 V1(DB2 for OS/2可以简写为DB2/2)和DB2 for RS/6000 V1(DB2 for RS/6000可以被简写为DB2/6000)，这是DB2第一次在Intel和Unix平台上出现。1994年IBM发布了运行在RS/6000 SP2上的DB2并行版V1，DB2从此有了能够适应大型数据仓库和复杂查询任务的可扩展架构。1994年IBM将DB2 Common Server扩展到HP-UX和Sun Solaris上，这意味着DB2开始支持其他公司开发的Unix平台。

2006年，IBM发布了DB2的最新版本DB2 9，将数据库领域带入到XML时代。

图1-2是DB2 7.1的安装界面。

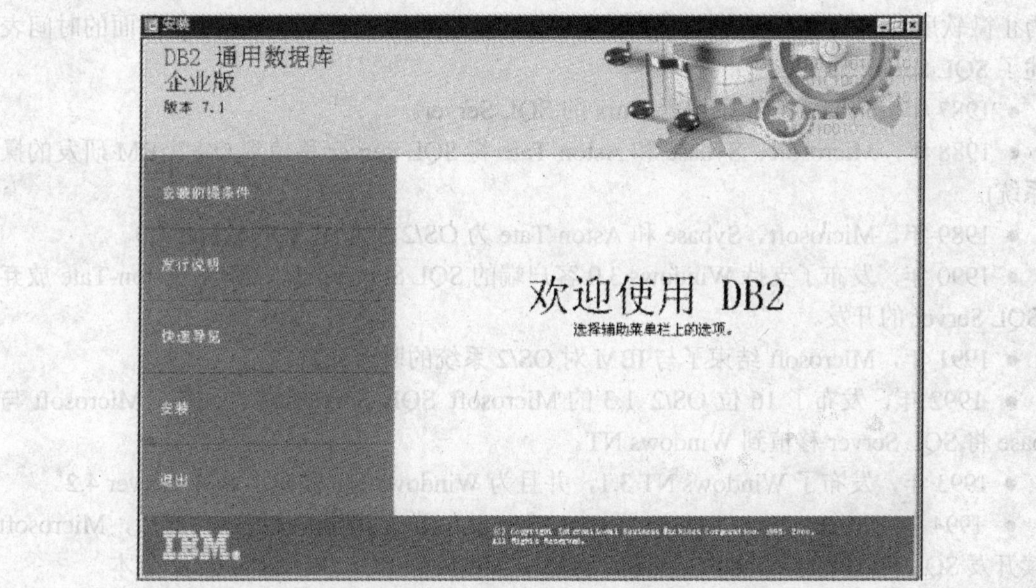

图1-2 DB2 7.1的安装界面

3．Microsoft SQL Server数据库

相对前两大数据库而言，微软公司发展其自己的数据库SQL Server要晚一些，但是大有后来居上之势。目前数据库的发展正逐步印证这一点。

1987年，微软和IBM合作开发完成OS/2。IBM在其销售的OS/2 ExtendedEdition系统中绑定了OS/2 DatabaseManager，而微软的产品线中尚缺少数据库产品，处于不利的位置。为此，微软将目光投向当时虽没有正式推出产品但已在技术上崭露头角的Sybase，同Sybase签订了合作协议，使用Sybase的技术开发基于OS/2平台的关系型数据库。1989年，微软发布了SQL Server 1.0版。

1991年，微软和IBM宣布终止OS/2的合作开发，不过微软仍于1992年同Sybase合作推出了基于OS/2的SQL Server 4.2版。这时，微软已经在规划基于Windows NT系统的32位版本了。1993年，在推出Windows NT 3.1后不久，微软如期发布了SQL Server的Windows NT版，并取得了成功。

这时，微软和Sybase的合作出现了危机。一方面，基于Windows NT的SQL Server已经开始对Sybase基于Unix的主流产品形成竞争；另一方面，微软希望对SQL Server针对

Windows NT 做优化，却由于兼容性的问题，无法得到 Sybase 修改代码的认可。经协商，双方于 1994 年达成协议，宣布双方将各自发展数据库产品，微软得到了自由修改 SQL Server 代码的许可，此后，Windows NT 成了 SQL Server 运行的唯一平台。

继 1995 年发布代号为 SQL 95 的 SQL Server 6.0 后，微软推出了影响深远的 SQL Server 6.5。SQL Server 6.5 是一个性能稳定、功能强大的现代数据库产品。值得一提的是，该产品完全是使用 Windows 平台的 API 接口完成的，没有使用未公开的内部函数，完全作为一个应用程序工作，不直接使用操作系统的地址空间。SQL Server 6.5 采用多线程模型，支持动态备份，内嵌大量可调用的调试对象，提供开放式接口和一整套开发、管理、监测工具集合，还提供了多 CPU 的支持。

微软公司于 2005 年发布了 Microsoft SQL Server 的最新版本 SQL Server 2005，这是迄今为止微软所发布的最重要的数据库产品，是其一系列数据库的历史结晶。下面的时间表概述了 SQL Server 的发展史：

- 1987 年，Sybase 发布了用于 Unix 的 SQL Server。
- 1988 年，Microsoft、Sybase 和 Aston-Tate 将 SQL Server 移植到 OS/2(IBM 研发的操作系统)。
- 1989 年，Microsoft、Sybase 和 Aston-Tate 为 OS/2 发布了 SQL Server 1.0。
- 1990 年，发布了支持 Windows 3.0 客户端的 SQL Server 1.1。同年，Aston-Tate 放弃了 SQL Server 的开发。
- 1991 年，Microsoft 结束了与 IBM 对 OS/2 系统的联合开发。
- 1992 年，发布了 16 位 OS/2 1.3 的 Microsoft SQL Server 4.2。同年，Microsoft 与 Sybase 将 SQL Server 移植到 Windows NT。
- 1993 年，发布了 Windows NT 3.1，并且为 Windows NT 发布了 SQL Server 4.2。
- 1994 年，Microsoft 与 Sybase 对 SQL Server 的联合开发正式终止。此后，Microsoft 继续开发 SQL Server 的 Windows 版本，Sybase 继续开发 SQL Server 的 Unix 版本。
- 1995 年，Microsoft 发布了 SQL Server 的 6.0 版本。
- 1996 年，Microsoft 发布了 SQL Server 的 6.5 版本。
- 1999 年，Microsoft 发布了 SQL Server 的 7.0 版本。
- 2000 年，Microsoft 发布了 SQL Server 2000。
- 2005 年，Microsoft 在 2005 年 11 月 7 日发布了 SQL Server 2005。(本书讲述的就是这个数据库版本的内容。)

图 1-3 是 SQL Server 2005 的包装封面。

图 1-3 SQL Server 2005 的包装封面

1.2　初识 SQL Server 2005

在当前，可以说 SQL Server 2005 比 20 世纪 80 年代首次面世时面临着更多的挑战。当时，便于使用是首要因素，而且升级数据库来满足所有小型业务或部门的需要就已足够。但今天，SQL Server 不再是一个部门数据库，而是一个充分成熟的企业级数据库。微软正准备进军企业级数据库领域。从 SQL Server 2000 到 SQL Server 2005，这之间跨越了五年时间，五年的时间对于当今更新极为迅速的软件产品而言应当是一个很长的冬眠期，可以说这就是微软的蓄势待发，SQL Server 2005 肩负着驱动企业数据平台的使命。

目前已经有很多全球性的大型企业选择 SQL Server 2005 作为其企业数据存储平台，如美国的国际希尔顿酒店、施乐公司，日本的富士公司，韩国的现代公司等等。

1.2.1　SQL Server 2005 的新特性

1．XML 数据类型

XML(eXtensible Mark Language，扩展标记语言)始于上一版本的 SQL Server 2000，该版本引入 XML 数据类型是为了返回关系型数据，从而加载和处理 XML 文档，并将数据库中的数据对象表现为基于 XML 的 Web 服务功能。

最初，XML 只是作为 HTML 的一个替代品——一种表示格式的替代品。因为 XML 的持久存储特点，业界将其作为一种新的存储格式看待，并把它广泛用于网络应用。XML 格式可以跨越任何系统平台，因为它是纯文本的，在解决企业级数据应用中(如数据集成)发挥了强大作用，所以被企业级用户和产品厂商所认可和接受。XML 已经成为事实上的主流数据存储格式。各类软件产品无不以支持 XML 数据为荣，并以之为标榜。

SQL Server 2005 将 XML 数据类型发挥到极致，使数据在与 Web 服务完善连接方面前进了一步，并且为数据库开发人员在自行设计方面提供了诸多选项。该版本中的 XML 数据类型可以被用于表中的一列，也可以作为参数或变量被用于存储程序中，还可以存储非标准类的数据等等。

在本书的后续章节中，我们将会学习到 SQL Server 2005 对 XML 数据类型进行操作的方法。

2．从 DMO 到 SMO

DMO(SQL Distributed Management Objects，SQL 分布式管理对象)为开发人员提供了使用程序和脚本语言执行普通任务的方法，从而扩展了 SQL Server 的功能。在 SQL Server 2005 版本中，DMO 变成了 SMO。

SMO(SQL Server Management Objects，SQL 服务器管理对象)是一个基于 .NET 架构的管理架构，是一种新型集成化的管理工具。SMO 可以让开发人员为服务器管理创建个性化应用，对数据库对象进行开发、部署和故障诊断工作。与 DMO 相同的是，SMO 允许把列、工作表、数据库和服务器都当作对象来处理。

3. Service Broker

在英文中，“Broker”是“经纪人，掮客”的意思，起到中间过渡的作用。那么 SQL Server 2005 中的 Service Broker 到底有什么作用呢？

Service Broker 为大规模在线商务应用提供分布式异步应用程序框架，帮助 SQL Server 实现异步通信，为数据库增加了可靠、可扩展、分布式异步功能。它是一个前端应用系统，可以通过 SQL 命令进行访问，并且能够处理排队等候事件，使异步排队任务的执行变得可靠并易于实现。

在 SQL Server 2005 联机丛书中采用了图 1-4 所示的形象方式对 Service Broker 的运作机制进行描述。

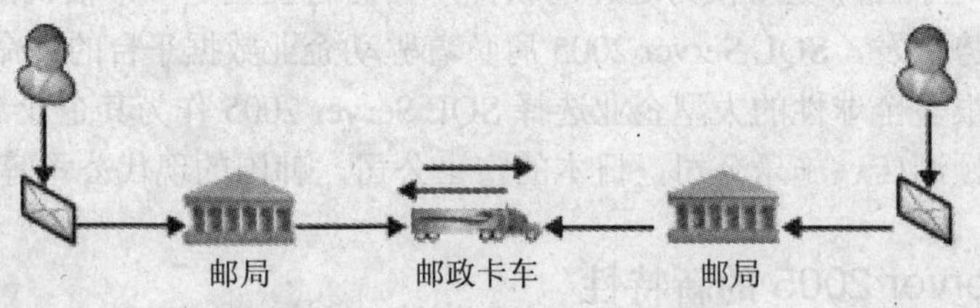

图 1-4　Service Broker 的运作机制

4. .NET 集成

在 SQL Server 2005 版本中，开发人员可以使用微软 Visual C# .NET 或 Visual Basic .NET 等熟悉的开发语言程序来创建数据库对象，并且还可以创建用户自定义类型、聚合类型的数据——开发人员可以创建针对特殊应用或环境的数据类型，可以把更多的常见类型进行扩展。

5. 综合服务

在 SQL Server 2000 中非常流行、应用非常广泛的 DTS(Data Transformation Services，数据转换服务)被 SQL Server 2005 版本中的综合服务(Integration Service)取代了。在 SQL Server 2005 中，综合服务是作为一个全新组件出现的，提供了构建企业级数据整合应用程序所需的功能和性能。

综合服务中包含许多非常有效的组件，例如：数据和字符相互转化、计算列、用于分区和筛选的条件操作符、查找、排序、聚集以及合并。

6. 分析服务

SQL Server 2005 版本中的分析服务(Analysis Service)，真正具备了实时分析的能力。分析服务第一次提供了一个统一和集成的商业数据视图，可被用作所有传统报表、OLAP 分析、关键绩效指标、记分卡和数据挖掘的基础。另外，通过与报表服务(Reporting Services)、Office 高度集成，分析服务将商业智能扩展到业务的每一个角落。

7. 报表服务

SQL Server 2005 版本中的报表服务(Reporting Services)可提供自助式服务、最终用户特殊报表创建机制、面向联机分析处理(Online Analysis Process，OLAP)环境的增强查询开发方式，以及面向功能丰富且易于维护的企业报表环境的增强伸缩能力。

该报表服务是一个基于服务器的企业级报表环境，可借助 Web 服务(Web Service)进行管理。生成的报表可以用不同的格式发布，并可附带多种交互和打印选项。通过对报表进行更进一步的商业智能的数据源开发，复杂的分析可被更多的用户所使用。

1.2.2 SQL Server 2005 版本介绍

根据不同企业的不同需求，微软公司发布了 SQL Server 2005 的多个版本。

1. SQL Server 2005 企业版(Enterprise Edition 32 位和 64 位)

Enterprise Edition 达到了支持超大型企业进行联机事务处理(OLTP)、高度复杂的数据分析、数据仓库系统和网站所需的性能水平。Enterprise Edition 的全面商业智能和分析能力及其高可用性功能(如故障转移群集)，使它可以处理大多数关键业务的企业工作负荷。Enterprise Edition 是最全面的 SQL Server 版本，是超大型企业的理想选择，能够满足最复杂的要求，当然也是最昂贵的版本。

本书主要介绍该版本数据库的作用和功能，其包装封面如图 1-3 所示。

2. SQL Server 2005 评估版(Evaluation Edition 32 位和 64 位)

SQL Server 2005 还推出了适用于 32 位或 64 位平台的 180 天 Evaluation Edition。SQL Server Evaluation Edition 支持与 SQL Server 2005 Enterprise Edition 相同的功能集，可以根据生产需要升级到 SQL Server Evaluation Edition。

该评估版可到微软网站下载(http://www.microsoft.com/downloads/details.aspx)。

3. SQL Server 2005 标准版(Standard Edition 32 位和 64 位)

SQL Server 2005 Standard Edition 是适合中小型企业的数据管理和分析平台，它包括电子商务、数据仓库和业务流解决方案所需的基本功能。Standard Edition 的集成商业智能和高可用性功能可以为企业提供支持其运营所需的基本功能。SQL Server 2005 Standard Edition 是需要全面的数据管理和分析平台的中小型企业的理想选择。

4. SQL Server 2005 工作组版(Workgroup Edition 仅适用于 32 位)

对于那些需要在大小和用户数量上没有限制的数据库的小型企业，SQL Server 2005 Workgroup Edition 是理想的数据管理解决方案。SQL Server 2005 Workgroup Edition 可以用作前端 Web 服务器，也可以用于部门或分支机构的运营。它包括 SQL Server 产品系列的核心数据库功能，并且可以轻松地升级至 SQL Server 2005 Standard Edition 或 SQL Server 2005 Enterprise Edition。SQL Server 2005 Workgroup Edition 是理想的入门级数据库，具有可靠、功能强大且易于管理的特点。

5. SQL Server 2005 开发版(Developer Edition 32 位和 64 位)

SQL Server 2005 Developer Edition 允许开发人员在 SQL Server 顶部生成任何类型的应用程序。该应用程序包括 SQL Server 2005 Enterprise Edition 的所有功能，但许可用作开发和测试系统，而不用作生产服务器。SQL Server 2005 Developer Edition 是独立软件供应商(ISV)、咨询人员、系统集成商、解决方案供应商以及生成和测试应用程序的企业开发人员的理想选择，可以根据生产需要升级到 SQL Server 2005 Developer Edition。

6. SQL Server 2005 快速版(Express Edition 仅适用于 32 位)

SQL Server Express 是免费的，可以再分发(受制于协议)，还可以充当客户端数据库以及基本服务器数据库。SQL Server Express 是独立软件供应商 ISV、服务器用户、非专业开发人员、Web 应用程序开发人员、网站主机和创建客户端应用程序的编程爱好者的理想选择。如果需要使用更高级的数据库功能，则可以将 SQL Server Express 无缝升级到更复杂的 SQL Server 版本。

SQL Server Express 还提供了一些附加组件，这些组件都是具有高级服务的 SQL Server 2005 Express Edition (SQL Server Express)的一部分。除了 SQL Server Express 的功能外，具有高级服务的 SQL Server Express 还包括以下功能：

(1) SQL Server Management Studio Express (SSMSE)，SQL Server Management Studio 的子集，可方便地对 SQL Server 2005 快速版进行图形界面方式的管理。

(2) 支持全文目录。

(3) 支持通过 Reporting Services 查看报表。

该快速版本可到微软网站免费下载，如图 1-5 所示。下载网址 http://msdn2.microsoft.com/zh-cn/express/bb410792.aspx(网址可能会有变动，请以实际网址为准)。

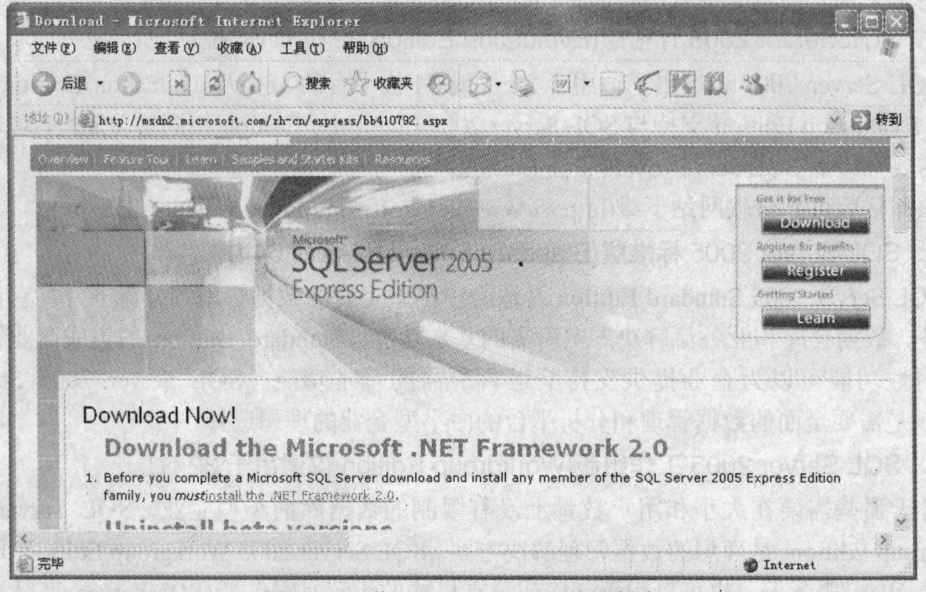

图 1-5　下载 SQL Server 2005 快速版本

7. SQL Server 2005 精简版(Compact Edition 仅适用于 32 位)

SQL Server Compact Edition 是精简版数据库，将企业数据管理功能扩展到小型设备上。SQL Server Compact Edition 能够复制 SQL Server 2005 和 SQL Server 2000 的数据，并且允许用户维护与主数据库同步的移动数据存储。SQL Server Compact Edition 是唯一为智能设备(如 PDA、智能手机等)提供关系数据库管理功能的 SQL Server 版本。

1.2.3 SQL Server 2005 数据库组件

在讨论 SQL Server 2005 的数据库组件之前，让我们先来看一看客户端是如何对数据库进行访问的。图 1-6 显示了对数据库的两种访问模式。

(1) “客户端/服务器(Client/Server)”模式：这是曾经颇为流行的数据库访问方式，常简称为“C/S”模式，主要用于公司内部局域网中，但是部署较为麻烦，尤其是当程序有了变动之后，这种变动必须要在服务器和客户端同时进行。客户端应用程序一般为 Windows

窗体程序。现如今该模式已逐步为第二种数据库访问方式所取代。

图 1-6 的上部显示了这种访问方式。

(2) “浏览器/服务器(Browser/Server)”模式：这是当前主要的数据库访问方式，常简称为“B/S”模式。在 IIS(Internet Information Service，Internet 信息服务)服务器上架设 ASP.NET 动态网站，通过 ADO.NET 数据库访问技术对数据库进行访问，将获取的信息返回到客户的浏览器端。这种方式的优点在于应用程序非常容易部署，因为客户端只需要有浏览器就行，只要浏览器不低于要求的版本即可。部署以及改动只需要在服务器端进行。

图 1-6 的下部显示了这种访问方式。

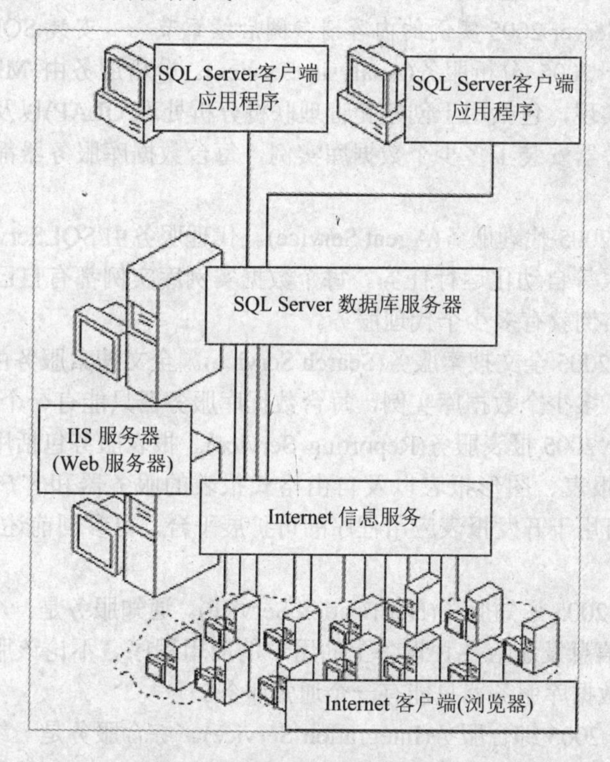

图 1-6　客户端对数据库的访问模式

由此也可见，SQL Server 数据库服务器处于中央核心的地位。下面我们关注一下数据库服务器本身，了解一下数据库服务器包含有哪些组件，这些组件需要大家在以后的学习过程中慢慢熟悉掌握。

SQL Server 2005 数据库组件分为服务器端组件和客户端组件。

1．服务器端组件

服务器端组件是数据库组件的核心，在数据库所支持的操作系统中，这些组件一般都是以 Windows 服务的形式运行的。

(1) SQL Server 2005 数据库引擎(Database Engine)。该数据库引擎由 Microsoft SQL Server 服务实现，每一个 SQL Server 2005 实例(Instance)都分别有一个数据库引擎。

SQL Server 2005 实例是什么？

我们可以把 SQL Server 2005 实例比喻为工厂，在 SQL Server 2000 版本之前，只能在一台服务器中建造一个工厂(即只能安装一个实例)，而对于 SQL Server 2000 和 SQL Server 2005 版本的数据库，可以在一台服务器上建造多个工厂(即可以安装多个实例)。显然，工厂与工厂之间，彼此是独立运转的，互不干涉，但相互之间也可以通信。一个实例就是一个数据库引擎，实例与实例之间彼此独立，但也可以相互通信，例如数据库的复制。

一台服务器上只能安装一个默认实例，但也可以不安装默认实例而安装多个命名实例。不过，并不推荐在实际生产环境的服务器中安装多个实例，因为每个实例都会消耗计算机大量的资源。假如服务器的内存为 512 M，则一个实例会占用 70 M 左右的内存，当然，这个数字会随着服务器运行其他服务的多少而发生变化。

更多有关 SQL Server 2005 实例的内容请参阅后续章节——安装 SQL Server 2005。

(2) SQL Server 2005 分析服务(Analysis Service)。分析服务由 Microsoft SQL Server OLAP Service 服务实现，包括用于创建和管理联机分析处理(OLAP)以及数据挖掘应用程序的工具，不论该服务器安装了多少个数据库实例，每台数据库服务器都只能安装一个分析服务。

(3) SQL Server 2005 代理服务(Agent Service)。代理服务由 SQLServerAgent 服务实现，主要负责作业及警报等自动化运行任务。每个数据实例库实例都有自己对应的代理服务，即有多少个数据库实例就有多少个代理服务。

(4) SQL Server 2005 全文搜索服务(Search Service)。全文搜索服务由 Search 服务实现。不论该服务器安装了多少个数据库实例，每台数据库服务器只能有一个搜索服务。

(5) SQL Server 2005 报表服务(Reporting Service)。报表服务包括用于创建、管理和部署表格报表、矩阵报表、图形报表以及自由格式报表的服务器和客户端组件。Reporting Services 还是一个可用于开发报表应用程序的可扩展平台。可参阅前述 SQL Server 2005 新特性介绍。

(6) SQL Server 2005 通知服务(Notification Service)。通知服务是一个平台，用于开发和部署将个性化即时信息发送给各种设备上的用户的应用程序。不论该服务器安装了多少个数据库实例，每台数据库服务器只能有一个通知服务。

(7) SQL Server 2005 综合服务(Integration Service)。综合服务是一组图形工具和可编程对象，用于移动、复制和转换数据。可参阅前述 SQL Server 2005 新特性介绍。不论该服务器安装了多少个数据库实例，每台数据库服务器只能有一个综合服务。

2. 客户端组件

客户端组件主要包括通信协议及客户端管理工具。数据库中所用的通信协议被称为网络库(Net Library)，用于客户端和服务器(数据库引擎)之间通信。我们在第 2 章将要学习到的 SQL Server 2005 管理工具，都属于客户端组件。该部分的详细信息将在安装 SQL Server 2005 及第 2 章中讲解。

1.3 安装 SQL Server 2005

与微软公司其他所有的产品一样，SQL Server 2005 的安装是比较容易进行的。只要计算机的硬件和软件符合所选择的 SQL Server 2005 版本的需求，那么安装操作过程将会很顺利。

本书以安装 SQL Server 2005 企业版本为例来讲解 SQL Server 2005 的安装，并附带说明 SQL Server 2005 Express 版本的安装。尽管企业版本功能强大，但是其 Express 版本也应用得相当广泛，而且是免费的，可以自由下载。该版本可以随同发布者自己的应用程序发布。

1.3.1　硬件及软件要求

在安装 SQL Server 2005 之前，需要明白所用计算机的硬件和软件需要具备哪些条件方可成功地安装 SQL Server 2005。下面具体列出 SQL Server 2005 企业版本对计算机硬件和软件的需求。

1．硬件需求

(1) CPU 类型：Pentium Ⅲ 兼容处理器或更高速度的处理器。

(2) CPU 速率：最低 600 MHz，推荐 1 GHz 或更高。

(3) 内存大小：最低 512 MB，推荐 1 GB 或更高。内存对 SQL Server 的性能影响是最明显的，提高 SQL Server 2005 性能最简单的方法就是给服务器增加尽可能多的内存。

注意：如果 CPU 类型不符合要求，安装程序将会阻止安装，但如果后两项要求不满足，安装程序将仅仅给出警告提示消息，而不会阻止 SQL Server 2005 继续安装。

2．软件需求

(1) 只能安装在 Windows Server 2003 系列带 SP1 或更高 SP 版本的服务器上，或 Windows 2000 Server 系列带 SP4 的服务器上。Express 版本可以安装在客户端系统上，例如 Windows 2000 Professional、XP Professional、Vista。

(2) Internet Explorer 6.0 SP1 或更高版本，因为 Microsoft 管理控制台 (MMC)和 HTML 帮助需要使用它。

(3) 如果在安装 SQL Server 2005 时选择了安装报表服务，则需要服务器安装了 IIS 5.0(Internet 信息服务)或更高版本。

(4) 如果在安装 SQL Server 2005 时选择了安装报表服务，则需要服务器安装了.NET Framework 2.0 或以上的版本，因为报表服务需要 ASP.NET 服务。如果服务器没有安装.NET Framework 2.0 或以上的版本，则 SQL Server 2005 安装程序会自动安装它。

(5) 如果安装的是 Express 版本，则必须手动预先在服务器上安装.NET Framework 2.0 或以上的版本，因为 Express 版本需要 .NET Framework 2.0，并且其安装程序不会自动安装。可以到微软的官方网站下载 .NET Framework 组件。

如果需要了解其他版本对计算机硬件和软件的需求，请参阅 SQL Server 2005 联机丛书。该联机丛书可以在安装 SQL Server 2005 时作为一个组件有选择地安装。

1.3.2　安装过程及步骤

微软公司在发行 SQL Server 2005 企业版本时，可能是 CD，也可能是 DVD。如果是 CD，则会有两张，分别名为 CD1 和 CD2，或者 Server 和 Tools。如果是 DVD，则其内有两个文件夹，分别名为 Server 和 Tools。总而言之，CD1 与 DVD 中 Server 文件夹中的内容相同，存放的是服务器组件；CD2 与 DVD 中 Tools 文件夹的内容相同，存放的是客户端管理工具、示例数据库和在线联机文档。安装时可以对这些选项进行选择。

图 1-7 和图 1-8 显示了 CD1 和 CD2 中的安装文件。

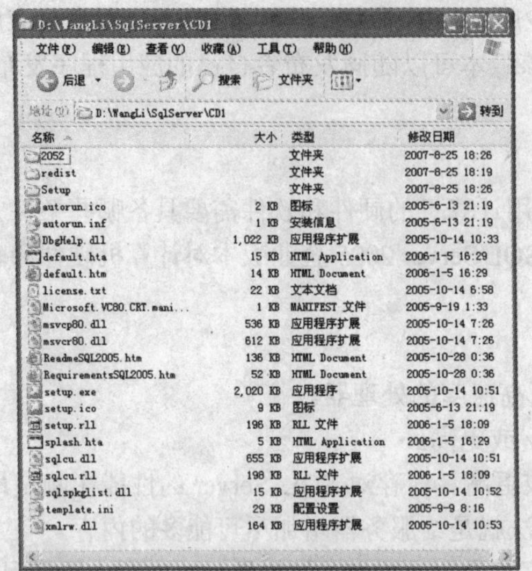

图 1-7　CD1 中的安装文件(服务器组件)

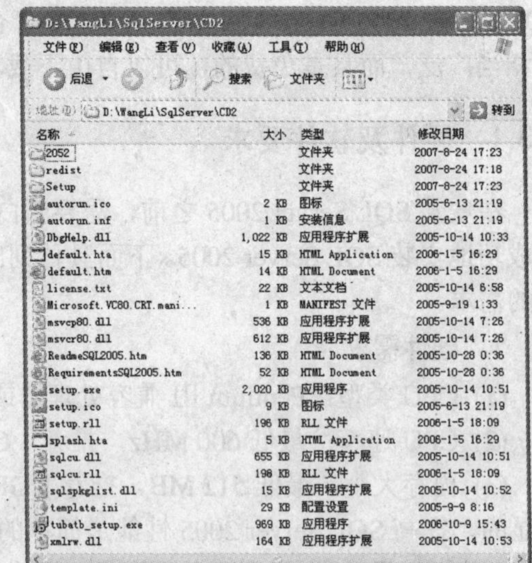

图 1-8　CD2 中的安装文件(客户端组件)

下面以图例的形式描述 SQL Server 2005 企业版的安装过程(以 CD 盘片为例)：

(1) 将 SQL Server 2005 企业版安装光盘的 CD1 盘片插入光驱，双击“setup.exe”运行安装程序，选择“我接受许可条款和条件”，单击“下一步”，按提示操作直到“系统配置检查画面”出现，如图 1-9 所示。安装程序将会对计算机配置进行检查，以确认计算机配置是否符合安装 SQL Server 2005 企业版的最小条件，并将检查结果在图 1-9 中显现出来。在该示例中可以看到，计算机的配置不符合“最低硬件要求”，这是一个警告信息，安装程序仍然可以继续。

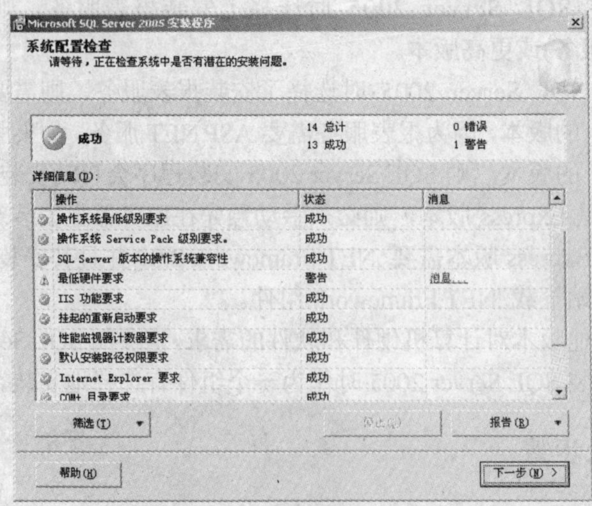

图 1-9　系统配置检查结果

建议将 CD1 和 CD2 中的安装文件分别复制到硬盘某个文件夹内并分别以 CD1 和 CD2 命名，然后开始运行 CD1 文件夹中的安装程序“setup.exe”，在以后的安装过程中，安装程序将不再提示插入第二张光盘(如果选择了安装客户端组件的话，因为客户端组件在 CD2 中)，这样可以省去很多麻烦。

(2) 单击“下一步”，按提示要求输入姓名、公司及 25 个字符的产品密钥，单击“下一步”，进入图 1-10 所示步骤，可在此对话框中选择要安装的组件。单击该图中的“高级”按钮，进入图 1-11 所示的对话框，这其实是先前各安装组件的详细选项。以下将对各组件选项做一简单描述：

♦ 数据库服务：这是最重要的服务，即数据库引擎。该组件包括“数据文件”、“全文搜索”、“复制”、“共享工具”。

♦ 分析服务：选中“Analysis Services”将安装分析服务。

♦ 报表服务：选中“Reporting Services”将安装报表服务。

♦ 通知服务：选中“Notification Services”将安装通知服务。

♦ 综合服务：选中“Integration Services”将安装综合服务。

♦ 工作站组件、联机丛书及开发工具：工作站组件为管理 SQL Server 2005 的客户端应用程序，对应图 1-11 的“管理工具”；联机丛书是详细介绍有关 SQL Server 2005 方方面面知识的电子版书籍，内容非常详尽，对应图 1-11 的“SQL Server 联机丛书”；开发工具是与 Visual Studio 2005 集成的工具，可以开发综合服务、报表服务、分析服务等数据库高级项目，对应图 1-11 的“Business Intelligence Development Studio”。

♦ 示例数据库：在 SQL Server 2005 中，自带有两个功能相当完善的数据库，即 AdventureWorks、AdventureWorksDW。联机丛书中的绝大部分示例都是以这两个数据库为基础的，一般选择将其安装。

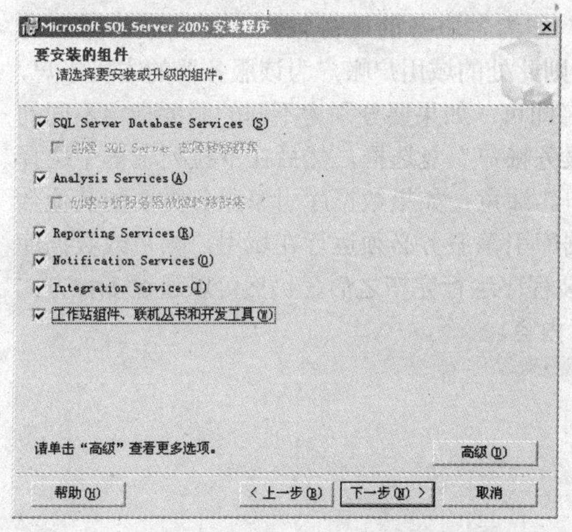

图 1-10　选择 SQL Server 2005 安装组件

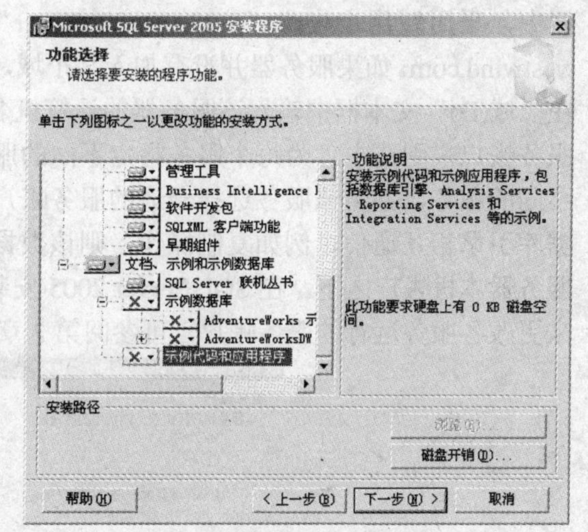

图 1-11　各安装组件的详细选项

在本示例中，将各组件都选择为“整个功能将安装到本地硬盘上”。当然，对以上这些功能组件，都可以选择“整个功能不可用”，即不安装，若以后要用到该组件，则再次运行安装程序安装该组件即可。

(3) 各安装组件选择完毕之后，单击“下一步”，进入图 1-12 所示的对话框。在此对话框中，可以选择要安装的数据库实例。如果该计算机尚未安装默认实例，则此处可以选择安装默认实例，否则只能安装命名实例，因为在一台计算机中最多只能安装一个默认实例，但可以安装多个命名实例。注意，安装程序每运行一次只能安装一个实例，要安装多个实例，就要分别多次运行 SQL Server 2005 安装程序。图 1-13 为安装命名实例的对话框。

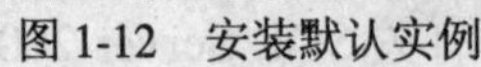

图 1-12　安装默认实例

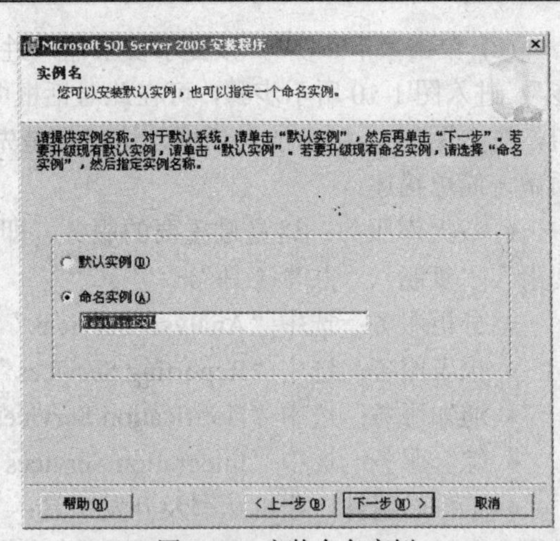

图 1-13　安装命名实例

(4) 单击"下一步"，进入图 1-14 所示的指定服务帐户对话框。在 Windows Server 2003 操作系统中，每个服务都必须以某个服务帐户的身份登录并运行，该服务帐户决定了与之对应的服务在操作系统中的权限。服务帐户可以是内置的系统帐户，也可以是域用户帐户。如果要采用域用户帐户作为服务帐户，需要预先在域控制器中将此域用户帐户创建好，并不需要为该域用户帐户指定特别的权限。SQL Server 2005 安装程序会自动创建相应的组，并将该域用户帐户加入这些组，通过这种方式来为该域用户帐户赋予合适的权限。在本示例中，采用域用户帐户"SqlServer2005User"作为各服务的服务帐户，所属域的域名为 westwind.com。如果服务器并没有加入某个域，则此处的域用户帐户为该服务器的本机帐户，在"域(D)"文本框中输入该服务器的计算机名即可。如果要分别为不同的服务指定不同的服务帐户，则选中"为每个服务指定不同的服务帐户"复选框，然后在下拉列表框中选择不同的服务，并为该服务选择合适的服务帐户。注意：如果数据库引擎服务需要同其他数据库引擎相互通信，例如复制操作，则该数据库引擎服务必须运行在域用户帐户或数据库服务器本机帐户之下。在 SQL Server 2005 安装程序运行完毕之后，仍然可以通过多种方式来更改各服务运行的服务帐户，可参阅第 2 章内容。

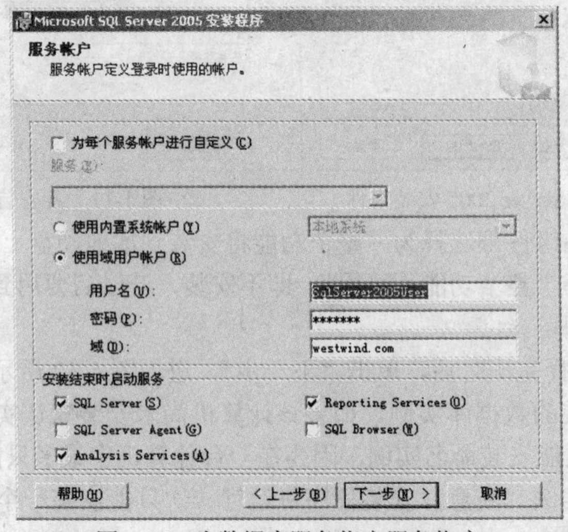

图 1-14　为数据库服务指定服务帐户

什么是域？域是 Windows 网络操作系统组建网络的最主要模式。它具有很强的伸缩性，可以有效地管理从小型到超大型的计算机网络。域是 Windows Server 2003 活动目录中的基本组成单位。

什么是域控制器？域控制器保存着其所属域的活动目录信息的完整副本，并对活动目录信息进行维护、修改，将活动目录的修改信息复制到其所属域中的其他域控制器。详情请参阅有关 Windows 网络操作系统的书籍。

在什么地方可查看 Windows 系统中运行的服务？按如下操作："开始"|"控制面板"|"管理工具"|"服务"，右击某个服务，选择"属性"，可查看或更改其运行、登录等设置。图 1-15 为数据库引擎"WESTWINDSQL"服务的属性对话框，在该对话框中，可以更改该数据库引擎运行的服务帐户(但不推荐从此处更改其服务帐户，详情请参见第 2 章内容)。

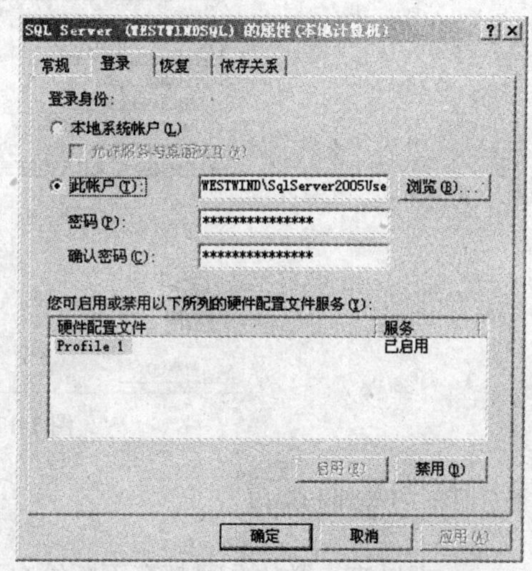

图 1-15　查看 Windows 服务的属性

(5) 单击"下一步"，进入指定身份验证模式的对话框，如图 1-16 所示。SQL Server 2005 默认的身份验证模式为"Windows 身份验证模式"。该设置也可以在安装程序运行完毕之后，通过其他方式(例如配置管理器，详情请参见第 2 章内容)来改变。有关身份验证模式的更多详细内容，可参阅第 5 章。

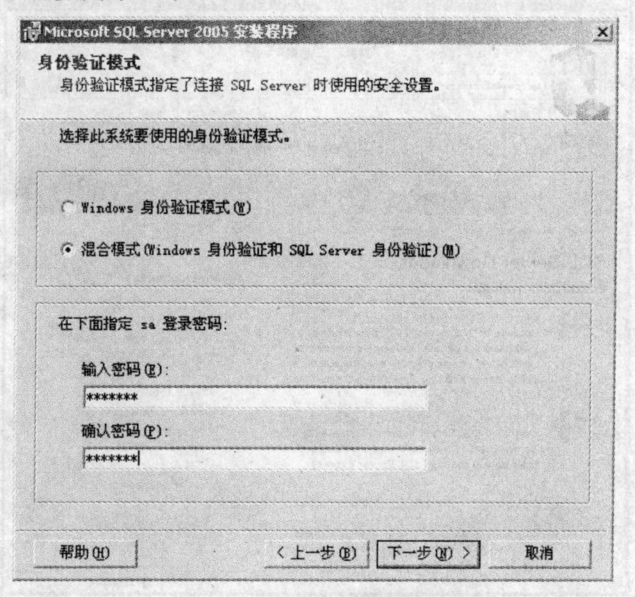

图 1-16　选择身份验证模式

(6) 单击"下一步"，进入排序规则设置对话框。在此对话框中，采用默认设置即可。默认设置取自操作系统的"区域和语言选项"中的设置，即与操作系统的区域设置一致。以后的操作按提示进行，直至最后完成安装，如图 1-17 所示。

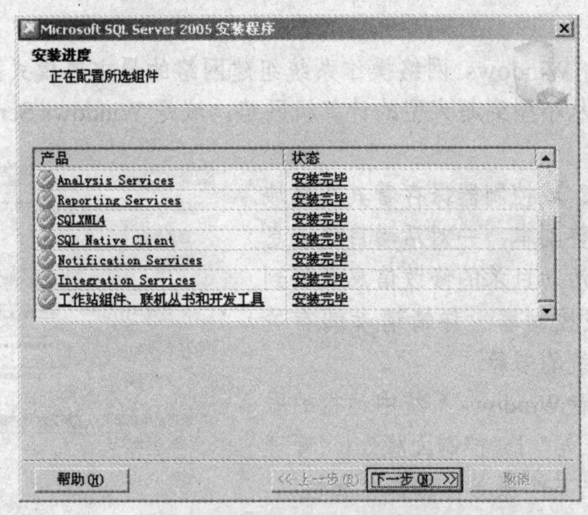

图 1-17 各组件安装完毕

1.3.3 安装服务包

一直以来，微软公司都有不断给自己的软件产品发布补丁的习惯。当发现产品出了某个问题时，就会发布一个补丁程序纠正这个问题，SQL Server 2005 自然也不例外。

当这些补丁累积到一定的数量时，微软就会把这些补丁作为一个服务包(Service Pack)统一发布。目前，SQL Server 2005 已经发布了 SP2(Service Pack 2)，可在微软公司官方网站(http://msdn2.microsoft.com/en-us/sql/aa336342.aspx)下载，如图 1-18 所示。

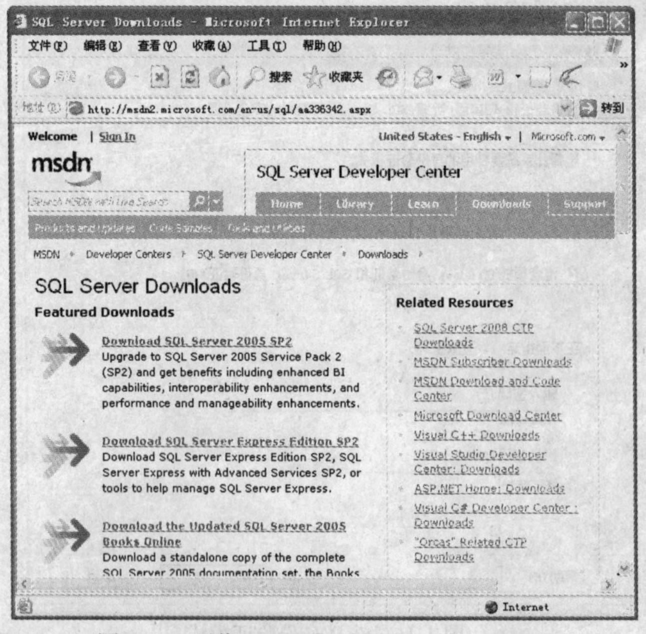

图 1-18 下载 SQL Server 2005 Service Pack 2

下载之后，直接双击该服务包文件即可开始安装。图 1-19 是安装该服务包所有步骤中的一个安装画面。可依据安装程序的提示将该服务包安装完毕。

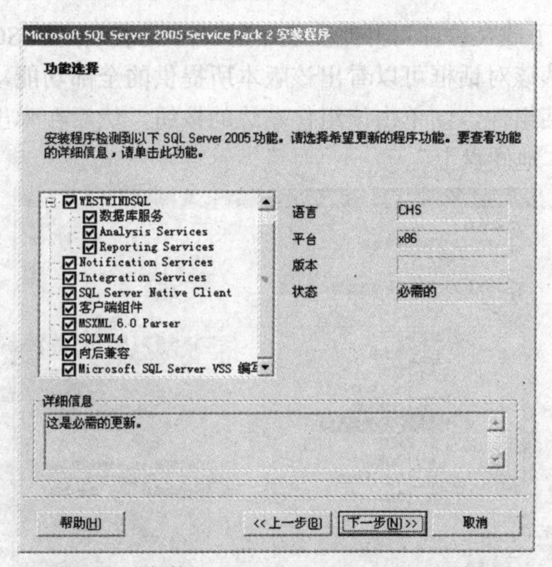

图 1-19 安装 SQL Server 2005 Service Pack 2

1.3.4 安装 SQL Server 2005 Express

在前面介绍 SQL Server 2005 版本时曾提到其中一个版本：SQL Server 2005 Express。该版本所提供的功能当然没有企业版本那么强大，但它是免费的，而且客观地说，该版本的功能也不弱，对于一般的中小企业程序，例如动态 WEB 网站，是完全可以胜任数据库工作的。

相比较 SQL Server 2005 企业版本，Express 版本不提供 SQL Server Agent(代理)，因而不能创建作业及警报来完成很多自动化的管理工作(有关作业的详细内容请参阅第 9 章)，但是目前微软提供的高级 Express 版本已带有全文搜索、报表服务及复制功能，并且提供客户端的管理工具，例如 SQL Server 管理控制台(SQL Server Management Studio)，可以说其总体功能已经相当不错了。

可以到微软的官方网站去自由下载 Express 版本的 SQL Server 2005 数据库，网址为 http://msdn2.microsoft.com/zh-cn/express/bb410792.aspx(网址可能会有变动，请以实际为准)。

注意，如果在安装 SQL Server 2005 Express 之前，服务器并没有安装 .NET Framework 2.0，那么需要先安装.NET Framework 2.0，可以从图 1-20 所示的页面下载 .NET Framework 2.0。

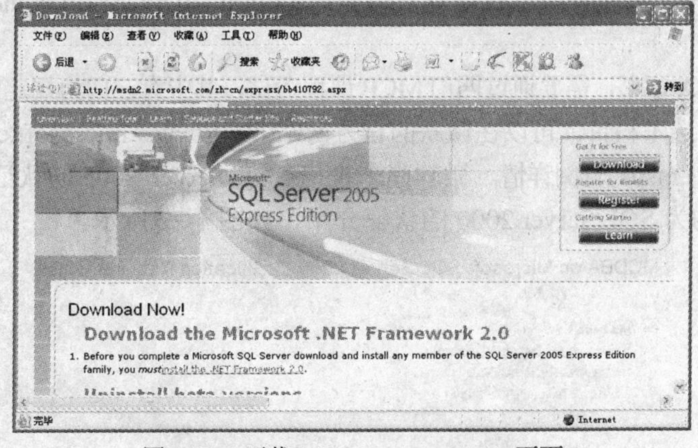

图 1-20 下载 .NET Framework 2.0 页面

下载之后，双击该下载文件即可开始安装。图 1-21 是安装高级 SQL Server 2005 Express 版本的一个对话框，从该对话框可以看出该版本所提供的全部功能，默认安装将只安装数据库引擎，若要启用某组件，则单击该组件左边的按钮，然后在弹出的下拉列表框中选择“整个功能将安装到本地硬盘上”。

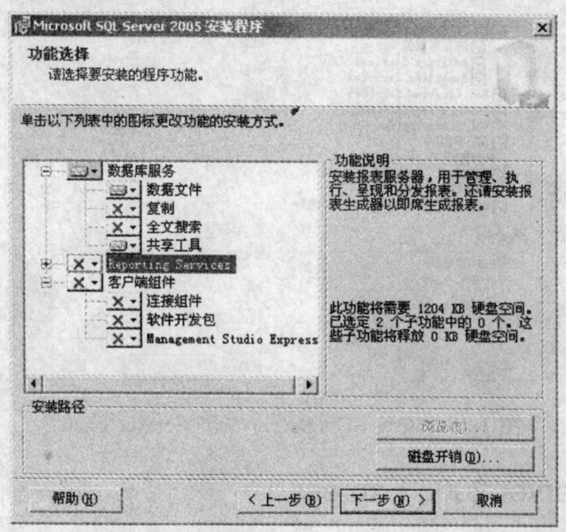

图 1-21　安装 SQL Server 2005 Advanced Express(高级版本)对话框

整个安装过程与企业版本的 SQL Server 2005 相差无几，此处不再赘述。

1.4　微软认证数据库管理员证书简介

微软公司几乎对其所有产品都提供了相应的课程认证考试，每通过一门课程认证考试，便获得该项课程的 MCP(Microsoft Certified Professional，微软认证专家)称号。获得规定的 MCP 证书数目，便可获得某个领域的认证工程师或与之相类似的名衔，例如获得七门 MCP(当然已经规定了这七门是哪些 MCP 课程)便可获得 MCSE(Microsoft Certified System Engineer，微软系统工程师)称号，获得相应的四门 MCP 证书便可获得 MCDBA(Microsoft Certified Database Administrator，微软认证数据库管理员)称号。

所有的 MCP 考试科目都可以在微软官方网站(http://mcp.microsoft.com/mcp/default.mspx)查询到。

要获得 MCDBA 证书，需要通过四门 MCP 课程考试，其中有三门为规定的必考科目，称为核心课程，一门为选考科目，可以在微软的官方网站(http://www.microsoft.com/learning/mcp/mcdba/requirements.mspx)查阅详情。微软尚未推出 SQL Server 2005 的认证考试，此时该网站所列出的内容均为 SQL Server 2000 的认证介绍，如图 1-22 所示。

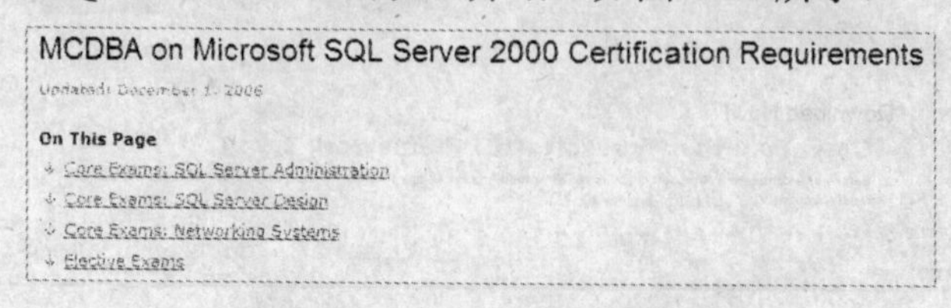

图 1-22　MCDBA 认证考试要求

下面简要介绍一下这四门 MCP 考试科目。

1．三门核心考试科目(Core Exams)

(1) SQL Server Administration(SQL Server 管理)，Exam70-228: Installing，Configuring，and Administering Microsoft SQL Server 2000 Enterprise Edition(安装、配置与管理 SQL Server 2000 企业版数据库，该考试科目代号为 70-228)。在图 1-23 中可以看到 70-028 已被废除，该数据库的版本为 7.0，还是 SQL Server 2000 之前的版本。图 1-24 是微软提供的该课程的官方教材。

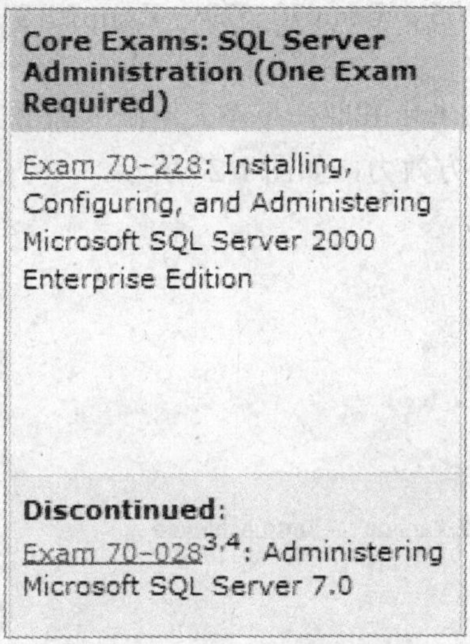

Core Exams: SQL Server Administration (One Exam Required)

Exam 70-228: Installing, Configuring, and Administering Microsoft SQL Server 2000 Enterprise Edition

Discontinued:

Exam 70-028[3,4]: Administering Microsoft SQL Server 7.0

图 1-23　MCP 科目 70-228

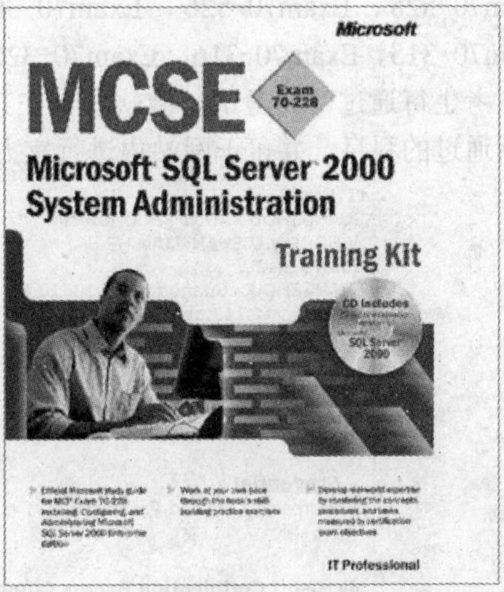

Microsoft

MCSE

Exam 70-228

Microsoft SQL Server 2000 System Administration

Training Kit

IT Professional

图 1-24　70-228 考试科目官方教材

(2) SQL Server Design(SQL Server 设计)，Exam70-229: Designing and Implementing Databases with Microsoft SQL Server 2000 Enterprise Edition(SQL Server 2000 企业版数据库的设计与实施，代号为 70-229)。在图 1-25 中，可以看到 70-029 已被废除，该数据库的版本为 7.0，是 SQL Server 2000 之前的版本。图 1-26 是微软提供的该课程的官方教材。

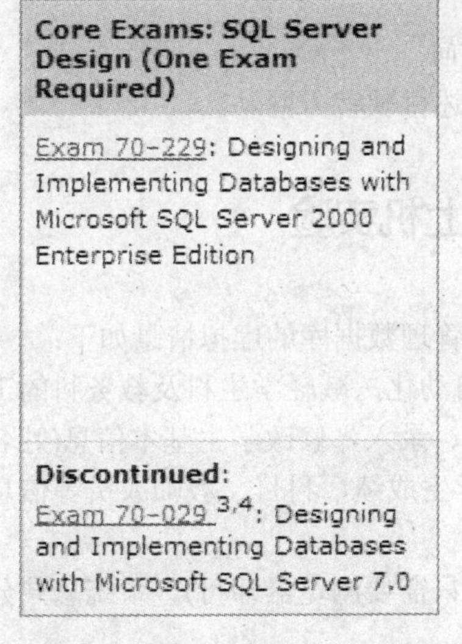

图 1-25　MCP 考试科目 70-229

图 1-26　70-229 考试科目官方教材

(3) Networking Systems(网络系统)：这是第三门核心考试课程，主要是考查使用 Windows 系统组建、管理、维护网络的能力。可从如下三门课程中任选一门：

① 考试代号 70-290：管理与维护 Windows Server 2003。

② 考试代号 70-291：实施管理与维护基于 Windows Server 2003 的网络基础结构。

③ 考试代号 70-215：安装配置与管理 Windows 2000 Server。

2. 一门选考科目(Elective Exams)

考生可从如下所列科目中任选一门作为该门选考科目：Exam70-216、Exam70-293、Exam70-528、Exam70-526、Exam70-306、Exam70-305、Exam70-529、Exam70-310、Exam70-315、Exam70-316、Exam70-320。

考生每通过一门考试，微软便会在其官方网站为该考生开辟一个个人空间，列出该考生所通过的科目，并可于网站内进行官方打印，具有官方效力，如图 1-27 所示。

LI WANG
GUANGZHOU RADIO SECONDARY
SCHOOL WU SHAN TIAN HE
GUANG ZHOU
GUANGZHOU, Guangdong 510610 CN
wanglibigm@163.com

Microsoft Certified Professional ID: **2440420**

Microsoft Certification Status

Credential	Certification / Version	Date Achieved
Microsoft Certified Professional		Nov 06, 2001

Microsoft Certification Exams Completed Successfully

Exam ID	Description	Date Completed
219	Designing a Microsoft® Windows® 2000 Directory Services Infrastructure	Aug 15, 2002
216	Implementing and Administering a Microsoft® Windows® 2000 Network Infrastructure	May 08, 2002
217	Implementing and Administering a Microsoft® Windows® 2000 Directory Services Infrastructure	Dec 28, 2001
215	Installing, Configuring, and Administering Microsoft® Windows® 2000 Server	Dec 03, 2001
210	Installing, Configuring, and Administering Microsoft® Windows® 2000 Professional	Nov 06, 2001

图 1-27　MCP 考生个人空间

有关微软资格认证考试的更多详细信息，可参阅前述微软官方网站。

1.5　SQL Server 2005 上机实验

下面将通过实验设计一个学生管理数据库。该学生管理数据库的虚拟情景如下：

一所名为 WXD 的学校为了实现学生管理工作的自动化，减轻学生科及教务科的工作负担，准备设计一套学生管理系统。该系统能实现存放、录入、修改学生基本信息(姓名、家庭地址、联系电话等)，学生的考勤、学生活动以及学生成绩、科目、教师人员等信息，并能对这些信息进行统计、查询等。

该系统采用 B/S 模式(浏览器/服务器模式，客户端只需要浏览器即可)。系统总共分为如下两大部分：

(1) 学生管理数据库的设计与实现。该数据库采用的版本为 SQL Server 2005 企业版。

(2) 数据库前端程序的设计与实现(采用 ASP .NET 技术)。该部分内容可参阅介绍 ASP .NET 方面知识的相关书籍。

学校已专门为数据库配置了一台服务器，该服务器满足 SQL Server 2005 的最小硬件需求，其基本设置如下：

- CPU：Intel P4 2.4 GB
- 硬盘容量：80 GB
- 内存：512 MB
- 计算机名：WestSVR
- 操作系统：Windows Server 2003 企业版

该情景环境如图 1-28 所示。

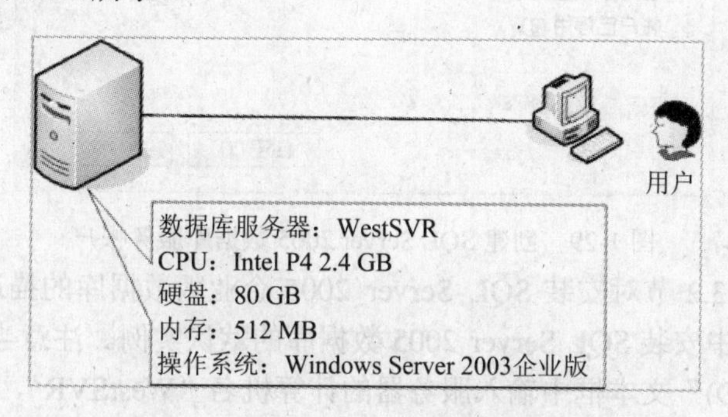

图 1-28　WXD 学生管理系统情景模式

为了完成该数据库的设计与实现，首先在该服务器上安装 SQL Server 2005 企业版数据库，这也是本章上机实验要完成的任务。

1．实验名称

安装 SQL Server 2005 企业版数据库系统。

2．实验设备

一台满足安装 SQL Server 2005 企业版最小硬件需求的服务器，如图 1-28 所示。

3．实验要求

本实验有以下要求：

(1) 以默认实例的方式将 SQL Server 2005 企业版安装到服务器 WestSVR 中。

(2) 以命名实例的方式将 SQL Server 2005 企业版安装到服务器 WestSVR 中，该命名实例名为 WESTWINDSQL。

(3) 安装 SQL Server 2005 Express Advanced Edition 到服务器 WestSVR 中，该实例名保持为其默认实例名：SQLExpress(此项实验要求为可选)。

4．实验目的

掌握以默认实例和命名实例的方式安装 SQL Server 2005 企业版数据库。

5．实验步骤

(1) 以管理员的身份登录服务器 WestSVR，打开“开始”|“控制面板”|“管理工具”|“计算机管理”，选择“本地用户和组”，右击“用户”，选择“新用户”，按图 1-29 所示要

求创建一个名为“SQLServer2005User”的用户，注意选中“密码永不过期”。

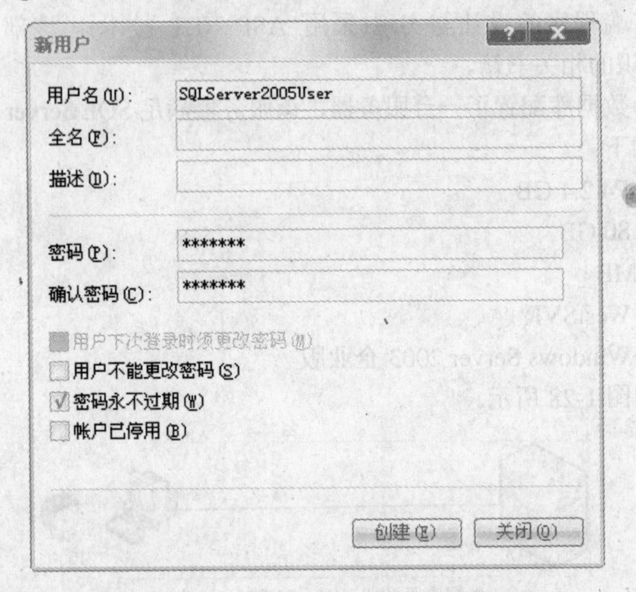

图1-29　创建SQL Server 2005数据库服务帐户

(2) 仔细阅读1.3.2节对安装SQL Server 2005企业版数据库的描述，然后按照该步骤在服务器WestSVR中安装SQL Server 2005数据库的默认实例。注意当进行到图1-14所示的步骤时，在“域(D)”文本框中输入服务器的计算机名“WestSVR”，而不是域名。

♦ 如何才能实现默认实例的安装?

(3) 默认实例安装完毕之后，再一次运行SQL Server 2005安装程序，开始安装命名实例“WESTWINDSQL”。当安装程序进行到图1-14所示的“服务帐户”步骤时，将“安装结束时启动服务”中的所有选项都设为未选中状态。这样做是为了将这些服务都设为手动启动状态，可以节约服务器资源，因为在一台服务器上同时运行几个数据库实例是相当耗费服务器资源的，以后需要用到该实例时再将其手动启动即可。

♦ 要实现安装命名实例“WESTWINDSQL”需要注意些什么?

(4) 按1.3.3节要求，在微软公司官方网站(http://msdn2.microsoft.com/en-us/sql/aa336342.aspx)下载SQL Server 2005的服务包SP2，然后按其要求安装该服务包。

(5) (注：此项操作为可选)按1.3.4节要求，在微软公司官方网站(http://msdn2.microsoft.com/zh-cn/express/bb410792.aspx)下载SQL Server 2005 Advanced Express版本，并将其安装。注意在“功能选择”步骤对话框中不要选中“客户端组件”，因为在本实验第(2)步安装SQL Server 2005默认实例时已经安装了客户端组件，这些客户端组件是共用的。如果此处选择“客户端组件”，反而会将SQL Server 2005默认实例安装的客户端组件覆盖掉，而Express版本客户端组件的功能是没有企业版功能那么强大的。另外，此处不需要再安装Express数据库的服务包SP2，因为该高级Express版本的数据库已经自带有SP2了。当然，如果已经发布了比SP2更新的服务包，就应该将其安装。

(6) 打开“开始”|“所有程序”|“Microsoft SQL Server 2005”|“配置工具”|“SQL Server配置管理器”，可查阅服务器中所有已经安装的数据库实例及其组件，如图1-30所示。

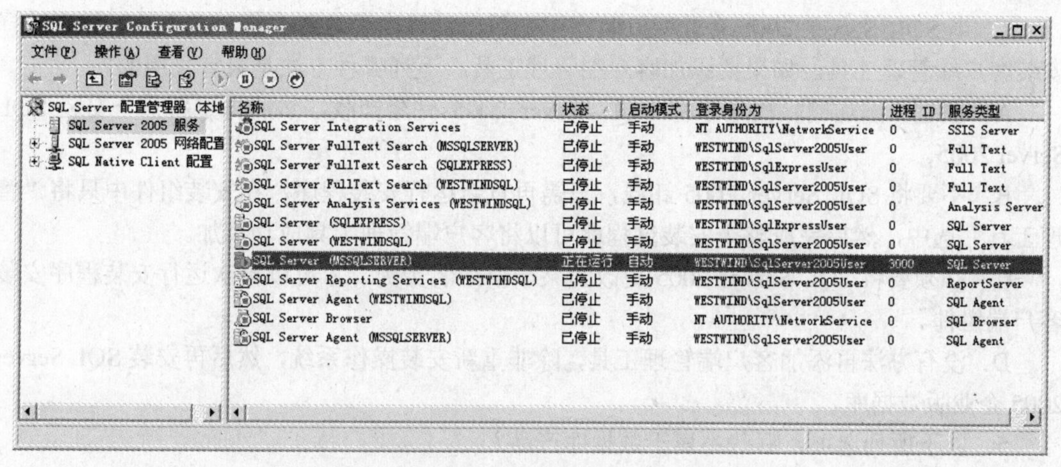

图 1-30　数据库服务器中已安装的实例及组件

习　题

一、选择题(下面每个选择题有一个或多个正确答案)

1．在以下所列出的数据库版本中，哪些是属于 SQL Server 2005 数据库的版本？

A．SQL Server 2005 Standard Edition

B．SQL Server 2005 Evaluation Edition

C．SQL Server 2005 企业版

D．SQL Server 2000 企业版

E．SQL Server 2000 标准版

F．SQL Server 2005 Developer Edition

G．SQL Server 2005 Express Edition

H．SQL Server 2005 Super Edition

2．某台计算机其他配置都符合 SQL Server 2005 企业版的最小安装需求，不过内存只有 256 MB。请问该计算机是否可以成功地安装 SQL Server 2005 企业版？

A．可以，但安装程序会给出警告信息。

B．可以，安装程序也不会给出警告信息。

C．不可以，安装程序会阻止安装。

D．不可以，安装程序根本无法运行。

3．在安装 SQL Server 2005 企业版数据库时，可以选择安装下列哪些组件？

A．分析服务

B．报表服务

C．全文搜索

D．数据库服务

E．复制

F．Office Excel 2003

4．当 SQL Server 2005 企业版安装完毕之后，发现由于疏忽大意，在安装时没有选择安装客户端管理工具。如果要添加客户端管理工具，下列哪种方法是最宜采用的？

A．通过“添加删除程序”将 SQL Server 2005 完全卸载，然后再重新整个安装 SQL Server 2005。

B．不要将 SQL Server 2005 卸载，只需再重新运行安装程序，在安装组件中只将“管理工具”选中，然后完成整个安装过程就可以将客户端管理工具成功添加。

C．必须要将 SQL Server 2005 更改为某一个命名实例，才可以再次运行安装程序安装客户端组件。

D．没有办法再添加客户端管理工具，除非重新安装操作系统，然后再安装 SQL Server 2005 企业版数据库。

5．以下所列选项，哪些不属于数据库产品？

A．SQL Server 2000

B．SQL Server 2005

C．ORACLE 9i

D．DB2

E．LINUX

F．UNIX

G．Windows Server 2003

6．从数据库的发展历史看，目前数据库发展到了第几代？

A．第一代

B．第二代

C．第三代

D．第四代

7．下面所列出的 SQL Server 2005 数据库版本中，哪些是属于免费的？

A．SQL Server 2005 Standard Edition

B．SQL Server 2005 Evaluation Edition

C．SQL Server 2005 Express Edition

D．SQL Server 2005 Developer Edition

8．在安装 SQL Server 2005 Express Edition 数据库时，发现计算机中没有安装.NET Framework 2.0，此时该怎么办？

A．只需要继续安装 SQL Server 2005 Express Edition 即可，安装程序将会很顺利地完成。

B．应该退出 SQL Server 2005 Express Edition 的安装程序，然后安装 .NET Framework 2.0，.NET Framework 2.0 安装完毕之后，再开始安装 SQL Server 2005 Express Edition。

C．继续安装 SQL Server 2005 Express Edition 即可，因为 SQL Server 2005 Express Edition 的安装与.NET Framework 2.0 没有任何联系。

D．继续安装 SQL Server 2005 Express Edition，但是等到 SQL Server 2005 Express Edition 安装完成之后，一定要安装 .NET Framework 2.0，否则 SQL Server 2005 Express Edition 将无法正常运行。

9．要取得微软认证数据库管理员(MCDBA)资格证书，总共需要参加几门相关的 MCP

课程考试？

A．三门

B．四门

C．五门

D．六门

10．当安装了 SQL Server 2005 数据库之后，有必要安装其服务包吗？

A．没有必要，因为数据库仍然可以照常运行。

B．有必要，因为数据库服务包是对先前版本数据库中出现的缺陷和错误的一种纠正，安装服务包可以使数据库运行得更加稳定、安全、健壮。

C．有必要，因为不安装服务包数据库不会得到授权许可，将会无法正常运行。

D．没有必要，因为服务包会使操作系统的运行变得不稳定。

二、简答题

1．阅读了数据库的发展历史之后，请谈谈你对数据库的认识。

2．在一台 SQL Server 2005 数据库服务器中如果已经安装了一个默认实例，请问还可以再安装另一个默认实例吗？还可以再安装另一个命名实例吗？为什么？

3．在安装 SQL Server 2005 数据库时，如果要求该数据库的组件服务运行在服务器一个名为“SQLServerAccount”的帐户之下，应该如何操作？

4．如何获取 SQL Server 2005 Express Edition 版本的数据库？

第2章　创建数据库

在与 DB2、Oracle 数据库的比较中，SQL Server 的一个优势就是其易用性。一直以来，各个版本的 SQL Server 都提供了非常方便的数据库管理工具，相对而言降低了创建、维护、管理数据库的难度。这一点在 SQL Server 2005 中有更加明显的体现。

本章将介绍 SQL Server 2005 数据库的管理开发工具，并使用这些工具来创建数据库。同时还介绍数据库的基本组成，以及管理数据库不可或缺的 T-SQL 语言。

本章学习目标：

(1) 掌握 SQL Server 2005 常用管理工具的基本使用方法。
(2) 掌握数据库的组成并能按要求创建数据库和表。
(3) 认识并初步了解 T-SQL 数据库语言。

2.1　数据库管理开发工具

SQL Server 2005 常用的管理工具有配置管理器、外围应用配置器、管理控制台等，本节将对这些工具做一简要介绍。

总的来说，这些管理工具都属于客户端的管理工具。客户端通过这些管理工具向数据库服务器的数据库引擎发出命令，然后数据库引擎响应，执行这些命令，如图 2-1 所示。

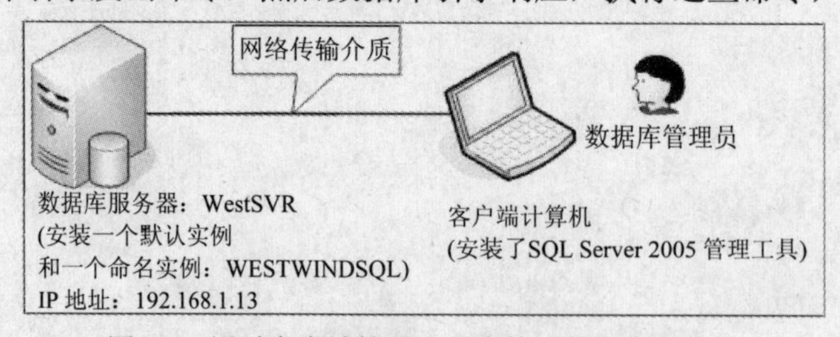

图 2-1　通过客户端管理工具来管理数据库服务器

当然，为了方便，在数据库服务器上安装数据库时，一般都会将客户端管理工具也安装在该服务器上(安装操作如第 1 章所述)。那么此时，该服务器同时也是客户端计算机了，服务器兼并了图 2-1 中客户端计算机的职责，因为它通过自身的管理工具向自身的数据库引擎发出管理命令，这属于本地连接，否则为远程连接。本书以该数据库服务器和客户端计算机合并的情形为主要情形(本地连接)，即使在某些情况下必须演示图 2-1 所示的数据库服务器和客户端计算机分离的情形(远程连接)，也采用合并情形演示即可。这可以节约读者的资源，同时也能达到相同的效果。

2.1.1 配置管理器

如果要查看数据库服务器安装了哪些服务，并对这些服务进行配置，例如配置服务的启动类型、服务的登录帐户、服务所使用的网络协议等，就需要用到 SQL Server 2005 配置管理器，可以通过如下方式在数据库服务器中打开它：单击“开始”|“所有程序”|“Microsoft SQL Server 2005”|“配置工具”|“SQL Server 2005 配置管理器”，该管理器界面如图 2-2 所示。

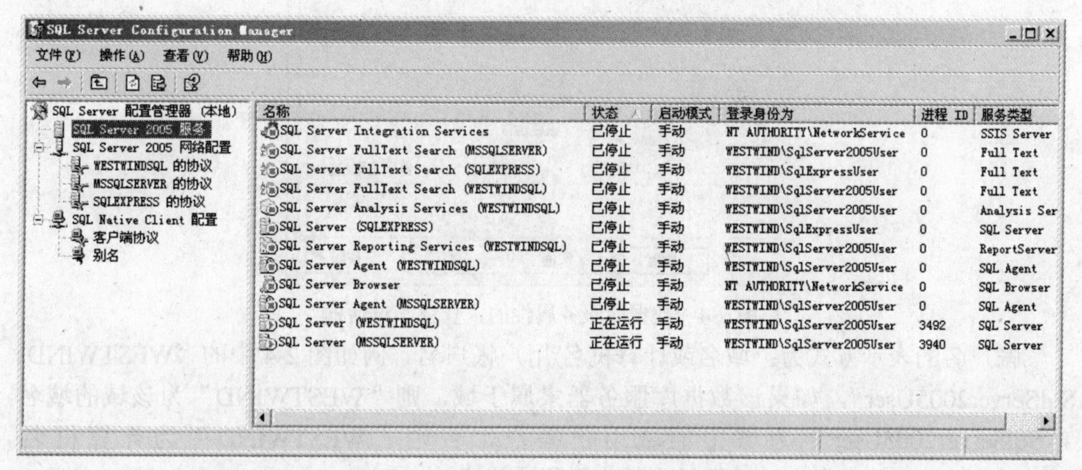

图 2-2 SQL Server 2005 配置管理器界面

1. SQL Server 2005 服务

在图 2-2 所示的配置管理器中，单击左边树形图中的节点“SQL Server 2005 服务”，可以查看在此服务器中安装的所有数据库服务，这些数据库服务在右方详细窗格中列出。可以通过该“SQL Server 2005 服务”来完成以下管理操作：

1) 启动、停止、暂停、重新启动某个数据库服务

右击某个服务(例如图中的数据库命名实例“WESTWINDSQL”)，然后在右键菜单中单击要完成的操作即可，如图 2-3 所示。也可以单击“属性”，在弹出的“属性”对话框的“登录”标签中单击相应的按钮，如图 2-4 所示。

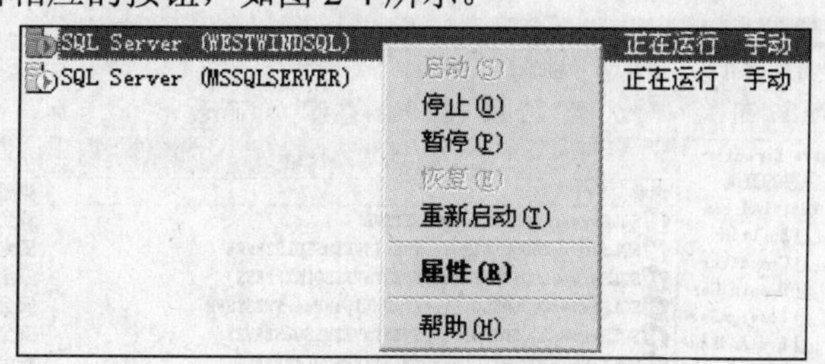

图 2-3 启动或停止数据库服务

2) 更改数据库服务的登录身份

在图 2-3 中，单击“属性”，在弹出的对话框中选择“登录”，单击“本帐户”，在“帐户名”中输入用户帐户名，并分别在“密码”和“确认密码”中输入该用户的登录密码，如图 2-4 所示，然后单击“确定”按钮，并按提示重新启动该数据库服务。

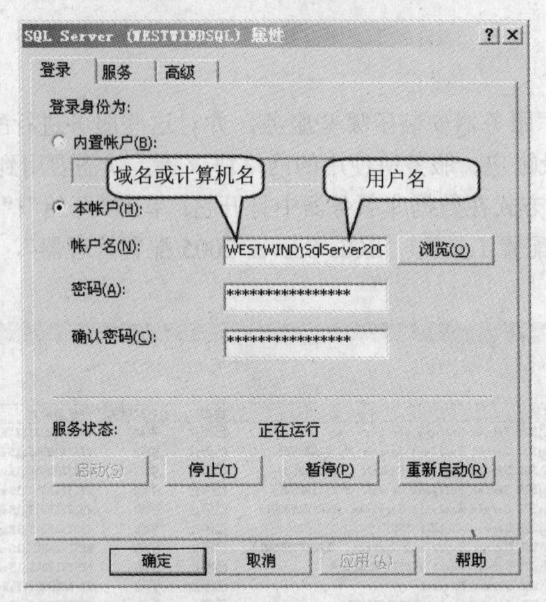

图 2-4　数据库服务属性的“登录”对话框

帐户名的表示方式为：域名或计算机名\用户帐户名。例如图 2-4 中的“WESTWIND\SqlServer2005User”，如果该数据库服务器隶属于域，则“WESTWIND”为该域的域名，“SqlServer2005User”为域中的域用户帐户，否则“WESTWIND”为计算机名，“SqlServer2005User”为该计算机中的本机用户帐户。

注意，如果指定的用户帐户名为本机帐户，则计算机名也可用英文句号“.”来表示本机，此时帐户名可以表式为“.\SqlServer2005User”。

更改数据库服务的登录身份也可以通过 Windows 操作系统的“服务”进行，如图 1-15 所示。但强烈建议不要通过这种方式来更改数据库服务的运行帐户，因为数据库服务要正常运行，需要其服务帐户至少具备一定的权限，称之为最小权限。

SQL Server 配置管理器是通过将此服务帐户加入到一系列相应的组中来实现赋予该帐户最小权限的。这些组在安装 SQL Server 2005 时便已经在计算机或域中创建好了，如图 2-5 所示。安装程序分别赋予了这些组各自所需的权限。

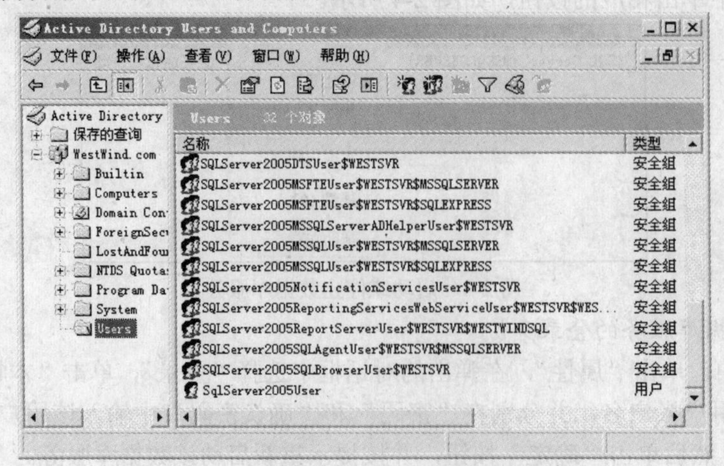

图 2-5　SQL Server 2005 自动在域中创建的组

3) 更改启动模式

在安装SQL Server 2005时，大部分数据库服务的启动模式均设置为“自动”模式，例如数据库引擎服务，意为当操作系统启动时，该服务将会自动运行，也可按需将其设置为“手动”模式。

设置的方式为：在图2-4所示的对话框中，单击“服务”标签，在“启动模式”的下拉列表框中选择“手动”并单击“确定”按钮即可，如图2-6所示。设为“手动”启动模式之后，该服务将不会随操作系统的启动而启动，可以按照本节图2-3所示的方式来手动启动该服务。

如果设为“已禁用”启动模式，那么该服务将不可用，即使是手动也不能启动该服务。

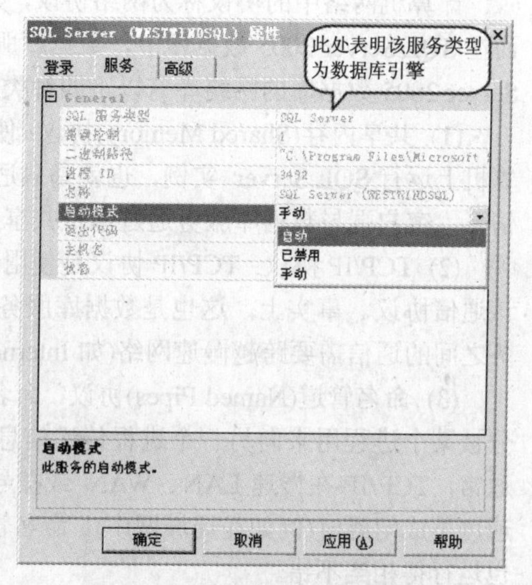

图2-6　更改服务的“启动模式”

4) 查看服务的高级属性

可以通过数据库服务“属性”对话框的“高级”标签查阅该服务的一些高级特征，如图2-7所示。

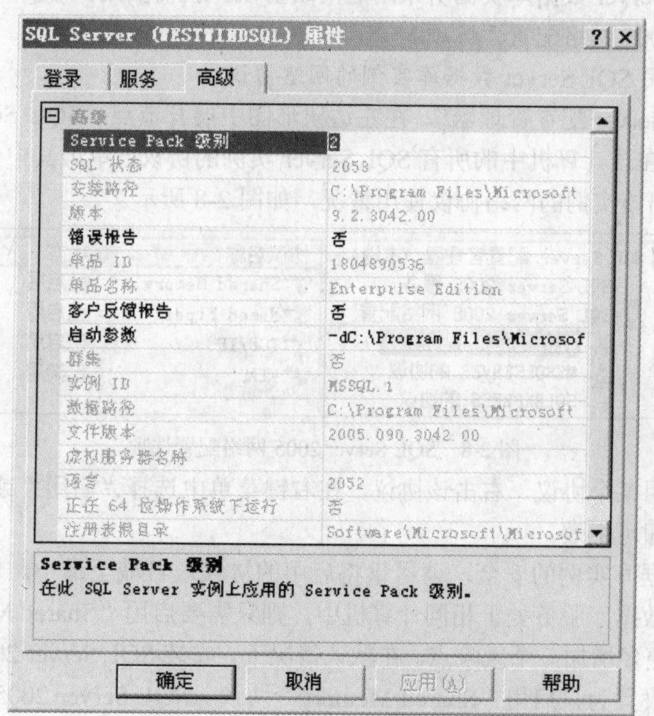

图2-7　数据库服务的“高级”属性

2. SQL Server 2005网络配置

数据库客户端的管理工具要与数据库服务通信，或者数据库服务之间要相互通信，双方之间必须要采用至少一种相同的通信协议。这就如同计算机网络中，各个主机之间要相互通信，也必须要采用至少一种相同的协议一样。

计算机网络中的协议称为网络协议，如 TCP/IP 协议、NWLink IPX/SPX、AppleTalk 等。而在 SQL Server 2005 数据库中，数据库服务之间的通信协议称为网络库(Net-library)。SQL Server 2005 数据库的网络库有以下四种类型：

(1) 共享内存(Shared Memory)协议：使用共享内存协议的客户端仅可以连接到同一台计算机上运行 SQL Server 实例，也就是只适合于客户端与数据库服务处于相同的计算机上的情形。客户端与数据库服务通过本机共享内存进行通信。

(2) TCP/IP 协议：TCP/IP 协议是使用最为广泛的协议。当今的 Internet 网络采用的就是该通信协议。事实上，这也是数据库服务之间使用最广泛的通信协议，尤其是在数据库服务之间的通信需要跨越慢速网络(如 Internet)时更是如此。

(3) 命名管道(Named Pipes)协议：命名管道是为快速局域网而开发的协议。内存的一部分被某个进程用来向另一个进程传递信息，因此一个进程的输出就是另一个进程的输入。通常，TCP/IP 在慢速 LAN、WAN 或拨号网络中效果比使用命名管道要好得多，而当网络速度不成问题时(例如在局域网中)，命名管道是更好的选择，当然，TCP/IP 在快速局域网中也运行得相当不错。

(4) 虚拟接口适配器(Virtual Interface Adapter，VIA)协议：虚拟接口适配器(VIA)协议和 VIA 硬件一同使用。一般说来，该协议用得很少，只在特定的情况下使用。

要配置 SQL Server 数据库实例所采用的网络协议，就需要用到 SQL Server 配置管理器的“SQL Server 2005 网络配置”选项。

1) 启用或禁用 SQL Server 数据库实例的网络协议

打开“SQL Server 配置管理器”，在左边树形图中展开节点“SQL Server 2005 网络配置”，将列出安装在该计算机中的所有 SQL Server 实例的协议，单击其中任一实例，在右边详细窗格中将列出该实例的网络协议使用情况，如图 2-8 所示。

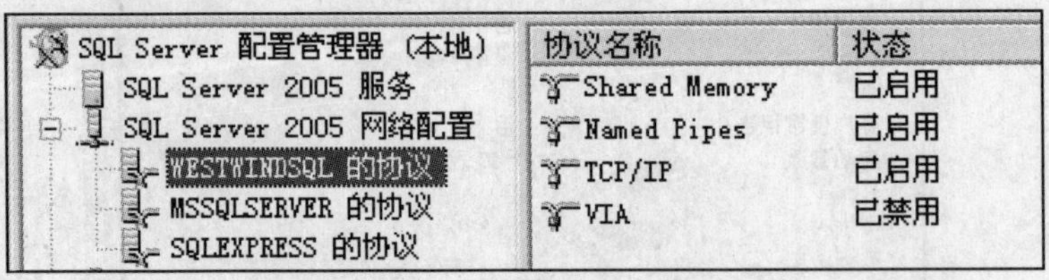

SQL Server 配置管理器 (本地)
SQL Server 2005 服务
SQL Server 2005 网络配置
WESTWINDSQL 的协议
MSSQLSERVER 的协议
SQLEXPRESS 的协议

协议名称	状态
Shared Memory	已启用
Named Pipes	已启用
TCP/IP	已启用
VIA	已禁用

图 2-8 SQL Server 2005 网络配置选项

要启用或禁用某个协议，右击该协议，在右键菜单中选择“启用”或“禁用”，按要求重新启动该实例即可生效。

为了保证数据库实例的安全，请尽量将启用的协议数目减至最小。例如，如果访问数据库的客户端与数据库服务处于相同计算机中，则只需要启用“Shared Memory”即可。多启用一个协议，便多增加一个风险点。在默认情况下，安装 SQL Server 2005 Express 完成之后，该实例就被设置为只启用“Shared Memory”协议。SQL Server 2005 Express 版本的数据库常常被中小企业采用，例如用来担当这些企业的 ASP.NET 网站的后台数据库。因为网站的规模不大，所以 WEB 服务与数据库服务常常由同一台服务器担当，因而启用“Shared Memory”就足够了。

当然，如果数据库实例与客户端处于不同的计算机，则至少要启用“TCP/IP”或“Named Pipes”协议，或同时启用这两种协议。

2) 配置 SQL Server 数据库实例的网络协议

对于 SQL Server 实例所采用的协议，可以对其做进一步的配置。

共享内存(Shared Memory)协议是最简单的协议，不需要对其做任何的配置。

(1) 配置 TCP/IP 协议。在默认配置下，SQL Server 2005 数据库默认实例采用的 TCP 端口为 1433，其他所有的命名实例均采用动态端口。

在图 2-8 所示的对话框中，右击详细窗格中的“TCP/IP”协议，选择“属性”，单击“IP 地址”标签，其中各选项如图 2-9 所示，该图表明了此数据库实例采用的是动态端口。

可以将数据库实例(包括默认实例)配置为使用静态端口。图 2-10 是将数据库实例配置为使用静态端口“1465”的一个例子。

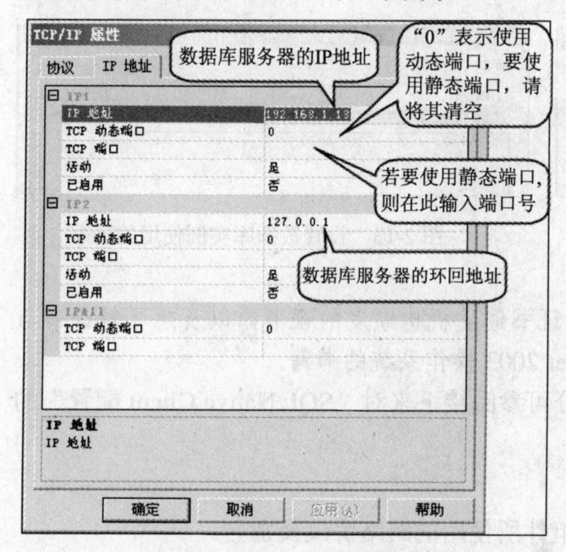

图 2-9 使用 TCP 动态端口

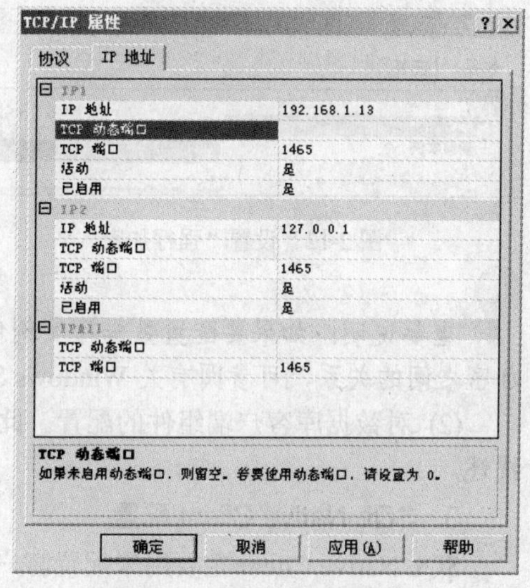

图 2-10 使用 TCP 静态端口

(2) 配置命名管道协议。在图 2-8 所示的对话框中，右击详细窗格中的“Named Pipes”协议，选择“属性”，可以查看对应数据库实例的命名管道协议配置情况。数据库默认实例的管道名称一般为“\\.\pipe\sql\query”，如果是命名实例，则一般为“\\.\pipe\<命名实例名称>\sql\query”。

可以改变这个设置(这也是微软的建议)，例如“\\.\pipe\MSSQL$WESTWINDSQL\WestBM_SQL\query”是一个经过修改之后的完整的命名管道名称，图 2-11 是对该命名管道名称的解释。

图 2-11 对命名管道名称的解释

3) 配置 SQL Server 数据库实例连接加密

默认情况下，数据库客户端组件与数据库实例之间的通信是未经过加密的。但在某些重要场合下需要对信息安全有极高要求时，就应该对这种双方之间的通信进行加密。

加密是通过极复杂的数学算法将数据更改为不可读的形式来保密敏感信息的方法。要实现对数据库客户端组件与数据库实例之间的通信进行加密，需要对双方分别进行配置。

(1) 对数据库实例的配置。在图 2-8 所示的窗口中，右击左边树形图中“SQL Server 2005 网络配置”节点下的要进行配置的“<数据库实例>的协议”，选择“属性”。在“标志”标签中，将“强行加密”设置为“是”，如图 2-12 所示；在“证书”标签中，在证书下拉列表框中选择数据库实例要使用的证书，如图 2-13 所示。然后单击“确定”按钮。

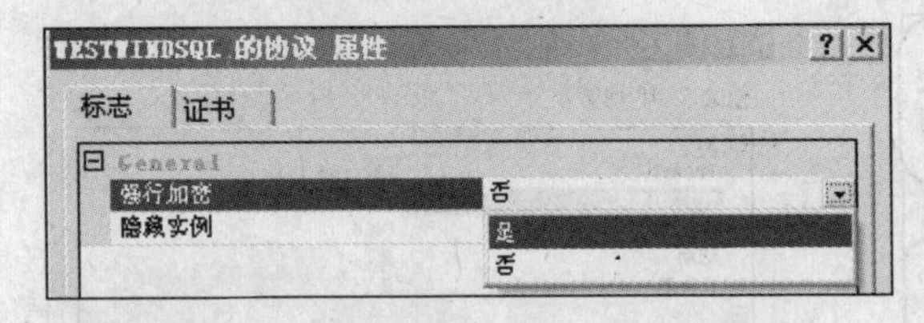

图 2-12　设置“强行加密”

图 2-13　设置数据库实例使用的证书

重要说明：如果要配置数据库实例使用证书颁发机构颁发的证书，以及想了解证书与加密之间的关系，可参阅有关 Windows Server 2003 操作系统的书籍。

(2) 对数据库客户端组件的配置。此部分可参阅接下来对“SQL Native Client 配置”的描述。

3．SQL Native Client 配置

SQL Native Client 主要用来配置客户端组件所使用的网络协议及别名。

1) 配置客户端组件使用的网络协议

要配置客户端组件所使用的网络协议，在“SQL Server 配置管理器”中，展开左边树形图中的“SQL Native Client 配置”节点，单击“客户端协议”，在右方详细窗格中右击要配置的协议，并在右键菜单中单击“启用”或“禁用”即可，如图 2-14 所示。

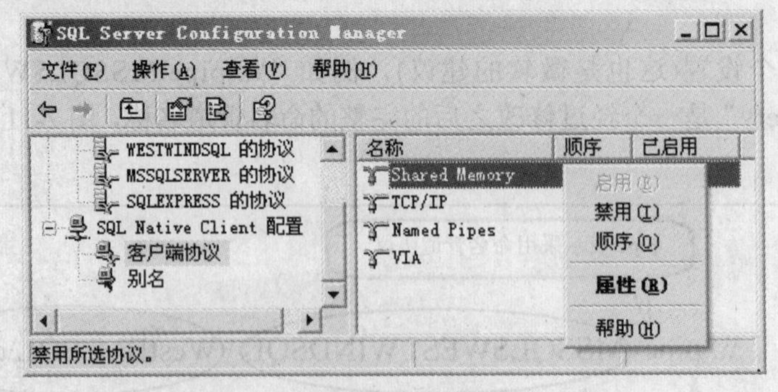

图 2-14　配置客户端使用的网络协议

也可以右击“客户端协议”，选择“属性”，然后在弹出的对话框中启用或禁用协议，并且还可以改变客户端使用不同的协议连接到数据库实例时的顺序。

2) 配置别名

在通过客户端管理工具连接到数据库引擎实例时，需要指定数据库实例的名称。例如

在图 2-1 所示的情景中，要连接到数据库的默认实例，则指定默认实例的名称为该服务器的计算机名“WestSVR”，若连接到数据库的命名实例，则该命名实例的名称为“WestSVR\WESTWINDSQL”。这是较为简单的情况，详细的连接名称指定方法可参阅 2.6 节的上机实验。

除了明确指定名称之外，为了方便起见(例如为了不必在每次连接时都指定完整的数据库实例名称)，还可以给该数据库实例定义别名。别名是可用于进行连接的备用名称。别名封装了连接字符串所必需的元素，并使用用户所选择的名称显示这些元素。

按如下步骤可创建一个别名：

在图 2-14 所示的窗口中，右击左边树形图中的节点“别名”，选择“新建别名...”，弹出图 2-15 所示的对话框。该对话框创建了一个名为“WXD_tcp”的别名。该别名表明连接到一个 IP 地址为“192.168.1.13”的数据库服务器的默认实例，此默认实例的 tcp 端口号为“1433”(这是 SQL Server 默认实例的默认端口号，因而此处也可省略该端口号)，并且使用 TCP/IP 协议进行连接。

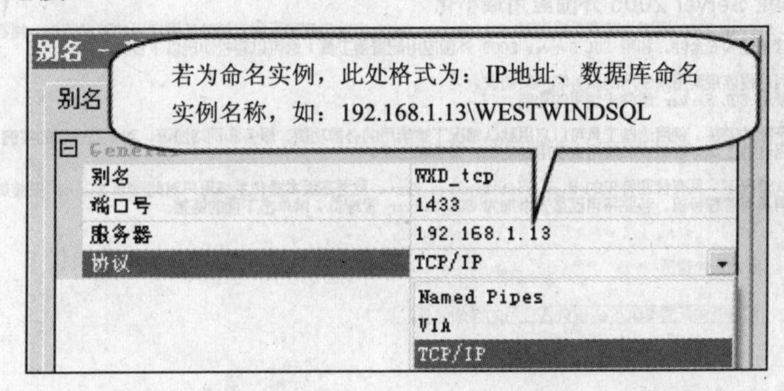

图 2-15　创建一个使用 TCP/IP 协议的数据库实例别名

在“协议”下拉列表框中选择“Named Pipes”则可以创建一个使用命名管道协议连接的数据库别名。

关于如何使用别名连接到数据库实例，可参阅本章 2.6 节的上机实验。

3) 配置客户端为请求加密连接

如前所述，要实现对客户端组件与数据库实例之间的通信进行加密，除了对数据库实例进行配置之外，还需要在客户端进行配置，以使客户端组件向数据库实例请求建立一个经过加密的连接。

配置客户端组件为请求加密连接的操作如下：在图 2-14 所示的 SQL Server 配置管理器界面中，右击“SQL Native Client 配置”，选择“属性”，然后在该属性对话框中按图 2-16 所示进行配置，将“强制协议加密”和“信任服务器证书”都设置为“是”。

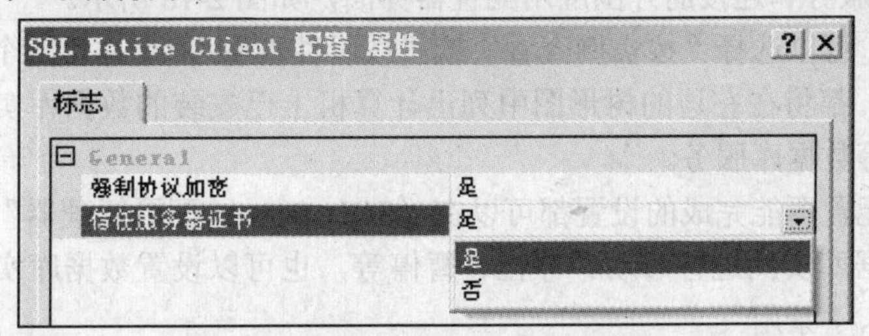

图 2-16　配置客户端为请求加密连接

2.1.2　外围应用配置器

为了增强数据库的安全性，在默认情况下，SQL Server 2005 数据库的某些功能是关闭的。数据库就好比是一幢建筑，而数据库的每一项功能就好比是这幢建筑上的一扇门，如果不需要数据库的某项功能，那么最好的方式就是将该扇门关闭，这样可以使数据库这幢建筑获得最好的安全保证。

如果要启用这些功能，就需要用到“SQL Server 外围应用配置器”，可以按如下方式打开它：单击“开始”|“所有程序”|“Microsoft SQL Server 2005”|“配置管理器”|“SQL Server 外围应用配置器”。打开的界面如图 2-17 所示。

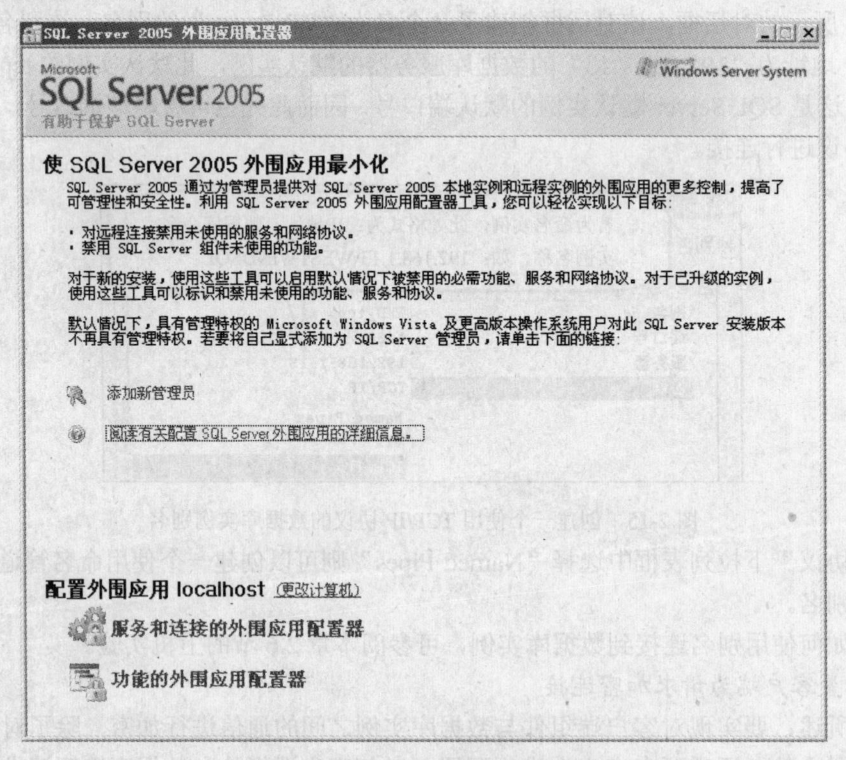

图 2-17　SQL Server 外围应用配置器

SQL Server 外围应用配置器可以完成以下数据库设置任务。

1．服务和连接的外围应用配置器

在图 2-17 所示的“SQL Server 外围应用配置器”界面中，单击“服务和连接的外围应用配置器”，进入服务和连接的外围应用配置器界面，如图 2-18 所示。

在此界面中，可以选择“按实例查看”或“按组件查看”，具体可随个人习惯而定。无论选择哪种方式，都将在左边的树形图中列出计算机上已安装的数据库实例及相应的分析服务、报表服务等数据库服务。

事实上，该配置器能完成的设置都可以在“SQL Server 配置管理器”中完成。可以在此配置器中对数据库实例进行启动、停止、暂停等，也可以设置数据库实例的启动类型为“手动”、“自动”、“禁用”。

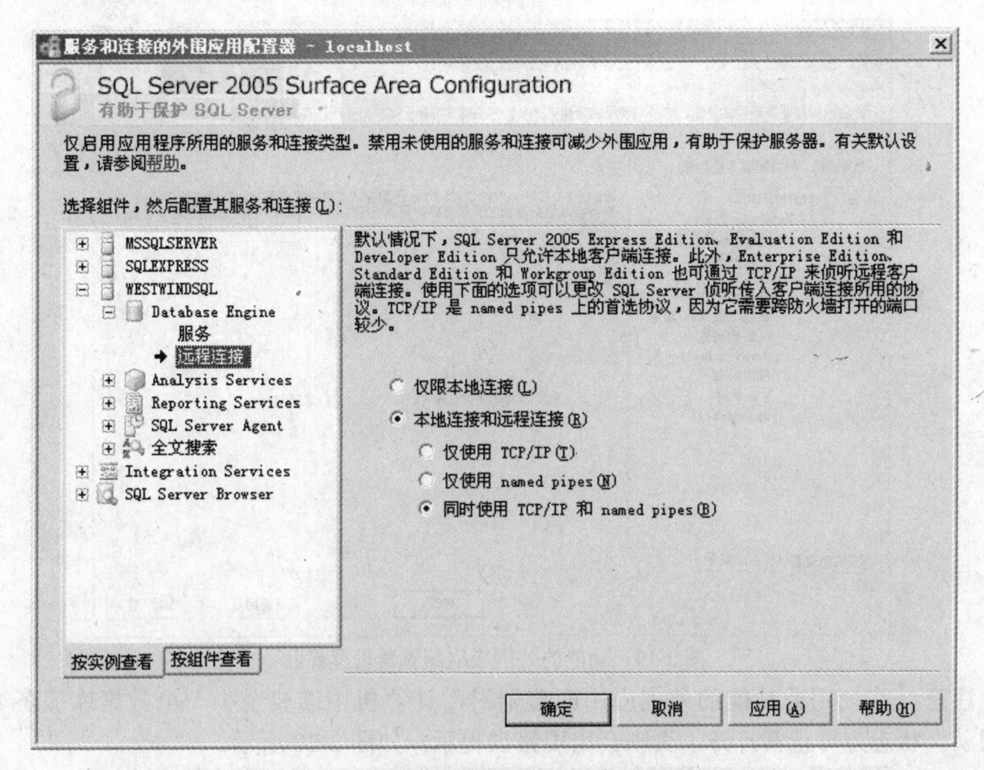

图 2-18　服务和连接的外围应用配置器

还有其他对数据库的设置，都可以在“SQL Server 配置管理器”中找到与之相对应的操作。例如在图 2-18 所示的界面中，该界面显示将数据库实例“WESTWINDSQL”配置为允许“本地连接和远程连接”，并且“同时使用 TCP/IP 和 named pipes”。该设置也可以在“SQL Server 配置管理器”中完成，等效于图 2-8 中的设置，即启用“WESTWINDSQL”实例的 TCP/IP 协议和 Named Pipes 协议。

什么是“本地连接”和“远程连接”？

♦ 本地连接：数据库客户端组件与数据库服务组件(例如数据库实例引擎、分析服务、报表服务等)位于同一服务器内，双方之间只需要“Shared Memory”协议就可以建立通信的连接。当然，如果需要，也可以指定为通过 TCP/IP 或 Named Pipes 协议建立连接。

♦ 远程连接：数据库客户端组件与数据库服务组件(例如数据库实例引擎、分析服务、报表服务等)分别位于不同的计算机上，计算机之间可能是通过局域网建立的连接，也可能是通过广域网(如 Internet)建立的连接。此时双方之间要建立通信连接，至少需要数据库服务器端启用 TCP/IP 协议或 Named Pipes 协议中的一种，或同时启用这两种协议。

鉴于以上原因，服务和连接的外围应用配置器对数据库的配置操作就不再此做过多描述，请读者自行尝试其使用方法。

2. 功能的外围应用配置器

在图 2-17 所示的“SQL Server 外围应用配置器”界面中，单击“功能的外围应用配置器”，进入功能的外围应用配置器界面，如图 2-19 所示。

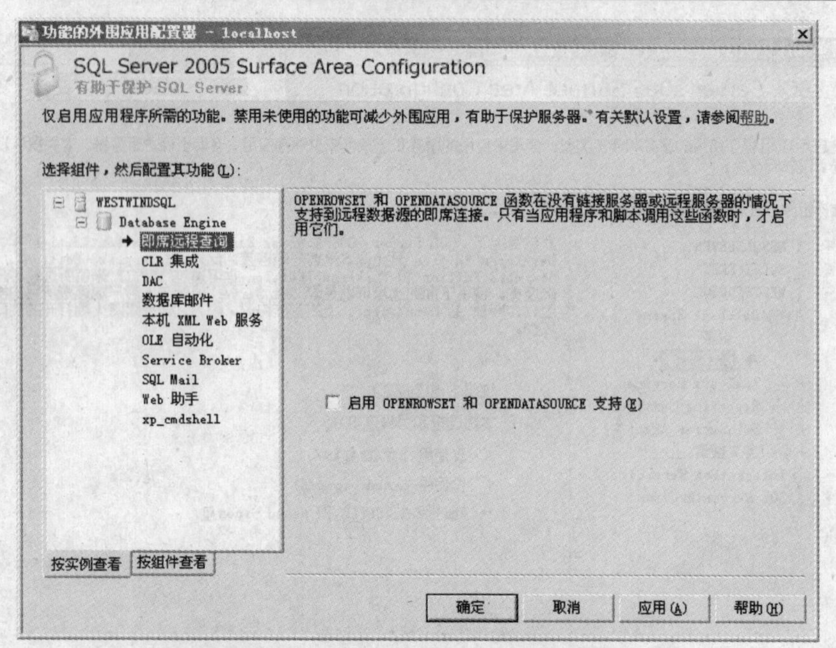

图 2-19　功能的外围应用配置器设置界面

注意，在使用此功能的外围应用配置器时，计算机中需要至少一个数据库服务处于“启动”状态方可正常打开，否则会出现错误提示，如图 2-20 所示。

图 2-20　“功能的外围应用配置器”的错误消息

默认情况下，图 2-19 左边树形图中所显示的数据库功能都是处于禁用状态的(如前所述，这是为了增强数据库的安全)。若要启用某项功能，则在左边树形图中单击选中该项功能，然后在右边窗格中勾选复选框标记以启用该项功能。

由于这些功能都属于 SQL Server 2005 数据库的较高级功能，对于初学者而言，没有必要在此花较多篇幅去描述这些功能本身的作用，目前只需要知道如何启用、禁用这些特殊的功能即可。

2.1.3　SQL Server 管理控制台

SQL Server 管理控制台(Management Studio)是 SQL Server 2005 数据库最重要、功能最强大的管理工具，完全替代了先前版本 SQL Server 2000 所附带的管理工具“SQL Server 查询分析器”和“SQL Server 企业管理器”。

本节限于篇幅，不可能对 SQL Server Management Studio 进行详细的描述，而且对于初学者而言，在接触数据库之初就对这种强大的数据库管理工具进行各方面详细的描述学习是一种本末倒置的做法。这种管理工具的很多特征只有在掌握了数据库本身的相关知识点之后才能较好地理解，因而对 SQL Server Management Studio 的学习是贯穿整个数据库学习始终的。就目前而言，只需要掌握该管理控制台的一些常见的管理任务即可。

可以按如下方式打开 SQL Server Management Studio：

单击“开始”|“所有程序”|“Microsoft SQL Server 2005”|“SQL Server Management Studio”，首先将弹出“连接到服务器”的对话框，如图 2-21 所示。

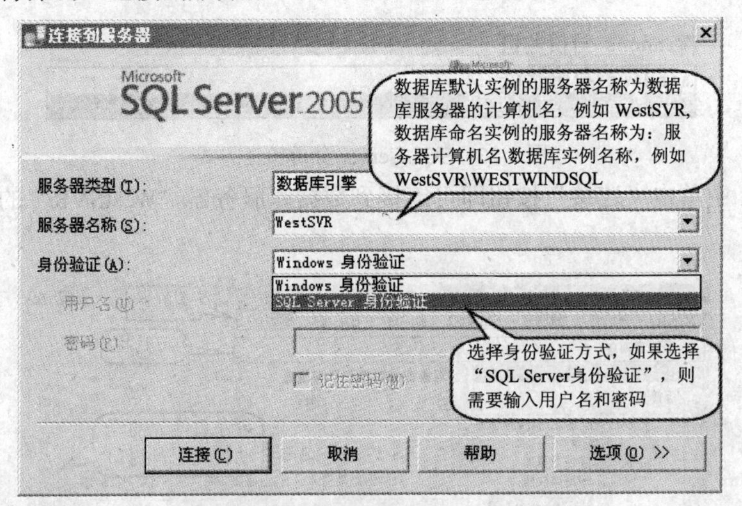

图 2-21 “连接到服务器”对话框

(1) 服务器类型。连接时需要选择要连接的数据库服务的类型，总共有以下五种选择(如图 2-22 所示)：

♦ 数据库引擎

♦ 分析服务(Analysis Services)

♦ 报表服务(Reporting Services)

♦ SQL Server 精简版本(Compact Edition)

♦ 综合服务(Integration Services)

本书主要是讲解数据库引擎，因此大部分均为连接到数据库引擎。

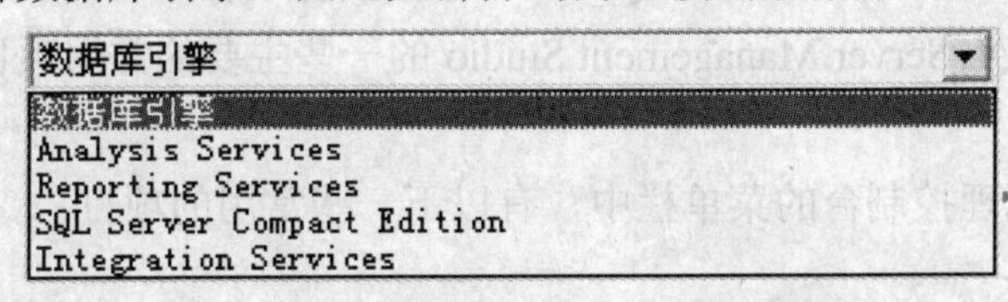

图 2-22 连接的数据库服务的类型

(2) 服务器名称。连接到数据库服务时需要指定服务器的名称，下面以图 2-1 为例说明服务器名称的格式(此处为了简约只说明本地连接的情况)。

♦ 默认实例：数据库默认实例的名称即为该服务器的计算机名。所以在图 2-1 中该默认实例的服务器名称为 WestSVR。

♦ 命名实例：数据库命名实例的名称格式为数据库服务器的计算机名\命名实例名称，所以在图 2-1 中该命名实例的服务器名称为 WestSVR\WESTWINDSQL。

注意，服务器名称不用区分字母的大小写。有关如何指定远程连接的服务器名称的详细内容，可参阅 2.6 节的上机实验。

(3) 身份验证。SQL Server 2005 数据库服务有以下两种身份验证方式(如图 2-23 所示)：

♦ Windows 身份验证

♦ SQL Server 身份验证

有关这两种身份验证方式的详细介绍可参阅第 5 章。如果不做任何说明，本书默认的身份验证方式均为“Windows 身份验证”。

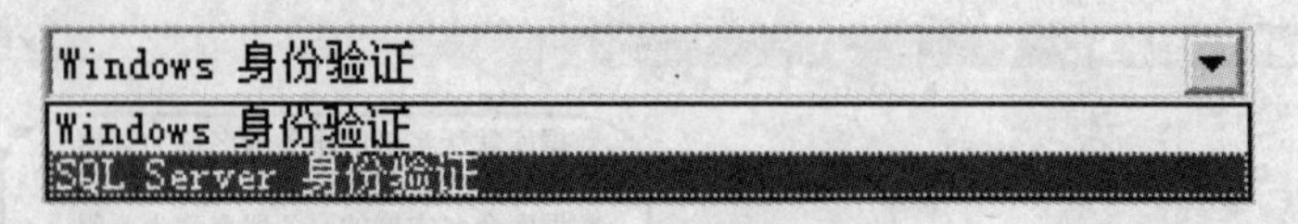

图 2-23　SQL Server 身份验证方式

在图 2-21 中单击“连接”按钮即可连接到数据库服务器“WestSVR”的默认实例，如图 2-24 所示。

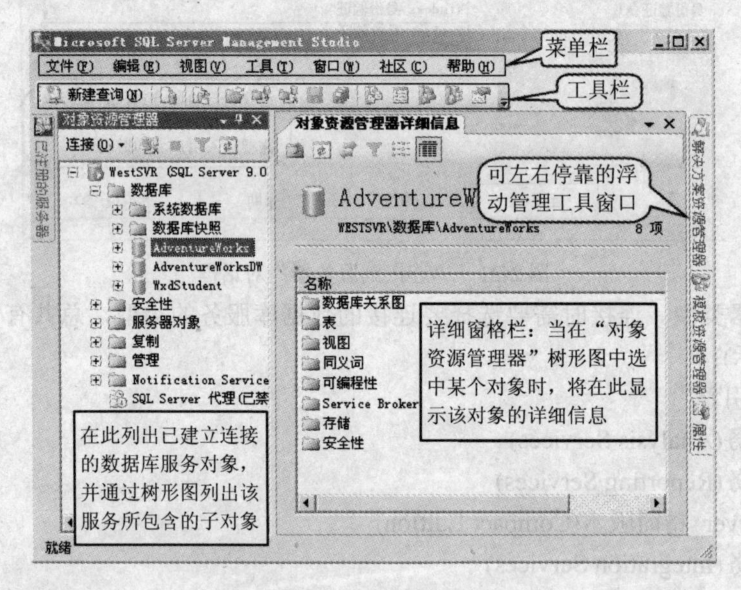

图 2-24　SQL Server 管理控制台界面

下面简要介绍 SQL Server Management Studio 的一些主要的常用项目。

1．菜单栏

在 SQL Server 管理控制台的菜单栏中，有以下一些常用的项目：

1）“文件”菜单

在图 2-24 所示的 SQL Server 管理控制台界面中，单击菜单栏中的“文件(F)”菜单，将列出文件菜单中的项目，如图 2-25 所示。

(1)“文件”|“连接对象资源管理器(E)...”：可打开图 2-21 所示的“连接到服务器”对话框，可以通过这种方式连接到多个数据库服务对象。成功建立了连接的服务器对象将会显示在“对象资源管理器”窗口中。

(2)“文件”|“断开与对象资源管理器的连接(D)”：断开与在“对象资源管理器”窗口中被选中的数据库服务对象的连接。

(3)“文件”|“新建”|“项目(P)...”：创建 SQL Server 数据库项目，该项目是包含在数据库解决方案中的，可创建三种类型的数据库项目，分别为“SQL Server 脚本”、“Analysis Services 脚本”、“SQL Compact Edition 脚本”。

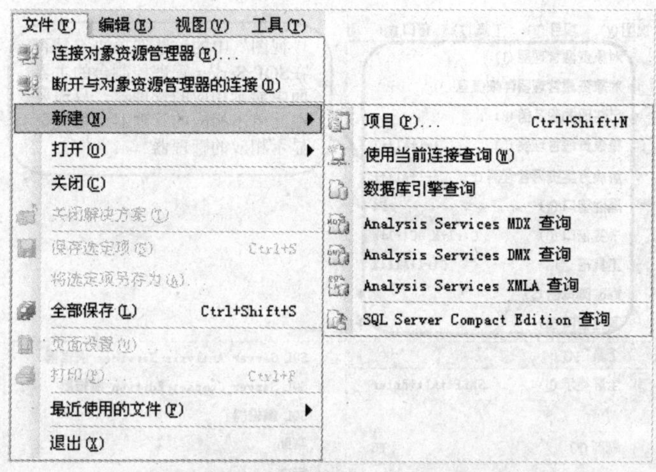

图 2-25　“文件”菜单列表

(4) “文件”|“新建”|“使用当前连接查询(W)”：建立可运行 T-SQL 查询语句的窗口，如图 2-26 所示。“当前连接”的意思是：在该窗口中运行的 SQL 语句是以在“对象资源管理器”窗口中被选中的数据库引擎服务对象为目标的。如果在“对象资源管理器”窗口中没有数据库引擎被选中，则将弹出与图 2-21 相似的数据库引擎连接对话框。

TestSVR.Adv...uery10.sql*　对象资源管理器详细信息

```
SELECT * FROM Person.Address
```

结果　消息

	AddressID	AddressLine1	AddressLine2	City
1	1	1970 Napa Ct.	NULL	Bothell
2	2	9833 Mt. Dias Blv.	NULL	Bothell
3	3	7484 Roundtree Drive	NULL	Bothell

图 2-26　SQL 查询窗口

注意，有关 T-SQL 查询语言的内容，可参阅 2.4 小节。

(5) “文件”|“新建”|“数据库引擎查询”：首先弹出与图 2-21 类似的服务器对象连接对话框，该对话框的服务器类型固定为“数据库引擎”，其状态为灰色，不可改变。成功建立连接之后，将创建一个新的 SQL 查询窗口，与图 2-26 相同。

在“新建”子项中还可以建立其他类型的查询，读者可参阅 SQL 联机丛书以了解这些查询的详细信息。

“文件”菜单中的其他项就不在此做详细说明了，有些属于常见操作，例如“关闭”、“全部保存”等。

2) “编辑”菜单

“编辑”菜单中的选项均属于常见操作，例如“剪切”、“复制”、“粘贴”等，因而不在此做详细说明。

3) “视图”菜单

“视图”菜单中的选项主要用于决定在 SQL Server 管理控制台的主界面中显示哪些管理器，以及在“工具栏”中显示哪些快捷按钮，可参阅图 2-27 的说明。

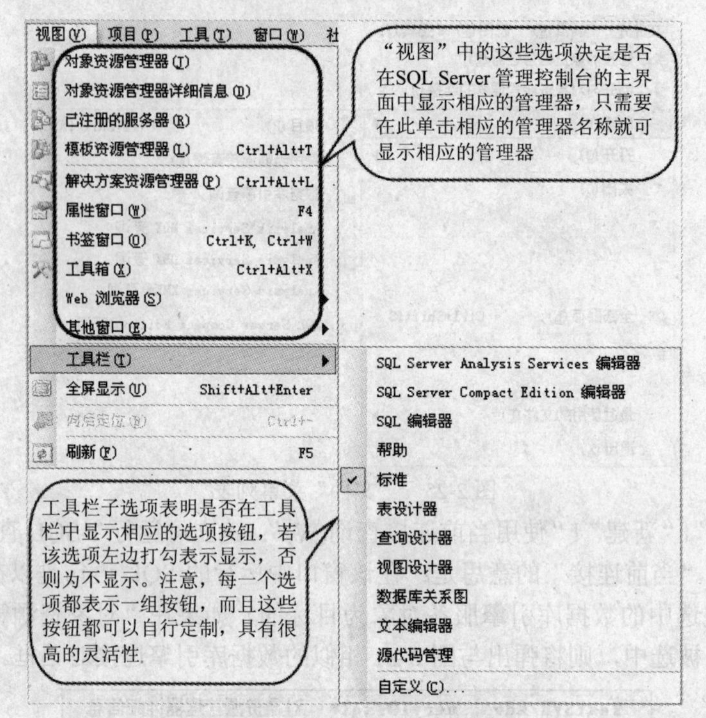

图 2-27　“视图”菜单选项

4) “工具”菜单

“工具”菜单中的选项主要用于调出 SQL Server 的性能监视工具以及设置工具栏快捷按钮和主界面的显示环境，其选项如图 2-28 所示。

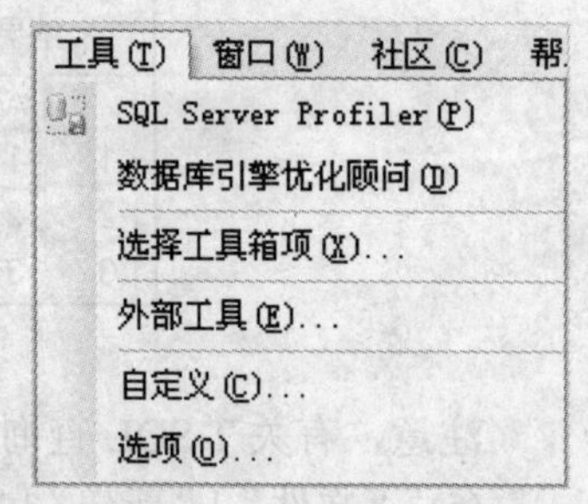

图 2-28　“工具”菜单选项

“工具”菜单的主要选项说明如下：

(1) “工具”|“SQL Server Profiler(P)”：用于调出 SQL Server 事件探查器(SQL Server Profiler)。SQL Server 事件探查器是 SQL 跟踪的图形用户界面，用于监视 SQL Server 数据库引擎或 SQL Server 分析服务的实例，可以捕获有关每个 SQL Server 事件的数据并将其保存到文件或表中供以后分析。

(2) “工具”|“数据库引擎优化顾问”：用于调出数据库引擎优化顾问管理工具。SQL Server 2005 数据库引擎优化顾问可帮助数据库管理者非常容易地选择和创建索引、索引视图和分区的最佳集合。

(3) “工具”|“选择工具箱项(X)...”：用于显示已经在数据库服务器上注册的所有维护任务组件的列表，可以通过此选项更改工具箱中所显示的组件。用于选择是否启用各种维护任务，例如备份数据库等。每种维护任务都与 SQL Server 相应的程序集(即注册的组件，以 dll 为后缀的动态链接库)实现。一般不需要对其进行更改。

(4) “工具”|“外部工具(E)...”：用于外挂其他第三方的数据库管理工具，这些外部工具可以以插件的形式挂于 SQL Server Management Studio 上。插件是目前各种管理开发工具用于扩展自身的一种非常普遍的方式。

(5) “工具”|“自定义(C)...”：用于设置显示哪些工具栏(包括菜单)，以及在工具栏中

显示哪些快捷按钮。这些快捷按钮可以通过简单的拖放操作来实现添加或移除。

(6) “工具”|“选项(O)...”：用于设置主界面各管理器的表现形式，例如查询分析器的字体颜色，查询结果的显示方式等等。大部分情况是不用更改这些选项的，除非有特别需要。

5) “窗口”菜单

“窗口”菜单中的选项主要用于主界面中各管理窗口的显示方式，例如浮动、可停靠等，如图2-29所示。

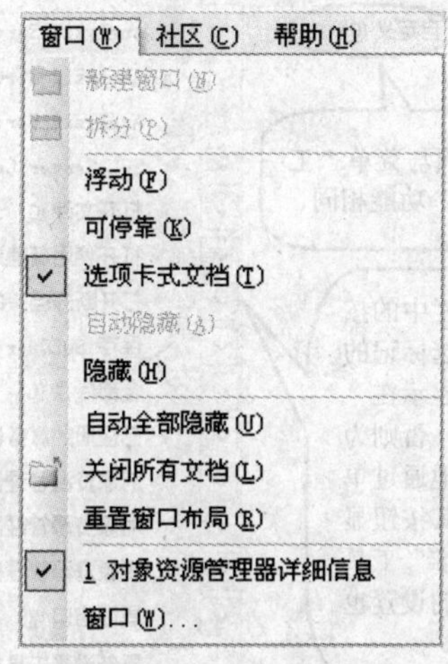

图2-29 “窗口”菜单选项

6) “社区”菜单

“社区”菜单提供了一个SQL Server 2005使用者与微软公司相互交流的平台，使用者在使用SQL Server 2005的过程中遇到的问题或疑问可通过此种方式反馈给微软公司。

7) “帮助”菜单

“帮助”菜单可调出SQL Server 2005联机丛书。

注意：SQL Server管理控制台中的菜单选项并不是一成不变的。菜单选项将会随着主界面中被操作对象的不同而有所不同，即这种操作界面也是面向对象的，对象不同则其有关的操作也不同，因而界面菜单的选项也有所不同。例如，当打开一个运行查询分析的窗口时，菜单选项中将多出“查询”和“项目”菜单。

2. 工具栏

工具栏是实现各种管理任务的快捷按钮的集合。SQL Server管理控制台提供了很多已经组合好的工具栏，而且这些工具栏是可以高度定制的，简单地说就是自己想要哪些工具栏就显示哪些工具栏，每个工具栏中要显示哪些按钮也都可以通过简单的拖放操作实现。图2-30和图2-31显示了“标准”工具栏和“SQL编辑器”工具栏中的按钮。

图2-30 “标准”工具栏

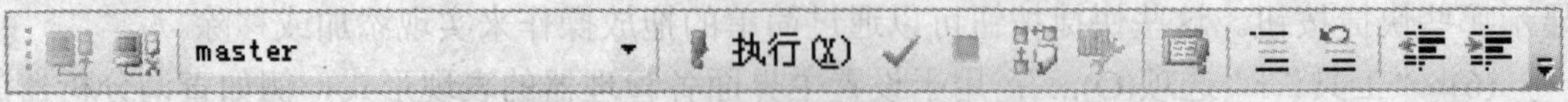

图 2-31　“SQL 编辑器”工具栏

工具栏的定制可以通过菜单“工具”|“自定义(C)...”实现，也可以单击工具栏右边的按钮“▾”，然后在弹出的菜单中选择相应的选项来实现，如图 2-32 所示。

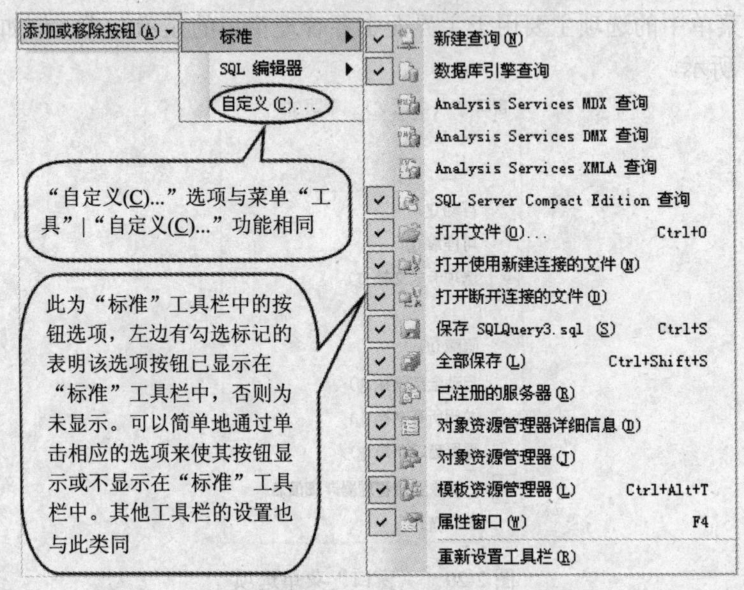

图 2-32　添加或移除工具栏中的按钮

3. SQL Server 管理控制台主界面

“视图”菜单中的各管理器及各窗口均会显示在管理控制台的主界面中，如果在主界面中没有显示，则可单击“视图”菜单中相应的选项。例如，如果要在主界面中显示“对象资源管理器”，可单击“视图”菜单中的“对象资源管理器(J)”。

为了节约主界面的空间，也为了布局得更加简洁明快，各管理器窗口可以按照需要设计成不同的布局方式。可以右键单击管理器窗口的标题栏查看或指定这些布局方式(也可以单击标题栏右方的“▾”标志按钮)，如图 2-33 所示。该右键菜单与“窗口”菜单中的选项相对应。

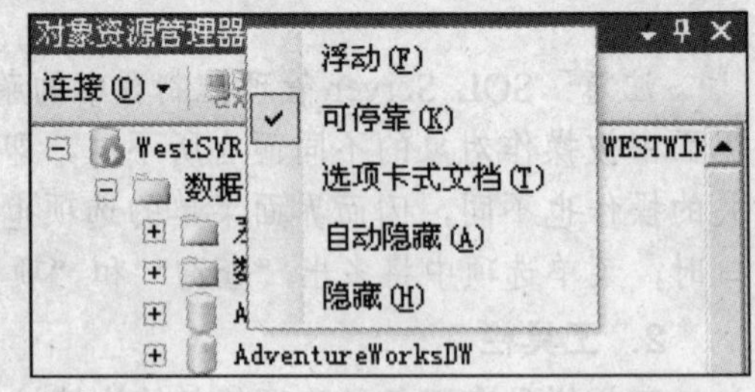

图 2-33　各管理器的窗口布局方式

1) 浮动

如果将管理器窗口的布局方式设置为“浮动”，则该窗口可自由在 SQL Server 管理控制台界面中移动，也可经拖曳操作调整大小。

2) 可停靠

如果将管理器窗口的布局方式设置为“可停靠”，则该窗口除了可自由在 SQL Server 管理控制台界面中移动之外，也可以以鼠标拖动的方式选择停靠在主界面的左、上、右或下方，或以“选项卡式文档”的方式停靠。其说明如图 2-34 所示。

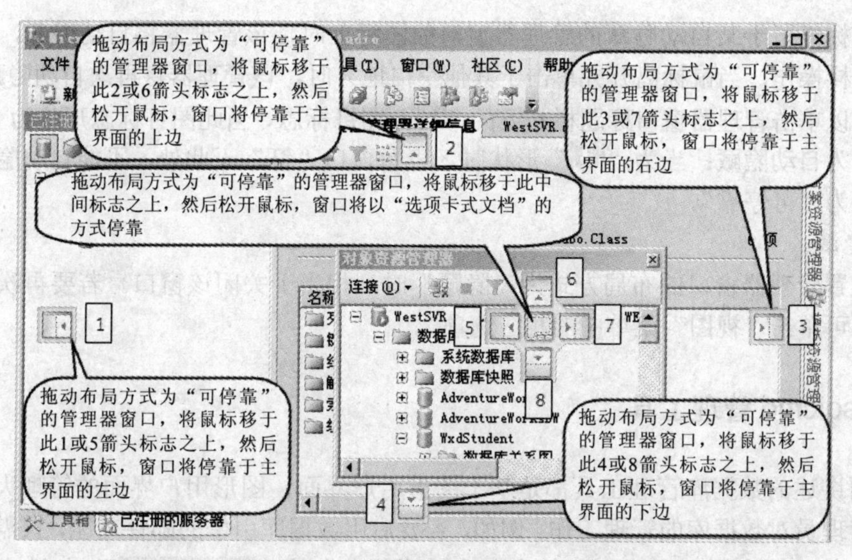

图 2-34 “可停靠”布局方式说明

3) 选项卡式文档

“选项卡式文档”以标签的形式来布局窗口。图 2-35 是“选项卡式文档”的布局方式。

图 2-35 “选项卡式文档”布局方式

4) 自动隐藏

当管理器窗口的布局方式设置为“自动隐藏”时，该窗口将自动隐藏到主界面的左、右或下方，如图 2-36 所示。

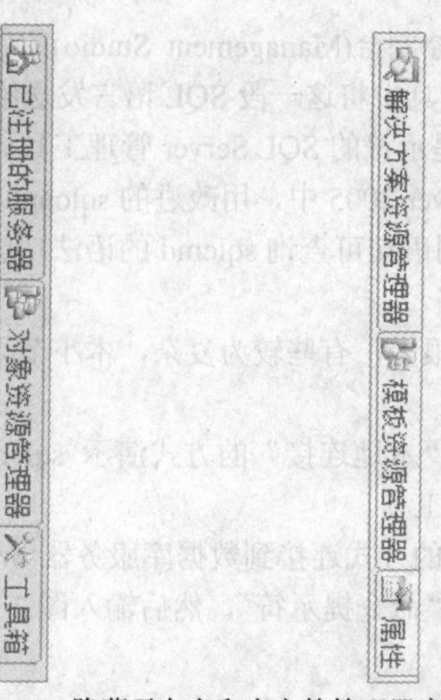

图 2-36 隐藏于左方和右方的管理器窗口

当鼠标停留于某自动隐藏的管理器窗口的图标上时，该管理器将自动展开，然后可以像平常一样操作，当鼠标离开并单击于其他空白地方时，该管理器将再次自动隐藏。

也可以单击管理器窗口标题栏右方的“ ”图钉标志，当此图钉标志形状为“ ”时，表示窗口为自动隐藏；当为“ ”形状时，表示窗口“钉”于此处，不能自动隐藏，这时窗口状态为“可停靠”。

5) 隐藏

当设置管理器窗口的布局方式为“隐藏”时，相当于关闭该窗口。若要再次重新显示该窗口，可单击“视图”菜单中的相应选项。

2.1.4　sqlcmd 管理工具

前面讲述的数据库管理工具都是基于图形用户界面，图形用户界面的管理大大方便了数据库管理员对数据库的管理工作。例如，若要启用数据库引擎的邮件功能，只需在图 2-19 所示功能的外围应用配置器中，单击左边树形节点中的“数据库邮件”，勾选右边的选项“☑ 启用数据库邮件存储过程(E)”，然后单击“确定”或“应用”按钮就完成了整个配置。

在这个配置过程中，对于数据库引擎而言，它并不知道也不关心到底是谁让其启用数据库邮件功能，只知道自己接收到一个命令，然后执行这个命令，于是就启用了数据库邮件这个本来没有启用的功能。而这个命令其实就是一段 SQL 语言程序，数据库引擎只识别 SQL 语言，至于 SQL 语言是谁发送给它的(当然发送者得有权限这样做)，它并不关心。

事实上，在这个例子中，当单击“确定”或“应用”按钮时，“功能的外围应用配置器”其实也是发送了一段 SQL 语言给数据库引擎，这一段 SQL 语言就是命令数据库引擎启用其数据库邮件功能的。只是对于数据库管理员而言，或许并不需要知道这一段 SQL 语言(只需要知道完成如上所述的简单勾选单击操作即可)，如果知道，数据库管理员就可以直接将这一段 SQL 语言发送给数据库引擎并使其执行，同样可以达到启用数据库邮件功能的这个目的。

可以在 SQL Server 管理控制台(Management Studio)的新建查询窗口中，也可以通过本节要介绍的“sqlcmd”管理工具中将这一段 SQL 语言发送给数据库引擎使其执行。

sqlcmd 是一个基于命令提示符的 SQL Server 管理工具，在 SQL Server 2000 中与之相对应的工具为 osql。在 SQL Server 2005 中，用改进的 sqlcmd 取代了 osql。

在命令提示符中输入下列语句可查询 sqlcmd 的语法功能：

sqlcmd -?

完整的 sqlcmd 语法还有很多，有些较为复杂，本小节只介绍该命令的最常用的几个参数选项。

下面以图 2-1 为例，以“本地连接”的方式演示 sqlcmd 的用法，即在数据库服务器 WestSVR 上运行 sqlcmd 管理工具。

(1) 以提供用户名和密码的方式连接到数据库服务器 WestSVR 的默认实例：打开“开始”|“所有程序”|“附件”|“命令提示符”，然后输入图 2-37 所示的命令并回车(其语法说明也在该图中)。

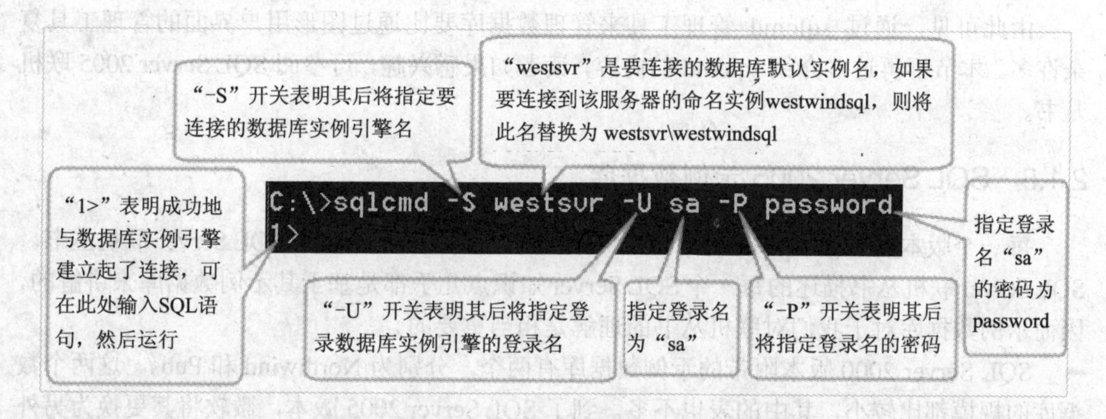

图 2-37　以提供用户名和密码的方式连接到数据库

(2) 以信任连接的方式连接到数据库服务器 WestSVR 的默认实例：信任连接的方式与前一种连接方式的不同仅仅在于将"-U sa -P password"替换为"-E"，如图 2-38 所示。

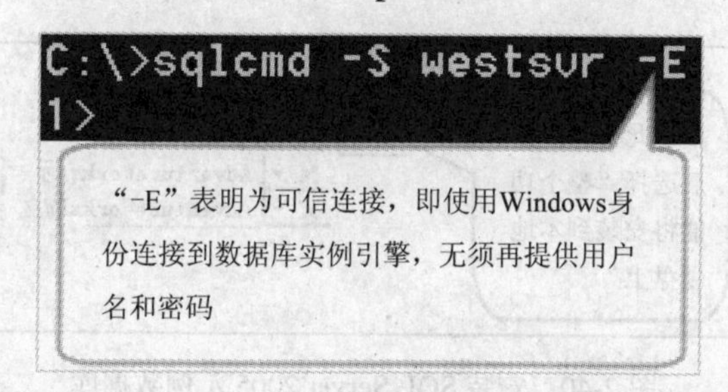

图 2-38　以信任连接的方式连接到数据库

成功地与数据库引擎建立了连接之后，就可以在标志符"1>"之后输入 SQL 语句，数据库引擎将会运行这些 SQL 语句。SQL 语句以批处理的方式执行，每一批 SQL 语句以"GO"结束，当输入"GO"并回车时，当前"GO"与上一个"GO"之间的 SQL 语句就作为一批一起执行(相当于后面要描述的 T-SQL 语言中的"BEGIN"和"END"之间的语句)。当然，如果当前"GO"即为第一个"GO"，则当前"GO"与第一行("1>")之间的 SQL 语句(包括第一行)作为一批执行。

若要通过 sqlcmd 管理工具来启用数据库服务器 WestSVR 默认实例的数据库邮件功能，可在 sqlcmd 界面中执行图 2-39 所示的操作，该图中的"sp_configure"是一个专门用来配置数据库实例的系统存储过程，有关存储过程的内容将于第 6 章进行介绍。

```
C:\>sqlcmd -S westsvr -U sa -P password
1> sp_configure 'show advanced options',1
2> go
配置选项 'show advanced options' 已从 1 更改为 1。请运行 RECONFIGURE 语句进行安装。
1> RECONFIGURE
2> GO
1> sp_configure 'Database Mail XPs',1
2> go
配置选项 'Database Mail XPs' 已从 0 更改为 1。请运行 RECONFIGURE 语句进行安装。
1> RECONFIGURE
2> GO
```

图 2-39　通过 sqlcmd 管理工具启用数据库引擎的邮件功能

由此可见，通过 sqlcmd 管理工具来管理数据库要比通过图形用户界面的管理工具复杂许多。本节不再过多介绍 sqlcmd 的内容，读者如果感兴趣，可参阅 SQL Server 2005 联机丛书。

2.1.5 SQL Server 2005 示例数据库

每一个版本的 SQL Server 均附带示例数据库，否则就无法编写 SQL Server 联机丛书。SQL Server 联机丛书描述的每一个 SQL Server 知识点几乎都是基于其示例数据库来讲解的，因而示例数据库对于我们对联机丛书的理解是相当重要的。

SQL Server 2000 版本附带的示例数据库有两个，分别为 Northwind 和 Pubs。这两个数据库的规模都比较小，其中的表也不多。到了 SQL Server 2005 版本，微软将其更换为另外两个庞大的数据库 AdventureWorks 和 AdventureWorksDW。不过在默认情况下，SQL Server 2005 安装程序不会自动安装这两个数据库，如图 2-40 所示。当然，也可以在安装的过程中选择将其安装。

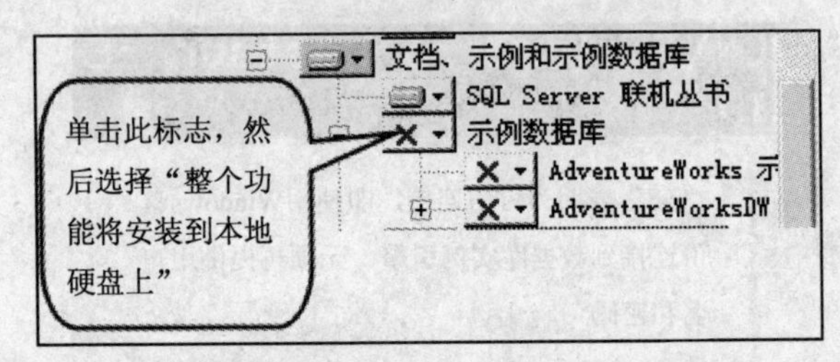

图 2-40　安装 SQL Server 2005 示例数据库

如果 SQL Server 2005 已经安装完毕，并且没有选择安装这两个示例数据库，那么以后如果需要这两个数据库时，可以按以下两种方式的任意一种获得这两个示例数据库：

(1) 重新运行 SQL Server 2005 安装程序，在安装过程中，选择只安装示例数据库，如图 2-40 所示，然后按安装提示运行整个安装过程。

(2) 到微软官方网站下载这两个数据库。注意，下载完毕之后，需要将这两个数据库附加到数据库实例中才可用，本书将在第 4 章介绍有关如何附加数据库的知识点。

2.2 数据库基本组成

在创建数据库之前，有必要先对数据库的基本组成作一个初步的了解。

2.2.1 数据库文件

正如文档编辑软件用于将输入的信息保存到物理文件中一样，数据库最终也是将数据库的信息保存到物理文件中。从操作系统的角度来看，这个文件就是普通的操作系统文件。SQL Server 2005 将数据库映射为一组操作系统文件，这就是数据库文件。数据库文件分为以下两类：

(1) 数据文件。数据文件分为主数据文件和从数据文件。

♦ 主数据文件：一般用扩展名“MDF”进行标识，不过这并不是必需的，扩展名可有可无，但推荐采用该扩展名标识主数据文件。主数据文件用来存放数据库表、索引以及数据库的启动信息，包括系统表。主数据文件是数据库的起点，指向数据库中的其他文件。每个数据库都有且只有一个主数据文件。

♦ 从数据文件：一般用扩展名“NDF”进行标识，也可以为其他的扩展名，不过这不是必需的，也可以没有。数据库可以没有从数据文件，也可以有多个从数据文件。从数据文件主要用于当数据库文件跨越多个硬盘驱动器时。

当数据库中只有一个数据文件时，则该文件一定是主数据文件，否则除主数据文件之外，其余文件都是从数据文件。

(2) 日志文件。每个数据库必须至少有一个日志文件，也可以有多个日志文件。日志文件包含着用于恢复数据库的所有日志信息。日志文件没有主从之分。建议使用“LDF”扩展名来标识日志文件，同样这也不是必需的，该扩展名可有可无，也可以不是“LDF”而采用其他扩展名。

每一个数据库文件(包括数据文件和日志文件)，都有一个逻辑文件名和一个物理文件名。在SQL语言中，需要使用逻辑文件名来指定该数据库文件，而如果要在操作系统中指定该数据库文件，就需要使用该数据库文件的物理文件名。逻辑文件名可以任意指定，只要该名称符合标识符的一般规则(有关标识符规则的内容，可参阅2.4小节)，物理文件名其实就是该文件完整的文件路径。图2-41显示了一个主数据文件和日志文件的逻辑文件名和物理文件名的例子。

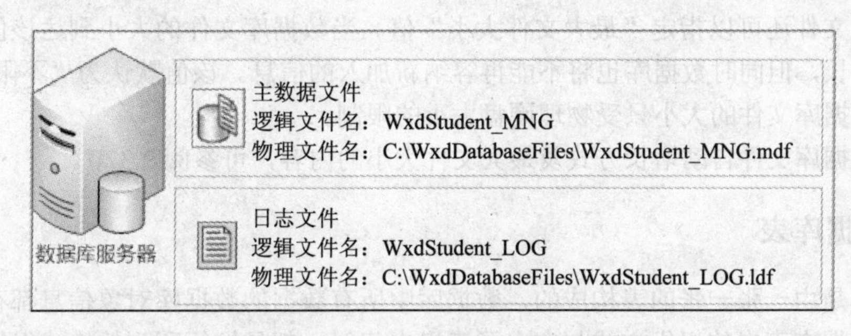

图2-41 数据库文件的逻辑文件名与物理文件名

【实践操作一】 查阅示例数据库AdventureWorks的数据库文件。该数据库服务器的配置环境如图2-1所示。

可按如下操作进行：

(1) 以数据库服务器WestSVR管理员的身份登录服务器，单击“开始”|“所有程序”|“Microsoft SQL Server 2005”|“SQL Server Management Studio”。

(2) 在“连接到服务器”对话框中选择服务器类型为“数据库引擎”，服务器名称为“WestSVR”，身份验证为“Windows身份验证”，单击“确定”按钮。

(3) 在“对象资源管理器”中展开节点“WestSVR”|“数据库”，右击节点“AdventureWorks”，在右键菜单中选择“属性”。

(4) 在“数据库属性”对话框中单击左侧节点“文件”，右方列出数据库文件的详细信息，如图2-42所示。

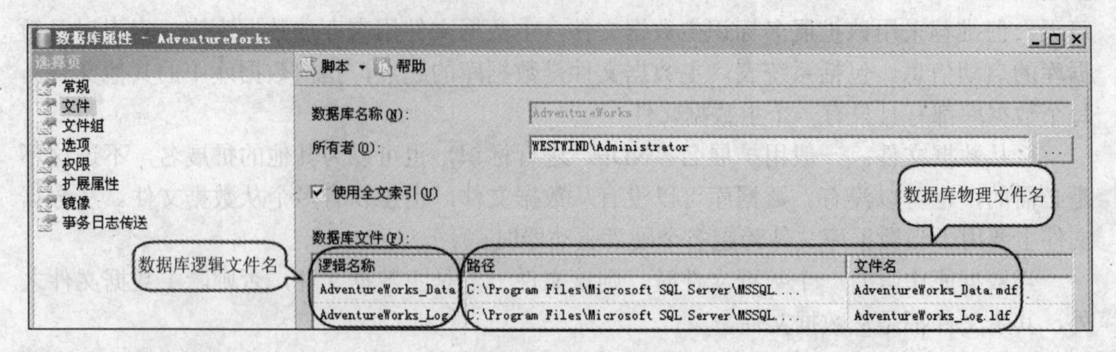

图 2-42 AdventureWorks 数据库文件

在创建数据库时，需要给数据文件和日志文件指定一个初始大小。数据文件的初始大小默认值为 3 MB，日志文件的初始大小默认值为 1 MB。当该初始大小容量已经容纳不下新的信息时，数据库文件就开始自动增长，数据库文件将以创建该数据库时设置的自动增长方式增长。数据库文件有以下两种自动增长方式：

♦ 按百分比。例如，假设数据库文件的初始大小为 10 MB，自动增长设为 10%，则数据库文件的第一次增长值为：10×10%=1 MB，以后的每次增长值均为先前的数据库文件大小乘以该百分比值。日志文件默认为按 10%增长。

♦ 按 MB。数据库文件每次增长都将按照指定的固定值增加，例如假设该值为 10 MB，则数据库文件每次增长的值均为 10 MB。数据文件默认为按 1 MB 固定值增长。

数据库文件还可以指定“最大文件大小”值。当数据库文件的大小到达该值时，数据库将停止增长，但同时数据库也将不能再容纳新加入的信息。该值默认为“不限制增长”，那么此时数据库文件的大小只受物理硬盘大小的限制。

有关数据库文件自动增长方式及最大文件大小的内容，可参阅 2.3 节。

2.2.2 数据库表

数据库是由一张一张的表构成的，数据库中所有数据的数据库对象信息都存放在相应的表中。数据在表中的组织方式与在电子表格中相似，都是按行和列的格式组织的。每一行代表一条唯一的记录，每一列代表记录中的一个字段。例如，在包含公司雇员数据的表中，每一行代表一名雇员，各列分别代表该雇员的信息，如雇员编号、姓名、地址、职位以及家庭电话号码等。

数据库中的表由下列组件构成：

1. 列

每一列(Column)代表由表建模的对象的某个属性，也称一个字段。例如，一个雇员包含姓名、性别、出生日期等属性，这些属性分别由表中的一列表示。在设计表时，要给该列指定合适的数据类型，在该列中只能存放指定数据类型的数据。如图 2-43 所示，该图是示例数据库 AdventureWorks 中的表“HumanResources. Employee”的一部分记录。

2. 行

每一行(Row)代表由表建模的对象的一个单独的实例，也称一条记录(Record)。每一行代表该表中记录的一个对象，如图 2-43 所示的表中，每一行代表一个雇员。

这是表中的一列，也称一个字段，该列(字段)的列名为“LoginID”，在设计表时，要给该列指定合适的数据类型，在该列中只能存放指定数据类型的数据，其他列与此类同

LoginID	ManagerID	Title	BirthDate
adventure-works\guy1	16	Production Technician - WC60	1972-5-15 0:00:00
adventure-works\kevin0	6	Marketing Assistant	1977-6-3 0:00:00
adventure-works\roberto0	12	Engineering Manager	1964-12-13 0:0...
adventure-works\rob0	3	Senior Tool Designer	1965-1-23 0:00:00
adventure-works\thierry0	263	Tool Designer	1949-8-29 0:00:00
adventure-works\david0	109	Marketing Manager	1965-4-19 0:00:00
adventure-works\jolynn0	21	Production Supervisor - WC60	1946-2-16 0:00:00
adventure-works\ruth0	185	Production Technician - WC10	1946-7-6 0:00:00
adventure-works\gail0	3	Design Engineer	1942-10-29 0:0...
adventure-works\barry0	185	Production Technician - WC10	1946-4-27 0:00:00
adventure-works\jossef0	3	Design Engineer	1949-4-11 0:00:00

这是表中的一行，也称一条记录(Record)。每一行代表该表中记录的一个对象，具体到此表中，则一条记录代表一个雇员

图 2-43　AdventureWorks 中的“HumanResources. Employee”表

2.2.3　系统数据库

SQL Server 维护一组系统级数据库(称为“系统数据库”)，这些数据库对于服务器实例的运行至关重要。因为数据库实例的配置信息都保存在这些系统数据库中，例如，在该实例中新创建的数据库、该数据库所对应的数据库文件、该数据库中新创建的表等诸多信息均存放于系统数据库中。每一个数据库实例均包含表 2-1 中所示的几个重要的系统数据库。

表 2-1　几个重要的系统数据库

系统数据库名	作 用 说 明	数据文件	日志文件
Master	记录 SQL Server 系统的所有系统级信息的数据库	master.mdf	mastlog.ldf
model	在 SQL Server 实例上为所有数据库创建的模板。即当新创建一个数据库时，该数据库与 model 数据库的结构是一模一样的	model.mdf	modellog.ldf
msdb	SQL Server 代理用来安排警报和作业以及记录操作员信息的数据库。msdb 还包含历史记录表，例如备份和还原历史记录表。警报和作业的内容可参阅第 9 章	msdbdata.mdf	msdblog.ldf
tempdb	用于保存临时或中间结果集的工作空间。每次启动 SQL Server 实例时都会重新创建此数据库。服务器实例关闭时，将永久删除 tempdb 中的所有数据	tempdb.mdf	templog.ldf

注意，数据文件和日志文件的默认位置为 C:\Program Files\Microsoft SQL Server\Mssql.n\MSSQL\Data，其中 n 是 SQL Server 实例的序号。如果安装 SQL Server 时更改了默认位置，则此位置可能会变化。如图 2-44 所示，“mssqlsystemresource.ldf”、“mssqlsystemresource.mdf”也是一个系统数据库“Resource”的文件，不过该数据库是只读的，不可直接操作。图 2-45 为数据库实例中的系统数据库。

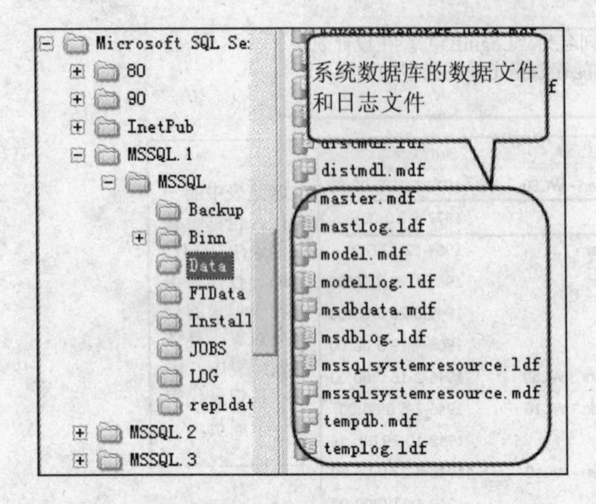

图 2-44 系统数据库的数据文件和日志文件

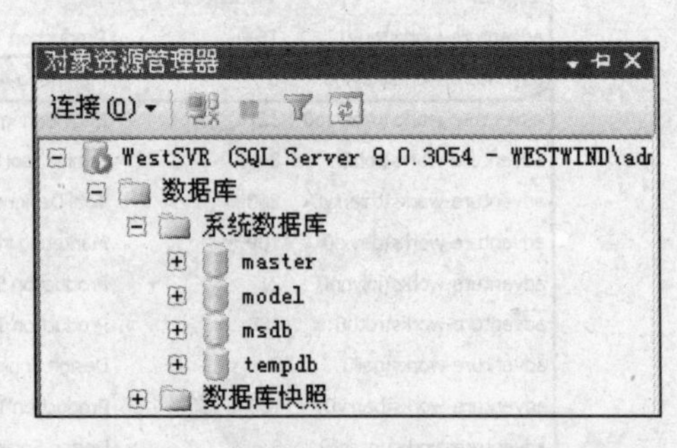

图 2-45 数据库实例中的系统数据库

2.3 使用 SQL Server Management Studio 创建数据库

创建数据库的过程并不复杂，尤其是通过 SQL Server 管理控制台(Management Studio)进行创建。下面介绍如何在管理控制台中创建数据库，以图 2-1 所示的数据库服务器 WestSVR 为例。

1. 通过 SQL Server Management Studio 创建数据库的简单方式

该方式可以简单到只需要输入一个数据库名后单击“确定”按钮就可以完成整个创建过程。具体步骤如下：

(1) 以数据库服务器 WestSVR 管理员的身份登录服务器，单击“开始”|“所有程序”|“Microsoft SQL Server 2005”|“SQL Server Management Studio”，然后连接到该数据库服务器的默认实例(如果默认实例尚未启动，可通过 SQL Server 配置管理器启动该实例，然后再连接)。

(2) 在“对象资源管理器”中展开节点“WestSVR”，右击节点“数据库”，在右键菜单中选择“新建数据库(N)...”，在弹出的“新建数据库”对话框中的“数据库名称”栏内输入数据库名称“Wxdstudent”，单击“确定”按钮即可完成整个数据库的创建。

事实上，创建数据库时只提供一个数据库名称是不够的，上述操作之所以能够顺利完成，是因为创建数据库所需要的其他信息已经在该对话框中默认提供了，例如数据库文件的初始大小、文件存放位置、文件以何种方式增长等。这种方式创建的数据库，其数据库文件将按默认位置存放在该数据库实例的 data 文件夹中，如图 2-46 所示。

图 2-46 数据库文件的默认存放位置

下面以一个实例来介绍创建数据库的一般方式。

2．通过 SQL Server 管理控制台创建数据库的一般方式

【实践操作二】 数据库服务器的配置环境如图 2-1 所示。试在该服务器上通过 SQL Server 管理控制台按以下要求创建数据库：

◆ 该数据库的名称为“Wxdstudent”。

◆ 数据库文件的逻辑名及物理文件名要求如图 2-41 所示。

◆ 数据文件初始大小为 10 MB，按 5 MB 固定值增长；日志文件初始大小为 5 MB，按 50%的百分比值增长。

◆ 数据库文件的大小均不受限制。

该实践操作的步骤如下：

(1) 按创建数据库的简单方式所描述的步骤，打开“新建数据库”对话框。

(2) 在“数据库名称”栏内输入数据库名称“Wxdstudent”。在“数据库文件(F)”表格中，将数据文件的逻辑名称改为“WxdStudent_MNG”，初始大小设为 10，单击自动增长的设置按钮“...”，在弹出的对话框中，按图 2-47 所示进行设置，单击路径的设置按钮“...”，将路径设置为“C:\WxdDatabaseFiles”(如果没有该文件夹，请先将其创建好)。将日志文件的逻辑名称改为“WxdStudent_LOG”，初始大小设为 5，按照与设置数据文件相同的方式，将日志文件的自动增长方式设置为按 50%增长，并且不限制文件大小，将路径同样设置为“C:\WxdDatabaseFiles”。设置完毕之后如图 2-48 所示。

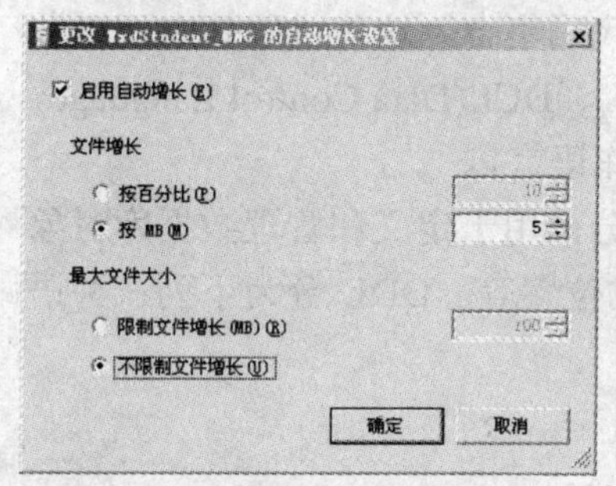

图 2-47 设置数据文件的自动增长方式

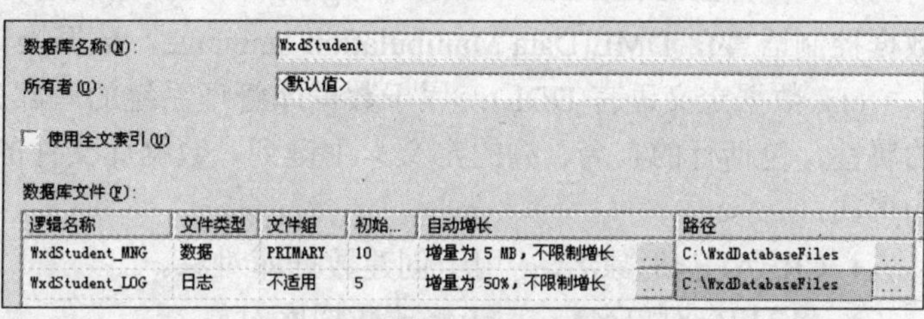

图 2-48 新建数据库对话框

(3) 单击“确定”按钮，将成功创建该数据库。在“对象资源管理器”中展开“数据库”节点，可查看到新创建的数据库“WxdStudent”，如图 2-49 所示。打开文件夹“C:\WxdDatabaseFiles”可查看到该数据库的数据文件和日志文件。

此外，在创建数据库时，还可以在“新建数据库”对话框中通过单击“添加”按钮来添加多个数据文件和日志文件，可以在“文件组”选项中添加多个文件组，并将相应的数据文件指派到相应的文件组中。日志文件没有文件组的概念，文件组只对数据文件适用。

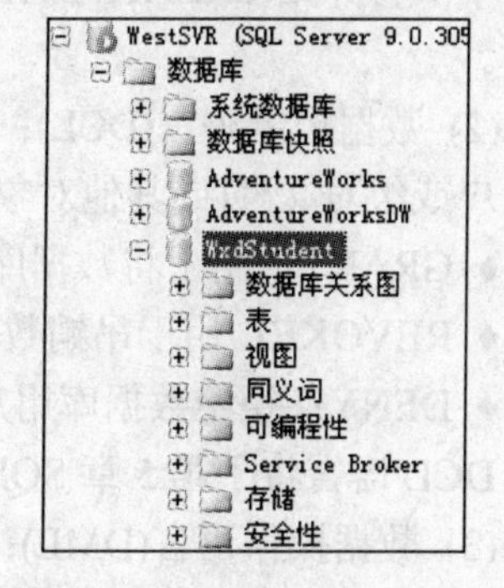

图 2-49 成功地创建了数据库“WxdStudent”

2.4 使用 T-SQL 语言创建数据库

本小节介绍使用 SQL(Structure Query Language，结构化查询语言)语言来创建数据库。

2.4.1 T-SQL 简介

SQL 语言是全球数据库的通用语言。国际标准化组织(ISO)和美国国家标准协会(ANSI)负责定义 SQL 语言的标准，目前该标准为 SQL-92。微软公司在设计其 SQL Server 时，对该 SQL 语言标准进行了一些补充，形成了自己的 SQL 语言，即为 Transact-SQL 语言，通常又简称为 T-SQL 语言。

T-SQL 语言用于管理 SQL Server 数据库引擎实例，创建和管理数据库对象，以及插入、检索、修改和删除数据。

T-SQL 语言是使用 SQL Server 的核心。与 SQL Server 实例通信的所有应用程序都通过将 T-SQL 语句发送到数据库服务器(不考虑应用程序的用户界面)来实现其目的。这一点在本章 2.1.4 节介绍 sqlcmd 管理工具时已有所提及。

2.4.2 T-SQL 语法及变量说明

T-SQL 语言是对数据库或数据库对象执行某些操作的代码集合，这些代码基本可以分为三种类型：DDL(Data Definition Language，数据定义语言)、DCL(Data Control Language，数据控制语言)，DML(Data Manipulation language，数据操作语言)。

(1) 数据定义语言(DDL)：属于数据库管理系统的一部分，用于定义和管理数据库对象的属性，包括行的布局、列的定义、主键列、数据库文件的位置等。DDL 分为下列三种语句形式：

◆ CREATE<对象名>：用于创建数据库对象。

◆ ALTER<对象名>：用于修改数据库对象。

◆ DROP<对象名>：用于删除数据库对象。

本节将介绍 CREATE DATABASE 语句，用以创建数据库，其余语句将在后续章节陆续介绍。

(2) 数据控制语言(DCL)：用于控制对数据库对象的访问权限，这与 Windows 系统中控制用户或组对文件(或其他对象)的访问权限很相似。DCL 有下列三种语句形式：

◆ GRANT：用于将数据库对象的操作权限授予数据库中的用户。

◆ REVOKE：用于吊销数据库用户已经拥有的对数据库对象的某些操作权限。

◆ DENY：拒绝数据库用户对数据库对象的某些操作权限。

DCL 语言将于第 5 章 SQL Server 安全性管理中介绍。

(3) 数据操作语言(DML)：用于检索、插入、修改、删除数据库中的数据。DML 语句有以下四种形式：

◆ SELECT：用于从数据库表中检索出用户所需要的行和列。

♦ INSERT：用于向数据库表中插入行(记录)。

♦ UPDATE：用于修改数据库表中的记录。

♦ DELETE：用于删除数据库表中的记录。

DML 将于第 3 章起开始陆续介绍。

T-SQL 语言可以通过 sqlcmd 管理工具运行，也可以通过应用程序将其发送给数据库引擎运行(例如应用程序通过 ADO.NET 技术与数据库交互，应用程序可以是窗体程序，也可以是 ASP.NET 网页)，不过在设计调试阶段，最容易的方式是在 SQL Server Management Studio 中运行。该方式可通过以下步骤实现：

(1) 单击“开始”|“所有程序”|“Microsoft SQL Server 2005”|“SQL Server Management Studio”，然后连接到该数据库服务器的某个实例。

(2) 单击工具栏中按钮“新建查询(N)”(或菜单“文件”|“新建”|“使用当前连接查询(W)”)，将在主界面中以标签的形式打开一个查询窗口。在此查询窗口输入 T-SQL 语句，然后单击工具栏按钮“执行(X)”(或菜单“查询”|“执行(X)”，或按下快捷键 F5，或组合键 Ctrl+E)，就会运行查询窗口中的 T-SQL 语句，如图 2-50 所示。如果在查询窗口只需要运行某一段而不是所有的 T-SQL 代码，则先将该段代码高亮选中，然后再运行，此时将只运行选中的代码段，如图 2-51 所示。

图 2-50　运行查询窗口中的 T-SQL 语句

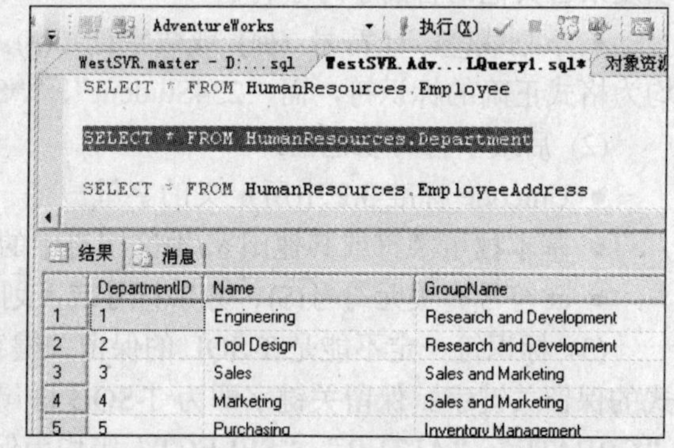

图 2-51　运行高亮选中的 T-SQL 代码段

如果对代码中的某个关键字语法不熟悉，例如“SELECT”，可以在查询窗口中将该关键字高亮选中，然后同时按下 Shift+F1 键，将会打开 SQL Server 联机丛书，并显示该关键字的说明。

下面对 T-SQL 的语法作简要说明。注意，为了方便对 T-SQL 语法的描述，需要用到一些 SQL 语句作为示例，此处只对这些语句作简单说明，至于其详细具体含义，可参阅后续相关章节中的介绍。

T-SQL 语言含有一系列的语法元素，这些语法元素包括标识符、数据类型、变量、运算表达式、控制流语句以及注释语句等。

1．标识符

标识符(Identifiers)也就是数据库对象的名称，就好像我们每个人都有名字一样，数据库对象都有其名称，该名称即为其标识符。Microsoft SQL Server 2005 中的所有内容都可以有标识符。服务器、数据库和数据库对象(例如表、视图、列、索引、触发器、过程、约束及规则等)都可以有标识符，前面章节中的数据库默认实例名“WestSVR”以及命名实例名“WestSVR\WESTWINDSQL”均为标识符。大多数对象要求有标识符(例如表、列)，但对有些对象(例如约束)，标识符是可选的(但是即便如此，如果没有明确给这些对象定义标识符，数据库系统仍会自动为其赋予标识符以对其进行识别)。

对象标识符是在定义对象时创建的，标识符随后用于引用该对象。例如，下列代码清单 2-1 的语句在数据库中创建一个标识符为 Student 的表，该表有两列，这两列的标识符分别是 StudentID 和 StudentName。

```
CREATE TABLE Student
(StudentID CHAR(8), StudentName VARCHAR(10))
```

代码清单 2-1

1) 标识符格式规则

给数据库对象定义标识符时，标识符必须符合标识符格式规则。标识符格式规则包含以下要求：

(1) 第一个字符必须是下列字符之一：

● Unicode 标准 3.2 所定义的字母。Unicode 中定义的字母包括拉丁字符 a～z 和 A～Z，以及来自其他语言的字母字符。

● 下划线(_)、at 符号 (@) 或数字符号(#)。例如“Student234”、“_Student”、“#Student”均为格式正确的标识符，而“234Student”、“*Student”不符合标识符的格式规则要求。

(2) 后续字符可以包括：

● Unicode 标准 3.2 中所定义的字母。

● 基本拉丁字符或其他国家/地区字符中的十进制数字。

● at 符号、美元符号($)、数字符号或下划线。

(3) 标识符一定不能是 T-SQL 的保留关键字。SQL Server 可以保留大写形式和小写形式的保留关键字。保留关键字即为 T-SQL 语句中一些具有特殊意义的关键字，例如前述的“CREATE”、“ALTER”、“SELECT”等均为保留字。打开 SQL Server 2005 联机丛书，在索引中键入“关键字”，可查阅 SQL Server 2005 所有的保留关键字。

(4) 不允许嵌入空格或其他特殊字符。

在 T-SQL 语句中使用标识符时，不符合这些规则的标识符必须由双引号或括号分隔，也即需要用到标识符种类中的“分隔标识符”。

2) 标识符的种类

标识符有以下两类：

(1) 常规标识符：符合标识符格式规则的标识符，例如在代码清单 2-1 中，不需要使用特殊的符号来界定“Student”、“StudentID”、“StudentName”，因为这些标识符都是符合标识符格式规则的。

(2) 分隔标识符：对于那些不符合标识符格式规则的标识符，例如包含有空格、保留字的标识符，必须将其包含在分隔标识符——双引号("")或者方括号([])之内，如代码清单 2-2

所示(注意"--"符号为行代码注释说明，这些注释说明之后的语句不会实际运行，请参阅本节代码注释)。如果标识符符合标识符的规则，则可以将其包含在分隔标识符内，也可以不需要分隔标识符，如前述代码清单2-1也可以改写为代码清单2-3的形式。

```
SELECT * FROM [Student Table]          --必须将"Student Table"包含在[]之内，
                                       --因为标识符中间有空格，且Table为保留字
WHERE [Order] = 20                     --必须将"Order"包含在[]之内，因为Order为保留字
```

代码清单2-2

```
CREATE TABLE [Student]                 --可将Student包含在[]之内，也可以不需要[]，下同
([StudentID] CHAR(8), "StudentName" VARCHAR(10))
```

代码清单2-3

在一般情况下，请尽量使标识符符合其常规规则，而不要在其中加入空格或保留字等其他不符合该规则的元素，这样对数据库的整体设计有极大好处。

2．数据类型(Data Types)

包含数据的对象都有一个相关联的数据类型，它定义对象所能包含的数据种类，例如字符、整数或二进制。下列对象具有数据类型：

♦ 表和视图中的列
♦ 存储过程中的参数(参见第6章介绍存储过程)
♦ 变量
♦ 返回一个或多个特定数据类型数据值的T-SQL函数

为对象分配数据类型时可以为对象定义如下四种属性：

♦ 对象包含的数据种类
♦ 所存储值的长度或大小
♦ 数值的精度(仅适用于数字数据类型)
♦ 数值的小数位数(仅适用于数字数据类型)

在表2-2中，列出了SQL Server 2005中常用的一些数据类型。对于初学者而言，此时可先对它作个了解，不必拘泥于细节，因为现阶段也不太可能对其有深刻的理解，以后在SQL代码中遇到这些数据类型时，再回头查阅也不迟。

表2-2 SQL Server 2005常用数据类型

分类	数据类型	说　明
Binary (二进制)	binary	binary和varbinary数据类型存储位串，数据是按字节位流的形式存放的。binary数据最多可以存储8 000个字节。varbinary使用最大说明符varbinary(max)，最多可以存储2^{31}个字节
	varbinary	
	image	SQL Server 2005将大于8 000字节的二进制数据存储为名为image的特殊二进制数据类型。例如，如果要在表中的某列存放图片，则可将该列的数据类型指定为image。但是，SQL Server 2005保留该数据类型仅为向前兼容，以后的SQL Server版本将删除image数据类型。如果要用到该数据类型，则用varbinary(max)代替

续表(一)

<table>
<tr><th>分 类</th><th>数据类型</th><th>说 明</th></tr>
<tr><td rowspan="3">Character
(字符串)</td><td>char</td><td rowspan="2">char 和 varchar 数据类型存储由以下字符组成的数据：
● 大写字符或小写字符。例如 a、b、C。
● 数字。例如 1、2 、3。
● 特殊字符。例如 at 符号 (@)、“与”符号 (&)、感叹号 (!)。
char 为定长字符，使用时要标记为“char(n)”的形式，其中 n 为数字，例如定义为 char(20)的变量表示能存放 20 个字符串，超出则不能存放，如字符串数字不够则剩余空间将以空格填充。varchar 使用时也要标记为“varchar(n)”的形式，存放的字符串总数不能超过 n 个，但如果字符数目不够，其剩余空间将不会以空格填充，而留给其他数据使用。
char 数据可以最多包含 8 000 个字符的字符串，varchar 数据最多可包含 2^{31} 个字符的字符串，此时 varchar 数据类型应指定为 varchar(max)的形式</td></tr>
<tr><td>varchar</td></tr>
<tr><td>text</td><td>SQL Server 2005 将超过 8 000 个字符的字符串存储为名为 text 的特殊数据类型。这是为向前兼容而保留的，如果在 SQL Server 2005 中遇到这种情况，应考虑使用 varchar(max)来代替 text 数据类型，因为在 SQL Server 2005 的后续版本中将删除该数据类型</td></tr>
<tr><td rowspan="2">(Date and Time)
日期时间</td><td>datetime</td><td>用于存放 1753 年 1 月 1 日到 9999 年 12 月 31 日之间的日期数据，该数据类型占用 8 个字节空间，精确度为 3.33 毫秒</td></tr>
<tr><td>smalldatetime</td><td>用于存放 1900 年 1 月 1 日到 2079 年 6 月 6 日之间的日期数据，该数据类型占用 4 个字节空间，精确度为 1 分钟</td></tr>
<tr><td rowspan="4">数值数据</td><td>decimal</td><td rowspan="2">decimal 和 numeric 为带固定精度和小数位数的数值数据类型。使用格式为：decimal[(p[，s])]和 numeric[(p[，s])]。其中，p 为精度，表示最多可以存储的十进制数字的总位数，包括小数点左边和右边的位数，该精度必须是从 1 到最大精度 38 之间的值；s 为小数位数，表示小数点右边可以存储的十进制数字的最大位数，小数位数必须是从 0 到 p 之间的值。仅在指定精度后才可以指定小数位数。默认的小数位数为 0。例如 decimal(20，7)表示该数据总共有 20 位，其中小数点右边有 7 位。numeric 在功能上等价于 decimal。
使用最大精度时，有效值为 $-10^{38}+1$～$10^{38}-1$。该数据类型所需存储空间的字节数因精度不同而不同</td></tr>
<tr><td>numeric</td></tr>
<tr><td>float</td><td rowspan="2">float 和 real 用于表示浮点数值数据的大致数值数据类型。浮点数据为近似值；因此，并非数据类型范围内的所有值都能精确地表示。
float 可表示的数据范围为：−1.79E+308～−2.23E−308、0 以及 2.23E−308～1.79E+308；语法为：float[(n)]，其中 n 为用于存储 float 数值尾数的位数，以科学记数法表示，因此可以确定精度和存储大小。如果指定了 n，则它必须是介于 1～53 之间的某个值；如果不指定 n 值，则 n 的默认值为 53。当 n 值介于 1～24 之间时，所需的存储空间为 4 字节；介于 25～53 之间时，所需的存储空间为 8 字节。
real 可表示的数据范围为：−3.40E+38～−1.18E−38、0 以及 1.18E−38～3.40E+38。real 数据类型所需的存储空间为 4 字节，相当于 float(24)</td></tr>
<tr><td>real</td></tr>
</table>

续表(二)

分 类	数据类型	说 明
整数数据	bigint	长度为 8 个字节，存储 -2^{63} (-9 223 372 036 854 775 808)～$2^{63}-1$ (9 223 372 036 854 775 807)的数字
	int	长度为 4 个字节，存储-2 147 483 648～2 147 483 647 的数字
	smallint	长度为 2 个字节，存储-32 768～32 767 的数字
	tinyint	长度为 1 个字节，存储 0～255 的数字
货币数据	money	用于存储货币数据或货币值。 money 最多可以包含 19 位数字，其中小数点后可以有 4 位数字。该对象使用 8 个字节存储数据。因此，money 数据类型的精度是 19，小数位数是 4，长度是 8 字节。smallmoney 的长度是 4 字节。 money 和 smallmoney 限制为小数点后有 4 位。如果需要小数点后有更多位，则使用 decimal 数据类型
	smallmoney	
全局唯一标识符	uniqueidentifier	用于存储 16 字节的二进制值，其作用与全局唯一标识符(GUID)一样。GUID 是唯一的二进制数，世界上的任何两台计算机都不会生成重复的 GUID 值。GUID 主要用于在拥有多个节点、多台计算机的网络中，分配必须具有唯一性的标识符。在数据库中(例如列值)，一般通过函数 NEWID()获得
位	bit	在 bit 列中只存储 0 或 1。可将字符串值 TRUE 和 FALSE 直接存入 bit 数据中，TRUE 将转换为 1，FALSE 将转换为 0

3. 运算符表达式

运算符是一种符号，用来指定要在一个或多个表达式中执行的操作。所有的程序语言都有运算符表达式(Expressions)，而且彼此差别不大。表 2-3 列出了 SQL Server 2005 所使用的运算符类别。

表 2-3 SQL Server 2005 运算符类别

运算符类别	包含的运算符	简 要 说 明
算术运算符	+(加) -(减) *(乘) /(除) %(取模)	算术运算符对两个表达式执行数学运算，这两个表达式可以是数值数据类型类别的一个或多个数据类型。 取模运算返回一个除法运算的整数余数。例如，12%5 返回值为 2，这是因为 12 除以 5，余数为 2
赋值运算符	=(等于)	等号(=)是唯一的 T-SQL 赋值运算符，将(=)右边的值赋予左边的变量
按位运算符	&(位与) |(位或) ^(位异或)	对该运算符左右的操作数分别按位进行求与、或、或者异或的操作。操作数可以是整数或二进制字符串数据类型类别中的任何数据类型(image 数据类型除外)，但两个操作数不能同时是二进制字符串数据类型类别中的某种数据类型

续表

运算符类别	包含的运算符	简 要 说 明
比较运算符	=(等于) <(小于) >(大于) <=(小于等于) >=(大于等于) <>(不等于) !<(不小于) !>(不大于) !=(不等于)	用于测试该运算符左右的两个表达式的比较状况并返回布尔(Boolean)值。 在 WHERE 子句中使用数据类型为 Boolean 的表达式，可以筛选出符合搜索条件的行，也可以在流控制语言语句(例如 IF 和 WHILE)中使用这种表达式
逻辑运算符(返回带有 TRUE、FALSE 或 UNKNOWN 值的 Boolean 数据类型，详情请参阅 SQL Server 联机丛书)	AND	如果 AND 左右表达式的值均为 TRUE，则返回值为 TRUE，否则为 FALSE
	ALL	如果一组的比较都为 TRUE，那么就为 TRUE
	ANY	如果一组的比较中任何一个为 TRUE，那么就为 TRUE
	BETWEEN	如果操作数在某个范围之内，那么就为 TRUE
	EXISTS	如果子查询包含一些行，那么就为 TRUE
	IN	如果操作数等于表达式列表中的一个，那么就为 TRUE
	LIKE	如果操作数与一种模式相匹配，那么就为 TRUE
	NOT	对任何其他布尔运算符的值取反
	OR	如果两个布尔表达式中的一个为 TRUE，那么就为 TRUE
	SOME	如果在一组比较中，有些为 TRUE，那么就为 TRUE
一元运算符	+(正) −(负) ~(位非)	一元运算符只对一个表达式执行操作，该表达式可以是 numeric 等数值数据类型类别中的任何一种数据类型。 +(正)和−(负)运算符可以用于 numeric 数据类型类别中任一数据类型的任意表达式。~ (位非)运算符只能用于整数数据类型类别中任一数据类型的表达式
字符串串联运算符	+(加号)	加号(+)是字符串串联运算符，可以用它将字符串串联起来。例如，'abc' + 'def'的结果为 'abcdef'

4. 变量

所有的程序语言都包含有变量(Variables)的概念，T-SQL 语言也不例外。程序在运行时所需要用到的某些数据可以暂时存放在变量中。定义变量时，必须要同时定义该变量的数据类型，此后这个变量只能用于存放该数据类型的数据值。

1) 变量的声明

使用变量之前，必须对变量进行声明。在 T-SQL 语言中，声明变量的格式如下：

DECLARE <变量标识符> <数据类型>

变量的标识符(即变量的名称)应当符合常规标识符的规则，并且变量名称必须以“@”符号开头，变量名不区分大小。例如，要声明一个名为“@EmployeeID_VAR”，数据类型为整数类型 INT 的变量，可用下列 T-SQL 语言表示：

```
DECLARE @EmployeeID_VAR INT
```

2) 对变量的赋值

在对变量声明完毕之后，就可以用该变量保存数据了，这就是给该变量赋值的过程。对变量进行赋值的语法如下：

SET <变量标识符> = <数据值>

例如，要将整数“3”赋予前述声明的变量“@EmployeeID_VAR”，可用下列语句表示：

SET @EmployeeID_VAR = 3

下面将以上代码组合成一个比较完整的例子，如代码清单 2-4 所示(注意不要输入每行左边的行号，例如 1:)。

```
1:  USE Adventureworks
2:  DECLARE @EmployeeID_VAR INT                  --声明变量@EmployeeID_VAR
3:                                               --数据类型为 INT
4:  SET @EmployeeID_VAR = 3                      --给该变量赋值
5:  SELECT * FROM HumanResources.Employee
6:  WHERE EmployeeID = @EmployeeID_VAR + 1       --在表达式中使用该变量
```

代码清单 2-4

在上述代码中，第 1 行将 Adventureworks 数据库设为当前要操作的数据库，第 2 行声明变量“@EmployeeID_VAR”，然后在第 4 行对其进行赋值，在第 6 行将此已赋值的变量加入 WHERE 子句中，作为 WHERE 子句的一个检索条件。运行上述 T-SQL 语句，将得到 EmployeeID 为 4 的雇员记录。

默认情况下，SQL Server 管理控制台的 T-SQL 查询语句窗口不会显示 SQL 语句的行数，如果需要，可以按下述方法启用该功能：

在 SQL Server 管理控制台中，单击菜单“工具”|“选项”，在“选项”对话框中，展开左边的树形节点“文本编辑器”|“所有语言”|“常规”，然后勾选右边的“行号”，单击按钮“确定”即可。

5. 控制流语句

所有的程序语言都有控制流语句(Control-of-Flow Language)，包括 T-SQL 语言。T-SQL 语言有如下的控制流语句：

(1) BEGIN...END：如果希望将一组代码作为一个整体，即要么这组代码都执行，要么都不执行，则可以将这组代码放入 BEGIN...END 之内。其语法格式为

```
BEGIN
    {
        sql_statement | statement_block
    }
END
```

(2) IF...ELSE：指定 T-SQL 语句的执行条件。如果满足条件，则在 IF 关键字及其条件之后执行 T-SQL 语句，布尔表达式返回 TRUE。可选的 ELSE 关键字引入另一个 T-SQL 语句，当不满足 IF 条件时就执行该语句，布尔表达式返回 FALSE。其语法格式为

```
IF Boolean_expression
    { sql_statement | statement_block }
[ ELSE
    { sql_statement | statement_block } ]
```

(3) WHILE：设置重复执行 SQL 语句或语句块的条件。只要指定的条件为真，就重复执行语句。可以使用 BREAK 和 CONTINUE 关键字在循环内部控制 WHILE 循环中语句的执行。其语法格式为

```
WHILE Boolean_expression
    { sql_statement | statement_block }
    [ BREAK ]
    { sql_statement | statement_block }
    [ CONTINUE ]
    { sql_statement | statement_block }
```

(4) BREAK：退出 WHILE 或 IF...ELSE 语句中最里面的循环，将执行出现在 END 关键字后面的任何语句，END 关键字为循环结束标记。如上例中 WHILE 的语法格式。

(5) CONTINUE：重新开始 WHILE 循环。在 CONTINUE 关键字之后的任何语句都将被忽略。

(6) RETURN：从查询或过程中无条件退出。RETURN 的执行是即时且完全的，可在任何时候用于从过程、批处理或语句块中退出。RETURN 之后的语句是不执行的。

6．注释语句

注释语句也是所有程序语言的共性。程序中的注释语句主要是对程序中的代码进行说明，标示以下一行或几行代码要完成的功能，这样做既方便自己以后阅读，也使其他人更容易读懂自己编写的代码。程序中的注释语句将不会被编译器编译，但前提是编译器首先要知道哪些语句属于注释语句，所以必须要以适当的格式来注明哪些语句是注释语句。T-SQL 中的注释语句有两类：

(1) --：单行注释语句由两条短横线构成“--”。单行注释语句的语法格式为

```
-- <要进行标注说明的注释语句>
```

表示在这一行之内，所有在“--”之后的字符均为注释语句。如代码清单 2-2～2-4 中的单行注释语句。

(2) /* ... */：多行注释语句。如果注释语句很长，放在一行之内不方便阅读，则可以考虑使用多行注释语句。多行注释语句的格式为

```
/*
<此处可包含多行注释语句>
*/
```

凡在“/*”之后、“*/”之前的语句均属于注释语句，而不论这语句占用多少行。

2.4.3 使用 CREATE DATABASE 创建数据库

在 2.3 节中介绍了使用 SQL Server Management Studio 来创建数据库，这种方法很简单，

但正如本节介绍T-SQL语言时说的那样，当单击图2-46所示的“新建数据库”对话框的“确定”按钮时，SQL Server Management Studio仍然是先将创建符合该对话框要求的数据库的过程转化成相应的T-SQL语言，再将此T-SQL语言发送给数据库引擎，数据库引擎执行这些T-SQL语言以创建数据库。由此可见，T-SQL语言是重点，读者应该掌握使用T-SQL语言创建数据库。

下面演示如何使用T-SQL语言创建数据库，以图2-1所示的数据库服务器WestSVR为例。以下示例与2.3节通过SQL Server Management Studio创建数据库的例子相对应。

1．通过T-SQL语言创建数据库的简单方式

该方式可以简单到只需要输入一行T-SQL代码就可完成，操作步骤如下：

(1) 以数据库服务器WestSVR管理员的身份登录服务器，单击“开始”|“所有程序”|“Microsoft SQL Server 2005”|“SQL Server Management Studio”，然后连接到该数据库服务器的默认实例(如果默认实例尚未启动，则通过SQL Server配置管理器启动该实例，然后再连接)。

(2) 在“对象资源管理器”中，展开节点“WestSVR”，单击节点“数据库”，单击工具栏按钮“新建查询(N)”，在新打开的T-SQL查询窗口中输入代码清单2-5所示的语句，单击运行按钮“执行(X)”，代码将会成功执行。刷新数据库，可以看到新创建的数据库。

```
CREATE DATABASE WxdStudent                    --创建数据库 WxdStudent
```

代码清单2-5

这种方式创建的数据库与2.3节通过SQL Server管理控制台创建数据库的简单方式是完全一致的(例如数据文件、日志文件的位置、大小、增量方式等，都按照默认值来设置)。

2．通过T-SQL语言创建数据库的一般方式

【实践操作三】 本实践操作三的要求与实践操作二相同，但需要以T-SQL语言的形式来实现该要求。

该实践操作的步骤如下：

(1) 首先删除先前创建的数据库“WxdStudent”，然后按“通过T-SQL语言创建数据库的简单方式”中的操作打开T-SQL查询窗口。

(2) 在该查询窗口中输入代码清单2-6中的代码(注意不要输入每行左边的行号，例如“1:”)，然后单击运行按钮“执行(X)”，代码运行完毕，成功地按要求创建了数据库。

```
1:    CREATE DATABASE WxdStudent    --指定数据库名为 WxdStudent
2:    --下述代码通过关键字 ON 指定数据文件的要求
3:    --对该数据文件的定义放在"()"之内
4:    ON
5:    (NAME=WxdStudent_MNG,
6:     FILENAME='C:\WxdDatabaseFiles\WxdStudent_MNG.mdf',
7:     SIZE=10MB,
8:     MAXSIZE=UNLIMITED,
9:     FILEGROWTH=5MB)
10:   --下述代码通过关键字 LOG ON 指定日志文件的要求
```

```
11:   --对该日志文件的定义仍然要放在"()"之内
12:   LOG ON
13:   (NAME=WxdStudent_LOG,
14:    FILENAME='C:\WxdDatabaseFiles\WxdStudent_LOG.ldf',
15:    SIZE=5MB,
16:    MAXSIZE=UNLIMITED,
17:    FILEGROWTH=50%)
```

代码清单 2-6

注意，T-SQL 语言是不分大小写的，但一般来说，习惯将 T-SQL 语言中的关键字以大写的形式书写以示区分，这些关键字的颜色均为彩色(或灰色)。所以，如果某个关键字的颜色不是彩色的，则应检查代码是否书写错误。

下面对代码清单 2-6 中的 T-SQL 代码做详细的说明：

♦ CREATE DATABASE：在第 1 行代码中，使用该关键字表示要创建数据库，其后指定要创建的数据库名称，本例中为“WxdStudent”。

♦ ON：通过关键字 ON 指定对数据文件的要求，然后将对该数据文件的定义放在“()”之内，如第 4、5 行代码所示，在第 5 行中，以“(”开始对数据文件的定义。

♦ NAME：通过 NAME 关键字指定该数据文件的逻辑名称为“WxdStudent_MNG”，如第 5 行代码所示。

♦ FILENAME：通过 FILENAME 关键字指定该数据文件的物理路径名称，也就是物理名称，如第 6 行代码所示。该物理名称为字符数据类型，在 T-SQL 语言中，需要将字符数据类型放在英文状态的单引号“''”之内。

♦ SIZE：通过关键字 SIZE 指定该数据文件的初始大小为“10 MB”，如第 7 行代码所示。注意，单位“MB”为默认值，可以省略。其他可选的单位有“KB”、“GB”、“TB”，如果要采用这些单位来指定数据文件的大小，则必须明确写出。

♦ MAXSIZE：通过关键字 MAXSIZE 指定该数据文件的最大值。单位的要求与 SIZE 相同。MAXSIZE 还有另外一个关键字 UNLIMITED，如果采用该关键字，则表明数据文件的增长不受限制(当然，将受到物理硬盘容量的限制)，如第 8 行代码所示。

♦ FILEGROWTH：通过关键字 FILEGROWTH 指定数据文件的增长速度及方式。如果单位为“%”，则以百分比的形式增长，否则可以以“KB”、“MB”、“GB”、“TB”的增量方式增长，默认为“MB”。第 9 行指定数据文件每次增长的值为 5 MB。对数据文件的定义完成之后，以“)”结束。

♦ LOG ON：通过 LOG ON 关键字指定对日志文件的定义及要求。对该日志文件的定义也必须放在“()”之内，如第 12、13 行所示，在第 13 行中，以“(”开始对日志文件的定义。

♦ 对日志文件定义的关键字与数据文件的相同，均为“NAME”、“FILENAME”、“SIZE”、“MAXSIZE”、“FILEGROWTH”，其意义也一样。

若想查阅 CREATE DATABASE 的完整语法，则打开 SQL Server 联机丛书，在索引的“查找”中输入“CREATE DATABASE”，可获其详尽说明。

注意，T-SQL 语言的书写结构是非常开放的，并不以“行”来作为语句的开始和结束。在代码清单 2-6 中，创建数据库的 T-SQL 语句被分为多行显示，这样可使其结构看上去非常清晰，使阅读变得容易，但也可以将上述代码完全放在一行内显示(当然注释语句除外)，同样可以正常运行，不过这样阅读起来就非常不方便。养成良好的 T-SQL 格式书写习惯，有助于在编程时保持思路清晰，少犯错误，也可使代码更为流畅。

2.5 创建数据库表

在 2.2.2 小节中，讲述了数据库表(Table)的基本概念，本节开始正式介绍如何创建符合要求的数据库表。

2.5.1 设计表的基本原则

本节以 1.5 节上机实验描述的“学生管理数据库”为例来说明设计表的基本原则。

为了对学生进行管理，数据库中必定应该有存放学生信息的表，通过对数据库的查询，可以知道每个学生的详细情况，例如姓名、性别、联系电话、所属的班级、该班级的名称及课室位置，还有该班班主任的联系电话等。为了完成上述目的，可以将这些信息存放在图 2-52 所示的表中，该表的表名(表的标识符)为“Student”。

学生姓名	性...	家庭电话	所属班级	课室	班级简介	班主任	班主任电话
陈好	女	020-83439092	2002级08班	主教学楼602课室	该班计划招收40人	甘里朝	020-89334083
张瓜瓜	男	020-88888888	2002级08班	主教学楼602课室	该班计划招收40人	甘里朝	020-89334083
陈好	男	0751-3288432	2005级08班	主教学楼407课室	该班的学生主要是从清远地区转来的	甘里朝	020-89334083
刘亦菲	女	020-88888888	2005级08班	主教学楼407课室	该班的学生主要是从清远地区转来的	甘里朝	020-89334083
姚锦才	男	020-85277674	2005级09班	主教学楼404课室	该班学生全为男生(本来有两个女生...	王溧	020-34650343
杨东炼	男	020-85178157	2005级09班	主教学楼404课室	该班学生全为男生(本来有两个女生...	王溧	020-34650343
钟巨晶	男	020-82650495	2005级09班	主教学楼404课室	该班学生全为男生(本来有两个女生...	王溧	020-34650343
周江	男	020-85556391	2005级09班	主教学楼404课室	该班学生全为男生(本来有两个女生...	王溧	020-34650343

图 2-52 学生表(Student)的初始设计

图 2-51 所示的学生表似乎已经满足要求，因为从该表中可以得知学生的详细信息。不过，仔细分析一下该表，可以发现该表有一个严重弊端：行与行之间的数据严重重复。例如，学生陈好所属的班级为“2002 级 08 班”，该班级信息重复了 2 次，其班主任“甘里朝”的信息也重复了 4 次。这种情况同样出现在 2005 级 09 班以及该班的班主任王溧上。按照这样的设计，该班有多少学生，则其班级信息和班主任信息就会重复多少次。还有一个弊端是：如果某个班的学生记录全部被删除了，则该班的班级信息及其班主任信息也随之被删除，而这是我们必须要避免的。

事实上，该表之所以出现这样的弊端，是因为该表违背了设计数据库表的第一条原则。

(1) 每一个表应该只存贮一种类型对象的信息。

在图 2-52 所示的学生表中总共存储了三种类型对象的信息，这三种对象分别是：学生、班级、班主任教师，因而造成了数据的冗余重复。应该将这三种对象的信息分别存放在各自的表中，所以可以将图 2-52 所示的学生表拆分为三张表：Student、Class、Teacher，如图 2-53～图 2-55 所示。

学生姓名	性...	家庭电话	所属班级
陈好	女	020-83439092	2002级08班
张瓜瓜	男	020-88888888	2002级08班
陈好	男	0751-3288432	2005级08班
刘亦菲	女	020-88888888	2005级08班
姚锦才	男	020-85277674	2005级09班
杨东炼	男	020-85178157	2005级09班
钟巨晶	男	020-82650495	2005级09班

图 2-53　学生表“Student”

班级	课室	班级简介	班主任
2002级05班	主教学楼701课室	该班属于文秘班,女生较多,计划招收4...	张少畅
2002级07班	主教学楼702课室	该班学生大部分来自广州市本地	王课
2002级08班	主教学楼602课室	该班计划招收40人	甘里朝
2005级08班	主教学楼407课室	该班的学生主要是从清远地区转来的	甘里朝
2005级09班	主教学楼404课室	该班学生全为男生（本来有两个女生...	王课
2005级10班	主教学楼808课室	NULL	王课

图 2-54　班级表“Class”

班主任	班主任电话
王课	020-34650343
甘里朝	020-89334083
李梅婷	020-83424574
张少畅	020-89098321

图 2-55　教师表“Teacher”

经过这样的修改之后，可以看到，尽管在学生表“Student”中仍然还是有重复数据，但重复的仅仅是班级名，重复的信息量已经大大减少，“Class”表中重复的信息也仅仅是班主任的姓名而已。

仔细研究一下图 2-53～图 2-55 所示的表，不难发现这三张表并不是孤立的。学生表“Student”通过列(字段)“所属班级”与班级表“Class”联系起来，班级表“Class”通过列(字段)“班主任”与教师表“Teacher”联系起来。这三张表之间彼此都通过一个相同的字段从而将三张表串联在一起，所以这三张表之间是有“关系”的，这正是关系数据库的由来。关系数据库中的表都不是孤立的，而是通过这样的方式紧密地将彼此联系在一起。

查阅表时，可以通过“Student”表查阅到学生的信息，例如第一条记录为学生陈好的性别、联系电话信息，并且知道该生属于“2002 级 08 班”。如果想知道该生所属班级的详细信息，则可以根据班级名“2002 级 08 班”在班级表“Class”中进一步查询，可得知该班的课室、班级简介、班主任信息。如果想联系该班的班主任，则可以根据“Class”表知道该班班主任姓名为“甘里朝”，然后在教师表“Teacher”中可以进一步查找到“甘里朝”教师的联系电话信息。

由此可见，当将最初的学生表一分为三之后，不但信息量没有减少，反而极大地消除了冗余数据。

下面的问题是：在图 2-53 所示的学生表“Student”中，如果有另外一个学生(或另外几个)的名字也叫“陈好”，当查找学生“陈好”的信息时，如何知道查找的到底是哪一位“陈好”的信息呢？显然，这种名字重复的现象是相当普遍的，因此这种问题必须解决。在数据库表中，解决这种记录重复的方法就是设计数据库表的第二条原则。

(2) 每一个表都应该有一列(字段)作为表的唯一标识列。

在数据库中，每一个表都应该有一列来作为该表的唯一标识列，这一列的数据不允许重复，这样就可以唯一地标识表中的每一条记录(行)。对于图 2-51 所示的学生表，要解决学生名字重复的问题，可以在该表中增加一列(例如“学号”)来作为该表的唯一标识列，该列(“学号”)中的值不能重复。同样，对班级表“Class”和教师表“Teacher”也分别各自增加一个唯一标识列。改进之后的三张表分别如图 2-56～图 2-58 所示(注意，此时将三张表的字段名都改成了英文字符，并不是不可以用中文汉字来做为字段名，只是在专业的数据库设计中，几乎都以英文字符来做为字段的名称，以免引起不必要的麻烦，尤其是在数据库前端程序的设计中。本书沿用此不成文的规矩)。

StudentID	StudentName	Sex	HomePhone	ClassID
20020845	陈好	女	020-83439092	200208
20020866	张瓜瓜	男	020-88888888	200208
20050801	陈好	男	0751-3288432	200508
20050805	刘亦菲	女	020-88888888	200508
20050901	姚锦才	男	020-85277674	200509
20050902	杨东炼	男	020-85178157	200509
20050903	钟巨晶	男	020-82650495	200509

图 2-56　增加了唯一标识列“StudentID”的学生表

ClassID	FullClassName	ClassRoom	Remark	MonitorID
200205	2002级05班	主教学楼701课室	该班属于文秘班,女生较多,计划招收4...	0004
200207	2002级07班	主教学楼702课室	该班学生大部分来自广州市本地	0001
200208	2002级08班	主教学楼602课室	该班计划招收40人	0002
200508	2005级08班	主教学楼407课室	该班的学生主要是从清远地区转来的	0002
200509	2005级09班	主教学楼404课室	该班学生全为男生（本来有两个女生...	0001
200510	2005级10班	主教学楼808课室	NULL	0001
200601	2006级01班	主教学楼三楼	该班是一个新班	0001

图 2-57　增加了唯一标识列“ClassID”的班级表

TeacherID	TeacherName	Phone
0001	王溧	020-34650343
0002	甘里朝	020-89334083
0003	李梅婷	020-83424574
0004	张少畅	020-89098321

图 2-58　增加了唯一标识列“TeacherID”的教师表

在图 2-56 所示的学生表中，增加了一列“StudentID”来作为该表的唯一标识列，此列中的值都是唯一的，如果在此列中插入一个值(例如“20020845”)，而该值已存在于该列中，则插入该值的操作将失败，数据库将会提示用户不允许插入重复记录的错误信息，如图 2-59 所示。

图 2-59　插入重复记录的错误消息提示

图 2-57 所示的“Class”表增加一个名为“ClassID”的字段来做为该表的唯一标识列。图 2-58 所示的“Teacher”表增加了一个名为“TeacherID”的字段来做为该表的唯一标识列。

经过这样改进之后，即便学生表中有重复的学生姓名(例如“陈好”)，但其唯一标识列(学号“StudentID”)的值是不一样的(分别为“20020845”、“20050801”)。所以只要知道其唯一标识列值(学号“StudentID”)，就可以唯一地查询到该学生的信息，而不会引起误会。

而且，现在的学生表“Student”中只需要通过字段“ClassID”来与班级表“Class”建立联系，这个字段中存储的值是班级表唯一标识列“ClassID”中的值，该列中的值更为简约，因此重复的数据信息就更少了。班级表“Class”与教师表“Teacher”之间的关系同样如此。

一般来说，我们是通过定义表的主键(Primary Key)来定义该表的唯一标识列的。数据库中的每个表都应该有且只有一个主键列(可以没有主键列)。主键列中的值必定是唯一的。在定义表的列时，如果还需要定义多个具有唯一值的列，则可以通过关键字“UNIQUE”来实现，在这些列中不允许有重复的值出现。

(3) 数据库表列的值应尽量避免为空值(NULL)。

数据库表中的列可以定义为允许空值。空值是指表中某条记录(即某个对象)的某列(某个属性)没有值，空值仅仅是表明其属性没有值，绝对不是表明其值为“0”或为空白。在图 2-57 所示的“Class”表中，“2005 级 10 班”的列“Remark”中的值为空值。

之所以建议表中列的值应尽量避免为空值，是因为在数据库中，对空值的判断将使对数据的处理变得更复杂。查询表时，可以在“WHERE”子句中使用“IS NULL”和“IS NOT NULL”来对空值作出判断，但这种判断的效率是很低下的，尤其是当表中的记录量很大且有大量空值时，这种判断将花费大量的时间，使数据处理变得缓慢。

如果在表中不可避免地必须使用空值(例如学生的相片列，该列数据类型一般为 IMAGE 或 VARBINARY(MAX))，并且有多个列的值可能为空值，建议另建一个新表用于包含这些列，然后将此新表与原表通过相同的字段值来建立联系，正如前面介绍的学生表与班级表一样。

(4) 数据库中的表不应该有多个列存储相同类型的值。

在学生管理数据库的设计中，如果需要存储学生的选课信息，或许可以使用图 2-60 所示的表来存放这些信息。

StudentID	Courses1
20050801	计算机网络
20050901	LINUX操作系统
20050902	SQL Server 2005基础教程及上机指导
20050903	微机基本操作

图 2-60 学生选课表

但是一个学生显然不会只选一门课程，所以必须给该表增加字段来表示学生所选的多门课程，或许可以增加两到三个字段，如图 2-61 所示。

StudentID	Courses1	Courses2	Courses3
20050801	计算机网络	NULL	LINUX操作系统
20050901	LINUX操作系统	SQL Server 2005基础教程及上...	NULL
20050902	SQL Server 2005基础教...	NULL	微机基本操作
20050903	微机基本操作	NULL	LINUX操作系统

图 2-61 增加课程字段之后的选课表

可是问题并没有解决，有的学生可能会选五到六门课程，而有的学生只选两到三门课程。其实到此为止，应该很清楚地看到，不管在学生选课表中增加多少个课程字段，都是无法最终满足要求的，因为每个学生选的课程数目可能都不一样，而且这些字段存储的都是相同类型的数据。这种多个字段存储相同类型数据的情况，是我们在设计数据表时要极力避免的。当出现这样的情况时，最好的解决办法是另外新建一个表(假设“Courses”)，将这些相同类型数据的值(本例中这些值为课程的名称“微机基本操作”、“计算机网络”等)

存入该表中，然后再新建一个表(假设“StudentCourses”)，将先前新建的表(“Courses”)与原始表(本例中为学生表“Student”)连接起来。创建好之后的表如图 2-62 所示。

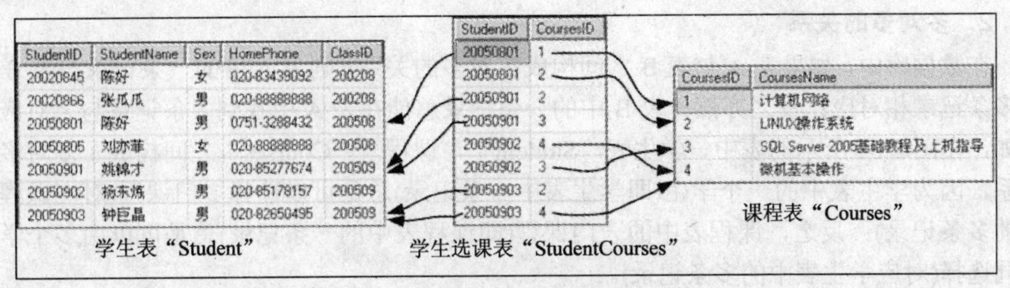

StudentID	StudentName	Sex	HomePhone	ClassID
20020845	陈好	女	020-83439092	200208
20020866	张瓜瓜	男	020-88888888	200208
20050801	陈好	男	0751-3288432	200508
20050805	刘亦菲	女	020-88888888	200508
20050901	姚锦才	男	020-85277674	200509
20050902	杨东炼	男	020-85178157	200509
20050903	钟巨晶	男	020-82650495	200509

学生表“Student”

StudentID	CoursesID
20050801	1
20050801	2
20050901	2
20050901	3
20050902	4
20050902	3
20050903	2
20050903	4

学生选课表“StudentCourses”

CoursesID	CoursesName
1	计算机网络
2	LINUX操作系统
3	SQL Server 2005基础教程及上机指导
4	微机基本操作

课程表“Courses”

图 2-62 改进之后的学生选课表“StudentCourses”

在本例中，学生选课表“StudentCourses”被称为学生表“Student”与课程表“Courses”的联结表(Junction Table)。学生选课表通过字段“StudentID”与学生表连接起来，通过“CoursesID”与课程表连接起来。这样设计之后，每个学生选多少课程都无所谓了，只需要在该选课表中加入这些记录即可。

对于联结表而言，可以专门使用某一列来作为其主键列，也可以使用连接其他表的列共同组成主键列(在表中，主键可以由多个列共同构成)。在本例中，学生选课表“StudentCourses”的主键可以由“StudentID”和“CoursesID”列共同组成，因为这两列的组合值不应该有相同的，如果相同，就不符合实际情况了，例如在图 2-62 所示的学生选课表中，第一行为“20050801”、“1”，则第二行(或其他行)的值显然不能与之相同了，如果相同，则表明学号为“20050801”的学生选了两次课程编号为“1”的课程(“计算机网络”)。

2.5.2 数据库表之间的关系

通过上一小节对表的设计规则的描述，我们知道在数据库中所有表之间都不是孤立的，而是相互之间通过某个字段连接在一起，这样就构成了表与表之间的关系(Relationship)。总结下来，这种关系共分为三类。

1. 一对多的关系

这里的“一”是指一个表中的任一条记录，“多”是指另外一个表中的多条记录。假如两个表 A 和 B 之间构成“一对多”的关系，则表 A 中的一条记录与表 B 中的多条记录相对应，但是表 B 中的任意一条记录只能在表 A 中找到一条相对应的记录。例如，图 2-57 所示的班级表“Class”与图 2-56 所示的学生表“Student”构成了一对多的关系，因为班级表中的任意一条记录(例如“200509”)都与学生表中的多条记录相对应(例如“20050901”、“20050902”等)。也就是说，一个班级包含多个学生；反之，学生表中的任意一条记录(例如“20050901”)只能在班级表中找到一条与之相对应的记录(例如，班级表中只有“200509”记录与学生表的“20050901”记录相对应)，即一个学生只能属于一个班级，这是符合现实情况的。

同样，图 2-58 所示的教师表“Teacher”与图 2-57 所示的班级表“Class”、图 2-62 所示的学生表“Student”与学生选课表“StudentCourses”、课程表“Courses”与学生选课表“StudentCourses”均构成一对多的关系。

一对多的关系是数据库中表与表之间最为常见的一种关系。在设计表时，应尽量使表满足这样的一对多关系。

2. 多对多的关系

在数据库中，如果表 A 与表 B 之间构成多对多的关系，则表 A 中的一条记录与表 B 中的多条记录相对应；反之亦然，表 B 中的一条记录总能在表 A 中找到多条记录与之对应。例如，在图 2-62 所示的表中，学生表“Student”与课程表“Courses”之间构成了多对多的关系，因为学生表中的一个学生(即学生表中一条记录)总是可以选择多门课程(对应课程表中的多条记录)；反之，课程表中的一门课程(即课程表中的一条记录)总是可以由多个学生共同选择(对应学生表中的多条记录)。

在设计表时，应尽量避免表与表之间出现多对多的关系。如果两个表之间满足多对多的关系，则总是可以通过新建一个中间联结表来将此多对多的关系转化成两个一对多的关系。例如，可以通过新建中间联结表学生选课表“StudentCourses”来将学生表“Student”与课程表“Courses”之间的多对多关系转化成两个一对多关系(学生表“Student”与学生选课表“StudentCourses”构成一对多关系，课程表“Courses”与学生选课表“StudentCourses”亦构成一对多关系)。这正是图 2-62 所采取的解决办法。

3. 一对一的关系

在数据库中，如果表 A 与表 B 之间构成一对一的关系，则表 A 中的一条记录只与表 B 中的一条记录相对应，反之亦然。这种关系在数据库的表中是比较少见的，因为尽管不违背表的设计原则，但是，如果两个表之间构成一对一的关系，则完全可以将此两表合成为一个表了。

2.5.3 使用管理控制台创建表

掌握了表的设计规则及表与表之间的关系之后，就可以开始创建表了。可以在管理控制台中创建表，也可以通过 T-SQL 语言来创建表。

下面通过实践操作四来描述如何在管理控制台中创建表。

【实践操作四】 通过 SQL Server 管理控制台在数据库“WxdStudent”(如该数据库尚未创建，则按 2.4 节中的说明将其创建好)中完成对图 2-56 所示的学生表“Student”的创建，合理选择各字段的数据类型，并根据实际情况适当增加一些字段。

以下为操作步骤：

(1) 以数据库服务器“WestSVR”管理员的身份登录服务器，打开 SQL Server 管理控制台。在对象资源管理器中展开节点“WestSVR”|“数据库”|“WxdStudent”，右击节点“表”，在右键菜单中选择“新建表(N)...”，将于右方详细窗格中显示表设计器界面。在此表设计器界面中，按照图 2-63 所示的信息将此表设计完毕。注意，若要使“StudentID”列成为主键，可于表设计器中，单击选中此列定义，再单击菜单“表设计器”|“设置主键(Y)”即可(也可单击工具栏的图标“ ”来设置主键)。设置完毕，该列即为学生表“Student”的唯一标识列，在此列左边有一把钥匙符号的标记。

列名	数据类型	允许空
StudentID	char(8)	☐
StudentName	char(10)	☐
Sex	char(2)	☐
Birthday	smalldatetime	☐
HomeAddress	varchar(150)	☐
MobilePhone	char(13)	☐
IsMember	char(2)	☐
Remark	varchar(400)	☐
Photo	varbinary(MAX)	☑
PhotoURL	varchar(40)	☐
EnterSchoolDate	smalldatetime	☐
IsGraduated	char(2)	☐
IsLost	char(2)	☐
ClassID	char(6)	☐

图 2-63 在表设计器对学生表各列进行定义

(2) 单击菜单“文件”|“保存(S)”，在弹出的保存对话框中输入表的名称“Student”，单击按钮“确定”，完成学生表“Student”的创建，如图 2-64 所示。

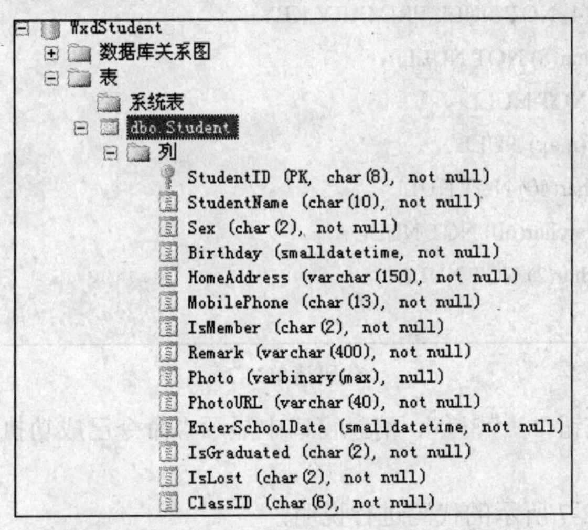

图 2-64 创建完毕的学生表“Student”

注意，在表设计器中对表的列进行定义时，若要控制该列的详细信息，则可在该列下方的“列属性”详细窗格中进行操作。

2.5.4 使用 T-SQL 语言创建表

除了可以在 SQL Server 控制台中创建表，还可以通过 T-SQL 语言的关键字 CREATE TABLE 来创建表。

CREATE TABLE 的简单语法如下：

```
CREATE TABLE <表的名字(该名字必须符合标识符的规则)>
(
  <此处对每列进行定义，列与列的定义之间用“,”隔开>
)
```

下面以实践操作五来说明如何使用 T-SQL 语言创建数据库表。

【实践操作五】 使用 T-SQL 语言在数据库“WxdStudent”(如该数据库尚未创建，则按 2.4 节中的说明将其创建好)中创建教师表“Teacher”，该表如图 2-58 所示。合理选择各字段的数据类型，并可以根据实际情况适当增加一些字段。

以下为操作步骤：

(1) 以数据库服务器“WestSVR”管理员的身份登录服务器，打开 SQL Server 管理控制台。在对象资源管理器中展开节点“WestSVR”|“数据库”，单击选中数据库节点“WxdStudent”，再单击工具栏按钮“新建查询(N)”。在新打开的查询窗口中输入代码清单 2-7 所示的代码(注意不要输入每行左边的行号，例如“1：”)。

```
1:   USE WxdStudent
2:   GO
3:   CREATE TABLE Teacher
4:   (
5:        TeacherID char(4) NOT NULL PRIMARY KEY,
6:        TeacherName char(8) NOT NULL ,
7:        Phone char(14) NOT NULL ,
8:        Photo varbinary(max) NULL ,
9:        PhotoURL varchar(40) NOT NULL ,
10:       HomeAddress varchar(60) NOT NULL ,
11:       DepartmentID char(2) NOT NULL
12:  )
```

代码清单 2-7

(2) 单击工具栏按钮“执行(X)”，消息窗口中显示“命令已成功执行”，表明成功地创建了教师表“Teacher”。

下面对代码清单 2-7 所示的代码进行说明：

◆ 第 1 行代码使数据库“WxdStudent”成为当前数据库，表示以下操作均在“WxdStudent”数据库中进行。

◆ 第 3 行代码使用关键字“CREATE TABLE”表明创建表，并指定表的名称为“Teacher”。

◆ 第 4 行用左括号“(”开始对表中的每列进行定义，对表中所有列的定义必须放入一对小括号“()”中，并且列与列的定义之间用“,”隔开。注意，在最后一列定义的末尾处不需要用“,”，否则会出错，如第 11 行所示。

◆ 第 5 行定义列名“TeacherID”，该列的数据类型为“char(4)”，“NOT NULL”关键字表示该列不允许为空值，“PRIMARY KEY”关键字表明此列为该表的主键。

◆ 第 6～11 行分别对“TeacherName”、“Phone”、“Photo”、“PhotoURL”、“HomeAddress”、“DepartmentID”各列进行定义。在第 12 行处以右括号“)”结束对表中各列的定义。注意，“Photo”列用于存放教师的相片，由于相片属于图片格式，因而在第 7 行定义该列的数据类型为二进制“varbinary(max)”，并可允许为空值。

以上仅讲述 CREATE TABLE 的基本语法，若要查看其完整语法，可打开“SQL 联机丛书”，在索引中输入“CREATE TABLE”，以获其详细的语法说明。

2.6 上机实验

本节上机实验以 1.5 节上机实验为基础，在进行本节实验之前，应先确保已经完成了 1.5 节的上机实验。

当完成 1.5 节上机实验之后，WXD 学校学生管理数据库如图 2-65 所示。

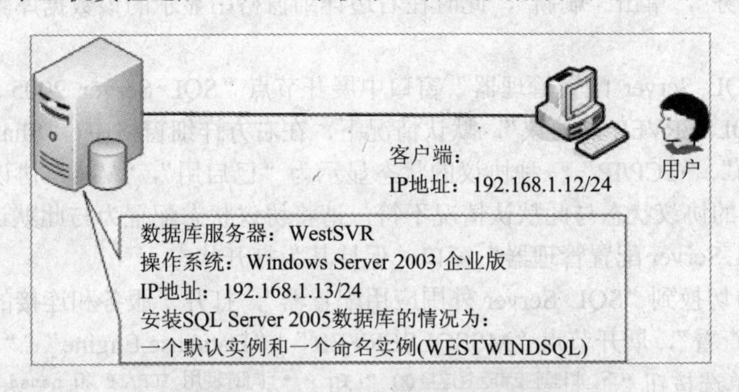

图 2-65 WXD 学校学生管理数据库

本节实验的实验设备均为图 2-65 所示，且只需要数据库服务器 WestSVR。

1．实验一：SQL Server 配置管理器与 SQL Server 外围应用配置器的基本操作

1) 实验要求

本实验有以下要求：

(1) 使用 SQL Server 配置管理器或 SQL Server 外围应用配置器启动、停止、重新启动数据库实例引擎。

(2) 使用 SQL Server 配置管理器或 SQL Server 外围应用配置器设置数据库实例引擎所采用的网络协议。

(3) 使用 SQL Server 外围应用配置器启用 SQL Server 2005 的外围功能。

(4) 使用 SQL Server 配置管理器创建数据库引擎实例的别名。

2) 实验目的

掌握 SQL Server 配置管理器与 SQL Server 外围应用配置器的基本操作。

3) 实验步骤

(1) 以数据库服务器 WestSVR 管理员(此管理员为 Windows Server 2003 操作系统的管理员)的身份登录该服务器。打开 SQL Server 配置管理器，单击左边树形图节点“SQL Server 2005 服务”，右方详细窗格中将列出该服务器的所有数据库服务。注意保持所有的服务均为停止状态(如果该服务已启动，则右键单击之，选择“停止”操作以将其停止)。

(2) 打开“SQL Server 外围应用配置器”|“服务和连接的外围应用配置器”|“按实例查看”，展开节点“MSSQLSERVER”|“Database Engine”|“服务”，右方的“服务状态”显示为“已停止”。查看完毕，关闭“服务和连接的外围应用配置器”对话框，但保持“SQL

Server 外围应用配置器”为打开状态。

(3) 切换到“SQL Server 配置管理器”窗口，右击“SQL Server(MSSQLSERVER)”，选择“启动”，开始启动数据库默认实例。

(4) 等到数据库默认实例启动完毕，切换到“SQL Server 外围应用配置器”窗口，按第(2)步骤的操作查看默认实例的服务状态。此时该数据库默认实例的服务状态是什么？

(5) 单击“停止”按钮以停止运行数据库默认实例。等到该默认实例完全停止运行之后，关闭“服务和连接的外围应用配置器”对话框，但保持“SQL Server 外围应用配置器”为打开状态，然后将窗口切换到“SQL Server 配置管理器”，右击左边树形图中的节点“SQL Server 2005 服务”，单击“刷新”，此时在右边详细窗格中显示的该数据库默认实例的服务状态是什么？

(6) 在“SQL Server 配置管理器”窗口中展开节点“SQL Server 2005 网络配置”，单击节点“MSSQLSERVER 的协议”，默认情况下，在右方详细窗格中，“Shared Memory”、“Named Pipes”、“TCP/IP”三种协议的状态显示为“已启用”，“VIA”协议显示为“已禁用”。如果读者的协议状态与此默认情况不符，请将协议状态配置为与此默认情况相一致。不要关闭“SQL Server 配置管理器”窗口，保持其为打开状态。

(7) 将窗口切换到“SQL Server 外围应用配置器”，打开“服务和连接的外围应用配置器”|“按实例查看”，展开节点“MSSQLSERVER”|“Database Engine”|“远程连接”，可以看到右方的单选按钮“⊙ 本地连接和远程连接(R)”和“⊙ 同时使用 TCP/IP 和 named pipes(B)”处于选中状态，表示同时启用了“Named Pipes”和“TCP/IP”协议。单击选中“⊙ 仅使用 named pipes(N)”，然后再单击“应用”按钮，此时系统将提示更改必须在数据库引擎实例重新启动之后才能生效。关闭“服务和连接的外围应用配置器”窗口，但保持“SQL Server 外围应用配置器”为打开状态。

(8) 切换到“SQL Server 配置管理器”窗口，在左边树形图中右击节点“MSSQLSERVER 的协议”，选择“刷新”。此时，右方窗格中四种协议的状态有什么变化吗？

(9) 在右方窗格中右击协议“Named Pipes”，单击“禁用(I)”，此时系统将提示更改必须在数据库引擎实例重新启动之后才能生效。

(10) 将窗口切换到“SQL Server 外围应用配置器”，打开“服务和连接的外围应用配置器”|“按实例查看”，展开节点“MSSQLSERVER”|“Database Engine”|“远程连接”。此时，右方显示的该数据库默认实例的远程连接状况是什么？关闭“服务和连接的外围应用配置器”窗口，但保持“SQL Server 外围应用配置器”为打开状态。

通过以上步骤，有什么体会？

(11) 打开“开始”|“运行”，输入“cmd”，然后回车，进入命令提示符窗口。在命令提示符中输入代码清单 2-8 所示的代码。然后回车，转到 C 盘根目录，打开文件“StudySQL.txt”，请问该文件的内容是什么？查看完毕后将该文件删除。

```
ECHO 我正在努力学习 SQL Server 2005 > c:\StudySQL.txt
```

代码清单 2-8

(12) 将窗口切换到“SQL Server 配置管理器”，并启动数据库默认实例。

(13) 打开“开始”|“所有程序”|“Microsoft SQL Server 2005”|“SQL Server Management

Studio”。当出现“连接到服务器”对话框时，在服务器名称栏中输入服务器计算机名“WestSVR”以连接到数据库默认实例。

(14) 在“对象资源管理器”中单击选中节点“WestSVR”，单击工具栏“新建查询(N)”打开 T-SQL 查询窗口，此时该窗口的当前数据库为系统数据库“Master”。在该查询窗口中输入代码清单 2-9 所示的代码。

```
DECLARE @studySQL VARCHAR(100)
SET @studySQL = 'ECHO 我正在努力学习 SQL Server 2005 > c:\studySQL.txt'
EXEC Master..XP_CMDSHELL @studySQL，no_output
```

代码清单 2-9

(15) 单击“执行(X)”按钮。此时下部的“消息”窗体中显示红色文本的消息“...SQL Server 阻止了对组件'xp_cmdshell' 的过程'sys.xp_cmdshell' 的访问... ”，表示该查询未能成功执行。不要关闭“SQL Server Management Studio”，保持其为打开状态。

(16) 将窗体切换到“SQL Server 外围应用配置器”，单击“功能的外围应用配置器”进入该对话框。打开“按实例查看”|“MSSQLSERVER”|“DatabaseEngine”，单击选中“xp_cmdshell”，然后在右方单击选中复选按钮“启用 xp_cmdshell(E)”，再单击“确定”按钮，然后关闭“SQL Server 外围应用配置器”窗口。

(17) 将窗体切换到“SQL Server Management Studio”，再单击“执行(X)”按钮。此时能成功地运行该查询窗口的 T-SQL 语言吗？转到 C 盘根目录，查看是否存在文件“StudySQL.txt”，如果存在，请问该文件的内容是什么。

(18) 关闭“SQL Server Management Studio”窗口。

(19) 将窗口切换到“SQL Server 配置管理器”，展开节点“SQL Native Client 配置”，右击别名，选择“新建别名...”。在新建别名对话框中，在别名栏内输入名称“WXD_Default_TCP”，端口号保持为空，服务器栏内输入计算机名“WestSVR”，协议栏内选中“TCP/IP”协议。单击“确定”以创建此别名，该别名将于后续实验中使用。不要关闭“SQL Server 配置管理器”窗口，该窗口将于实验二中继续使用。

2．实验二：建立 SQL Server 客户端与服务器端的本地连接

1) 实验要求

本实验有以下要求：

(1) 能熟练地使用“SQL Server Management Studio”与本地数据库服务器(包括默认实例和命名实例)建立连接。

(2) 能使“SQL Server Management Studio”采用别名的方式与本地数据库服务器(包括默认实例和命名实例)建立连接。

2) 实验目的

掌握如何建立 SQL Server 客户端与服务器端的本地连接。

3) 实验步骤

(1) 将窗口切换到“SQL Server 配置管理器”，展开节点“SQL Server 2005 的网络配置”，检查数据库默认实例“MSSQLSERVER 的协议”以及数据库命名实例“WESTWINDSQL 的协议”是否启用了“Shared Memory”、“Named Pipes”、“TCP/IP”。如果没有启用，则启

用这些协议。

(2) 单击节点“SQL Server 2005 服务”，检查数据库默认实例“SQL Server(MSSQLSERVER)”和数据库命名实例“SQL Server(WESTWINDSQL)”是否处于运行状态，如果已经运行，则将其重新启动一次(确保刚启用的协议生效)；如果没有运行，则将其启动运行。将其他所有的服务停止运行。

(3) 打开“SQL Server Management Studio”，在“连接到服务器”对话框中，服务器类型选择为“数据库引擎”，服务器名称为“WestSVR”，身份验证选择为“Windows 身份验证”，单击“连接”按钮，将成功地与数据库默认实例建立本地连接。

(4) 在对象资源管理器中，单击按钮“ ”断开连接。单击“连接”|“数据库引擎”，在弹出的“连接到服务器”对话框中，在服务器名称栏内输入英文句点“.”，其余保持与第(3)步骤中的选项相同。单击“连接”按钮，将成功地与数据库默认实例建立本地连接。

(5) 重复第(4)步骤，但在服务器名称栏内依次换成以下名称：

(local)

localhost

这些名称均可与数据库默认实例建立本地连接。

(6) 单击按钮“ ”断开连接，保持对象资源管理器为空。单击“连接”|“数据库引擎”，在弹出的“连接到服务器”对话框中，在服务器名称栏内输入名称“WestSVR\WESTWINDSQL”，其余保持与第(3)步骤中的选项相同。单击“连接”按钮，将成功地与数据库命名实例 WESTWINDSQL 建立本地连接。

(7) 重复第(6)步骤，但在服务器名称栏内依次换成以下名称：

.\WESTWINDSQL

(local)\WESTWINDSQL

localhost\WESTWINDSQL

这些名称均可与数据库命名实例 WESTWINDSQL 建立本地连接。

(8) 单击按钮“ ”断开连接，保持对象资源管理器为空。单击“连接”|“数据库引擎”，在弹出的“连接到服务器”对话框中，在服务器名称栏内输入实验一的第(19)步骤建立的别名名称“WXD_Default_TCP”，其余保持与第(3)步骤中的选项相同。单击“连接”按钮，将成功地与数据库默认实例建立连接。再次单击按钮“ ”断开连接。

注意：在实验一的第(19)步骤中，当建立数据库默认实例的别名时，在服务器栏内既可以输入计算机名“WestSVR”，也可以输入“.”或“(local)”或“localhost”，均代表本地数据库默认实例。

(9) 重复实验一的第(19)步骤，在别名栏内输入名称“WXD_Instance_TCP”，服务器栏内输入“WestSVR\WESTWINDSQL”(注意此处也可输入“.\WESTWINDSQL”或“(local)\WESTWINDSQL”或“localhost\WESTWINDSQL”，均代表本地数据库命名实例 WESTWINDSQL)，其余保持与实验一第(19)步骤相同。

(10) 将窗口切换到“SQL Server Management Studio”，单击“连接”|“数据库引擎”，在弹出的“连接到服务器”对话框中，在服务器名称栏内输入第(9)步骤建立的别名名称“WXD_Instance_TCP”，其余选项不变。单击“连接”按钮，将出现图 2-66 所示的错误消息(注意，本次连接失败并不是由于没有启用远程连接而导致的，因为已经启用了“Named

Pipes”和“TCP/IP”协议)。单击“确定”按钮关闭该消息，保持“连接到服务器”为打开状态。

图 2-66 连接到服务器错误消息提示

(11) 将窗口切换到“SQL Server 配置管理器”，单击选中节点“SQL Server 2005 服务”，在右边详细窗格中右击“SQL Server Browser”，单击“启动(S)”以启动该服务。

(12) 将窗口切换到“SQL Server Management Studio”，再次单击“连接到服务器”对话框的“连接”按钮，此次可以成功地与数据库命名实例 WESTWINDSQL 建立连接。

什么是 SQL Server Browser 服务？

SQL Server Browser 服务侦听对 SQL Server 资源的传入请求，并提供有关计算机中安装的 SQL Server 实例的信息。当 SQL Server Browser 服务运行时，用户可以通过提供计算机名称和实例名(而不是计算机名称和端口号)连接到命名实例。在本实验的第(9)步骤中，如果在端口号中输入命名实例的端口号(假如为 1465)，则在 SQL Server Browser 没有运行的情况下，也可以成功地与该数据库命名实例建立连接。与默认实例相连，并不需要指定端口号，因为默认实例的端口总为 1433，除非对此进行了明确的更改，而命名实例总是使用动态端口，当然，也可以按照图 2-10 所示的方式将其设为静态端口。

3. 实验三：建立 SQL Server 客户端与服务器端的远程连接

1) 实验说明

本实验演示如何从其他计算机与数据库服务器建立连接。在实际情况下，当数据库客户端组件与数据库服务处于不同的计算机之上时，彼此之间建立的连接为远程连接，但本演示仍只在一台计算机上进行(客户端组件与数据库服务同处于一台计算机)。在建立连接时，只要以 IP 地址的形式指定数据库服务实例，并指定连接的协议为“TCP/IP”或“Named Pipes”，就是属于远程连接的模式，而不论客户端组件与数据库服务是否处于同一台计算机。

2) 实验要求

本实验有以下要求：

(1) 能使用“SQL Server Management Studio”与远程数据库服务器(包括默认实例和命名实例)建立连接。

(2) 能使用“SQL Server Management Studio”采用别名的方式与远程数据库服务器(包括默认实例和命名实例)建立连接。

3) 实验目的

掌握如何建立 SQL Server 客户端与服务器端的远程连接。

4) 实验步骤

(1) 完成实验二的第(1)、(2)步骤，尤其确保“SQL Server Browser”服务处于停止状态。

(2) 展开“SQL Server 2005 网络配置”，单击节点“WESTWINDSQL 的协议”，在右方详细窗格中右击协议“Named Pipes”，选择“属性”，在“属性”对话框中，将管道名称改为“\\.\pipe\MSSQL$WESTWINDSQL\WXD_SQL\query”。右击协议“TCP/IP”，选择“属性”|“IP 地址”，按图 2-10 所示的设置将该命名实例设置为使用 1465 的静态端口。按要求重新启动该数据库命名实例。对于默认实例，保持其“Named Pipes”和“TCP/IP”协议的属性不变(即为其初始默认值)。

(3) 打开“SQL Server Management Studio”，按下述操作与数据库命名实例建立连接：

♦ 使用“Named Pipes”协议建立连接。在“连接到服务器”对话框中，在服务器名称栏内输入下列名称：

np:\\192.168.1.13\pipe\MSSQL$WESTWINDSQL\WXD_SQL\query

单击“连接”按钮，可使用“Named Pipes”协议与命名实例建立远程连接，其前缀“np:”表示使用“Named Pipes”协议建立连接。单击按钮“ ”断开连接。

♦ 使用“TCP/IP”协议建立连接。单击“连接”|“数据库引擎”，在弹出的“连接到服务器”对话框中，在服务器名称栏内输入下列名称：

tcp:192.168.1.13\WESTWINDSQL，1465(或 tcp:192.168.1.13，1465)

单击“连接”按钮，可使用“TCP/IP”协议与命名实例建立远程连接，其前缀“tcp:”表示指定使用“TCP/IP”协议建立连接，1465 为端口号。单击按钮“ ”断开连接。

(4) 按下述操作与数据库默认实例建立连接：

♦ 使用“Named Pipes”协议建立连接。在“连接到服务器”对话框中，在服务器名称栏内输入下列名称：

np:\\192.168.1.13\pipe\sql\query

单击“连接”按钮，可使用“Named Pipes”协议与默认实例建立远程连接，单击按钮“ ”断开连接。

♦ 使用“TCP/IP”协议建立连接。单击“连接”|“数据库引擎”，在弹出的“连接到服务器”对话框中，在服务器名称栏内下列名称：

tcp:192.168.1.13，1433(或 tcp:192.168.1.13)

单击“连接”按钮，可使用“TCP/IP”协议与默认实例建立远程连接。单击按钮“ ”断开连接。

(5) 将窗口切换到“SQL Server 配置管理器”，按图 2-67～图 2-70 所示的配置创建别名。然后按照实验二的第(9)及之后的步骤操作，分别使用这些别名对各数据库实例建立远程连接(因为在别名中已经指定了端口号，所以在数据库服务器中不需要运行 SQL Server Browser)。也可以在“sqlcmd”中采用这些别名建立与数据库实例之间的连接，如图 2-71 所示。

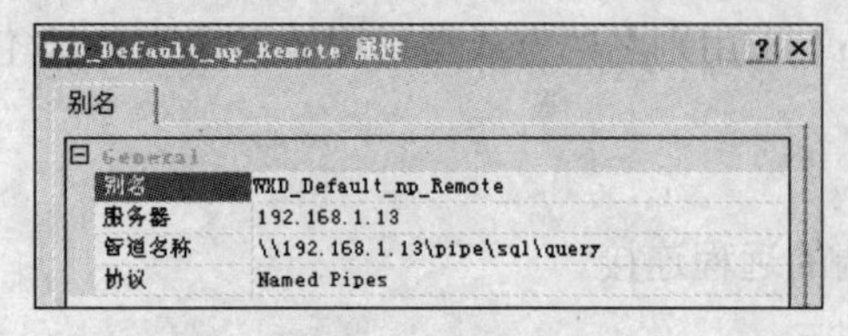

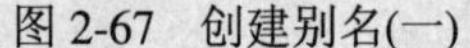
图 2-67　创建别名(一)

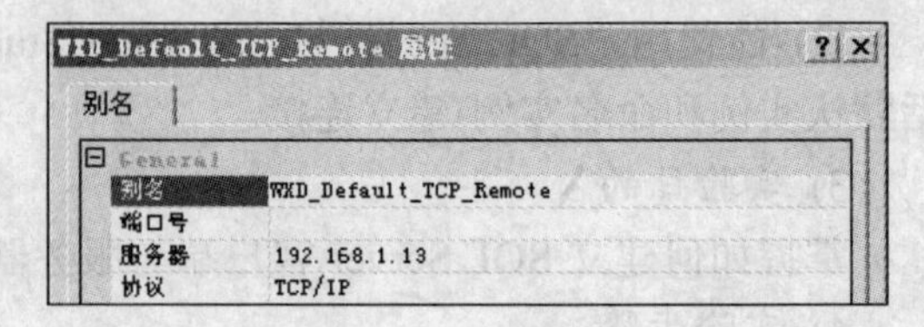

图 2-68　创建别名(二)

图 2-69 创建别名(三)

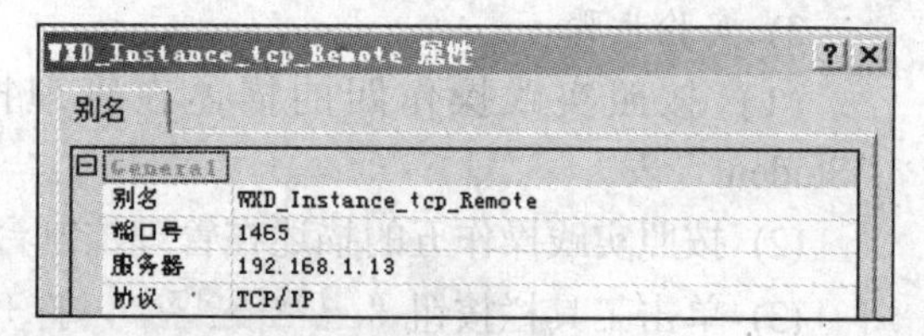

图 2-70 创建别名(四)

```
C:\>sqlcmd -S WXD_Default_np_Remote -E
1> exit

C:\>sqlcmd -S WXD_Default_tcp_Remote -E
1> exit

C:\>sqlcmd -S WXD_Instance_tcp_Remote -E
1> exit

C:\>sqlcmd -S WXD_Instance_np_Remote -E
1> exit
```

图 2-71 在“sqlcmd”中使用别名与数据库实例建立连接

4．实验四：创建学生管理数据库 WxdStudent

1) 实验要求

(1) 能熟练地使用“SQL Server Management Studio”创建数据库。

(2) 能熟练地使用 T-SQL 语言创建数据库。

2) 实验目的

掌握如何创建符合要求的数据库。

3) 实验步骤

(1) 以系统管理员的身份登录到数据库服务器“WestSVR”，在 C 盘根目录下建立一个名为“WxdDatabaseFiles”的文件夹，如果此文件夹已经存在，则省略此步骤。

(2) 打开“SQL Server Management Studio”，并按照前述实验的描述连接到数据库默认实例。打开“对象资源管理器”|“WestSVR”|“数据库”。如果已经存在名为 WxdStudent 的数据库，则右击该数据库，然后选择“删除”以删除该数据库。

(3) 按照 2.3 节实践操作二的描述创建学生管理数据库“WxdStudent”。

(4) 创建完毕，删除该数据库。

(5) 按照 2.4 节实践操作三的描述采用 T-SQL 语言创建学生管理数据库“WxdStudent”。创建完毕之后，不要删除该数据库。

(6) 关闭“SQL Server Management Studio”窗口。

5．实验五：在学生管理数据库 WxdStudent 中创建表

1) 实验要求

(1) 能熟练地使用“SQL Server Management Studio”在数据库中创建表。

(2) 能熟练地使用 T-SQL 语言创建表。

2) 实验目的

掌握如何在数据库中创建符合要求的表。

3) 实验步骤

(1) 按照实践操作四的描述在管理控制台中通过图形用户界面的形式来创建“Student”表。

(2) 按照实践操作五的描述在管理控制台中通过 T-SQL 来创建“Teacher”表。

(3) 单击工具栏按钮“新建查询(N)”，打开一个新的查询窗口，再单击“ ”，定位至与本书配套的资源文件“SQLServer2005 章节资源\第二章\Create_WXD_Table.sql”，打开该文件。然后单击按钮“执行(X)”。运行完毕，将会为 WXD 学生管理数据库创建完整系列的表。

(4) 在对象资源管理器中，展开节点“WestSVR”|“数据库”|“WxdStudent”|“表”，查阅刚创建完毕的学生数据库表，然后关闭“SQL Server Management Studio”窗口。

6. 附加学生管理数据库 WxdStudent

1) 实验目的

将随本书配套提供的数据库文件(“WxdStudent_MNG .mdf”及“WxdStudent_log.LDF”)附加到数据库默认实例中，为以后的章节内容奠定学习的基础。

2) 实验步骤

(1) 在 SQL Server 管理控制台中删除实验四创建的数据库 WxdStudent。

(2) 将随本书配套提供的数据库文件(“WxdStudent_MNG .mdf”及“WxdStudent_log.LDF”)复制到文件夹“C:\WxdDatabaseFiles”之内。

(3) 在 SQL Server 管理控制台的对象资源管理器窗口中，右击节点“WestSVR”|“数据库”，选择“附加(A)…”，在弹出的“附加数据库”对话框中，单击“添加”按钮以添加数据库的主数据文件(扩展名默认为“MDF”)，定位至“C:\WxdDatabaseFiles\WxdStudent_MNG.mdf”文件，将其加入。在该对话框的下部会自动列出与之相对应的日志文件“C:\WxdDatabaseFiles\WxdStudent_log.LDF”。单击“确定”按钮完成数据库的附加操作。有关附加数据库的更多内容可参阅 4.4 节“分离和附加数据库”。

习 题

一、选择题(下面每个选择题有一个或多个正确答案)

1. 使用“SQL Server 配置管理器”可以实现以下哪些任务?

A. 安装或删除 SQL Server 2005 实例

B. 启动、停止、重新启动 SQL Server 2005 数据库服务

C. 配置 SQL Server 2005 数据库实例以使其允许“远程连接”或“仅限本地连接”

D. 为 SQL Server 2005 数据库实例建立别名

E. 配置 SQL Server 2005 数据库实例所使用的 TCP 端口号

2. 当某个数据库服务的启动模式设置为“自动”时，表明该数据库服务:

A. 将会随着操作系统的启动而自动启动运行

B. 运行到一定时间时，将会自动停止

C. 运行时所占用的内存资源比“手动”模式要少

D．将自动地进行数据库备份

3．以下哪些协议属于 SQL Server 2005 数据库的通信协议(网络库)？

A．TCP/IP 协议

B．Shared Memory

C．NWLink IPX/SPX

D．AppleTalk

E．Named Pipes

4．如果某个 SQL Server 2005 数据库实例只启用了“”协议，则表明该数据库实例：

A．只允许本地连接

B．只允许远程连接

C．同时允许本地连接和远程连接

D．不允许任何连接

5．使用“SQL Server 外围应用配置器”可以实现以下哪些任务？

A．安装或删除 SQL Server 2005 实例

B．启动、停止、重新启动 SQL Server 2005 数据库服务

C．配置 SQL Server 2005 数据库实例以使其允许“远程连接”或“仅限本地连接”

D．为 SQL Server 2005 数据库实例建立别名

E．配置 SQL Server 2005 数据库实例所使用的 TCP 端口号

F．禁用或启用 SQL Server 2005 外围功能

6．以下有关数据库文件的说法，哪些是正确的？

A．数据库文件至少有一个数据文件和一个事务日志文件。

B．数据库文件可以没有事务日志文件但必须至少有一个数据文件。

C．数据库文件可以没有数据文件但必须至少有一个事务日志文件。

D．数据库文件可以有多个数据文件和多个事务日志文件。

E．数据库文件必须要有扩展名，主数据文件的扩展名为“MDF”，从数据文件的扩展名为“NDF”，事务日志文件的扩展名为“LDF”。

7．下列所示的数据库标识符中，哪些是符合标识规范的？

A．_StudentID

B．2005StudentID

C．无线电 2005StudentID

D．*StudentID

8．在数据库中设计表时，下列对表与表之间关系的描述哪些是正确的？

A．应当尽量使表与表之间构成一对多的关系。

B．应当尽量使表与表之间构成多对多的关系。

C．应当尽量使表与表之间构成一对一的关系。

D．如果两个表之间构成了多对多的关系，应当设计一个联结表，使这两个表分别与该联结表构成一对多的关系。

9．在数据库中设计表时，下列对表中列的描述哪些是正确的？

A．每个表都应该有主键列以唯一标识表中的每一条记录。

B．列与列之间的数据类型不应当重复。

C．每列都必须指定合适的数据类型，该列中只能存入指定的数据类型的值。

D．每列都必须指定合适的数据类型，但该列中可以存入其他数据类型的值。

10．在某 SQL Server 2005 数据库中，有一名为“Product”的表，在该表中有一名为“Photo”的列，该列用于存放每一类产品的图片。试问该列“Photo”应该采用哪种最适合的数据类型？

A．Image

B．Varbinary(max)

C．Int

D．Decimal

二、简答题

1．通过 Windows 操作系统的“服务”来更改数据库服务的登录身份是合理的操作吗？为什么？

2．通过 SQL Server Management Studio 连接数据库服务时，可以连接到哪几种类型的数据库服务器？

3．有一台安装了 SQL Server 2005 企业版数据库的服务器，计算机名为“WXD_Server”，IP 地址为“192.168.100.2”，该服务器安装了一个默认实例和一个命名实例，命名实例的名称为“WXD_Instance”，默认实例和命名实例都启用了允许远程连接，并同时启用了 TCP/IP 和 Named Pipes 协议，命名实例的 TCP 端口被指定为“1465”，命名管道保持为默认值。该服务器没有运行 SQL Server Browser 服务。当使用远程连接的方式并分别使用 TCP/IP 协议和 Named Pipes 协议连接到此数据库服务器的默认实例和命名实例时，其服务器名称应当如何指定？

4．可以通过 sqlcmd 工具来创建数据库和数据库表吗？如果可以，请简要描述如何创建。

5．简要描述数据库文件的自动增长方式有哪些种类。

6．在关系数据库中设计数据库表时，应当使表尽量符合哪些原则？

第 3 章　访问及修改数据库

在本章中，我们将学习利用基本的 SQL(Structured Query Language，结构化查询语言)语句对存储数据库进行操作的方法，这是关系型数据库一个重要的功能。SQL 语句的特点是直观、简单，初学者经过较短时间的学习，就可以熟练掌握怎样对数据库进行简单的存取操作。

本章学习目标：

(1) 掌握 SELECT 语句的使用，以及一些重要的子句，例如 WHERE、ORDER BY 和 GROUP BY 等的使用。

(2) 掌握在 WHERE 子句中灵活运用各种运算符的技巧。

(3) 掌握 INSERT、DELETE、UPDATE 语句的基本使用方法。

(4) 掌握修改数据库和表的架构的方法。

(5) 理解数据库完整性的概念，掌握利用约束实现数据库完整性的方法。

本章是以完成第 2 章实验六“附加学生管理数据库 WxdStudent”为前提的，并且具有相应的设备条件，具体如下：

一台计算机，该计算机的操作系统为“Windows Server 2003”，计算机名为“WestSVR”，IP 地址设为“192.168.1.13/24”，数据库系统为“SQL Server 2005 企业版”，安装了一个默认实例和一个命名实例，命名实例名称为“WESTWINDSQL”，在默认实例中已创建好数据库“WxdStudent”，客户端计算机为可选，因为计算机“WestSVR”也可充当自身的数据库客户端。

除非特别说明，本章以及后续章节中的所有操作均以该设备为准。

3.1　向表中插入记录

当建立起一个新的数据库之后，我们必须通过某种方法将一些数据添加到这个数据库中，然后才能在以后的操作中对这些数据进行访问，在本小节中，首先建立起用来存储参加各种等级证书考试的成绩表 TestInformation，然后使用它来讲解如何通过两种方法(一种是通过 INSERT 语句，一种是通过管理控制台)来向表中插入记录，并将 TestInformation 这个表创建在 WxdStudent 数据库中，它的结构如图 3-1 所示。

可以看到，在 TestInformation 表中有 6 个字段，其中 InfoID 为主键，它表示这条记录为某位学生的考试信息，同时它也是标识列，当插入一条记录时，它的数值会自动增加。

表 - dbo.TestInformation*　WestSVR.WxdStudent - 3-43.sql

列名	数据类型	允许空
InfoID	int	☐
StudentID	char(8)	☐
SubjectName	char(20)	☐
Degree	char(10)	☐
Score	int	☑
Credit	int	☐
		☐

图 3-1　TestInformation 表结构

StudentID 为某位学生的 ID 号码，这个字段为外键，跟它对应的主键是 student 表的 StudentID，可以从 TestInformation 表的外键关系图中看出这种关系。在“对象资源管理器”中右击 TestInformation 表，选择“修改”，此时会在右边打开 TestInformation 表的结构修改窗口，单击工具栏按钮“ ”，在弹出的“外键关系”图中单击“表和列规范”旁边的“+”号，可以看到详细的信息，如图 3-2 所示。

⊟ (常规)
⊟ 表和列规范

外键基表	TestInformation
外键列	StudentID
主/唯一键基表	student
主/唯一键列	studentID

图 3-2　TestInformation 表外键关系

SubjectName 代表的是科目名称，Degree 代表的是级别，Score 代表的是分数，并且可以为空，Credit 代表的是学分(在这里假设若成绩合格，就能根据所考的级别加上一定学分，例如，考一级合格的加 1 分，考二级合格的加 2 分)。

3.1.1 INSERT 语法简介

INSERT 语句用于将新行追加到表中，它的语法结构如下：

INSERT　[INTO]　<表名> [(字段名列表)]　VALUES (字段值列表)

在该结构中，INSERT 为关键字，INTO 为一个可选的关键字，可以将它用在 INSERT 和目标表之间，<表名>为要插入数据的表。

(字段名列表)为要在其中插入数据的一列或多列的列表。必须用括号将“字段名列表”括起来，并且用逗号进行分隔。

VALUES 为关键字。

(字段值列表)为要插入值的列表，括号里的各插入值之间用逗号分开。

3.1.2 使用 INSERT 向表中插入记录

下面介绍如何使用 INSERT 语句。

(1) 单击“开始”|“所有程序”|“Microsoft SQL Server 2005”|“SQL Server Management Studio”。首先将弹出“连接到服务器”对话框，如图 3-3 所示。

图 3-3　“连接到服务”器对话框

(2) 在图 3-3 中单击“连接”按钮即可连接到数据库服务器“WestSVR”的默认实例并进入“Microsoft SQL Server Management Studio”界面，在对象资源管理器中，展开节点“WestSVR”|“数据库”，单击选中数据库节点“WxdStudent”，再单击工具栏按钮“新建查询(N)”，在新打开的查询窗口中输入代码清单 3-1 所示的代码，然后再单击工具栏按钮“! 执行(X)”，此代码的前一部分为创建 TestInformation 表的代码，后一部分是插入记录的语句，如图 3-4 所示。

```
CREATE TABLE [dbo].[TestInformation](
    [InfoID] [int] IDENTITY(1，1) NOT NULL，
    [StudentID] [char](8) COLLATE Chinese_PRC_CI_AS NOT NULL，
    [SubjectName] [char](50) COLLATE Chinese_PRC_CI_AS NOT NULL，
    [Degree] [char](10) COLLATE Chinese_PRC_CI_AS NOT NULL，
    [Score] [int] NULL，
    [Credit] [int] NOT NULL，
CONSTRAINT [PK_TestInformation] PRIMARY KEY CLUSTERED
(
    [InfoID] ASC
    )WITH (IGNORE_DUP_KEY = OFF) ON [PRIMARY]
) ON [PRIMARY]

    GO

    INSERT INTO TestInformation
    (StudentID ， SubjectName ， Degree ， Score ， Credit )
    VALUES
    ('20020548'，'全国英语等级考试'，'一级'，86  ，  1 )
```

代码清单 3-1

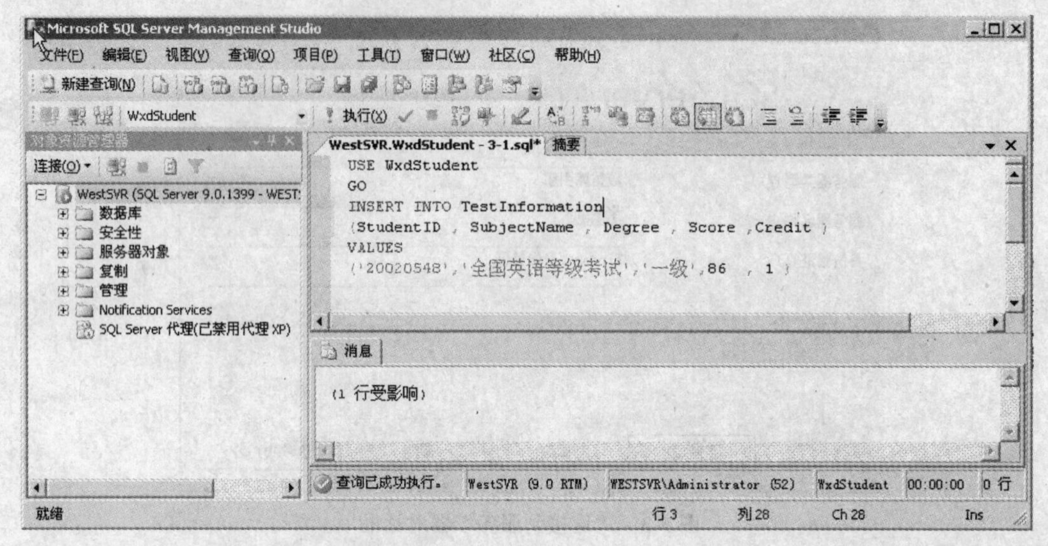

图 3-4 新建查询窗口并输入代码

(3) 从图 3-4 的消息栏中可以看到“1 行受影响”的字样，说明已经成功地在数据库中插入了一条记录。在“对象资源管理器”中右击 TestInformation 表，选择“打开表”，可以看到该表中已经存在第一条记录，如图 3-5 所示。

表 - dbo.TestInformation

	InfoID	StudentID	SubjectName	Degree	Score	Credit
▶	1	20020548	全国英语等级考试	一级	86	1
*	NULL	NULL	NULL	NULL	NULL	NULL

图 3-5 TestInfomation 表结果

其实，如果在 INSERT 语句中指定了所有列(标识列除外)的值，是可以省略掉[(column_list)]部分的，但要求(data_values)中数值的顺序和表中各列的顺序是一致的，按照刚才所讲方法输入代码清单 3-2 并运行。

```
INSERT INTO TestInformation
VALUES
```

代码清单 3-2

打开 TestInformation 表观察结果，发现数据也能够被正确插入到数据库中，如图 3-6 所示。

表 - dbo.TestInformation　表 - dbo.TestInformation*

	Inf...	StudentID	SubjectName	Degree	Score	Credit
▶	1	20020548	全国英语等级考试	一级	86	1
		20020503	全国计算机等级考试	二级	92	2
*	NULL	NULL	NULL	NULL	NULL	NULL

图 3-6 TestInfomation 表结果

我们在前面观察 TestInformation 表的结构时已经知道 Score 字段是可以为空的，这一点有时候很有用。比如在有一些学生缺考的情况下，可以让 Score 字段留空(不要将 Score 字段设置为0，否则会让人误以为这个学生参加了考试，却只考了个0分)，在INSERT语句中响应字段的值要用表示空值的关键字“null”来代替，输入代码清单3-3所示的代码并运行。

```
INSERT INTO TestInformation
VALUES
('20020551', '全国计算机等级考试', '二级', null  ,  0)
```

代码清单3-3

打开TestInformation表观察结果，发现数据也能够被正确插入到数据库中，但是第3条记录的Score字段值为“NULL”，如图3-7所示。

	InfoID	StudentID	SubjectName	Degree	Score	Credit
▶	1	20020548	全国英语等级考试	一级	86	1
	2	20020503	全国计算机等级考试	二级	92	2
	3	20020551	全国计算机等级考试	二级	NULL	0
*	NULL	NULL	NULL	NULL	NULL	NULL

图3-7 插入空字段

3.1.3 使用管理控制台向表中插入记录

除了用INSERT命令向数据库插入记录以外，还可以用管理控制台来给数据库添加记录，这个过程和上面观察TestInformation表结果的步骤有些相似。

(1) 以数据库服务器“WestSVR”管理员的身份登录服务器，打开SQL Server管理控制台。在对象资源管理器中展开节点“WestSVR”|“数据库”|“WxdStudent|表”，右击节点“TestInformation”，在右键菜单中选择“打开表(O)...”，如图3-8所示。

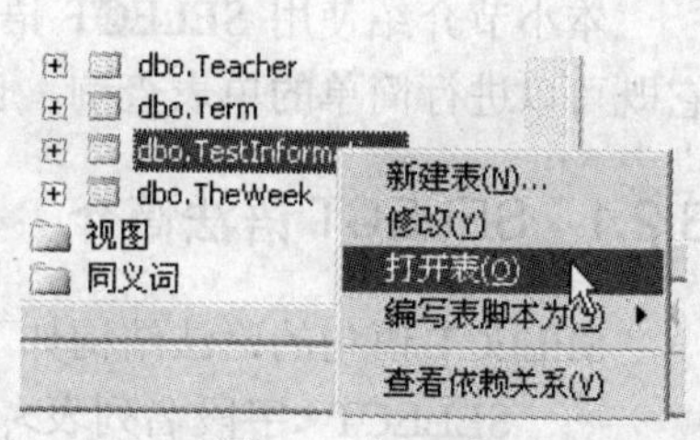

图3-8 打开表

(2) 在右边打开显示TestInformation表内容的窗口，在这个窗口中也可以给TestInformation表添加记录。把鼠标移动到InfoID值为NULL的记录的StudentID字段处并单击，此时StudentID字段变为可编辑状态，输入“20020503”，然后把鼠标移动到SubjectName字段处并单击，此时StudentID字段旁边出现一个红色的叹号，意思是提醒用户本条记录还没有提交到数据库，等填完其他字段以后再一起提交，如图3-9所示。

表 - dbo.TestInformation

	InfoID	StudentID	SubjectName	Degree	Score	Credit
	1	20020548	全国英语等级考试	一级	86	1
	2	20020503	全国计算机等级考试	二级	92	2
	3	20020551	全国计算机等级考试	二级	NULL	0
✎	NULL	20020503 ❗		NULL	NULL	NULL
*	NULL	NULL	NULL	NULL	NULL	NULL

图3-9 数据被更改但未提交

(3) 在其他相应的字段分别填入数据，此时每个字段旁边都出现一个红色的叹号，把鼠标移动到其他记录处并单击，就完成了提交，此时每个字段旁边的红色叹号均消失，说明数据已经被添加进表中了，如图3-10所示。

表 - dbo.TestInformation

	InfoID	StudentID	SubjectName	Degree	Score	Credit
	1	20020548	全国英语等级考试	一级	86	1
	2	20020503	全国计算机等级考试	二级	92	2
	3	20020551	全国计算机等级考试	二级	NULL	0
▶	4	20020503	局域网管理员考试	二级	82	2
*	NULL	NULL	NULL	NULL	NULL	NULL

图 3-10　数据已提交

为了便于后面的学习，这里给 TestInformation 表添加上一些记录，采用前面所讲的 INSERT 语句的方法来添加，输入代码清单 3-3 所示的代码并运行：

```
由于代码较长，参见本书配套资源第 3 章代码 3-4。
```

代码清单 3-4

这样，TestInformation 表中就存在着 20 条记录了，掌握了怎样添加记录之后，接下来介绍怎样查询数据库中的数据。

3.2　访问查询表中的记录

本小节介绍使用 SELECT 语句来对数据库进行查询，SELECT 语句能完成很多功能，它既可以进行简单的单表查询，也可以进行复杂的连接查询。

3.2.1　SELECT 语法简介

SELECT 语句的语法结构如下：

```
SELECT <字段名列表>
FROM <表名>
[WHERE <筛选条件表达式> ]
[GROUP BY <分组表达式>  [HAVING  <分组条件表达式>] ]
[ORDER BY <字段名>  [ASC | DESC ]  ]
```

在该结构中：

SELECT 为关键字，<字段名列表>为按照指定的字段顺序选出字段值构造成一行数据，若要选择全部字段，可以使用*通配符来代替。FROM <表名>指定了要从中选择数据的数据表。

WHERE <筛选条件表达式>指定了只有符合<筛选条件表达式>的记录才能被查询到，GROUP BY <分组表达式>表示将结果按<分组表达式>的值进行分组，凡是值相等的就属于同一个组。如果还带有 HAVING <分组条件表达式>子句，则只有符合条件的组才会输出。

ORDER BY<字段名列表>指定了输出结果按照<字段名>排序，ASC 是升序，DESC 是降序。

3.2.2　基本 SELECT 语句的使用

1．查询所有字段和所有记录

首先介绍最基本的 SELECT 语句的用法。例如，若想列出 TestInformation 表中所有记录的字段数据，则可以使用代码清单 3-5 所示的语句，显示出来的结果如图 3-11 所示。

```
SELECT * FROM TestInformation
```

代码清单 3-5

	InfoID	StudentID	SubjectName	Degree	Score	Credit
1	1	20020548	全国英语等级考试	一级	86	1
2	2	20020503	全国计算机等级考试	二级	92	2
3	3	20020551	全国计算机等级考试	二级	NULL	0
4	4	20020503	局域网管理员考试	二级	82	2
5	5	20020710	全国英语等级考试	二级	50	0
6	6	20020710	全国计算机等级考试	二级	72	2
7	7	20020710	局域网管理员考试	一级	66	1
8	8	20020714	全国英语等级考试	二级	83	2
9	9	20020745	全国英语等级考试	一级	62	1
10	10	20020745	全国计算机等级考试	一级	95	1
11	11	20020798	全国计算机等级考试	二级	78	2
12	12	20020798	局域网管理员考试	二级	67	2
13	13	20020799	全国计算机等级考试	二级	90	2
14	14	20020802	全国计算机等级考试	二级	88	2
15	15	20020803	全国英语等级考试	二级	53	0
16	16	20020803	全国计算机等级考试	二级	91	2
17	17	20020803	局域网管理员考试	一级	62	1
18	18	20020803	Photoshop考试	二级	89	2
19	19	20020805	全国英语等级考试	二级	NULL	0
20	20	20020805	全国计算机等级考试	二级	94	2

图 3-11　列出 TestInformation 表所有数据

从图 3-11 可以看到，所有的字段和记录都被显示出来了。在这个例子中，我们使用了*通配符来代表所有的字段以简化输入，当然，如果把所有字段名称一一列出也是可以的。

2．查询其中部分字段

如果只需要显示其中一部分字段，则可以在 SELECT 关键字后面指定需要显示的字段列表，字段之间用逗号“,”隔开即可。例如，只显示 StudentID、SubjectName 和 Score 三个字段，可以输入清单 3-6 所示的代码，运行结果如图 3-12 所示。

```
SELECT StudentID,  SubjectName ,  Score FROM TestInformation
```

代码清单 3-6

	StudentID	SubjectName	Score
1	20020548	全国英语等级考试	86
2	20020503	全国计算机等级考试	92
3	20020551	全国计算机等级考试	NULL
4	20020503	局域网管理员考试	82
5	20020710	全国英语等级考试	50
6	20020710	全国计算机等级考试	72
7	20020710	局域网管理员考试	66
8	20020714	全国英语等级考试	83
9	20020745	全国英语等级考试	62
10	20020745	全国计算机等级考试	95
11	20020798	全国计算机等级考试	78
12	20020798	局域网管理员考试	67
13	20020799	全国计算机等级考试	90
14	20020802	全国计算机等级考试	88
15	20020803	全国英语等级考试	53
16	20020803	全国计算机等级考试	91
17	20020803	局域网管理员考试	62
18	20020803	Photoshop考试	89
19	20020805	全国英语等级考试	NULL
20	20020805	全国计算机等级考试	94

图 3-12　列出 TestInformation 表的 3 个字段

3.2.3　WHERE 子句、DISTINCT 子句和 ORDER BY 子句

1．WHERE 子句的使用

WHERE 子句用来设定返回记录的限制条件，上面的两个例子中没有限定条件，所以返回了所有的记录。但在很多情况下，若只查询符合一定条件的记录，这就要用到 WHERE 子句了。如 SELECT 语句的语法结构所述，WHERE 子句包含有一个条件表达式，在这个表达式中可以包含丰富的运算符，在表 3-1 中列出了一些常用的运算符。

表 3-1　常用的运算符

关系运算符	
=	等于
>	大于
<	小于
>=	大于或等于
<=	小于或等于
!= 或 <>	不等于
逻辑运算符	
AND	与
OR	或
NOT	非
其他运算符	
BETWEEN	定义由两个值确定的一个范围
LIKE	字符串匹配操作符，可使用%或_通配符，%表示 0 或多个字符，_表示一个字符
IN	检查一个表达式的值是否在一组值之中
IS NULL	检查字段是否为空
EXISTS	子查询返回至少一行记录时为 TRUE

假设现在要列出 StudentID 为 20020503 的学生的考试情况，可以输入如清单 3-7 所示的代码，但在这里要注意，因为 StudentID 字段是字符型数据，所以在表达式中 20020503 要用单引号括起来，运行结果如图 3-13 所示。

```
SELECT * FROM TestInformation WHERE StudentID='20020503'
```

代码清单 3-7

结果　消息

	InfoID	StudentID	SubjectName	Degree	Score	Credit
1	2	20020503	全国计算机等级考试	二级	92	2
2	4	20020503	局域网管理员考试	二级	82	2

图 3-13　列出 StudentID 为 20020503 的学生的考试情况

假设现在要列出成绩为 85 分以上(含 85 分)的学生的考试情况，可以输入如清单 3-8 所示的代码，运行结果如图 3-14 所示。

```
SELECT * FROM TestInformation WHERE Score>=85
```

代码清单 3-8

	InfoID	StudentID	SubjectName	Degree	Score	Credit
1	1	20020548	全国英语等级考试	一级	86	1
2	2	20020503	全国计算机等级考试	二级	92	2
3	10	20020745	全国计算机等级考试	一级	95	1
4	13	20020799	全国计算机等级考试	二级	90	2
5	14	20020802	全国计算机等级考试	二级	88	2
6	16	20020803	全国计算机等级考试	二级	91	2
7	18	20020803	Photoshop考试	二级	89	2
8	20	20020805	全国计算机等级考试	二级	94	2

图 3-14　列出成绩为 85 分以上(含 85 分)的学生的考试情况

对于一些要求比较复杂的情况，往往需要用逻辑运算符把若干个条件组合起来使用。例如，假设现在要列出考试科目为“全国英语等级考试”并且级别为“一级”的学生的考试情况，在这里，存在两个条件，这两个条件是“并且”的关系，应该用逻辑运算符“AND”将它们连接起来，所以可以输入如清单 3-9 所示的代码，运行结果如图 3-15 所示。

```
SELECT * FROM TestInformation WHERE SubjectName='全国英语等级考试' AND Degree='一级'
```

代码清单 3-9

	InfoID	StudentID	SubjectName	Degree	Score	Credit
1	1	20020548	全国英语等级考试	一级	86	1
2	9	20020745	全国英语等级考试	一级	62	1

图 3-15　列出全国英语等级考试(一级)的学生的考试情况

又如，现在要列出考“局域网管理员”和“Photoshop”的学生的考试情况，这里也存在两个条件，这两个条件是“或者”的关系，应该用逻辑运算符“OR”将它们连接起来，所以可以输入如清单 3-10 所示的代码，运行结果如图 3-16 所示。

```
SELECT * FROM TestInformation
WHERE SubjectName='局域网管理员考试' OR SubjectName='Photoshop 考试'
```

代码清单 3-10

	InfoID	StudentID	SubjectName	Degree	Score	Credit
1	4	20020503	局域网管理员考试	二级	82	2
2	7	20020710	局域网管理员考试	一级	66	1
3	12	20020798	局域网管理员考试	二级	67	2
4	17	20020803	局域网管理员考试	一级	62	1
5	18	20020803	Photoshop考试	二级	89	2

图 3-16　列出考“局域网管理员”和“Photoshop”的学生的考试情况

在有的情况下，BETWEEN 可以使得我们比较容易构造出满足条件的表达式。例如，若要列出成绩为“良好”(即成绩处于 70～79 分)的学生的考试情况，使用 BETWEEN 构造就比较合适了，所以可以输入如清单 3-11 所示的代码，运行结果如图 3-17 所示。

```
SELECT * FROM TestInformation    WHERE Score BETWEEN 70 AND 79
```

代码清单 3-11

结果 | 消息

	InfoID	StudentID	SubjectName	Degree	Score	Credit
1	6	20020710	全国计算机等级考试	二级	72	2
2	11	20020798	全国计算机等级考试	二级	78	2

图 3-17　列出成绩为“良好”的学生的考试情况

想一想，在这个例子中如果使用逻辑运算符应该怎么做？

答案是：SELECT * FROM TestInformation WHERE Score >=70 AND Score <=79，但相比起来，应该是前一种方法的逻辑更直接和自然。

还有的情况，通配符能起到很大的作用，比如要列出 02-7 班(即 StudentID 的前 6 位为 200207，而后两位可以是任意数字)的学生的考试情况，在这里，可以使用 LIKE 运算符和 2 个“_”通配符，可以输入如清单 3-12 所示的代码，运行结果如图 3-18 所示。

```
SELECT * FROM TestInformation    WHERE StudentID LIKE '200207__'
```

代码清单 3-12

结果 | 消息

	InfoID	StudentID	SubjectName	Degree	Score	Credit
1	5	20020710	全国英语等级考试	二级	50	0
2	6	20020710	全国计算机等级考试	二级	72	2
3	7	20020710	局域网管理员考试	一级	66	1
4	8	20020714	全国英语等级考试	二级	83	2
5	9	20020745	全国英语等级考试	一级	62	1
6	10	20020745	全国计算机等级考试	一级	95	1
7	11	20020798	全国计算机等级考试	二级	78	2
8	12	20020798	局域网管理员考试	二级	67	2
9	13	20020799	全国计算机等级考试	二级	90	2

图 3-18　列出 02-7 班的学生的考试情况

在列出 02-7 班学生考试情况的例子中，由于知道了这个班的 StudentID 后两位可以是任意数字，因此可以用 2 个“_”通配符。但是在某些情况下却不知道存在着多少个任意字符，例如想要列出属于“全国性质”的考试情况，这里有“全国英语等级考试”和“全国计算机等级考试”，它们的字符数目是不同的，则需要用到可以代表任意字符的“%”通配符，即输入如清单 3-13 所示的代码，运行结果如图 3-19 所示。

```
SELECT * FROM TestInformation    WHERE SubjectName LIKE '全国%'
```

代码清单 3-13

结果 | 消息

	InfoID	StudentID	SubjectName	Degree	Score	Credit
1	1	20020548	全国英语等级考试	一级	86	1
2	2	20020503	全国计算机等级考试	二级	92	2
3	3	20020551	全国计算机等级考试	二级	NULL	0
4	5	20020710	全国英语等级考试	二级	50	0
5	6	20020710	全国计算机等级考试	二级	72	2
6	8	20020714	全国英语等级考试	二级	83	2
7	9	20020745	全国英语等级考试	一级	62	1
8	10	20020745	全国计算机等级考试	一级	95	1
9	11	20020798	全国计算机等级考试	二级	78	2
10	13	20020799	全国计算机等级考试	二级	90	2
11	14	20020802	全国计算机等级考试	二级	88	2
12	15	20020803	全国英语等级考试	二级	53	0
13	16	20020803	全国计算机等级考试	二级	91	2
14	19	20020805	全国英语等级考试	二级	NULL	0
15	20	20020805	全国计算机等级考试	二级	94	2

图 3-19　列出“全国性质”的考试情况

如果我们想要找出某字段为 NULL 值的记录，IS NULL 就派上用场了。例如，要列出缺考的学生的考试情况，则将缺考学生记录的 Scroe 字段设置为 NULL，应输入如清单 3-14 所示的代码，运行结果如图 3-20 所示。

```
SELECT * FROM TestInformation　WHERE Score IS NULL
```

代码清单 3-14

结果 | 消息

	InfoID	StudentID	SubjectName	Degree	Score	Credit
1	3	20020551	全国计算机等级考试	二级	NULL	0
2	19	20020805	全国英语等级考试	二级	NULL	0

图 3-20　列出缺考的学生的考试情况

2．DISTINCT 子句的使用

DISTINCT 子句的作用是不选择重复的字段。假设要查询目前一共举办了多少科目的考试，因为很多同学所参加的科目都是相同的，所以不能列出所有的记录，只能列出 SubjectName 字段的值不重复的记录，具体代码见清单 3-15，运行结果如图 3-21 所示。

```
SELECT DISTINCT　SubjectName　FROM TestInformation
```

代码清单 3-15

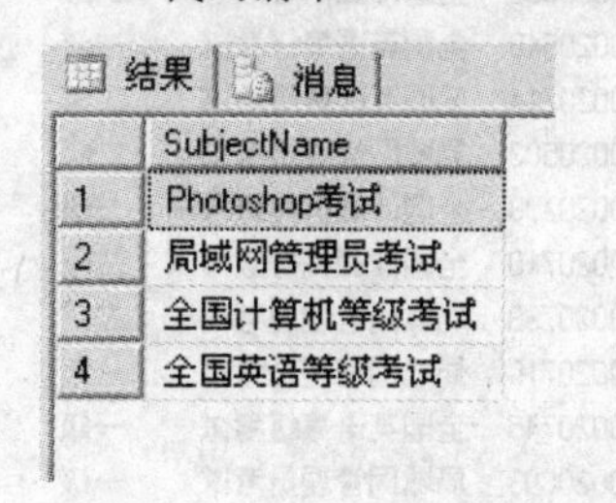

结果 | 消息

	SubjectName
1	Photoshop考试
2	局域网管理员考试
3	全国计算机等级考试
4	全国英语等级考试

图 3-21　列出目前一共举办了多少科目的考试

这样就可一目了然：一共举办了 4 个科目的考试。同样地，如果想要了解一共有多少学生参加了各科目的考试，由于有的学生一个人参加了好几个科目的考试，这里也是只能显示 StudentID 字段不重复的记录，具体代码见清单 3-16，运行结果如图 3-22 所示。

```
SELECT DISTINCT  StudentID  FROM TestInformation
```

代码清单 3-16

	StudentID
1	20020503
2	20020548
3	20020551
4	20020710
5	20020714
6	20020745
7	20020798
8	20020799
9	20020802
10	20020803
11	20020805

图 3-22　列出目前一共有多少学生参加了考试

结果是：一共有 11 名学生参加了考试。

3．ORDER BY 子句的使用

ORDER BY 子句的作用是对结果按照指定的字段排序，可以指定一个或多个字段，也可以指定升序(ASC)或者降序 (DESC)，如果不指定，那就默认为升序。

例如，按照成绩从高分到低分的顺序显示所有记录，具体代码见清单 3-17，运行结果如图 3-23 所示。

```
SELECT *  FROM TestInformation ORDER BY Score  DESC
```

代码清单 3-17

	InfoID	StudentID	SubjectName	Degree	Score	Credit
1	10	20020745	全国计算机等级考试	一级	95	1
2	20	20020805	全国计算机等级考试	二级	94	2
3	2	20020503	全国计算机等级考试	二级	92	2
4	16	20020803	全国计算机等级考试	二级	91	2
5	13	20020799	全国计算机等级考试	二级	90	2
6	18	20020803	Photoshop考试	二级	89	2
7	14	20020802	全国计算机等级考试	二级	88	2
8	1	20020548	全国英语等级考试	一级	86	1
9	8	20020714	全国英语等级考试	二级	83	2
10	4	20020503	局域网管理员考试	二级	82	2
11	11	20020798	全国计算机等级考试	二级	78	2
12	6	20020710	全国计算机等级考试	二级	72	2
13	12	20020798	局域网管理员考试	二级	67	2
14	7	20020710	局域网管理员考试	一级	66	1
15	9	20020745	全国英语等级考试	一级	62	1
16	17	20020803	局域网管理员考试	一级	62	1
17	15	20020803	全国英语等级考试	二级	53	0
18	5	20020710	全国英语等级考试	二级	50	0
19	3	20020551	全国计算机等级考试	二级	NULL	0
20	19	20020805	全国英语等级考试	二级	NULL	0

图 3-23　从高分到低分的顺序显示所有记录

这个结果可看到学生们的大致考试情况，但是各种科目的考试混在一起，如果还想进一步了解每一科目的考试情况，很明显上面的结果是没有很大帮助的。为了达到这个目的，可以对上面的代码作一点改动，增加一个排序的字段 SubjectName，具体代码见清单 3-18，运行结果如图 3-24 所示。

```
SELECT *  FROM TestInformation ORDER BY SubjectName，  Score  DESC
```

代码清单 3-18

现在，记录就首先按照科目进行排序，不但相同科目的记录排列在一起，而且同一科目的记录也按照成绩的高低顺序排列。

结果 | 消息

	InfoID	StudentID	SubjectName	Degree	Score	Credit
1	18	20020803	Photoshop考试	二级	89	2
2	4	20020503	局域网管理员考试	二级	82	2
3	12	20020798	局域网管理员考试	二级	67	2
4	7	20020710	局域网管理员考试	一级	66	1
5	17	20020803	局域网管理员考试	一级	62	1
6	10	20020745	全国计算机等级考试	一级	95	1
7	20	20020805	全国计算机等级考试	二级	94	2
8	2	20020503	全国计算机等级考试	二级	92	2
9	16	20020803	全国计算机等级考试	二级	91	2
10	13	20020799	全国计算机等级考试	二级	90	2
11	14	20020802	全国计算机等级考试	二级	88	2
12	11	20020798	全国计算机等级考试	二级	78	2
13	6	20020710	全国计算机等级考试	二级	72	2
14	3	20020551	全国计算机等级考试	二级	NULL	0
15	1	20020548	全国英语等级考试	一级	86	1
16	8	20020714	全国英语等级考试	二级	83	2
17	9	20020745	全国英语等级考试	一级	62	1
18	15	20020803	全国英语等级考试	二级	53	0
19	5	20020710	全国英语等级考试	二级	50	0
20	19	20020805	全国英语等级考试	二级	NULL	0

图 3-24　按照科目从高分到低分的顺序显示所有记录

3.2.4 聚合函数、GROUP BY 子句和 HAVING 子句

1．聚合函数的使用

聚合函数对于结果分析有很大的帮助，比如想要了解有多少人参加了“全国英语等级考试”，有多少人参加了“全国计算机等级考试”，而且每种考试的最高分、最低分和平均分分别为多少等等。在举例子之前，先介绍几个常用的聚合函数。

1) COUNT 函数

COUNT 函数用来统计总数，其返回值是一个数值。在很多情况下 COUNT 函数是和 DISTINCT 子句一起使用的。例如，前面利用 DISTINCT 子句显示出一共有多少学生参加了考试，但它是将记录显示出来，如果记录数目比较多，这种方法还不是很好。这里通过使用 COUNT 函数，希望只显示出一个数字，同时利用一个修改标题显示的方法，使得所显示的结果具有更强的可读性。具体代码见清单 3-19，运行结果如图 3-25 所示。

```
SELECT COUNT( DISTINCT StudentID ) AS 考试人数 FROM TestInformation
```

代码清单 3-19

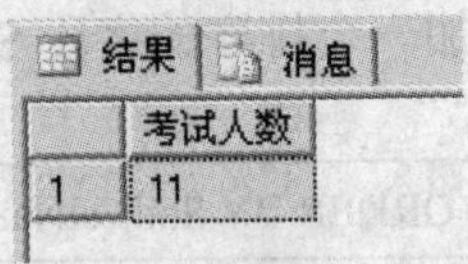

图 3-25　显示一共有多少学生参加了考试

从图 3-25 可以看到，函数 COUNT(DISTINCT StudentID)返回了一个数字 11，由于使用了 AS 关键字，使得标题变成了“考试人数”，这一方法对于其它字段也是适用的。

又如，若想知道考“局域网管理员考试”的人数，则具体代码见清单 3-20，运行结果如图 3-26 所示。

```
SELECT COUNT( DISTINCT StudentID ) AS 局域网管理员考试考试人数 FROM TestInformation
WHERE SubjectName='局域网管理员考试'
```

代码清单 3-20

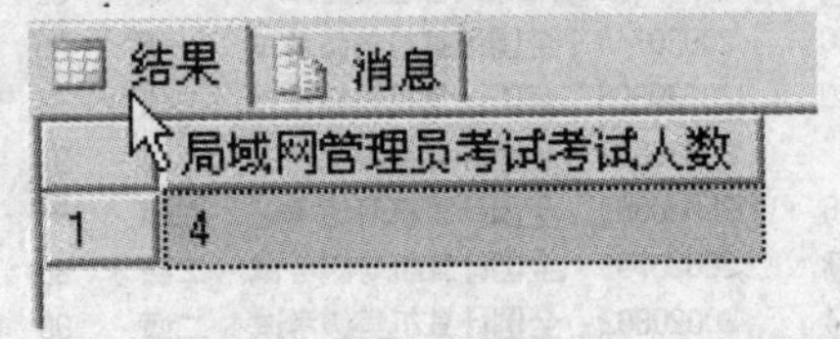

图 3-26　显示“局域网管理员考试”的人数

2) MAX

MAX 函数用来求最大值，其返回值是一个数值。如得到所有考试中的最高分，具体代码见清单 3-21，运行结果如图 3-27 所示。

```
SELECT MAX( Score ) AS 最高分 FROM TestInformation
```

代码清单 3-21

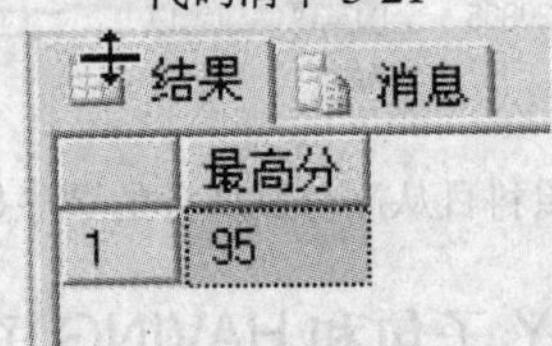

图 3-27　显示所有考试中的最高分

3) MIN

MIN 函数用来求最小值，其返回值是一个数值。它的用法与 MAX 相似，如得到所有考试中的最低分，具体代码见清单 3-22，运行结果如图 3-28 所示。

```
SELECT MIN( Score ) AS 最低分 FROM TestInformation
```

代码清单 3-22

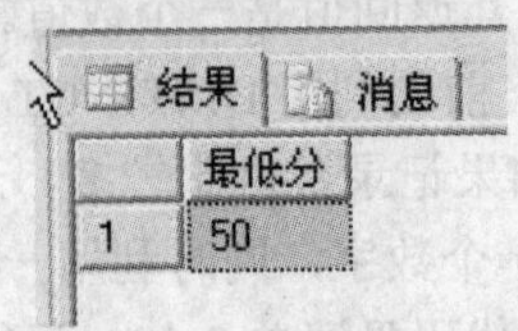

图 3-28　显示所有考试中的最低分

4) SUM

SUM 函数用来求和，其返回值是一个数值。如通过考证途径来获取的所有学分总共为多少，具体代码见清单 3-23，运行结果如图 3-29 所示。

```
SELECT SUM( Credit ) AS  总学分  FROM TestInformation
```

代码清单 3-23

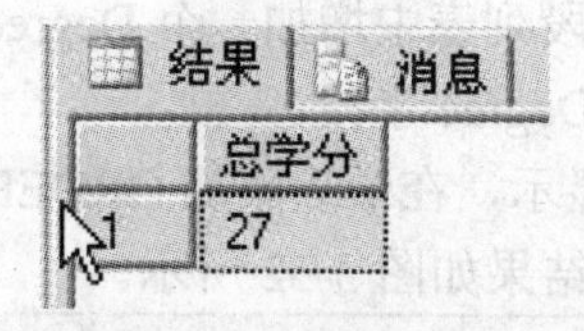

	总学分
1	27

图 3-29 显示通过考证途径来获取的所有学分

5) AVG

AVG 函数用来求平均值，其返回值是一个数值。如得到“全国英语二级考试”的平均分，具体代码见清单 3-24，运行结果如图 3-30 所示。

```
SELECT AVG( Score ) AS  二级英语平均成绩  FROM TestInformation
WHERE SubjectName='全国英语等级考试' AND Degree='二级'
```

代码清单 3-24

	二级英语平均成绩
1	62

图 3-30 显示“全国英语二级考试”的平均分

2. GROUP BY 子句的使用

GROUP BY 子句可以将查询结果按照指定的字段进行分组，将具有相等值的记录划分为同一组，然后利用聚合函数对每一个分组分别进行统计。GROUP BY 子句的功能很强大，灵活地运用它，可以很简单地完成通常需要多个步骤才能完成的任务。

如果想知道每一科目分别有多少考生参加考试，那么可以让查询结果按照科目(即 SubjectName 字段)分组，然后每组分别用 COUNT 函数求人数，这里使用 GROUP BY 子句就非常合适。同时会看到，在很多情况下，GROUP BY 子句和聚合函数一起使用能发挥其强大的功能，具体代码见清单 3-25，运行结果如图 3-31 所示。

```
SELECT SubjectName AS  科目,  COUNT (*) AS  考试人数  FROM TestInformation
GROUP BY SubjectName
```

代码清单 3-25

	科目	考试人数
1	Photoshop考试	1
2	局域网管理员考试	4
3	全国计算机等级考试	9
4	全国英语等级考试	6

图 3-31 显示每一科目的考生人数

可以看到输出结果是非常直观明了的。有时 COUNT 函数可以用*作为它自身的参数，因为在这里不用指明具体的字段，有一条记录就代表有一个考生。最后需要强调的是，当使用了 GROUP BY 子句时，允许出现在 SELECT 关键字后面的字段名要么包含在聚合函数里，要么是在 GROUP BY 子句中出现过的字段名。

如果想进一步知道每一科目的每一级别的考生人数，只需要对上例的代码做相应的修改：

(1) 在 GROUP BY 子句的字段列表中增加一个 Degree 字段。

(2) 在 SELECT 后添加一个 Degree 字段。

(3) 为了让结果按一定顺序显示，在最后添加 ORDER BY 子句。

具体代码见清单 3-26，运行结果如图 3-32 所示。

```
SELECT SubjectName AS 科目，Degree AS 级别，COUNT (*)AS 考试人数 FROM TestInformation
GROUP BY SubjectName，Degree   ORDER BY SubjectName，Degree DESC
```

代码清单 3-26

结果 | 消息

	科目	级别	考试人数
1	Photoshop考试	二级	1
2	局域网管理员考试	一级	2
3	局域网管理员考试	二级	2
4	全国计算机等级考试	一级	1
5	全国计算机等级考试	二级	8
6	全国英语等级考试	一级	2
7	全国英语等级考试	二级	4

图 3-32 显示每一科目的每一级别的考生人数

3. HAVING 子句的使用

HAVING 子句的作用是对分组后的结果再进行筛选，只有满足特定条件的记录才能够输出。注意要将 HAVING 子句和 WHERE 子句进行区分，WHERE 子句是对数据表进行筛选，而 HAVING 子句是对利用 GROUP BY 子句进行分组之后的数据进行筛选。

例如，若想了解有哪些学生报考了 2 门科目以上(含 2 门)的考试，则具体代码见清单 3-27，运行结果如图 3-33 所示。

```
SELECT StudentID AS   学号，    COUNT (*) AS 报考门数 FROM TestInformation
GROUP BY StudentID HAVING COUNT (*)>=2
```

代码清单 3-27

结果 | 消息

	学号	报考门数
1	20020503	2
2	20020710	3
3	20020745	2
4	20020798	2
5	20020803	4
6	20020805	2

图 3-33 显示报考了 2 门科目以上(含 2 门)的学生情况

又如，要列出总学分数在 3 分以上(含 3 分)的学生情况，具体代码见清单 3-28，运行结果如图 3-34 所示。

```
SELECT StudentID AS  学号，SUM (Credit) AS 总学分数 FROM TestInformation
GROUP BY StudentID HAVING SUM (Credit)>=3
```

代码清单 3-28

结果 | 消息

	学号	总学分数
1	20020503	4
2	20020710	3
3	20020798	4
4	20020803	5

图 3-34　显示总学分数在 3 分以上(含 3 分)的学生情况

3.2.5　使用 JOIN 子句联接多个表查询

前面所举的例子都是在单个表里进行的，叫做单表查询。但是在有些情况下，所需数据分布在不同的表中，这就产生了同时从两个或多个表中检索数据的需求，我们把这种查询叫做联接查询。

1．内联接

内联接是根据一个或多个相同的字段将记录匹配在一起，并且只返回那些存在字段匹配的记录。内联接的语法结构为

```
SELECT  <字段名列表>
FROM  <第 1 张表>  INNER JOIN  <第 2 张表>  ON  (连接条件)
```

例如，若要显示出 TestInformation 表的信息，并且在最前面加上学生姓名，则具体代码见清单 3-29，运行结果如图 3-35 所示。

```
SELECT  S.StudentName ，T.*   FROM TestInformation T INNER  JOIN student S
ON (T.StudentID=S.studentID )
```

代码清单 3-29

结果 | 消息

	StudentName	InfoID	StudentID	SubjectName	Degree	Score	Credit
1	刘海	1	20020548	全国英语等级考试	一级	86	1
2	李钗	2	20020503	全国计算机等级考试	二级	92	2
3	青峰客	3	20020551	全国计算机等级考试	二级	NULL	0
4	李钗	4	20020503	局域网管理员考试	二级	82	2
5	刘柔嘉	5	20020710	全国英语等级考试	二级	50	0
6	刘柔嘉	6	20020710	全国计算机等级考试	二级	72	2
7	刘柔嘉	7	20020710	局域网管理员考试	一级	66	1
8	杨晓东	8	20020714	全国英语等级考试	二级	83	2
9	陈好	9	20020745	全国英语等级考试	一级	62	1
10	陈好	10	20020745	全国计算机等级考试	一级	95	1
11	万国发	11	20020798	全国计算机等级考试	二级	78	2
12	万国发	12	20020798	局域网管理员考试	二级	67	2
13	陈水央	13	20020799	全国计算机等级考试	二级	90	2
14	张丰伟	14	20020802	全国计算机等级考试	二级	88	2
15	张伟	15	20020803	全国英语等级考试	二级	53	0
16	张伟	16	20020803	全国计算机等级考试	二级	91	2
17	张伟	17	20020803	局域网管理员考试	一级	62	1
18	张伟	18	20020803	Photoshop考试	二级	89	2
19	刘小小	19	20020805	全国英语等级考试	二级	NULL	0
20	刘小小	20	20020805	全国计算机等级考试	二级	94	2

图 3-35　显示添加上姓名的 TestInformation 表的信息

下面分析一下这个语句。FROM 子句指定了第一张表 TestInformation ，并给予它一个别名 T，这个别名可以用来区别和第二张表中同名的列，还可以增强代码的可读性。在内联接的关键字 INNER JOIN 之后指定第二张表 student ，并给予它一个别名 S。紧接着是 ON 子句，它指明了两张表的联接条件“T.StudentID=S.studentID”其中 T.StudentID 表示 TestInformation 表中的 StudentID 字段值(TestInformation 表的别名是 T)，S.studentID 表示 student 表中的 studentID 字段值(student 表的别名是 S)，两个值相等的记录就被联接在了一起，联接的过程如图 3-36 所示。

表 - dbo.TestInformation

InfoID	StudentID	SubjectName	Degree	Score
1	20020548	全国英语等级考试	一级	86
2	20020503	全国计算机等级考试	二级	92
3	20020551	全国计算机等级考试	二级	NULL
4	20020503	局域网管理员考试	二级	82
5	20020710	全国英语等级考试	二级	50
6	20020710	全国计算机等级考试	二级	72
7	20020710	局域网管理员考试	一级	66
8	20020714	全国英语等级考试	二级	83

表 - dbo.student

studentID	StudentName
20020503	李钗
20020504	刘若英
20020548	刘海
20020551	青峰客
20020563	李焰钗
20020710	刘柔嘉
20020713	令狐冲
20020714	杨晓东

图 3-36　内联接的过程

图 3-36 中，位于方框内的两条记录满足了联接条件“T.StudentID=S.studentID”(都是 20020548)，所以它们被联接起来。“SELECT S.StudentName，T.*”子句用来选择 student 表中的 StudentName 字段，以及选择 TestInformation 表的所有字段，所以就得到了图 3-35 所示的输出。

2. 外联接

外联接有三种：左联接、右联接和完整联接。在外联接中，可以返回在 FROM 子句中指定的至少一个表的全部行。如果是左联接，则至少返回左表的所有行；如果是右联接，则至少返回右表的所有行；而完整联接则返回两个表的所有行。

完整联接的语法和内联接的语法差不多，只是指定联接类型的关键字不同而已。三种外联接的 FROM 子句中可以使用的关键字如下：

- 左联接：LEFT OUTER JOIN
- 右联接：RIGHT OUTER JOIN
- 完整联接：FULL OUTER JOIN

1) 左联接

左联接至少返回左表(即写在 JOIN 子句左边的表)的所有行，但不包括右表中不满足联接条件的行，举例见代码清单 3-30，运行结果如图 3-37 所示(由于 student 表行数比较多，这里只是部分截图，完整结果请使用本书配套资源中的代码上机测试)。

```
SELECT   S.StudentName，T.StudentID，T.SubjectName，T.Degree，  T.Score
FROM student S LEFT OUTER JOIN   TestInformation T
ON (T.StudentID=S.studentID )
```

代码清单 3-30

	StudentName	StudentID	SubjectName	Degree	Score
1	李钗	20020503	全国计算机等级考试	二级	92
2	刘若英	NULL	NULL	NULL	NULL
3	刘海	20020548	全国英语等级考试	一级	86
4	青峰客	20020551	全国计算机等级考试	二级	NULL
5	李焰钗	NULL	NULL	NULL	NULL
6	刘柔嘉	20020710	全国英语等级考试	二级	50
7	刘柔嘉	20020710	全国计算机等级考试	二级	72
8	刘柔嘉	20020710	局域网管理员考试	一级	66
9	令狐冲	NULL	NULL	NULL	NULL
10	杨晓东	20020714	全国英语等级考试	二级	83
11	陈好	20020745	全国英语等级考试	一级	62

图 3-37　显示左联接的效果

从图中可以看出，返回的行数大大超出了 TestInformation 表的原有行数(20 行)。需要强调的是，虽然左表的记录全部被返回，但如果某些记录没有在右表中找到匹配的行，则在输出结果中，相应的属于右表的字段值显示为 NULL。

2) *右联接*

右联接至少返回右表(即写在 JOIN 子句右边的表)的所有行，但不包括左表中的不满足联接条件的行。实际上右联接的效果和左联接的是一样的，将上例左联接改成使用右联接，输出内容是一样的，只是调换两个表的位置，顺序有所不同而已，具体代码见清单 3-31，运行结果如图 3-38 所示(由于 student 表行数比较多，这里只是部分截图，完整结果请使用本书配套资源中的代码上机测试)。

```
SELECT  S.StudentName ， T.StudentID，T.SubjectName，T.Degree， T.Score
FROM  student S  RIGHT OUTER JOIN  TestInformation T
ON (T.StudentID=S.studentID )
```

代码清单 3-31

	StudentName	StudentID	SubjectName	Degree	Score
1	刘海	20020548	全国英语等级考试	一级	86
2	李钗	20020503	全国计算机等级考试	二级	92
3	青峰客	20020551	全国计算机等级考试	二级	NULL
4	刘柔嘉	20020710	全国英语等级考试	二级	50
5	刘柔嘉	20020710	全国计算机等级考试	二级	72
6	刘柔嘉	20020710	局域网管理员考试	一级	66
7	杨晓东	20020714	全国英语等级考试	二级	83
8	陈好	20020745	全国英语等级考试	一级	62
9	陈好	20020745	全国计算机等级考试	一级	95
10	万国发	20020798	全国计算机等级考试	二级	78
11	万国发	20020798	局域网管理员考试	二级	67

图 3-38　显示右联接的效果

3) 完整联接

完整联接能返回两个表的所有行，但如果某些记录没有在另外的表中找到匹配的行，则在输出结果中，相应地属于另外的表的字段值显示为 NULL，具体代码见清单 3-32，运行结果如图 3-39 所示(由于 student 表行数比较多，这里只是部分截图，完整结果请使用本书配套资源中的代码上机测试)。

```
SELECT   S.StudentName , T.StudentID, T.SubjectName, T.Degree,  T.Score
FROM    TestInformation T FULL OUTER JOIN     student S
ON (T.StudentID=S.studentID )
```

代码清单 3-32

结果 | 消息

	StudentName	StudentID	SubjectName	Degree	Score
1	刘海	20020548	全国英语等级考试	一级	86
2	李钗	20020503	全国计算机等级考试	二级	92
3	青峰客	20020551	全国计算机等级考试	二级	NULL
4	李钗	20020503	局域网管理员考试	二级	82
5	刘柔嘉	20020710	全国英语等级考试	二级	50
6	刘柔嘉	20020710	全国计算机等级考试	二级	72
7	刘柔嘉	20020710	局域网管理员考试	一级	66
8	杨晓东	20020714	全国英语等级考试	二级	83
9	陈好	20020745	全国英语等级考试	一级	62
10	陈好	20020745	全国计算机等级考试	一级	95
11	万国发	20020798	全国计算机等级考试	二级	78
12	万国发	20020798	局域网管理员考试	二级	67
13	陈水央	20020799	全国计算机等级考试	二级	90
14	张丰伟	20020802	全国计算机等级考试	二级	88
15	张伟	20020803	全国英语等级考试	二级	53
16	张伟	20020803	全国计算机等级考试	二级	91
17	张伟	20020803	局域网管理员考试	一级	62
18	张伟	20020803	Photoshop考试	二级	89
19	刘小小	20020805	全国英语等级考试	二级	NULL
20	刘小小	20020805	全国计算机等级考试	二级	94
21	刘若英	NULL	NULL	NULL	NULL
22	李焰钗	NULL	NULL	NULL	NULL
23	令狐冲	NULL	NULL	NULL	NULL
24	萧峰	NULL	NULL	NULL	NULL
25	一飞天	NULL	NULL	NULL	NULL
26	捻花指	NULL	NULL	NULL	NULL
27	草上飞	NULL	NULL	NULL	NULL
28	青峰客	NULL	NULL	NULL	NULL
29	黃思	NULL	NULL	NULL	NULL

图 3-39　显示完整联接的效果

3.2.6　INTO 子句的使用

使用 INTO 子句可以在语句的运行中创建一个新表，这个表可以是保存在数据库中的永久表，如果想创建一个存在内存的临时表，则在表名前加上前缀“#”。

1. 使用 INTO 子句创建永久表

例如，想利用参加“全国英语等级考试”的学生信息生成一个永久表 EnglishTest，具体代码见清单 3-33，运行结果如图 3-40 所示。

```
SELECT * INTO EnglishTest FROM TestInformation WHERE SubjectName='全国英语等级考试'
```

代码清单 3-33

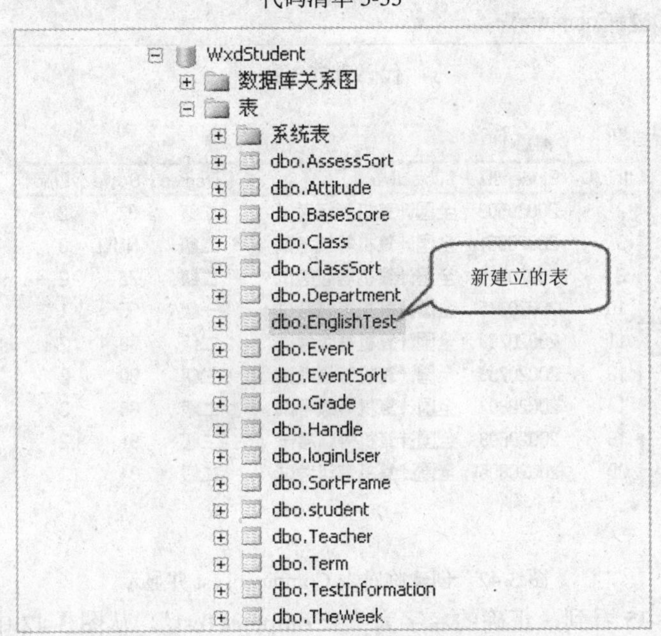

图 3-40　使用 INTO 子句创建永久表

从图中看到，EnglishTest 已经在“对象资源管理器”中就被创建了，将 EnglishTest 表的内容显示出来，具体代码见清单 3-34，运行结果如图 3-41 所示。

```
SELECT * FROM EnglishTest
```

代码清单 3-34

结果　消息

	InfoID	StudentID	SubjectName	Degree	Score	Credit
1	1	20020548	全国英语等级考试	一级	86	1
2	5	20020710	全国英语等级考试	二级	50	0
3	8	20020714	全国英语等级考试	二级	83	2
4	9	20020745	全国英语等级考试	一级	62	1
5	15	20020803	全国英语等级考试	二级	53	0
6	19	20020805	全国英语等级考试	二级	NULL	0

图 3-41　显示 EnglishTest 表

从图 3-41 中可以看到，输出结果与预期的是一样的。

2．使用 INTO 子句创建临时表

若不想把所创建的表永久保存起来，可以只创建临时表，但要注意，临时表只在本次联接中有效。例如，想创建保存参加了“全国计算机等级考试”的学生考试情况表 ComputerTest，然后再显示临时表的内容，具体代码见清单 3-35，运行结果如图 3-42 所示。

```
SELECT * INTO #ComputerTest FROM TestInformation
WHERE SubjectName='全国计算机等级考试'

SELECT * FROM #ComputerTest
```

代码清单 3-35

结果 | 消息

	InfoID	StudentID	SubjectName	Degree	Score	Credit
1	2	20020503	全国计算机等级考试	二级	92	2
2	3	20020551	全国计算机等级考试	二级	NULL	0
3	6	20020710	全国计算机等级考试	二级	72	2
4	10	20020745	全国计算机等级考试	一级	95	1
5	11	20020798	全国计算机等级考试	二级	78	2
6	13	20020799	全国计算机等级考试	二级	90	2
7	14	20020802	全国计算机等级考试	二级	88	2
8	16	20020803	全国计算机等级考试	二级	91	2
9	20	20020805	全国计算机等级考试	二级	94	2

图 3-42　创建临时表 ComputerTest 并显示

从代码清单 3-35 看到，正确的名字为“#ComputerTest”。从图 3-42 中可以看到，输出结果与预期的是一样的。

SELECT 语句还有很多其他的功能，这里不一一详细介绍了，有兴趣的读者可以进一步查看相关书籍。

3.3　修改表中的记录

3.3.1　UPDATE 语法简介

数据库里的数据并不是永久不变的，相反，我们经常要根据需求对数据库里的数据进行修改，对数据进行修改的语句是 UPDATE，它的语法结构为

```
UPDATE <表名>
SET <字段 1>=<值 1>  [，<字段 2>=<值 2>  […]   ]
[WHERE  <修改条件>  ]
```

3.3.2　使用 UPDATE 修改表中的记录

UPDATE 语法简单、直观，下面举例说明，假设 StudentID 为“20020551”的记录，由于疏忽而将他的成绩输入为 NULL，通过核查，确定他的成绩应该是“95”，现在使用 UPDATE 语句来进行修改，具体代码见清单 3-36(在 UPDATE 语句前后各添加了 SELECT 语句，以方便对照更改前后的数据)，运行结果如图 3-43 所示。

```
SELECT * FROM TestInformation WHERE StudentID='20020551'
UPDATE TestInformation SET Score=95 WHERE StudentID='20020551'
SELECT * FROM TestInformation WHERE StudentID='20020551'
```

代码清单 3-36

结果　消息

	InfoID	StudentID	SubjectName	Degree	Score	Credit
1	3	20020551	全国计算机等级考试	二级	NULL	0

	InfoID	StudentID	SubjectName	Degree	Score	Credit
1	3	20020551	全国计算机等级考试	二级	95	0

图 3-43　UPDATE 语句前后对比

从图 3-43 中可以看到，在 UPDATE 语句执行前，Score 字段是 NULL，执行后就变成了 95，但学分还是 0，所以需再次执行 UPDATE 语句，具体代码见清单 3-37，运行结果如图 3-44 所示。

```
SELECT * FROM TestInformation WHERE StudentID='20020551'
UPDATE TestInformation SET Credit=2 WHERE StudentID='20020551'
SELECT * FROM TestInformation WHERE StudentID='20020551'
```

代码清单 3-37

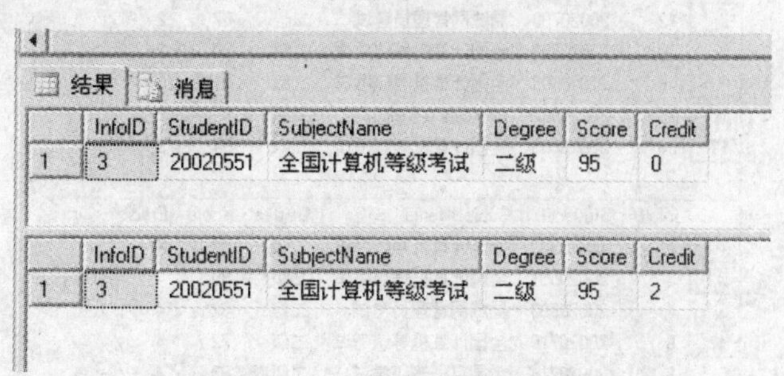

结果　消息

	InfoID	StudentID	SubjectName	Degree	Score	Credit
1	3	20020551	全国计算机等级考试	二级	95	0

	InfoID	StudentID	SubjectName	Degree	Score	Credit
1	3	20020551	全国计算机等级考试	二级	95	2

图 3-44　UPDATE 语句前后对比

实际上，如果需要在一条 UPDATE 语句中同时修改 2 个或多个字段，没有必要像上面的例子那样分两个步骤，可以在 SET 子句后输入多个修改表达式，中间用逗号隔开即可一次完成。例如，将 StudentID 为“20020802”的记录中的 Degree 改为“一级”，Score 值改为“73”，Credit 值改为“1”，具体代码见清单 3-38，运行结果如图 3-45 所示。

```
SELECT * FROM TestInformation WHERE StudentID='20020802'
UPDATE TestInformation SET Degree='一级',  Score=73, Credit=1
WHERE StudentID='20020802'
SELECT * FROM TestInformation WHERE StudentID='20020802'
```

代码清单 3-38

结果 | 消息

	InfoID	StudentID	SubjectName	Degree	Score	Credit
1	14	20020802	全国计算机等级考试	二级	88	2

	InfoID	StudentID	SubjectName	Degree	Score	Credit
1	14	20020802	全国计算机等级考试	一级	73	1

图 3-45 同时更改 2 个字段的 UPDATE 语句前后对比

从图 3-45 中可以看到，两个字段同时被修改了。

有时需要在一条 UPDATE 语句中同时对多条记录进行修改，例如，对于已经通过二级考试的同学，在原来所获的学分基础上再加 2 分，具体代码见清单 3-39，运行结果如图 3-46 所示。

```
SELECT * FROM TestInformation WHERE Degree='二级' AND Score>=60
UPDATE TestInformation SET Credit=Credit+2 WHERE Degree='二级' AND Score>=60
SELECT * FROM TestInformation WHERE Degree='二级' AND Score>=60
```

代码清单 3-39

结果 | 消息

	InfoID	StudentID	SubjectName	Degree	Score	Credit
1	2	20020503	全国计算机等级考试	二级	92	2
2	3	20020551	全国计算机等级考试	二级	95	2
3	4	20020503	局域网管理员考试	二级	82	2
4	6	20020710	全国计算机等级考试	二级	72	2
5	8	20020714	全国英语等级考试	二级	83	2
6	11	20020798	全国计算机等级考试	二级	78	2
7	12	20020798	局域网管理员考试	二级	67	2
8	13	20020799	全国计算机等级考试	二级	90	2
9	16	20020803	全国计算机等级考试	二级	91	2
10	18	20020803	Photoshop考试	二级	89	2
11	20	20020805	全国计算机等级考试	二级	94	2

	InfoID	StudentID	SubjectName	Degree	Score	Credit
1	2	20020503	全国计算机等级考试	二级	92	4
2	3	20020551	全国计算机等级考试	二级	95	4
3	4	20020503	局域网管理员考试	二级	82	4
4	6	20020710	全国计算机等级考试	二级	72	4
5	8	20020714	全国英语等级考试	二级	83	4
6	11	20020798	全国计算机等级考试	二级	78	4
7	12	20020798	局域网管理员考试	二级	67	4
8	13	20020799	全国计算机等级考试	二级	90	4
9	16	20020803	全国计算机等级考试	二级	91	4
10	18	20020803	Photoshop考试	二级	89	4
11	20	20020805	全国计算机等级考试	二级	94	4

图 3-46 同时更改多条记录的 UPDATE 语句前后对比

3.4　删除表中的记录

3.4.1　DELETE 语法简介

DELETE 语句的语法结构为

```
DELETE <表名>
[WHERE <删除条件> ]
```

这个语法相当简单，含义就是在指定表中把满足删除条件的记录删除。

3.4.2　使用 DELETE 删除表中的记录

如果想要删除 StudentID 为“20020799”的记录，具体代码见清单 3-40，运行结果如图 3-47 所示。

```
SELECT * FROM TestInformation WHERE StudentID='20020799'
DELETE TestInformation    WHERE StudentID='20020799'
SELECT * FROM TestInformation WHERE StudentID='20020799'
```

代码清单 3-40

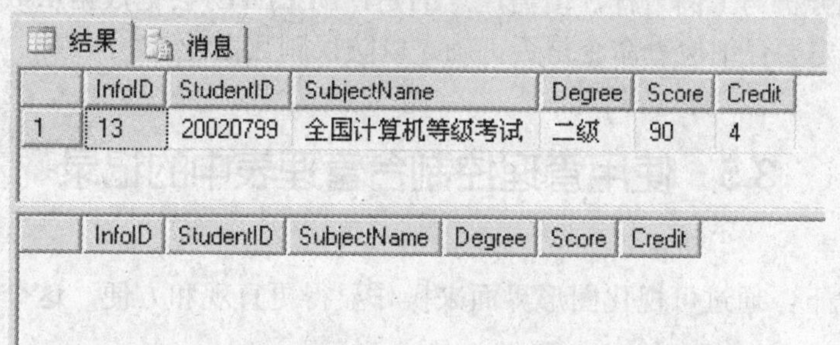

结果　消息

	InfoID	StudentID	SubjectName	Degree	Score	Credit
1	13	20020799	全国计算机等级考试	二级	90	4

	InfoID	StudentID	SubjectName	Degree	Score	Credit

图 3-47　删除记录的 DELETE 语句前后对比

从图 3-47 可以看出，第一条 SELECT 语句能够找到相应记录并输出，然后执行 DELETE 语句将记录删除，再执行一次 SELECT 语句时已经找不到相应的记录了，输出只有表头，没有内容。如果在图 3-47 所示的界面中单击“消息”，则看到图 3-48 所示的提示消息，其中的第一条“(1 行受影响)”是指第一条 SELECT 语句的执行结果，第二条“(1 行受影响)”是指第 DELETE 语句的执行结果，而“(0 行受影响)”是指第二条 SELECT 语句的执行结果。

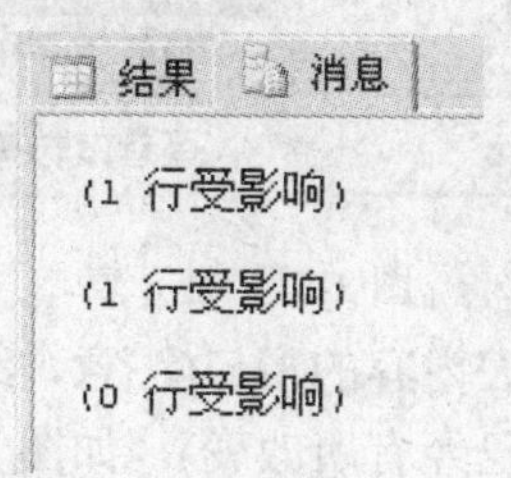

图 3-48　提示消息

我们也可以同时删除多条记录，这取决于 WHERE 子句的条件设置。例如，想要删除成绩不合格的记录，具体代码见清单 3-41，运行结果如图 3-49 所示，执行消息如图 3-50 所示。

```
SELECT * FROM TestInformation WHERE Score<60
DELETE TestInformation    WHERE Score<60
SELECT * FROM TestInformation WHERE Score<60
```

代码清单 3-41

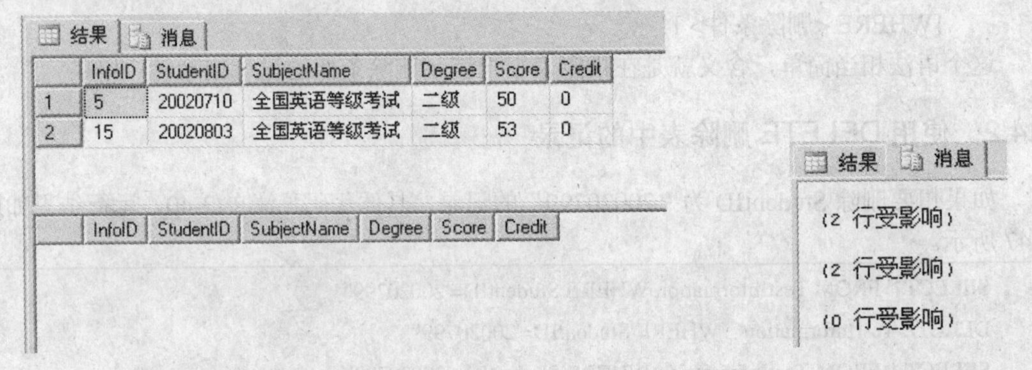

图 3-49　删除记录的 DELETE 语句前后对比　　　　图 3-50　提示消息

对此结果的分析与上例一样，但需注意的是，DELETE 会把数据从数据库中删除，在执行命令之前一定要仔细检查命令是否正确，以防误删数据。

3.5　使用管理控制台管理表中的记录

在某些情况下，通过可视化图形界面来操作显得更直观和方便，这个界面就是管理控制台。

(1) 右击节点“TestInformation”，在右键菜单中选择“打开表(O)...”，如图 3-51 所示。

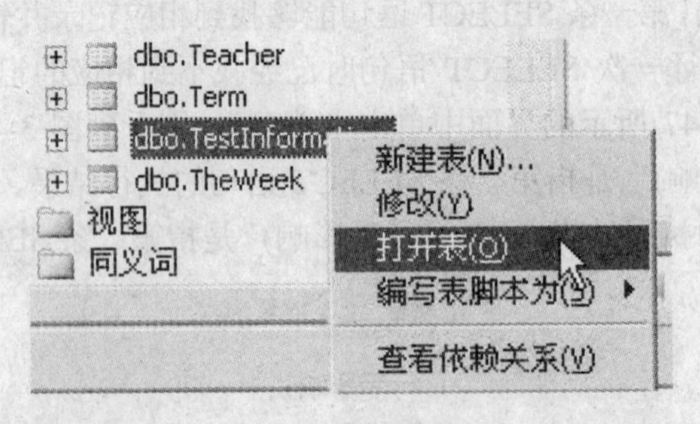

图 3-51　打开表

(2) 打开显示 TestInformation 表内容的窗口(注意，经过 3.3 和 3.4 节的操作，这里的记录数目只剩下 17 条，而且数据也已经有所改变)，如图 3-52 所示，接下来要介绍的几种操作都是在这个界面中进行的。

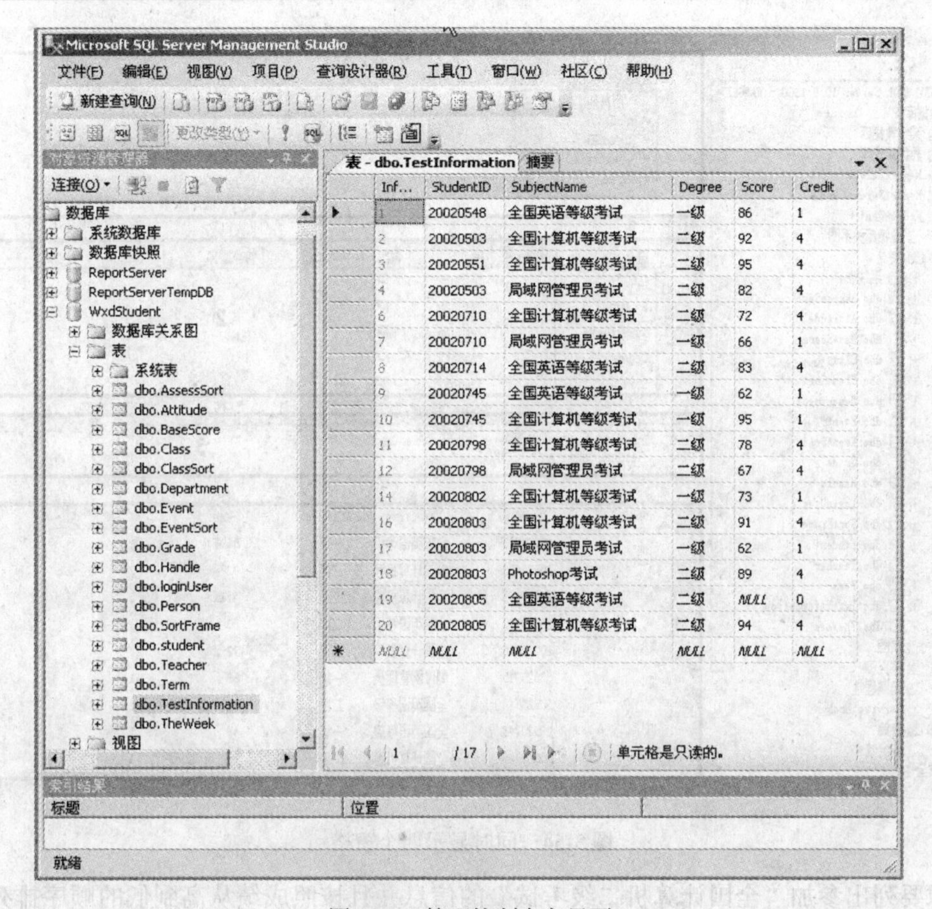

图 3-52　管理控制台主界面

3.5.1　使用管理控制台查看表中的记录

此外，还可以在视图中浏览数据，但必须首先设置视图类型。当打开一个表时，在管理控制台主界面的左上角有四个按钮，它们与浏览数据的方式有关，如图 3-53 所示。

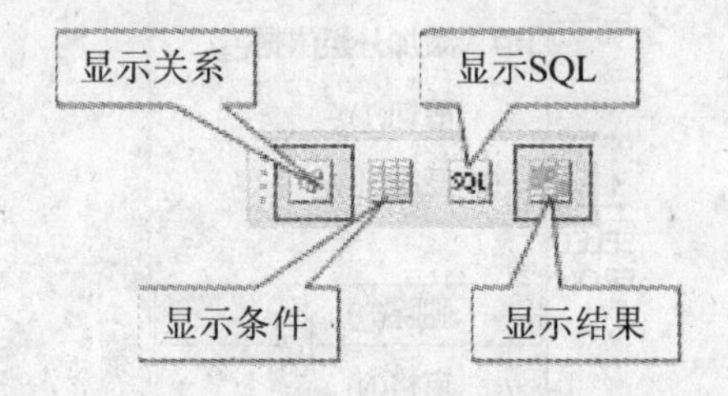

图 3-53　四个按钮

这四个按钮全都处于按下状态(即按钮周围有边框线)后，界面右侧的区域被分成四个窗格(从上向下依次为第 1、2、3、4 方框)，分别是关系窗格(第 1 方框部分)、条件窗格(第 2 方框部分)、SQL 窗格(第 3 方框部分)和结果窗格(第 4 方框部分)，如图 3-54 所示。

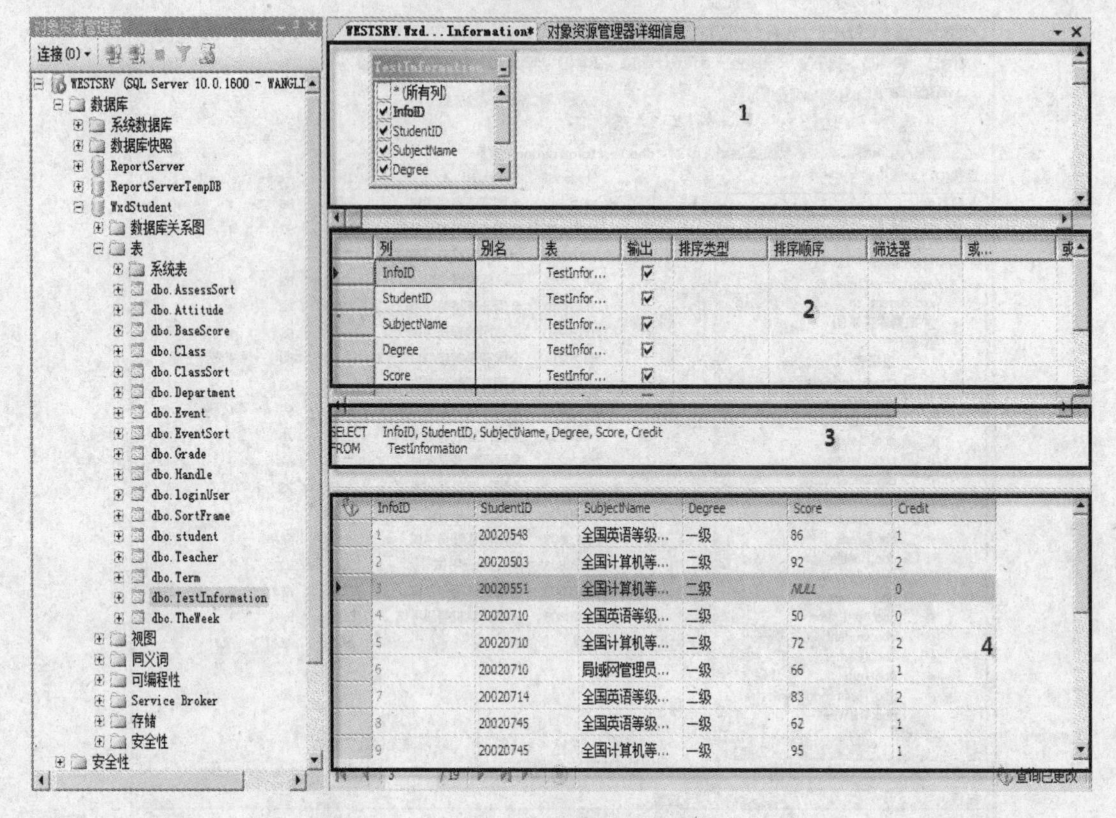

图 3-54　同时显示四个窗格

想要列出参加“全国计算机二级考试”的信息并且按照成绩从高到低的顺序排列，可按照以下步骤进行：

(1) 首先在条件窗格中用鼠标右击第一行(即“列”的值为*的)，然后选择“删除”，目的是先清除默认选择的所有字段，如图 3-55 所示。

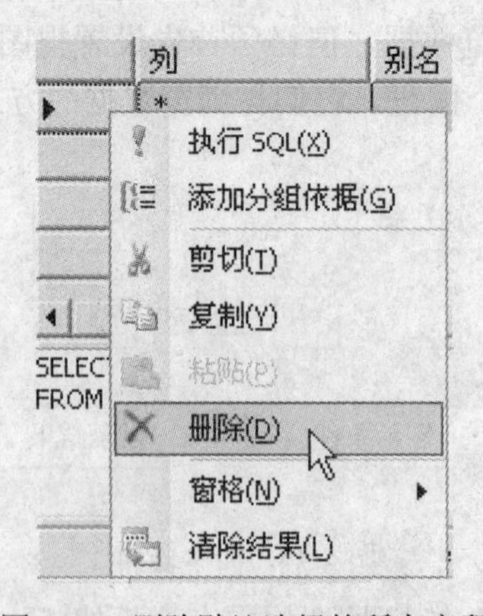

图 3-55　删除默认选择的所有字段

(2) 在关系窗格中勾选“StudentID”、“SubjectName”、“Degree”和“Score”四个字段，这时条件窗格和 SQL 窗格中的变化已反映在关系窗格中，如图 3-56 所示。

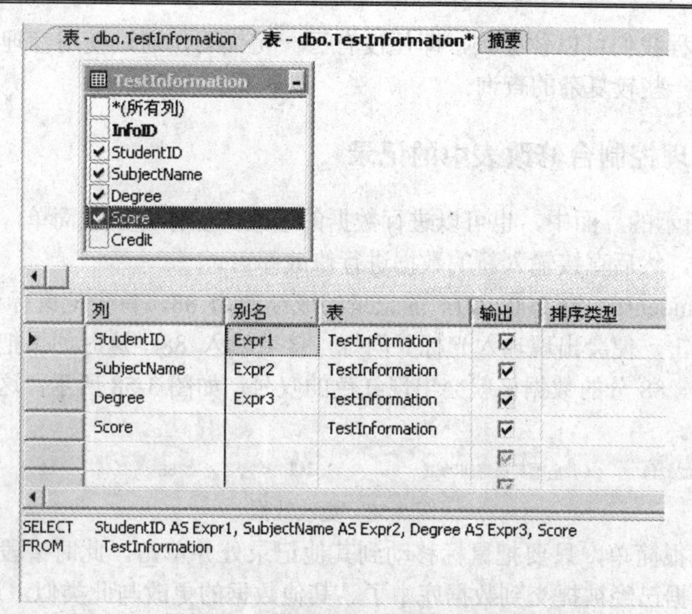

图 3-56 删除默认选择的所有字段

(3) 在条件窗格中将这四个字段的别名分别改为“学号”、“科目”、“等级”和“成绩”，然后在 Score 行的“排序类型”中选择“降序”，在 SubjectName 行的“筛选器”中输入“全国计算机等级考试”，在 Degree 行的“筛选器”中选择“二级”。在以上的设置过程中，SQL 窗格中也会发生相应的变化，最后，单击工具栏上的“ ”按钮，结果如图 3-57 所示。

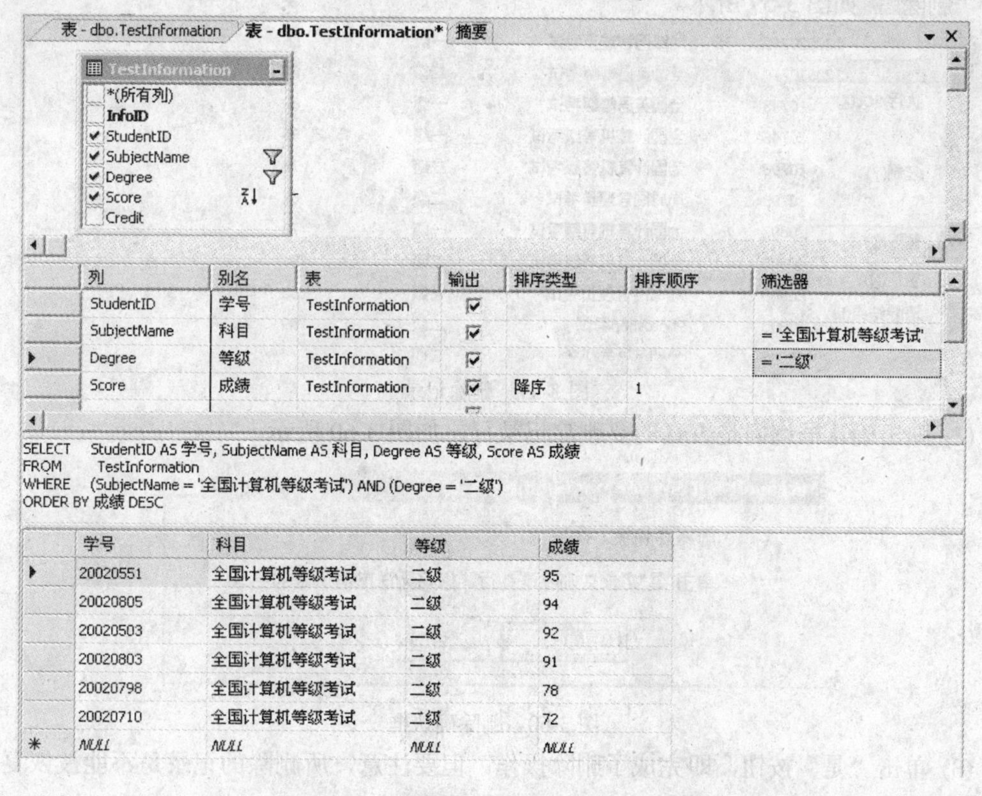

图 3-57 在窗格中可视化设置查询语句

经过以上过程我们可以体会到，即便没有写一句代码，通过使用管理控制台强大的功能，也可以实现一些较复杂的查询。

3.5.2　使用管理控制台修改表中的记录

在图 3-52 所示的界面中，也可以进行数据的修改。操作方法很简单，只需用鼠标定位到相应的数据格，然后直接输入新的数据进行修改即可。

例如，将 StudentID 为 20020714 的记录的成绩改为 88，首先把鼠标移动到原来的 83 分的数据格并单击，便会出现输入光标并闪烁，接着输入 88。这时如果把鼠标移动到旁边的数据格并单击，88 分的数据格就会出现红色的叹号，如图 3-58 所示，这是系统提示该记录还没有被提交。

8	20020714	全国英语等级考试	二级	88	4

图 3-58　更改数据

提交记录也很简单，只要把鼠标移动到其他记录处并单击，此时字段旁边的红色叹号将消失，说明数据已经被提交到数据库中了。其他数据的更改与此类似，这里不再赘述。

3.5.3　使用管理控制台删除表中的记录

在图 3-52 所示的界面中，假设删除 StudentID 为 20020714 的记录，则执行以下步骤：

(1) 把鼠标移动到 StudentID 为 20020714 记录的左边并单击右键，然后在弹出的菜单中选择“删除”，如图 3-59 所示。

7	20020710	局域网管理员考试	一级	66	1
8	20020714	全国英语等级考试	二级	88	4
	20745	全国英语等级考试	一级	62	1
	20745	全国计算机等级考试	一级	95	1
	20798	全国计算机等级考试	二级	78	4
	20798	局域网管理员考试	二级	67	4
	20802	全国计算机等级考试	一级	73	1
	20803	全国计算机等级考试	二级	91	4
	20803	局域网管理员考试	一级	62	1
	20803	Photoshop考试	二级	89	4

执行 SQL(X)
剪切(T)
复制(Y)
粘贴(P)
删除(D)
窗格(N)
清除结果(L)

图 3-59　删除记录

(2) 弹出确认框询问是否真的要删除记录行，如图 3-60 所示。

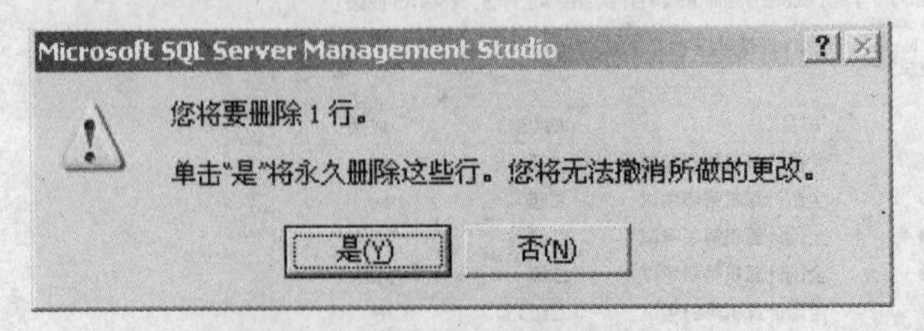

图 3-60　删除确认框

(3) 单击“是”按钮，即完成了删除操作。但要注意，所删除的记录是不能被恢复的，所以进行删除记录时一定要谨慎。

3.6　修改表的架构

有时随着业务需求的改变，原有数据表的结构也需要相应地更改，而完成这一功能的语句就是 ALTER TABLE 语句。

完整的 ALTER TABLE 语法很复杂，这里只给出它的常用部分，如下所示：

```
ALTER  TABLE  <表名>
{
   ALTER COLUMN   <列名>   <新的数据类型>   [ NULL | NOT NULL ]
   ADD <列名>   <数据类型>   [ NULL | NOT NULL ]
   DROP COLUMN <列名>
}
```

在这个语句中主要包含了三个子句，其中 ALTER COLUMN 子句用来修改现有字段的类型，ADD 子句用来增加一个字段，而 DROP COLUMN 用来删除一个字段，下面将举例说明它们的用法。

1．使用 ALTER TABLE 在表中增加一个字段

若要为现有的表增加字段，例如对于 TestInformation 表，想给它增加一个表示考试日期的字段“DateOfTest”，这个字段的数据类型是“日期”型，具体代码见清单 3-42，运行结果如图 3-61 所示。

```
ALTER  TABLE  TestInformation
ADD DateOfTest  DateTime
SELECT * FROM TestInformation
```

代码清单 3-42

结果 | 消息

	InfoID	StudentID	SubjectName	Degree	Score	Credit	DateOfTest
1	1	20020548	全国英语等级考试	一级	86	1	NULL
2	2	20020503	全国计算机等级考试	二级	92	4	NULL
3	3	20020551	全国计算机等级考试	二级	95	4	NULL
4	4	20020503	局域网管理员考试	二级	82	4	NULL
5	6	20020710	全国计算机等级考试	二级	72	4	NULL
6	7	20020710	局域网管理员考试	一级	66	1	NULL
7	9	20020745	全国英语等级考试	一级	62	1	NULL
8	10	20020745	全国计算机等级考试	一级	95	1	NULL
9	11	20020798	全国计算机等级考试	二级	78	4	NULL
10	12	20020798	局域网管理员考试	二级	67	4	NULL
11	14	20020802	全国计算机等级考试	一级	73	1	NULL
12	16	20020803	全国计算机等级考试	二级	91	4	NULL
13	17	20020803	局域网管理员考试	一级	62	1	NULL
14	18	20020803	Photoshop考试	二级	89	4	NULL
15	19	20020805	全国英语等级考试	二级	NU...	0	NULL
16	20	20020805	全国计算机等级考试	二级	94	4	NULL

图 3-61　增加一个字段

从结果中可以看到，“DateOfTest”字段被添加到最后，同时，对于所有的记录，它的数值全为 NULL，这是由于没有设置默认值的缘故。

2．使用 ALTER TABLE 在表中删除一个字段

删除表的某个字段时，以删除上一小节所增加的字段“DateOfTest”为例，具体代码见清单 3-43，运行结果如图 3-62 所示。

```
ALTER  TABLE  TestInformation
DROP COLUMN DateOfTest
SELECT * FROM TestInformation
```

代码清单 3-43

结果 | 消息

	InfoID	StudentID	SubjectName	Degree	Score	Credit
1	1	20020548	全国英语等级考试	一级	86	1
2	2	20020503	全国计算机等级考试	二级	92	4
3	3	20020551	全国计算机等级考试	二级	95	4
4	4	20020503	局域网管理员考试	二级	82	4
5	6	20020710	全国计算机等级考试	二级	72	4
6	7	20020710	局域网管理员考试	一级	66	1
7	9	20020745	全国英语等级考试	一级	62	1
8	10	20020745	全国计算机等级考试	一级	95	1
9	11	20020798	全国计算机等级考试	二级	78	4
10	12	20020798	局域网管理员考试	二级	67	4
11	14	20020802	全国计算机等级考试	一级	73	1
12	16	20020803	全国计算机等级考试	二级	91	4
13	17	20020803	局域网管理员考试	一级	62	1
14	18	20020803	Photoshop考试	二级	89	4
15	19	20020805	全国英语等级考试	二级	NULL	0
16	20	20020805	全国计算机等级考试	二级	94	4

图 3-62　删除一个字段

从图 3-62 可以看到，字段“DateOfTest”已经被删除。需要注意的是，在删除字段的时候，如果要被删除的字段在某些记录中有数据，这些数据也将被删除，所以要谨慎进行删除字段的操作。

3．使用 ALTER TABLE 在表中更改一个字段的数据类型

现在回顾一下 TestInformation 表的结构(参考图 3-1)，SubjectName 字段的数据类型是 char(20)，也就是说 SubjectName 字段只能存储最长 20 个字符，仅 10 个汉字。下面将这个字段的数据类型修改为可以存储 50 个字符，具体代码见清单 3-44。

```
ALTER  TABLE  TestInformation
ALTER COLUMN SubjectName char(50)
```

代码清单 3-44

执行完以上代码之后，可以验证 TestInformation 表的结构是否已经被修改。在对象资源管理器中展开节点“WestSVR”|“数据库”|“WxdStudent”|”表”，右击节点“TestInformation”，在右键菜单中选择“修改”，如图 3-63 所示。

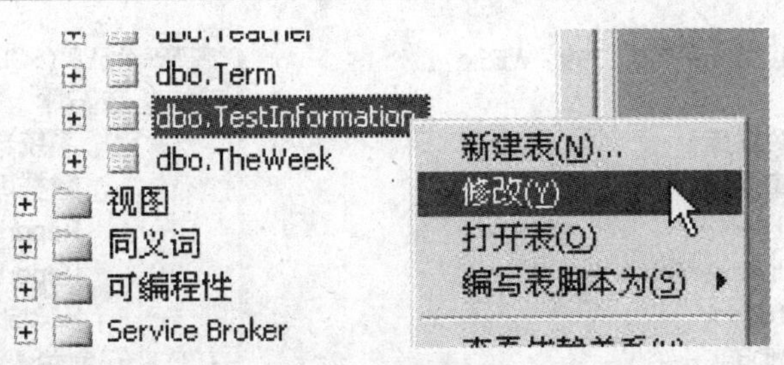

图 3-63　打开表

显示出 TestInformation 表的结构时，可以看到 SubjectName 字段的数据类型已经被改为 char(50)，如图 3-64 所示。

表 - dbo.TestInformation*

列名	数据类型	允许空
InfoID	int	☐
StudentID	char(8)	☐
SubjectName	char(50)	☐
Degree	char(10)	☐
Score	int	☑
Credit	int	☐
		☐

图 3-64　删除一个字段

3.7　修改数据库的架构

前面所介绍的操作主要都是针对表进行的，而接下来要介绍的操作是在数据库的级别上进行的，主要包括删除一个表和删除一个数据库。

1. 使用 DROP TABLE 删除数据库中的一个表

删除一个表的语句是 DROP TABLE<表名>，如删除 WxdStudent 数据库中的表 EnglishTest，具体代码见清单 3-45。

```
DROP TABLE EnglishTest
```

代码清单 3-45

执行以上代码后，EnglishTest 表就从 WxdStudent 数据库中删除了，这时如果刷新管理控制台的显示，那么就再看不到 EnglishTest 表了。

2. 使用 DROP DATABASE 删除一个数据库

删除一个数据库的语句是 DROP DATABASE <数据库名>，假设删除 SampleDB 数据库，具体代码见清单 3-46。

```
DROP DATABASE SampleDB
```

代码清单 3-46

SampleDB 数据库删除前的截图如图 3-65 所示，删除后经刷新显示，截图如图 3-66 所示。

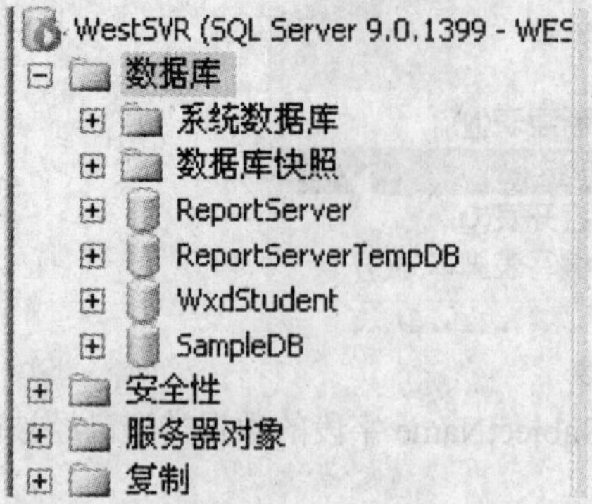

图 3-65　删除 SampleDB 数据库前

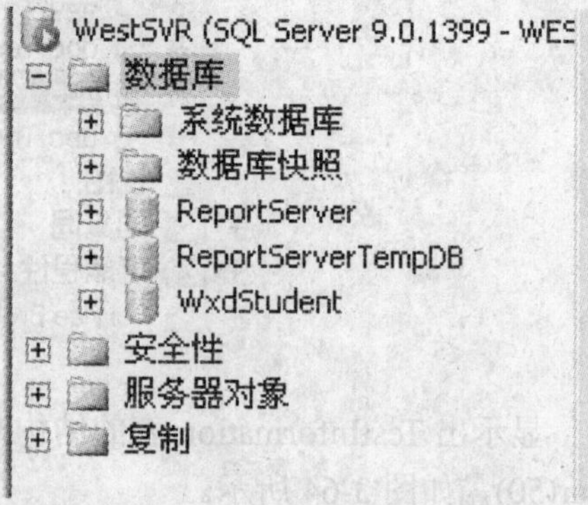

图 3-66　删除 SampleDB 数据库后

3.8　数据库的完整性

数据库的完整性是指确保数据库中数据的一致性和正确性，防止数据库中存在不符合语义的数据，以及防止输入错误的数据。数据完整性可以分为四种类型：

- 实体完整性(Entity Integrity)
- 域完整性(Field Integrity)
- 引用完整性(Reference Integrity)
- 用户定义完整性(User-Defined Integrity)

本节主要介绍前三种数据完整性，而对于用户定义完整性，有兴趣的读者可以查阅有关书籍。

3.8.1　数据库完整性简介

实体完整性保证一个表中的每一行必须是唯一的(元组的唯一性)。为保证实体完整性，需指定一个表中的一列或一组列作为它的主键(Primary Key)。

域完整性保证一个数据库不包含无意义的或不合理的值，即保证表的某一列的任何值都是该列域(即合法的数据集合)的成员，方法是限制列的数据类型、精度、范围、格式和长度等。

引用完整性定义了一个关系数据库中不同的列和不同的表之间的关系(主键与外键)。

用户定义完整性允许用户定义不属于其他任何一类完整性的特定规则，也可以说是一种强制数据定义。

可以有多种方法(规则、默认、约束、触发器等)实现数据完整性，在这里主要介绍约束的使用方法。下面讲解几种约束的运用。

3.8.2　实施主键约束

主键约束利用表中的一列或多列数据来唯一地标识一个记录。在表中绝对不允许有主键相同的行存在，受主键约束的列决不能为 NULL 值，而且一个表只能有一个主键。同时，在创建主键约束时系统会自动地创建一个唯一的聚簇索引。

通常主键约束被用来实现实体完整性，可以在 CREATE　TABLE 或者 ALTER TABLE 语句中指定主键约束。例如，创建一个存放各门课程名称的 Course 表，同时指定字段 CourseID 为主键，还插入了 3 条记录以便后面的例子引用，具体代码见清单 3-47。

```
CREATE TABLE Course
( CourseID char(8) NOT NULL,
CourseName nchar(30) NOT NULL,
CONSTRAINT PK_CourseID PRIMARY KEY (CourseID)
)
GO
INSERT INTO Course VALUES ('A0000001', '音乐欣赏')
INSERT INTO Course VALUES ('A0000002', '摄影技巧')
INSERT INTO Course VALUES ('B0000001', 'ADO.NET 技术')
```

代码清单 3-47

在上面的代码中 CONSTRAINT PK_CourseID PRIMARY KEY(CourseID)从句就指定了主键约束的名称为“PK_CourseID”，而被指定为主键的字段为“CourseID”。执行完代码后，从管理控制台中打开 Course 表的结构，可以看到 CourseID 字段已经被指定为主键，如图 3-67 所示。

表 - dbo.Course | WestSVR.WxdStudent - 3-47.sql | 摘要

列名	数据类型	允许空
CourseID	char(8)	☐
CourseName	nchar(30)	☐
		☐

图 3-67　用 CREATE TABLE 命令创建主键约束

除了在新建表的同时创建主键约束外，也可以对已经存在但还没有指定主键的表添加主键约束。下面的例子创建一个存放学生选修课成绩的 ElectiveCoursescore，但这个表在创建的时候并没有指定主键，可用 ALTER TABLE 语句添加上主键约束，具体代码见清单 3-48。

```
CREATE TABLE ElectiveCourseScore
( StudentID char(8) NOT NULL,
CourseID char(8) NOT NULL,
Score int
)
Go
ALTER TABLE ElectiveCourseScore
ADD CONSTRAINT PK_StudentID_CourseID PRIMARY KEY (StudentID, CourseID)
```

代码清单 3-48

此时从管理控制台中打开 ElectiveCourse 表的结构，可以看到 StudentID 和 CourseID 字段都已经被指定为主键，如图 3-68 所示。

	列名	数据类型	允许空
	StudentID	char(8)	☐
	CourseID	char(8)	☐
	Score	int	☑
			☐

图 3-68　用 ALTER　TABLE 命令创建主键约束

3.8.3　实施唯一约束

唯一(Unique)约束是用来确保不受主键约束列上的数据的唯一性。

通常唯一约束被用来实现非主键的实体完整性，下例创建一个用来测试的表 SampleTable，其中指定 COL1 字段不能包含重复的值，创建完表之后插入两条记录，第一条记录成功插入，但第二条记录的 COL1 字段的值与第一条记录的 COL1 字段的值相同(都是 1)，所以显示出了错误信息，具体代码见清单 3-49，出错信息如图 3-69 所示。

```
CREATE TABLE SampleTable
( COL1 int ,
COL2 int ,
CONSTRAINT U_COL1 UNIQUE (COL1)
)
GO
Insert into SampleTable VALUES(1，2)
Insert into SampleTable VALUES(1，3)
```

代码清单 3-49

```
消息
(1 行受影响)
消息 2627，级别 14，状态 1，第 2 行
违反了 UNIQUE KEY 约束 'U_COL1'。不能在对象 'dbo.SampleTable' 中插入重复键。
语句已终止。
```

图 3-69　出错信息

若打开表 SampleTable 来观察，则只能看到一条记录，如图 3-70 所示。

	COL1	COL2
▶	1	2
*	NULL	NULL

图 3-70　观察表 Sample Table 中的记录

3.8.4 实施外键约束

外键(Foreign Key)约束主要用来维护两个表之间一致性的关系。外键的建立主要是通过将一个表中的主键所在的列包含在另一个表中，这些列就是另外一个表的外键。当一行新的数据被加入到表格中，或者对表格中已经存在的“外键”的数据进行修改时，新的数据或者为 NULL 或者必须存于主键表中。一般情况下，当主键所在表的数据被“外键表”所引用时，用户将无法对主键里的数据进行修改或删除。

通常外键约束被用来实现引用完整性，可以在 CREATE TABLE 或者 ALTER TABLE 语句中指定外键约束，在这里我们将 ElectiveCourseScore 中 StudentID 和 CourseID 字段都设置为外键，而对应的主键表分别为 student 表和 Course 表，创建完表之后插入两条记录，第一条记录成功插入，但第二条记录的 CourseID 字段值“C0000001”不是 Course 表 CourseID 列的值之一，所以显示出了错误信息，具体代码见清单 3-50，出错信息如图 3-71 所示。

```
ALTER TABLE ElectiveCourseScore
ADD CONSTRAINT FK_StudentID FOREIGN KEY  (StudentID) REFERENCES student(studentID)

ALTER TABLE ElectiveCourseScore
ADD CONSTRAINT FK_CourseID FOREIGN KEY  (CourseID) REFERENCES Course(CourseID)

INSERT INTO ElectiveCourseScore VALUES('20020548', 'A0000002', 86)
INSERT INTO ElectiveCourseScore VALUES('20020710', 'C0000001', 75)
```

代码清单 3-50

```
消息
(1 行受影响)
消息 547，级别 16，状态 0，第 2 行
INSERT 语句与 FOREIGN KEY 约束"FK_CourseID"冲突。该冲突发生于数据库"WxdStudent"，表"dbo.Course", column 'CourseID'。
语句已终止。
```

图 3-71 插入的记录违反了外键约束

3.8.5 实施检查约束

检查(Check)约束通过检查输入表列的数据的值来维护值域的完整性，它在数据类型限制的基础上对输入的数据进一步进行限制，或者通过逻辑表达式来定义列的有效值。它就像一个门卫，依次检查每一个要进入数据库的数据，只有符合条件的数据才允许进入数据库。例如在 ElectiveCourseScore 表中，Score 字段的值应该在 0～100 之间，可以通过给 ElectiveCourseScore 表添加检查约束来达到这个目的。首先为 ElectiveCourseScore 添加检查约束，然后再插入两条记录进行测试，第一条记录成功插入，但第二条记录的 Score 值为“-50”，违反了约束条件，所以未能成功执行，并显示出了错误信息，具体代码见清单 3-51，出错信息如图 3-72 所示。

```
ALTER TABLE ElectiveCourseScore
ADD CONSTRAINT C_Score  CHECK  (Score>=0 AND Score<=100)
GO

INSERT INTO ElectiveCourseScore VALUES('20020714', 'A0000001', 95)
INSERT INTO ElectiveCourseScore VALUES('20020767', 'B0000001', -50)
```

代码清单 3-51

```
消息
(1 行受影响)
消息 547，级别 16，状态 0，第 3 行
INSERT 语句与 CHECK 约束"C_Score"冲突。该冲突发生于数据库"WxdStudent"，表"dbo.ElectiveCourseScore", column 'Score'。
语句已终止。
```

图 3-72　插入的记录违反了检查约束

约束的运用还有一些更复杂和更高级的功能，必须通过大量的实践才能熟练掌握约束的运用技巧。

3.9　上机实验

在本小节的实验中，假设要在 WxdStudent 中创建学校 2008 年度任课老师的数据表 Teachers2008 以及课程表 Course2008，这两张表的各字段含义如下：

Teachers2008 表	Course2008 表
TeacherID：每个老师的 ID，主键	CourseID：课程 ID
Name：老师姓名	CourseName:课程名称
Sex：性别，true 为男性，false 为女性	TeacherID：老师的 ID，外键
Birth：出生日期	Credit：学分
AcademicTitle：职称	ClassHour：周学时
	BeginDate：课程开始时间
	EndDate：课程结束时间
	LessonPlace：授课地点

1. 实验一：创建用于实验的数据表以及设置表的关系

1) 实验要求

(1) 运用 CREATE TABLE 语句创建表。

(2) 运用 INSERT 语句向表中插入记录。

2) 实验目的

创建数据表以及添加记录，为后面的实验做好准备。

3) 实验步骤

(1) 进入"Microsoft SQL Server Management Studio"界面。在对象资源管理器中展开节点"WestSVR"|"数据库"，单击选中数据库节点"WxdStudent"，再单击工具栏按钮"新建查询(N)"，在新打开的查询窗口中输入代码清单 3-52 所示的代码(由于代码较长，不必

手工输入全部代码，可以只输入关键部分，其余的从本书的配套资源中复制)，然后再单击工具栏按钮“执行(X)”。

由于代码较长，可参见本书配套资源第 3 章代码 3-52.

代码清单 3-52

上述代码先创建 Teachers2008 表，这个表的主键为 TeacherID，然后插入 10 条记录，接着又创建 Course2008 表，这个表的主键为 CourseID，然后插入 15 条记录。

现在数据库中已经存在上述的 2 张表，但是目前它们之间还没有关系，下面将 Course2008 表中的 TeacherID 设置为外键。

(2) 单击工具栏按钮“新建查询(N)”，在新打开的查询窗口中，输入代码清单 3-53 所示的代码并运行，以创建外键约束。

```
ALTER TABLE Course2008
ADD CONSTRAINT FK_TeacherID FOREIGN KEY    (TeacherID)
REFERENCES Teachers2008(TeacherID)
```

代码清单 3-53

(3) 创建外键约束之后，执行代码清单 3-54 所示的代码进行测试，可以看到图 3-73 所示的错误信息，说明创建外键成功并且生效了。之所以出现错误信息，是因为所插入记录的 TeacherID 为 18，而 Teachers2008 表中没有 TeacherID 为 18 的记录。

```
INSERT INTO [WxdStudent].[dbo].[Course2008]
([CourseName] ，[TeacherID]，[Credit]，[ClassHour]，[BeginDate]，[EndDate]，[LessonPlace])
VALUES ('组网技术'，18，4，4 ，'2007-9-5'，'2008-1-15'，'课室')
```

代码清单 3-54

```
消息
消息 547，级别 16，状态 0，第 1 行
INSERT 语句与 FOREIGN KEY 约束"FK_TeacherID"冲突。该冲突发生于数据库"WxdStudent"，表"dbo.Teachers2008", column 'TeacherID'。
语句已終止。
```

图 3-73 违反外键约束而出现错误提示

2. 实验二：基本 SELECT 查询

1) 实验要求

(1) 以 Teachers2008 表和 Course2008 表为例，练习 SELECT 语句的用法。

(2) 掌握 WHERE 子句的运用。

2) 实验目的

能够运用 SELECT 语句进行简单的单表查询。

3) 实验步骤

进入“Microsoft SQL Server Management Studio”界面。在对象资源管理器中展开节点“WestSVR”|“数据库”，单击选中数据库节点“WxdStudent”，再单击工具栏按钮“新建查询(N)”，在所打开的查询窗口中完成以下任务：

(1) 查询所有男性(Sex 字段为 true)教师，并按出生日期降序排列。

在代码窗口中输入代码清单 3-55 所示的代码并运行，运行结果如图 3-74 所示。

```
SELECT * FROM Teachers2008
WHERE Sex=1 ORDER BY Birth DESC
```

代码清单 3-55

	TeacherID	Name	Sex	Birth	AcademicTitle
1	2	李勇	1	1982-12-01 00:00:00	助理讲师
2	10	董卫刚	1	1981-12-19 00:00:00	助理讲师
3	5	张旭	1	1980-06-13 00:00:00	讲师
4	3	陈浩强	1	1978-09-18 00:00:00	讲师
5	8	许鹏	1	1972-02-19 00:00:00	高级讲师
6	1	王晓	1	1970-05-12 00:00:00	高级讲师

图 3-74　查询结果

(2) 查询年龄为 30 岁以上(含 30 岁)教师，并增加一列输出“年龄”。

在代码窗口中输入代码清单 3-56 所示的代码并运行，运行结果如图 3-75 所示。

```
SELECT *,  (Year(GetDate())-YEAR(Birth)) AS '年龄'  FROM Teachers2008
WHERE (Year(GetDate())-YEAR(Birth))>=30
```

代码清单 3-56

	TeacherID	Name	Sex	Birth	AcademicTitle	年龄
1	1	王晓	1	1970-05-12 00:00:00	高级讲师	38
2	3	陈浩强	1	1978-09-18 00:00:00	讲师	30
3	4	李雯	0	1971-03-22 00:00:00	高级讲师	37
4	7	谭春霞	0	1976-07-08 00:00:00	讲师	32
5	8	许鹏	1	1972-02-19 00:00:00	高级讲师	36
6	9	李婷婷	0	1978-08-02 00:00:00	讲师	30

图 3-75　查询结果

(3) 查询姓“李”的教师，并按性别升序排列。

在代码窗口中输入代码清单 3-57 所示的代码并运行，运行结果如图 3-76 所示。

```
SELECT *  FROM Teachers2008
WHERE [Name] LIKE '李%' ORDER BY Sex
```

代码清单 3-57

	TeacherID	Name	Sex	Birth	AcademicTitle
1	4	李雯	0	1971-03-22 00:00:00	高级讲师
2	9	李婷婷	0	1978-08-02 00:00:00	讲师
3	2	李勇	1	1982-12-01 00:00:00	助理讲师

图 3-76　查询结果

(4) 查询职称为“高级讲师”的女教师。

在代码窗口中输入代码清单 3-58 所示的代码并运行，运行结果如图 3-77 所示。

```
SELECT *   FROM Teachers2008
WHERE   AcademicTitle='高级讲师' AND Sex=0
```

代码清单 3-58

	TeacherID	Name	Sex	Birth	AcademicTitle
1	4	李雯	0	1971-03-22 00:00:00	高级讲师

图 3-77 查询结果

(5) 查询不是在“课室”上课的课程。

在代码窗口中输入代码清单 3-59 所示的代码并运行，运行结果如图 3-78 所示。

```
SELECT *   FROM Course2008
WHERE LessonPlace <>'课室'
```

代码清单 3-59

	CourseID	CourseName	Teacher...	Credit	ClassHour	BeginDate	EndDate	LessonPlace
1	1	计算机图像处理	3	4	6	2008-02-20 00:00:00	2008-07-01 00:00:00	第3机房
2	2	单片机原理	5	2	2	2007-09-05 00:00:00	2008-01-15 00:00:00	硬件实验室
3	3	FLASH动画	3	4	6	2008-02-20 00:00:00	2008-07-01 00:00:00	第1机房
4	4	3DMax	3	4	4	2007-09-05 00:00:00	2008-01-15 00:00:00	第2机房
5	6	英语	4	4	4	2007-09-05 00:00:00	2008-01-15 00:00:00	语音室
6	13	手机维修	1	4	4	2008-02-20 00:00:00	2008-07-01 00:00:00	通信实验室
7	14	电子制作	7	2	4	2008-02-20 00:00:00	2008-07-01 00:00:00	电子制作室

图 3-78 查询结果

(6) 查询在机房上课的课程。

在代码窗口中输入代码清单 3-60 所示的代码并运行，运行结果如图 3-79 所示。

```
SELECT *   FROM Course2008
WHERE CHARINDEX('机房', LessonPlace)>0
```

代码清单 3-60

	CourseID	CourseName	Teacher...	Credit	ClassHour	BeginDate	EndDate	LessonPlace
1	1	计算机图像处理	3	4	6	2008-02-20 00:00:00	2008-07-01 00:00:00	第3机房
2	3	FLASH动画	3	4	6	2008-02-20 00:00:00	2008-07-01 00:00:00	第1机房
3	4	3DMax	3	4	4	2007-09-05 00:00:00	2008-01-15 00:00:00	第2机房

图 3-79 查询结果

在这里介绍一下 CHARINDEX()函数的用法。

CHARINDEX()函数的作用是返回字符串中指定表达式的开始位置。如果返回值搜索不到 expression，则返回值为零，否则返回值为一个正数。具体语法为

CHARINDEX (expression1 ，expression2 [，start_location])

各参数含义如下：

- expression1：表达式，其中包含要查找的字符的序列。expression1 属于字符串数据

类别。

- expression2：表达式，通常是一个为指定序列搜索的列。expression2 属于字符串数据类别。
- start_location：开始在 expression2 中搜索 expression1 时的字符位置。如果 start_location 未被指定、是一个负数或零，则将从 expression2 的开头开始搜索。start_location 可以是 bigint 类型。

(7) 查询所有课程，学分按照降序排列，学时按照升序排列。

在代码窗口中输入代码清单 3-61 所示的代码并运行，运行结果如图 3-80 所示。

```
SELECT *  FROM Course2008
ORDER BY Credit DESC，ClassHour
```

代码清单 3-61

结果 | 消息

	CourseID	CourseName	TeacherID	Credit	ClassHour	BeginDate	EndDate	LessonPlace
1	4	3DMax	3	4	4	2007-09-05 00:00:00	2008-01-15 00:00:00	第2机房
2	6	英语	4	4	4	2007-09-05 00:00:00	2008-01-15 00:00:00	语音室
3	9	低频电路	8	4	4	2008-02-20 00:00:00	2008-07-01 00:00:00	课室
4	11	彩色电视机原理	10	4	4	2008-02-20 00:00:00	2008-07-01 00:00:00	课室
5	13	手机維修	1	4	4	2008-02-20 00:00:00	2008-07-01 00:00:00	通信实验室
6	3	FLASH动画	3	4	6	2008-02-20 00:00:00	2008-07-01 00:00:00	第1机房
7	10	数字脉冲电路	9	4	6	2007-09-05 00:00:00	2008-01-15 00:00:00	课室
8	1	计算机图像处理	3	4	6	2008-02-20 00:00:00	2008-07-01 00:00:00	第3机房
9	2	单片机原理	5	2	2	2007-09-05 00:00:00	2008-01-15 00:00:00	硬件实验室
10	7	数学	6	2	2	2007-09-05 00:00:00	2008-01-15 00:00:00	课室
11	8	电子商务基础	5	2	2	2008-02-20 00:00:00	2008-07-01 00:00:00	课室
12	12	通信技术基础	1	2	2	2007-09-05 00:00:00	2008-01-15 00:00:00	课室
13	14	电子制作	7	2	4	2008-02-20 00:00:00	2008-07-01 00:00:00	电子制作室
14	15	应用文写作	2	2	4	2008-02-20 00:00:00	2008-07-01 00:00:00	课室
15	5	语文	2	2	4	2008-02-20 00:00:00	2008-07-01 00:00:00	课室

图 3-80　查询结果

(8) 查询于 2007/2008 年度第一学期开始的课程(提示：即开始时间为 2007 年 9 月的课程)。

在代码窗口中输入代码清单 3-62 所示的代码并运行，运行结果如图 3-81 所示。

```
SELECT *  FROM Course2008
WHERE Year(BeginDate)=2007 AND Month(BeginDate)=9
```

代码清单 3-62

结果 | 消息

	CourseID	CourseName	Teacher...	Credit	ClassHour	BeginDate	EndDate	LessonPlace
1	2	单片机原理	5	2	2	2007-09-05 00:00:00	2008-01-15 00:00:00	硬件实验室
2	4	3DMax	3	4	4	2007-09-05 00:00:00	2008-01-15 00:00:00	第2机房
3	6	英语	4	4	4	2007-09-05 00:00:00	2008-01-15 00:00:00	语音室
4	7	数学	6	2	2	2007-09-05 00:00:00	2008-01-15 00:00:00	课室
5	10	数字脉冲电路	9	4	6	2007-09-05 00:00:00	2008-01-15 00:00:00	课室
6	12	通信技术基础	1	2	2	2007-09-05 00:00:00	2008-01-15 00:00:00	课室

图 3-81　查询结果

(9) 查询学分为 2 且学时为 4 的课程。

在代码窗口中输入代码清单 3-63 所示的代码并运行，运行结果如图 3-82 所示。

```
SELECT *   FROM Course2008
WHERE Credit=2 AND ClassHour=4
```

代码清单 3-63

结果 | 消息

	CourseID	CourseName	TeacherID	Credit	ClassHour	BeginDate	EndDate	LessonPlace
1	5	语文	2	2	4	2008-02-20 00:00:00	2008-07-01 00:00:00	课室
2	14	电子制作	7	2	4	2008-02-20 00:00:00	2008-07-01 00:00:00	电子制作室
3	15	应用文写作	2	2	4	2008-02-20 00:00:00	2008-07-01 00:00:00	课室

图 3-82　查询结果

3. 实验三：运用聚合函数和 GROUP BY 子句的 SELECT 查询

1) 实验要求

(1) 熟练掌握各个聚合函数的运用。

(2) 理解 GROUP BY 子句的作用。

2) 实验目的

能够运用聚合函数和 GROUP BY 子句进行 SELECT 查询。

3) 实验步骤

进入“Microsoft SQL Server Management Studio”界面。在对象资源管理器中展开节点“WestSVR”|“数据库”，单击选中数据库节点“WxdStudent”，再单击工具栏按钮“新建查询(N)”，在所打开的查询窗口中完成以下任务：

(1) 查询所有教师的平均年龄。

在代码窗口中输入代码清单 3-64 所示的代码并运行，运行结果如图 3-83 所示。

```
SELECT   AVG(Year(GetDate())-YEAR(Birth)) AS '教师平均年龄'  FROM Teachers2008
```

代码清单 3-64

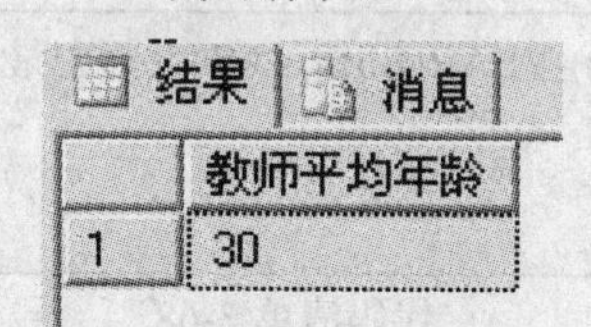

	教师平均年龄
1	30

图 3-83　查询所有教师的平均年龄

(2) 查询 30 岁以上教师的人数。

在代码窗口中输入代码清单 3-65 所示的代码并运行，运行结果如图 3-84 所示。

```
SELECT    COUNT(*) AS '30 岁以上人数'   FROM Teachers2008
WHERE (Year(GetDate())-YEAR(Birth))>=30
```

代码清单 3-65

	30岁以上人数
1	6

图 3-84　查询 30 岁以上教师的人数

(3) 查询“高级讲师”的人数。

在代码窗口中输入代码清单 3-66 所示的代码并运行，运行结果如图 3-85 所示。

```
SELECT    COUNT(*) AS '高级讲师人数'   FROM Teachers2008
WHERE AcademicTitle='高级讲师'
```

代码清单 3-66

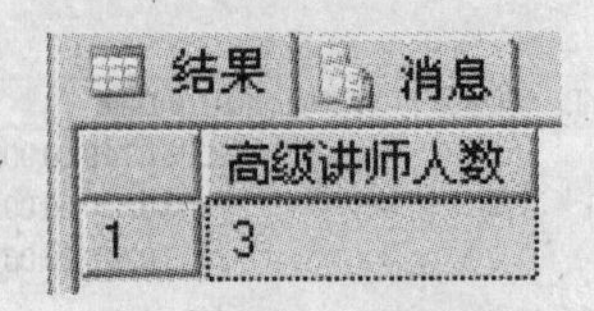

图 3-85　查询“高级讲师”的人数

(4) 查询“高级讲师”中的最大年龄和最小年龄。

在代码窗口中输入代码清单 3-67 所示的代码并运行，运行结果如图 3-86 所示。

```
SELECT    MAX(Year(GetDate())-YEAR(Birth)) AS '高级讲师中最大年龄' ,
MIN(Year(GetDate())-YEAR(Birth)) AS '高级讲师中最小年龄'
FROM Teachers2008
WHERE AcademicTitle='高级讲师'
```

代码清单 3-67

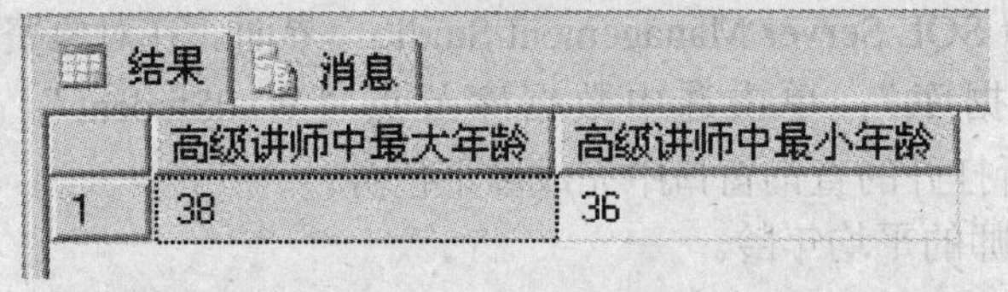

图 3-86　查询“高级讲师”中的最大年龄和最小年龄

(5) 查询所有女老师的最大年龄。

在代码窗口中输入代码清单 3-68 所示的代码并运行，运行结果如图 3-87 所示。

```
SELECT    MAX(Year(GetDate())-YEAR(Birth)) AS '女师中最大年龄'
FROM Teachers2008
WHERE Sex=0
```

代码清单 3-68

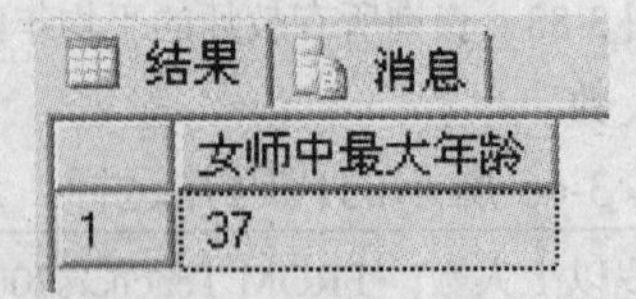

图 3-87　查询所有女老师的最大年龄

(6) 查询在“课室”上课的课程门数。

在代码窗口中输入代码清单 3-69 所示的代码并运行，运行结果如图 3-88 所示。

```
SELECT   COUNT(*)   '在课室上课的课程门数' FROM Course2008
WHERE LessonPlace='课室'
```

代码清单 3-69

	在课室上课的课程门数
1	8

图3-88 查询在“课室”上课的课程门数

(7) 查询在“机房”(包括第1、2、3机房)上课的课程门数。

在代码窗口中输入代码清单3-70所示的代码并运行，运行结果如图3-89所示。

```
SELECT  COUNT(*)  '在机房上课的课程门数' FROM Course2008
WHERE CHARINDEX('机房',  LessonPlace)>0
```

代码清单3-70

	在机房上课的课程门数
1	3

图3-89 查询在“机房”(包括第1、2、3机房)上课的课程门数

(8) 查询于2007/2008年度第一学期开始所有课程的学时总数。

在代码窗口中输入代码清单3-71所示的代码并运行，运行结果如图3-90所示。

```
SELECT  SUM(ClassHour)  '2007/2008年度第一学期学时总数' FROM Course2008
WHERE Year(BeginDate)=2007 AND Month(BeginDate)=9
```

代码清单3-71

	2007/2008年度第一学期学时总数
1	20

图3-90 查询于2007/2008年度第一学期开始所有课程的学时总数

(9) 查询于2007/2008年度第二学期开始且在“课室”上课的学分总数。

在代码窗口中输入代码清单3-72所示的代码并运行，运行结果如图3-91所示。

```
SELECT  SUM(Credit)  '2007/2008年度第二学期在课室上课的学分总数' FROM Course2008
WHERE Year(BeginDate)=2008 AND Month(BeginDate)=2
```

代码清单3-72

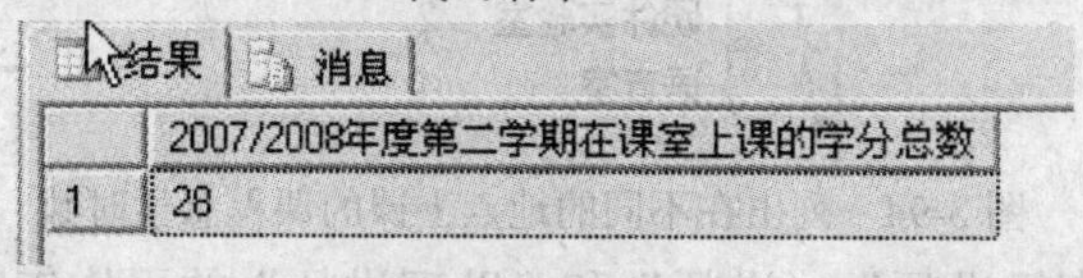

	2007/2008年度第二学期在课室上课的学分总数
1	28

图3-91 查询于2007/2008年度第二学期开始且在“课室”上课的学分总数

(10) 分别列出“高级讲师”、“讲师”和“助理讲师”的人数。

在代码窗口中输入代码清单3-73所示的代码并运行，运行结果如图3-92所示。

```
SELECT AcademicTitle,  COUNT(*) AS '人数' FROM Teachers2008
GROUP BY AcademicTitle
```

代码清单3-73

	AcademicTitle	人数
1	高级讲师	3
2	讲师	4
3	助理讲师	3

图 3-92 列出“高级讲师”、“讲师”和“助理讲师”的人数

(11) 按照学分降序列出每种学分的课程门数。

在代码窗口中输入代码清单 3-74 所示的代码并运行，运行结果如图 3-93 所示。

```
SELECT Credit AS '学分',  COUNT(*) AS '课程数' FROM Course2008
GROUP BY Credit
Order By Credit DESC
```

代码清单 3-74

	学分	课程数
1	4	8
2	2	7

图 3-93 按照学分降序列出每种学分的课程门数

(12) 分别列出在不同地点上课的课程总学时数。

在代码窗口中输入代码清单 3-75 所示的代码并运行，运行结果如图 3-94 所示。

```
SELECT LessonPlace AS '上课地点',  SUM(ClassHour) AS '总学时数' FROM Course2008
GROUP BY LessonPlace
```

代码清单 3-75

	上课地点	总学时数
1	第1机房	6
2	第2机房	4
3	第3机房	6
4	电子制作室	4
5	课室	28
6	通信实验室	4
7	硬件实验室	2
8	语音室	4

图 3-94 列出在不同的地点上课的课程总学时数

(13) 分别列出“高级讲师”、“讲师”和“助理讲师”的平均年龄。

在代码窗口中输入代码清单 3-76 所示的代码并运行，运行结果如图 3-95 所示。

```
SELECT AcademicTitle AS '职称',
AVG(Year(GetDate())-YEAR(Birth)) AS '平均年龄' FROM Teachers2008
GROUP BY AcademicTitle
```

代码清单 3-76

	职称	平均年龄
1	高级讲师	37
2	讲师	30
3	助理讲师	26

图 3-95　列出“高级讲师”、“讲师”和“助理讲师”的平均年龄

(14) 分别列出男、女教师的人数和平均年龄。

在代码窗口中输入代码清单 3-77 所示的代码并运行，运行结果如图 3-96 所示。

```
SELECT
CASE WHEN Sex=1
THEN '男教师'
ELSE '女教师'
END AS '教师性别',
COUNT(*) AS '人数',
AVG(Year(GetDate())-YEAR(Birth)) AS '平均年龄' FROM Teachers2008
GROUP BY Sex
```

代码清单 3-77

	教师性别	人数	平均年龄
1	女教师	4	31
2	男教师	6	30

图 3-96　列出男、女教师的人数和平均年龄

在这里简单介绍一下 CASE 函数，它的功能就是计算条件列表并返回多个可能的结果表达式之一。

CASE 函数的具体语法如下：

```
CASE    WHEN   <条件表达式>
      THEN   <条件表达式为真时返回的值>
      [ ELSE   <条件表达式为假时返回的值> ]
END
```

从语法上很容易理解，CASE 函数首先判断<条件表达式>的值，如果为真，就返回 THEN 子句的值；如果为假，就返回 ELSE 子句的值。

4．实验四：联接表查询

1) 实验要求

(1) 理解几种联接表的含义。

(2) 掌握联接表查询的语法。

2) 实验目的

能够对在内容上有关联的两个表(或多个表)执行联接表查询。

3) 实验步骤

进入“Microsoft SQL Server Management Studio”界面。在对象资源管理器中展开节点

"WestSVR" | "数据库"，单击选中数据库节点"WxdStudent"，再单击工具栏按钮"新建查询(N)"，在所打开的查询窗口中完成以下任务：

(1) 列出所有的课程名称、授课教师和职称。

在代码窗口中输入代码清单 3-78 所示的代码并运行，运行结果如图 3-97 所示。

```
SELECT C.CourseName AS '课程名称' , T.[Name] AS '授课教师', T.AcademicTitle AS '职称'
FROM Teachers2008 T inner join Course2008 C
ON (T.TeacherID=C.TeacherID)
```

代码清单 3-78

结果 | 消息

	课程名称	授课教师	职称
1	计算机图像处理	陈浩强	讲师
2	单片机原理	张旭	讲师
3	FLASH动画	陈浩强	讲师
4	3DMax	陈浩强	讲师
5	语文	李勇	助理讲师
6	英语	李雯	高级讲师
7	数学	陈晓梅	助理讲师
8	电子商务基础	张旭	讲师
9	低频电路	许鹏	高级讲师
10	数字脉冲电路	李婷婷	讲师
11	彩色电视机原理	董卫刚	助理讲师
12	通信技术基础	王晓	高级讲师
13	手机维修	王晓	高级讲师
14	电子制作	谭春霞	讲师
15	应用文写作	李勇	助理讲师

图 3-97　列出课程名称、授课教师和职称

(2) 列出每个教师的上课门数。

在代码窗口中输入代码清单 3-79 所示的代码并运行，运行结果如图 3-98 所示。

```
SELECT T.[Name] AS '教师',
COUNT(*) AS '授课门数',
SUM(ClassHour) AS '总课时数'
FROM Teachers2008 T inner join Course2008 C
ON (T.TeacherID=C.TeacherID)
GROUP BY T.[Name]
```

代码清单 3-79

结果 | 消息

	教师	授课门数	总课时数
1	陈浩强	3	16
2	陈晓梅	1	2
3	董卫刚	1	4
4	李婷婷	1	6
5	李雯	1	4
6	李勇	2	8
7	谭春霞	1	4
8	王晓	2	6
9	许鹏	1	4
10	张旭	2	4

图 3-98　列出每个教师的上课门数

(3) 列出每种职称的教师所上的课程总门数。

在代码窗口中输入代码清单 3-80 所示的代码并运行，运行结果如图 3-99 所示。

```
SELECT T.AcademicTitle AS '职称',
COUNT(*) AS '课程门数'
FROM Teachers2008 T inner join Course2008 C
ON (T.TeacherID=C.TeacherID)
GROUP BY T.AcademicTitle
```

代码清单 3-80

结果　消息

	职称	课程门数
1	高级讲师	4
2	讲师	7
3	助理讲师	4

图 3-99　列出每种职称的教师所上的课程总门数

(4) 列出上 2 门课以上的教师姓名。

在代码窗口中输入代码清单 3-81 所示的代码并运行，运行结果如图 3-100 所示。

```
SELECT T.[Name] AS '教师姓名',
COUNT(*) AS '课程门数'
FROM Teachers2008 T inner join Course2008 C
ON (T.TeacherID=C.TeacherID)
GROUP BY T.[Name]
HAVING COUNT(*)>=2
```

代码清单 3-81

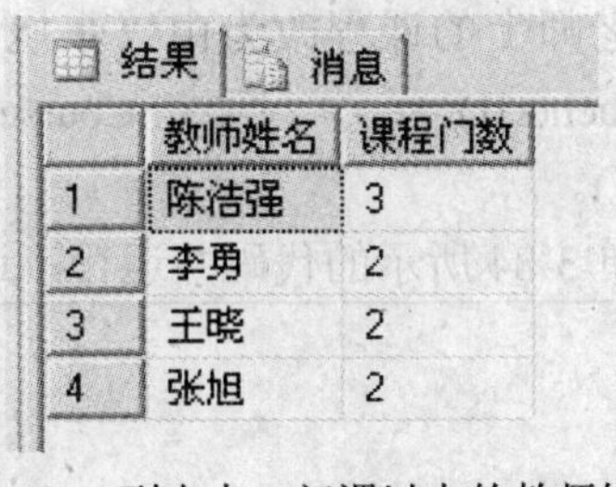
结果　消息

	教师姓名	课程门数
1	陈浩强	3
2	李勇	2
3	王晓	2
4	张旭	2

图 3-100　列出上 2 门课以上的教师姓名

5. 实验五：更改和删除查询

1) 实验要求

(1) 掌握 UPDATE 语句的使用。

(2) 掌握 DELETE 语句的使用。

2) 实验目的

能够运用 UPDATE 语句和 DELETE 语句对表进行更改和删除操作。

3) 实验步骤

进入“Microsoft SQL Server Management Studio”界面。在对象资源管理器中展开节点“WestSVR”|“数据库”，单击选中数据库节点“WxdStudent”，再单击工具栏按钮“新建查询(N)”，在所打开的查询窗口中完成以下任务：

(1) 将课程名称“3DMax”改为“三维动画制作”。

在代码窗口中输入代码清单 3-82 所示的代码并运行，运行结果如图 3-101 所示。

```
UPDATE Course2008
SET CourseName ='三维动画制作'
WHERE CourseName ='3DMax'
```

代码清单 3-82

	CourseID	CourseName	TeacherID	Credit	ClassH...	BeginDate	EndDate	LessonPlace
▶	1	计算机图像处理	3	4	6	2008-2-20 0:00:00	2008-7-1 0:00:00	第3机房
	2	单片机原理	5	2	2	2007-9-5 0:00:00	2008-1-15 0:00:00	硬件实验室
	3	FLASH动画	3	4	6	2008-2-20 0:00:00	2008-7-1 0:00:00	第1机房
	4	三维动画制作	3	4	4	2007-9-5 0:00:00	2008-1-15 0:00:00	第2机房
	5	语文	2	2	4	2008-2-20 0:00:00	2008-7-1 0:00:00	课室

图 3-101　将课程名称“3DMax”改为“三维动画制作”

(2) 将“应用文写作”课程的学分改为 4。

在代码窗口中输入代码清单 3-83 所示的代码并运行，运行结果如图 3-102 所示。

```
UPDATE Course2008
SET Credit=4
WHERE CourseName ='应用文写作'
```

代码清单 3-83

	13	手机维修	1	4	4	2008-2-20 0:00:00	2008-7-1 0:00:00	通信实验室
	14	电子制作	7	2	4	2008-2-20 0:00:00	2008-7-1 0:00:00	电子制作室
	15	应用文写作	2	4	4	2008-2-20 0:00:00	2008-7-1 0:00:00	课室
*	NULL	NULL	NULL	NULL	NULL	NULL	NULL	NULL

图 3-102　将“应用文写作”课程的学分改为 4

(3) 将所有由“陈浩强”老师上的课程改为由“张旭”老师上(提示：陈浩强老师的 TeacherID 为 3，张旭老师的 TeacherID 为 5，只要在 Course2008 表中将 TeacherID 为 3 的所有记录的 TeacherID 改为 5 即可)。

在代码窗口中输入代码清单 3-84 所示的代码并运行，运行结果如图 3-103 所示。

```
UPDATE Course2008
SET TeacherID=5
WHERE TeacherID =3
```

代码清单 3-84

	CourseID	CourseName	TeacherID	Credit	ClassH...	BeginDate	EndDate	LessonPlace
▶	1	计算机图像处理	5	4	6	2008-2-20 0:00:00	2008-7-1 0:00:00	第3机房
	2	单片机原理	5	2	2	2007-9-5 0:00:00	2008-1-15 0:00:00	硬件实验室
	3	FLASH动画	5	4	6	2008-2-20 0:00:00	2008-7-1 0:00:00	第1机房
	4	三维动画制作	5	4	4	2007-9-5 0:00:00	2008-1-15 0:00:00	第2机房
	5	语文	2	2	4	2008-2-20 0:00:00	2008-7-1 0:00:00	课室

图 3-103　由“陈浩强”老师上的课程改为由“张旭”老师上

(4) 将“谭春霞”的职称改为“高级讲师”。

在代码窗口中输入代码清单3-85所示的代码并运行，运行结果如图3-104所示。

```
UPDATE Teachers2008
SET AcademicTitle='高级讲师'
WHERE [Name]='谭春霞'
```

代码清单3-85

	TeacherID	Name	Sex	Birth	AcademicTitle
▶	1	王晓	True	1970-5-12 0:00:00	高级讲师
	2	李勇	True	1982-12-1 0:00:00	助理讲师
	3	陈浩强	True	1978-9-18 0:00:00	讲师
	4	李雯	False	1971-3-22 0:00:00	高级讲师
	5	张旭	True	1980-6-13 0:00:00	讲师
	6	陈晓梅	False	1983-10-26 0:0...	助理讲师
	7	谭春霞	False	1976-7-8 0:00:00	高级讲师

图3-104 将“谭春霞”的职称改为“高级讲师”

(5) 将“电子商务基础”的授课地点改为“第2机房”。

在代码窗口中输入代码清单3-86所示的代码并运行，运行结果如图3-105所示。

```
UPDATE Course2008
SET LessonPlace='第2机房'
WHERE CourseName='电子商务基础'
```

代码清单3-86

	CourseID	CourseName	TeacherID	Credit	ClassH...	BeginDate	EndDate	LessonPlace
▶	1	计算机图像处理	5	4	6	2008-2-20 0:00:00	2008-7-1 0:00:00	第3机房
	2	单片机原理	5	2	2	2007-9-5 0:00:00	2008-1-15 0:00:00	硬件实验室
	3	FLASH动画	5	4	6	2008-2-20 0:00:00	2008-7-1 0:00:00	第1机房
	4	三维动画制作	5	4	4	2007-9-5 0:00:00	2008-1-15 0:00:00	第2机房
	5	语文	2	2	4	2008-2-20 0:00:00	2008-7-1 0:00:00	课室
	6	英语	4	4	4	2007-9-5 0:00:00	2008-1-15 0:00:00	语音室
	7	数学	6	2	2	2007-9-5 0:00:00	2008-1-15 0:00:00	课室
	8	电子商务基础	5	2	2	2008-2-20 0:00:00	2008-7-1 0:00:00	第2机房

图3-105 将“电子商务基础”的授课地点改为“第2机房”

(6) 将所有由“陈晓梅”上的课程从Course2008表中删除(提示：陈晓梅老师的TeacherID为6，只要在Course2008表中将TeacherID为6的所有记录删除即可)。

在代码窗口中输入代码清单3-87所示的代码并运行，相应的记录就会被删除。

```
DELETE Course2008
WHERE TeacherID=6
```

代码清单3-87

(7) 将“计算机图像处理”课程从Course2008表中删除。

在代码窗口中输入代码清单3-88所示的代码并运行，相应的记录就会被删除。

```
DELETE Course2008
WHERE CourseName='计算机图像处理'
```

代码清单3-88

习　题

一、单项选择题

1．插入记录的命令是下列哪一项？

A．INSERT　B．SELECT　C．UPDATE　D．DELETE

2．表示逻辑或的运算符是下列哪一项？

A．NOT　B．AND　C．OR　D．IS

3．判断一个表达式的值是否在一组值之中的运算符是下列哪一项？

A．BETWEEN　B．IN　C．LIKE　D．EXISTS

4．判断一个表达式的值是否处于由两个值确定的一个范围之中的运算符是下列哪一项？

A．BETWEEN　B．IN　C．LIKE　D．EXISTS

5．代表任意多个字符的通配符是下列哪一项？

A．*　B．%　C．&　D．$

6．用于执行分组查询的子句是下列哪一项？

A．DISTINCT　B．ORDER BY　C．GROUP BY　D．WHERE

7．用于求平均值的聚合函数是下列哪一项？

A．COUNT　B．MAX　C．AVG　D．SUM

8．生成表查询必须用到以下哪一个子句？

A．HAVING　B．INTO　C．JOIN　D．ON

9．删除表的命令是下列哪一项？

A．DELETE TABLE　B．ALTER TABLE

C．REMOVE TABLE　D．DROP TABLE

10．用来实施引用完整性的约束是下列哪一项？

A．PRIMARY KEY约束　B．UNIQUE约束

C．FOREIGN KEY约束　D．CHECK约束

二、填空题

1．在TestInformation表中，用SELECT语句选择数据，并要求用中文别名“学号”、“科目”和“成绩”表示各列数据，语句为____________________。

2．在TestInformation表中，列出所有的记录，并按照StudentID升序、Score降序排列的语句为____________________。

3．在student表中，列出所有姓“李”的记录的语句为____________________。

4．在student表中，列出所有已经退学(提示：利用IsLost字段)的记录的语句为____________________。

5．在TestInformation表中，列出85分以上的人数的语句为____________________。

6．在 TestInformation 表中，列出全国英语二级考试中的最高分的语句为____。

7．在 student 表中，列出各班人数的语句为__________________________。(提示：可以利用 LEFT 函数选择 studentID 字段的左 6 位字符作为班别的根据。)

8．在 TestInformation 表中，列出各科目考试各级别的最高分和最低分的语句为____。

9．在 student 表中，利用所有性别为“男”的记录来生成一个能够被永久地存放在数据库的表 MaleStudent 的语句为________________________。

10．利用 student 表和 TestInformation 表，列出所有考试不及格的考生的姓名、科目、级别和成绩四列数据的语句为________________________。

11．在 student 表中，把学号为“20020714”的学生的家庭电话(HomePhone)改为“020-87592362”的语句为______________________________

12．在 TestInformation 表中，把所有考“一级”的记录删除，语句为__________。

三、简答题

1．在使用 INSERT 语句向表中插入记录时，遇到 identity 类型的字段时应如何处理？

2．GROUP BY 子句的主要作用是什么？

3．简述所学过的聚合函数的功能。

4．简述几种类型的表联接查询的含义。

5．约束有哪几种？它们的主要作用分别是什么？

第 4 章　备份与还原数据库

不管什么系统，备份都是其例行维护任务中不可或缺的一环，数据库也不例外。

数据库备份就是将数据库存为一份副本文件，当数据库遇到不可抗拒的因素而损坏时，可从该副本文件中还原，从而将损失降低到可接受的程度。SQL Server 2005 数据库备份分为数据备份和事务日志备份，还原时依据不同的备份策略应采取不同的还原措施。

本章学习目标：

(1) 掌握备份及还原的基本概念及相应的备份媒体和备份设备。

(2) 掌握数据备份和事务日志备份，并能制作完善的备份计划措施。

(3) 掌握如何对数据库进行还原操作。

4.1　数 据 备 份

数据备份分为数据库完整备份和数据库差异备份。

数据备份可以通过 SQL Server 管理控制台进行，也可以通过运行相应的 T-SQL 语句完成。其 T-SQL 简要语法如下：

```
BACKUP DATABASE { database_name | @database_name_var }
TO <backup_device> [ ，...n ]
[ <MIRROR TO clause> ] [ next-mirror-to ]
[ WITH { DIFFERENTIAL | <general_WITH_options> [ ，...n ] } ]
```

4.1.1　数据库完整备份

数据库完整备份是对整个数据库进行备份。这包括对部分事务日志进行备份(此操作是在数据库完整备份的过程中自动进行的)，以便能够完整地恢复整个数据库。

数据库完整备份是最容易使用的一种数据库备份方式。数据库完整备份包含数据库中所有的用户数据和数据库对象，例如系统表、索引、用户定义的数据等。对于可以快速备份的小数据库而言，最佳方法就是使用数据库完整备份。从数据库完整备份中进行还原的操作也非常简单。

相比较其他的数据库备份方式而言，数据库完整备份所花的时间最长，所占用的空间也最大。在对数据库进行还原操作时，不论是从何种备份进行还原，数据库完整备份都是一个最基本的起点。因此，不管制定怎样的备份措施，数据库完整备份都是其中不可或缺的一环。

下面以具体实例说明如何对数据库进行完整备份。

【实践操作一】 分别采用 SQL Server 管理控制台和 T-SQL 语言对数据库“WxdStudent”进行完整备份，将备份文件存入“C:\WxdDatabaseFiles\Backup\wxd_FullBack_studio.bak”和“C:\WxdDatabaseFiles\Backup\wxd_FullBack_sql.bak”文件中(如果不存在文件夹“C:\WxdDatabaseFiles\Backup”，则先将其创建)。

1．采用 SQL Server 管理控制台进行完整备份

(1) 在数据库服务器“WestSVR”中打开 SQL Server 管理控制台，连接到默认实例。在对象资源管理器中展开节点“WestSVR”｜“数据库”，右击数据库“WxdStudent”，在右键菜单中选择“任务(T)”｜“备份(B)...”，弹出图 4-1 所示的对话框。

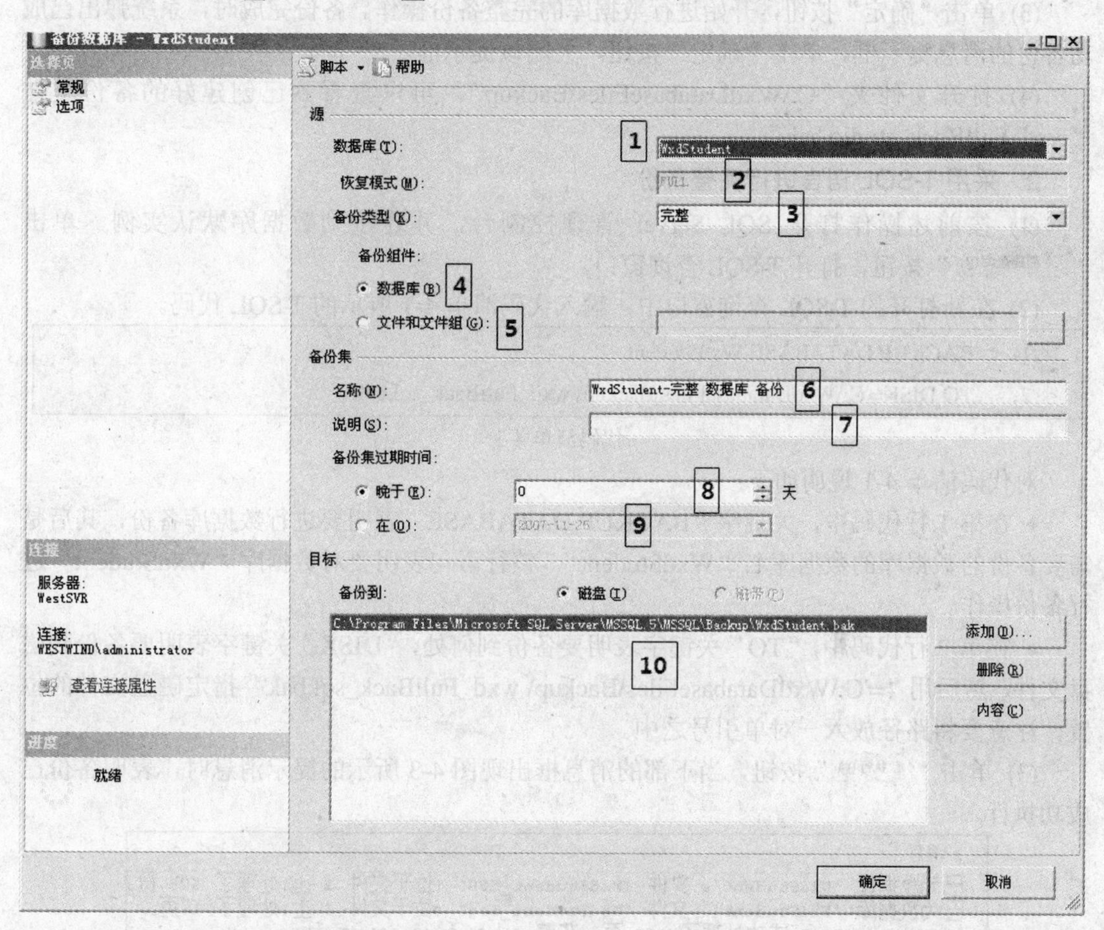

图 4-1　通过 SQL Server 管理控制台备份数据库 WxdStudent

(2) 单击“删除”按钮，将该对话框提供的备份文件的默认路径删除。单击“添加”按钮，弹出图 4-2 所示的对话框。在此对话框文件名下的文本框中输入要求的备份文件路径(也可单击旁边的“...”按钮，然后定位至备份文件的路径)，单击“确定”按钮，回到图 4-1 所示的界面。

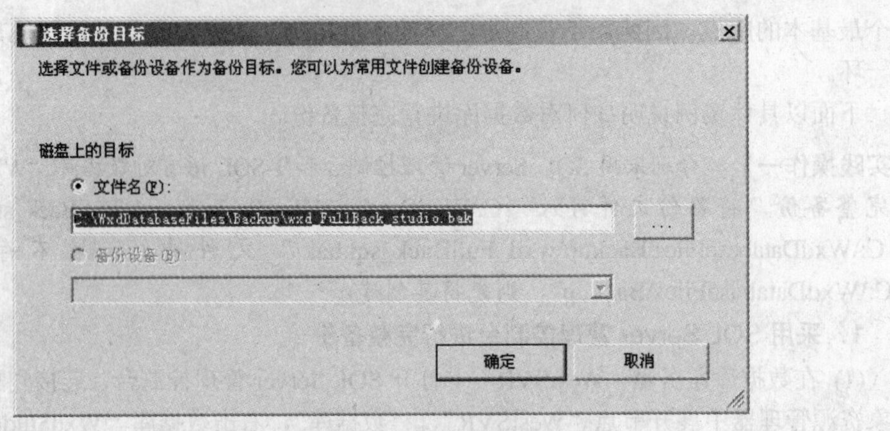

图 4-2　指定备份文件的路径

(3) 单击“确定”按钮，开始进行数据库的完整备份操作。备份完成时，系统弹出已成功备份的消息提示框，单击“确定”按钮，关闭该提示框。

(4) 打开文件夹“C:\WxdDatabaseFiles\Backup”，可以查看到已创建好的备份文件“wxd_FullBack_studio.bak”。

2．采用 T-SQL 语言进行完整备份

(1) 按前述操作打开 SQL Server 管理控制台，并连接到数据库默认实例。单击“新建查询(N)”按钮，打开 T-SQL 查询窗口。

(2) 在新打开的 T-SQL 查询窗口中，输入代码清单 4-1 所示的 T-SQL 代码。

```
1:    BACKUP DATABASE WxdStudent
2:    TO DISK='C:\WxdDatabaseFiles\Backup\ wxd_FullBack_sql.bak'
```

代码清单 4-1

对代码清单 4-1 说明如下：

♦ 在第 1 行代码中，关键字“BACKUP DATABASE”表明要进行数据库备份，其后是需要备份的数据库的数据库名“WxdStudent”，整行语句表明要对数据库“WxdStudent”进行备份操作。

♦ 在第 2 行代码中，“TO”关键字表明要备份到何处，“DISK”关键字表明要备份到磁盘文件，然后用“='C:\WxdDatabaseFiles\Backup\ wxd_FullBack_sql.bak'”指定磁盘文件的位置，注意要将路径放入一对单引号之中。

(3) 单击“执行(X)”按钮，当下部的消息框出现图 4-3 所示的提示消息时，表明备份已成功执行。

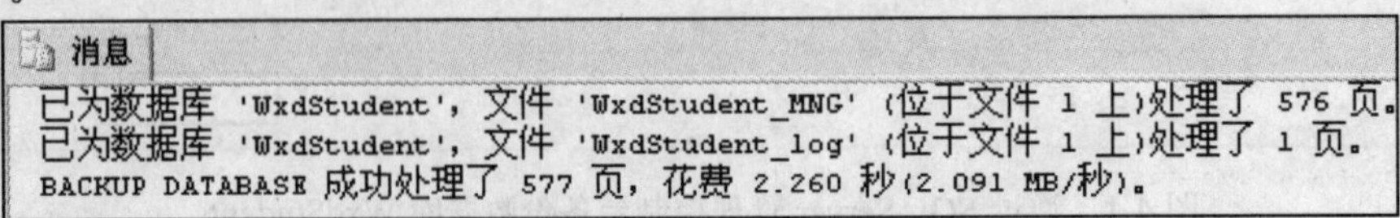

图 4-3　备份完成时的统计信息提示

(4) 打开文件夹“C:\WxdDatabaseFiles\Backup”，可以查看到已创建好的备份文件“wxd_FullBack_sql.bak”

通过实践操作一可以看到，对数据库进行完整备份的操作过程是很简单的。不过，在前述操作过程中，有很多选项并没有作说明，例如图 4-2 中的“备份集”、图 4-3 中的“备份设备”等。要对这些选项进行细致的控制，就需要对有关备份的一些术语有所了解。

3．备份术语

1) 备份设备

在备份操作过程中，备份设备用于容纳将要备份的数据，备份设备是由备份媒体构成的。备份设备可以分物理备份设备和逻辑备份设备。

(1) 物理备份设备。物理备份设备是备份媒体为磁带机或操作系统提供的磁盘文件。

使用磁带机备份时，可以在 T-SQL 语句中用关键字“TO TAPE”指定，例如如下语句：

```
BACKUP DATABASE WxdStudent
TO TAPE = '\\.\tape0'
```

如果使用 SQL Server 管理控制台备份，则可以在图 4-1 所示的对话框中，选择“目标”备份到“磁带”。当然，前提是数据库服务器安装了磁带机，否则该选项是灰色的。

也可以将数据备份到操作系统提供的文件中，该备份文件即为常规的操作系统文件。实践操作一正是将数据库“WxdStudent”备份到操作系统文件。使用 T-SQL 语句备份时，用关键字“TO DISK”指定该操作系统文件，如代码清单 4-1 所示。使用 SQL Server 管理控制台备份时，在图 4-1 所示的对话框中选择“目标”备份到“磁盘”，然后按要求指定该操作系统文件的完整路径。

(2) 逻辑备份设备。在代码清单 4-1 中，备份文件的完整路径很长，为了简便起见，可以将该备份文件的完整路径封装在一个名字中，该名字代表备份文件的完整路径，以后将数据库备份到该文件时，只需要指定这个名字就可以了。逻辑备份设备就是为适应这种需求而出现的。

逻辑备份设备是指向特定物理备份设备(磁盘文件或磁带机)的可选用户定义名称。通过逻辑备份设备，可以在引用相应的物理备份设备时使用该逻辑备份设备名称来代表实际的物理备份设备。

可以通过以下两种方式来创建逻辑备份设备。

通过 SQL Server 管理控制台创建的步骤为：打开 SQL Server 管理控制台，连接到数据库服务器“WestSVR”，在对象资源管理器中展开节点“WestSVR”|“服务器对象”，右击节点“备份设备”，在右键菜单中单击“新建备份设备(N)...”，弹出图 4-4 所示的对话框，在该对话框中，于设备名称栏输入设备的名称(例如“Wxd_Backup”，如图中 1 处所示)，在目标选项中，选择该备份设备实际指定的物理备份设备(如果数据库服务器未安装磁带机，则“磁带(T)”选项为灰色不可选)。如果指定文件，则在“文件(F)”栏内指定该备份文件的完整路径，如图中 2 处所示。指定完毕，单击“确定”按钮完成备份设备的创建。

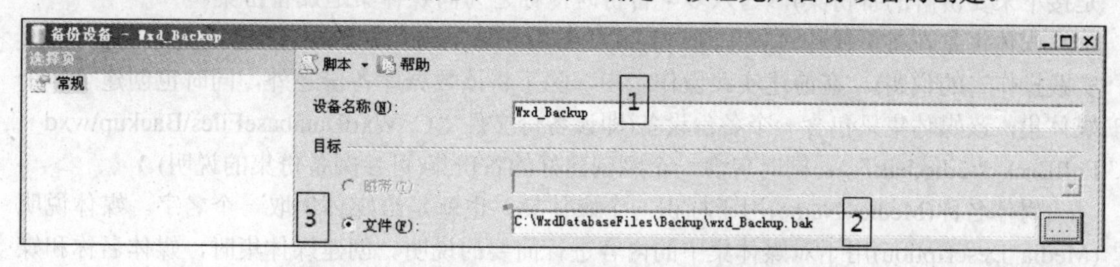

图 4-4　在 SQL Server 管理控制台中创建备份设备

也可以通过T-SQL语句运行存储过程来创建：打开SQL Server管理控制台，连接到数据库服务器“WestSVR”，单击“新建查询(N)”进入T-SQL查询窗口，输入代码清单4-2所示的代码。

```
1:   EXEC sp_addumpdevice
2:   @devtype = 'disk',
3:   @logicalname = 'Wxd_Backup',
4:   @physicalname = 'C:\WxdDatabaseFiles\Backup\wxd_Backup.bak'
```

代码清单4-2

第1行代码表示运行存储过程“sp_addumpdevice”，sp_addumpdevice是一个专门添加逻辑备份设备的系统存储过程(本书将于第6章详细介绍存储过程)；第2行指定逻辑备份设备的类型，有两种类型可选，“disk”代表文件类型，“tape”代表磁带，与图4-4中的3处对应；第3行指定逻辑备份设备的逻辑名称，与图4-4中的1处对应；第4行指定逻辑备份设备实际代表的物理设备路径，若为文件类型则此处指定该文件的物理路径(如该行代码所示)，若为磁带则此处指定磁带机(例如“\\.\TAPE0”)，与图4-4中的2处对应。

在创建了逻辑备份设备之后，就可以将此逻辑备份设备作为数据库备份的目标。如果是通过SQL Server管理控制台备份，则可以在图4-2中选择备份设备(此时“备份设备”将不再是灰色显示)，并从下拉列表框中选择合适的逻辑备份设备名称(如果创建了多个备份设备，则此处将有多个名称可选)。如果是通过T-SQL语句进行备份操作，则可以在语句中指定逻辑备份设备的名称，例如，可以将代码清单4-1修改为代码清单4-3：

```
1:   BACKUP DATABASE WxdStudent
2:   TO Wxd_Backup
```

代码清单4-3

代码清单4-3将数据库“WxdStudent”备份到逻辑备份设备“Wxd_Backup”中，而逻辑备份设备“Wxd_Backup”指向文件“C:\WxdDatabaseFiles\Backup\wxd_Backup.bak”，所以实际上最终结果仍然是将数据库“WxdStudent”备份到文件“C:\WxdDatabaseFiles\Backup\wxd_Backup.bak”中，但是以简洁的逻辑备份设备名称来代替长文件路径，使整段代码也简洁了许多。

2) 媒体集

媒体集是一个或多个备份设备(包括物理备份设备或逻辑备份设备)的集合。将数据库备份到备份设备时，有可能需要将此备份同时备份到多个备份设备内，此时就可以用媒体集来将这些多个备份设备组合在一起。可以向媒体集写入一个或多个备份(此时每一个备份就是接下来要讲解的备份集)，写入多个备份时，称之为向媒体集追加备份集。

媒体集是在备份操作过程中通过格式化备份媒体从而在备份媒体上创建的(详情可参阅实践操作二的说明)。在前述实践操作一中，除了将该数据库备份之外，同时也创建了一个媒体集，该媒体集只包含一个备份设备(即该备份文件“C:\WxdDatabaseFiles\Backup\wxd_FullBack_studio.bak”)，同时包含一个刚创建好的备份集(可参阅备份集的说明)。

媒体名称(Media Name)用于标识一个媒体集，也就是给媒体集取一个名字。媒体说明(Media Description)用于对媒体集中的内容进行简要的说明。创建媒体集时，媒体名称和媒体说明均为可选项，但建议配置这两项内容，因为这有利于将来在还原数据库时查看媒体集的内容。在图 4-1 所示的界面中，单击“选项”，可对媒体集的名称和说明进行配置，如图 4-5 中的 7 处和 8 处所示。

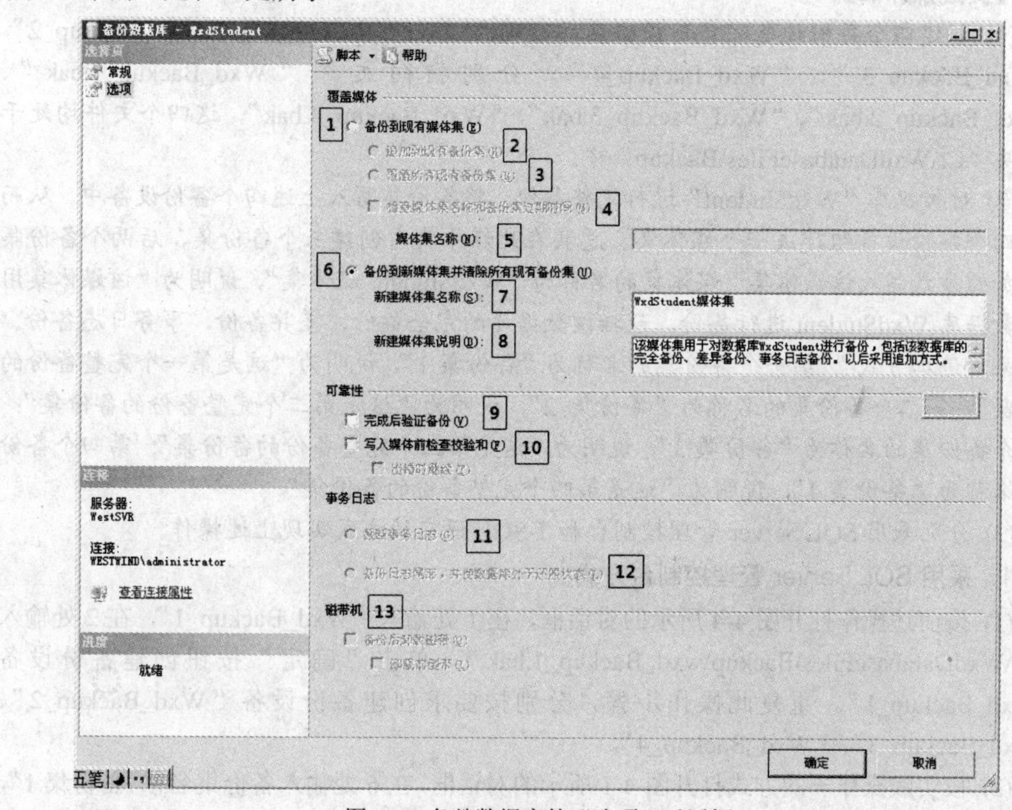

图 4-5　备份数据库的“选项”对话框

3) 媒体簇

媒体簇由在媒体集中的单个非镜像设备或一组镜像设备上创建的备份构成(镜像备份是 SQL Server 2005 中新增的功能，例如备份设备 1 和备份设备 2 可以形成镜像，此时备份设备 1 和备份设备 2 中的内容是完全相同的，即镜像)。媒体集所使用的备份设备的数量决定了媒体集中的媒体簇的数量。例如，如果媒体集使用两个非镜像备份设备，则该媒体集包含两个媒体簇，如果媒体集中含四个备份设备，但若备份设备 1 和备份设备 2 形成镜像，备份设备 3 和备份设备 4 形成镜像，则该媒体集中仍只含有两个媒体簇。有关镜像备份的详细内容可参阅 SQL Server 联机丛书。

4) 备份集

成功的备份操作将向媒体集中添加一个备份集。如果媒体集中只包含一个媒体簇，则该簇包含整个备份集。如果媒体集中包含多个媒体簇，则备份集均匀分布在各个媒体簇之间。在实践操作一中，向媒体集成功添加了数据库“WxdStudent”的一个备份集，该备份集只包含在物理备份设备“C:\WxdDatabaseFiles\Backup\wxd_FullBack_studio.bak”之中，因为只有一个备份设备，且没有镜像备份。

每一个备份集均有备份名称和备份说明。备份名称用于标识该备份集，备份说明用于对该备份集的内容进行说明，方便以后还原时查看该备份集中的内容。创建备份集时，这两项均为可选项，但建议将其添加，以利于后期的还原操作。

下面以实践操作二对以上概念再进行说明。

【实践操作二】

(1) 创建四个备份设备，备份设备名称分别为“Wxd_Backup_1”、“Wxd_Backup_2”、“Wxd_Backup_3”、“Wxd_Backup_4”，分别指向文件“Wxd_Backup_1.bak”、“Wxd_Backup_2.bak”、“Wxd_Backup_3.bak”、“Wxd_Backup_4.bak”，这四个文件均处于文件夹“C:\WxdDatabaseFiles\Backup”中。

(2) 对数据库“WxdStudent”进行完整备份，将备份集写入上述四个备份设备中，从而使这四个备份设备组建成一个媒体集。总共在此媒体集内创建三个备份集，后两个备份集以追加的方式写入该媒体集。媒体集的名称为“WxdStudent 媒体集”，说明为“该媒体集用于对数据库 WxdStudent 进行备份，包括该数据库的完全备份、差异备份、事务日志备份。以后采用追加方式”。第一个备份集的名称为“备份集 1”，说明为“这是第一个完整备份的备份集”；第二个备份集的名称为“备份集 2”，说明为“这是第二个完整备份的备份集”；第三个备份集的名称为“备份集 3”，说明为“这是第三个完整备份的备份集”；第四个备份集的名称为“备份集 4”，说明为“这是第四个完整备份的备份集”。

(3) 分别采用 SQL Server 管理控制台和 T-SQL 语言的方式实现上述操作。

1．采用 SQL Server 管理控制台方式

(1) 按前述操作打开图 4-4 所示的对话框，在 1 处输入“Wxd_Backup_1”，在 2 处输入“C:\WxdDatabaseFiles\Backup\wxd_Backup_1.bak”，单击“确定”按钮创建备份设备“Wxd_Backup_1”。重复此操作步骤，分别按要求创建备份设备“Wxd_Backup_2”、“Wxd_Backup_3”、“Wxd_Backup_4”。

(2) 按实践操作一的方式打开图 4-1 所示的对话框，在 6 处输入备份集名称“备份集 1”，在 7 处输入备份集说明“这是第一个完整备份的备份集”，从而指定了第一个备份集的名称和说明。

(3) 按实践操作一的第(2)步骤删除该对话框提供的备份文件的默认路径，单击“添加”按钮，在图 4-2 所示的对话框中选择“备份设备”，并在下拉列表框中选择备份设备“Wxd_Backup_1”，单击“确定”将其添加到图 4-1 的 10 处。重复此操作步骤添加其他三个备份设备“Wxd_Backup_2”、“Wxd_Backup_3”、“Wxd_Backup_4”。完成此步骤时，如图 4-6 所示。

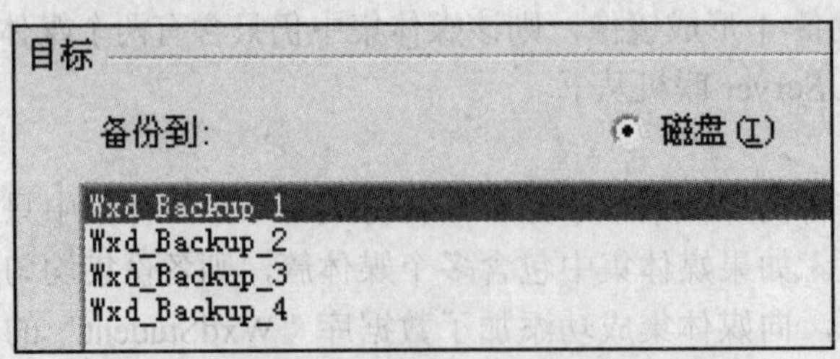

图 4-6　将备份设备添加到目标

说明：该步骤的目的是为了将此备份集均匀写入这四个备份设备中，以后从此备份集中还原数据库时，必须全部提供这四个备份设备，否则(例如其中一个损坏)不能成功还原数据库，其错误消息如图 4-7 所示。

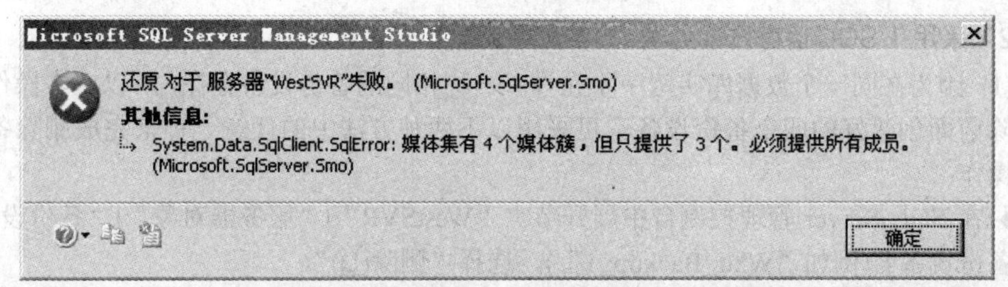

图 4-7　不能从丢失备份设备的媒体集中成功还原数据库

(4) 单击“选项”按钮，打开图 4-5 所示对话框。选择“备份到新媒体集并清除所有现有备份集(U)”，并按要求输入媒体集名称和媒体集说明，如图 4-5 的 7 处和 8 处所示。

说明：此步骤的目的是实现在备份的同时创建一个新的媒体集，该媒体集名为“WxdStudent 媒体集”，并有媒体集说明。该媒体集包含所选的四个备份设备。如果在这些备份设备中有从前的备份集，那么在此次备份之前，这些先前的备份集将会被全部删除(清除)。

(5) 单击“确定”按钮完成对数据库“WxdStudent”第一个备份集的创建。

(6) 重复第(2)～(5)步骤，按要求完成对第二、三、四个备份集的创建。注意在重复第(4)步骤时，请选择“备份到现有媒体集(E)”并选择“追加到现有备份集(H)”。如图 4-5 的 1 处和 2 处所示。

说明：此处的“现有媒体集”是指先前步骤创建好的媒体集“WxdStudent 媒体集”，选择“追加到现有备份集(H)”是为了保留该媒体集中的已有的备份集。如果选择“覆盖所有现有备份集(H)”，则在备份之前将清除该媒体集中的所有的备份集，但不会改变媒体集名称和说明。第(6)步骤完成之后，在媒体集“WxdStudent 媒体集”中将含有四个备份集。在 SQL Server 管理控制台中展开节点“服务器对象”|“备份设备”，右击刚才创建好的四个备份设备中任意一个，单击“属性”，在“属性”对话框中单击“媒体内容”，可以查看到该备份设备中的四个备份集，如图 4-8 所示。

脚本 ▾ 帮助

媒体

媒体顺序: 媒体 1, 系列 2

创建时间: 2007-12-1 16:49:52

媒体集

名称: WxdStudent媒体集

说明: 该媒体集用于对数据库WxdStudent进行备份，包括该数据库的完全

媒体簇计数: 4

备份集(U):

名称	类型	组件	服务器	数据库	位置	日期	大小	用户名	过期
备份集1	数据库	完整	WESTSVR	WxdStudent	1	2007...	8494080	WEST...	
备份集2	数据库	完整	WESTSVR	WxdStudent	2	2007...	8487936	WEST...	
备份集3	数据库	完整	WESTSVR	WxdStudent	3	2007...	8487936	WEST...	
备份集4	数据库	完整	WESTSVR	WxdStudent	4	2007...	8487936	WEST...	

图 4-8　查看备份设备中所包含的备份集

2．采用 T-SQL 语言方式

(1) 因为在同一个数据库实例中不允许有名称相同的备份设备存在，所以在本操作之前先删除前面创建好的四个备份设备。可采用以下两种方法中的任意一种来完成删除备份设备的操作：

♦ 在 SQL Server 管理控制台中展开节点“WestSVR”|“服务器对象”|“备份设备”，右击备份设备名(例如“Wxd_Backup_1”)，选择“删除(D)”。

♦ 打开 T-SQL 查询窗口，运行以下语句(如代码清单 4-4 所示)：

```
EXEC sp_dropdevice 'Wxd_Backup_1'
EXEC sp_dropdevice 'Wxd_Backup_2'
EXEC sp_dropdevice 'Wxd_Backup_3'
EXEC sp_dropdevice 'Wxd_Backup_4'
```

代码清单 4-4

注意：删除备份设备的操作并没有删除备份设备所指向的物理文件，所以在删除备份设备之后，打开文件夹“C:\WxdDatabaseFiles\Backup”，然后删除“Wxd_Backup_1.bak”、“Wxd_Backup_2.bak”、“Wxd_Backup_3.bak”、“Wxd_Backup_4.bak”这四个备份文件。当然，对于本操作而言，省略此步骤也可以。

(2) 运行代码清单 4-5 所示的代码以创建这四个备份设备。

```
01:  --以下代码创建备份设备"Wxd_Backup_1"
02:  EXEC sp_addumpdevice
03:  @devtype = 'disk',
04:  @logicalname = 'Wxd_Backup_1',
05:  @physicalname = 'C:\WxdDatabaseFiles\Backup\wxd_Backup_1.bak'
06:  --以下代码创建备份设备"Wxd_Backup_2"
07:  EXEC sp_addumpdevice
08:  @devtype = 'disk',
09:  @logicalname = 'Wxd_Backup_2',
10:  @physicalname = 'C:\WxdDatabaseFiles\Backup\wxd_Backup_2.bak'
11:  --以下代码创建备份设备"Wxd_Backup_3"
12:  EXEC sp_addumpdevice
13:  @devtype = 'disk',
14:  @logicalname = 'Wxd_Backup_3',
15:  @physicalname = 'C:\WxdDatabaseFiles\Backup\wxd_Backup_3.bak'
16:  --以下代码创建备份设备"Wxd_Backup_4"
17:  EXEC sp_addumpdevice
18:  @devtype = 'disk',
19:  @logicalname = 'Wxd_Backup_4',
20:  @physicalname = 'C:\WxdDatabaseFiles\Backup\wxd_Backup_4.bak'
```

代码清单 4-5

(3) 创建好四个备份设备之后，运行代码清单 4-6 所示的代码，以完成对第一个完整备份集的创建，同时创建媒体集，该媒体集包含这四个备份设备。

```
01:  BACKUP DATABASE WxdStudent
02:  TO Wxd_Backup_1，Wxd_Backup_2，Wxd_Backup_3，Wxd_Backup_4
03:  WITH
04:      FORMAT,
05:      MEDIANAME = 'WxdStudent 媒体集',
06:      MEDIADESCRIPTION = '该媒体集用于对数据库 WxdStudent 进行备份，包括该数据库
         的完全备份、差异备份、事务日志备份。以后采用追加方式',
07:      NAME = '备份集 1',
08:      DESCRIPTION = '这是第一个完整备份的备份集'
```

代码清单 4-6

对代码清单 4-6 说明如下：

♦ 第 2 行代码表明将数据库备份到所列出的四个逻辑备份设备中，各逻辑备份设备以“，”分开。

♦ 第 4 行代码以关键字“FORMAT”表明要对此媒体集进行格式化，也即要新创建一个媒体集，该关键字等效于图 4-5 中的 6 处选项“备份到新媒体集并清除所有现有备份集(U)”。如果此媒体集中已有内容(包括媒体集名称、说明以及其他备份集等)，那么这些内容将会被全部清除掉。新创建好的媒体集的名称、说明以及其内的备份集名称、说明由第 5、6、7、8 行代码指定。

♦ 第 5 行代码以关键字“MEDIANAME”指定新创建的媒体集的名称，等效于图 4-5 中的 7 处选项。

♦ 第 6 行代码以关键字“MEDIADESCRIPTION”指定新创建的媒体集的说明描述，等效于图 4-5 中的 8 处选项。

♦ 第 7 行代码以关键字“NAME”指定在该媒体集中新创建的备份集的名称，等效于图 4-1 中的 6 处选项。

♦ 第 8 行代码以关键字“DESCRIPTION”指定在该媒体集中新创建的备份集的说明，等效于图 4-1 中的 8 处选项。

(4) 创建好媒体集并在其中创建好第一个备份集之后，接着运行代码清单 4-7 所示的代码，以在该媒体集中追加第二、三、四个备份集。

```
01:  --追加第二个备份集
02:  BACKUP DATABASE WxdStudent
03:  TO Wxd_Backup_1，Wxd_Backup_2，Wxd_Backup_3，Wxd_Backup_4
04:  WITH
05:      NOINIT,
06:      NAME = '备份集 2',
07:      DESCRIPTION = '这是第二个完整备份的备份集'
08:  --追加第三个备份集
```

```
09:  BACKUP DATABASE WxdStudent
10:  TO Wxd_Backup_1，Wxd_Backup_2，Wxd_Backup_3，Wxd_Backup_4
11:  WITH
12:      NOINIT,
13:      NAME = '备份集 3',
14:      DESCRIPTION = '这是第三个完整备份的备份集'
15:  --追加第四个备份集
16:  BACKUP DATABASE WxdStudent
17:  TO Wxd_Backup_1，Wxd_Backup_2，Wxd_Backup_3，Wxd_Backup_4
18:  WITH
19:      NOINIT,
20:      NAME = '备份集 4',
21:      DESCRIPTION = '这是第四个完整备份的备份集'
```

代码清单 4-7

对代码清单 4-7 说明如下：

♦ 第 5 行代码以关键字“NOINIT”表明将此数据库备份集追加到现有媒体集中，现有媒体集的成员由第 3 行代码指定(注意，如果此处未全部指定属于该媒体集的所有备份设备，备份将不能成功进行)。此处也可以省略关键字“NOINIT”，因为这是数据库备份的默认行为。该关键字等效于图 4-5 中的 2 处。第 12、19 行含义与此相同。

♦ 由于是将数据库备份追加到现有媒体集中，因此不需要再用关键字“MEDIANAME”、“MEDIADESCRIPTION”指定媒体集名称和说明，只需要使用“NAME”、“DESCRIPTION”指定各备份集的名称和说明即可。

(5) 备份完毕，可运行“RESTORE LABELONLY”来查阅备份设备中有关媒体集的信息，也可运行“RESTORE HEADERONLY”来查阅备份设备中有关备份集的信息，如代码清单 4-8 所示，运行结果如图 4-9 所示。

```
01:  RESTORE LABELONLY
02:  FROM Wxd_Backup_1，Wxd_Backup_2，Wxd_Backup_3，Wxd_Backup_4
03:  RESTORE HEADERONLY
04:  FROM Wxd_Backup_1，Wxd_Backup_2，Wxd_Backup_3，Wxd_Backup_4
```

代码清单 4-8

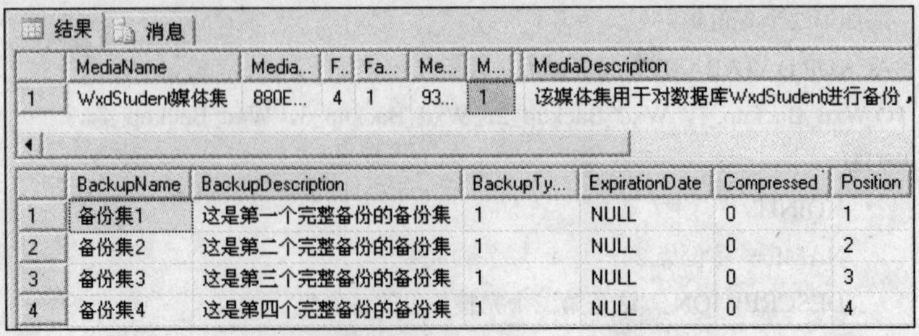

结果 | 消息

	MediaName	Media...	F..	Fa...	Me...	M...	MediaDescription
1	WxdStudent媒体集	880E...	4	1	93...	1	该媒体集用于对数据库WxdStudent进行备份，

	BackupName	BackupDescription	BackupTy...	ExpirationDate	Compressed	Position
1	备份集1	这是第一个完整备份的备份集	1	NULL	0	1
2	备份集2	这是第二个完整备份的备份集	1	NULL	0	2
3	备份集3	这是第三个完整备份的备份集	1	NULL	0	3
4	备份集4	这是第四个完整备份的备份集	1	NULL	0	4

图 4-9　运行 T-SQL 语句查阅媒体集和备份集的信息

4.1.2　数据库差异备份

数据库差异备份是指从最近一次完整备份之后，对所有在数据库中发生了改变的数据进行的备份。此备份只包含自每个文件的最新数据库备份之后发生了修改的数据区。

数据库完整备份固然重要，但如果只对数据库进行完整备份，可能会对数据库服务器性能带来不容忽视的影响。对于小型数据库，这种影响或许可以忽略不计，但对于大型数据库，这种影响必须好好考虑。因为大型数据库每一次完整备份所花费的时间都很长，数据量也很大，需要更多的存储空间，所以对大型数据库而言，不太可能进行频繁的数据库完整备份。

数据库差异备份可以很好地解决这个问题，可以用差异备份来补充数据库完整备份。

数据库差异备份是以一个最近的完整备份为基准的，该完整备份称为差异备份的“基准”或者“差异基准”。差异备份仅包括自建立差异基准后发生更改的数据。因此，建立基准备份之后很短时间内执行的差异备份比完整备份的数据更小，创建速度也更快。所以，使用差异备份可以加快进行频繁备份的速度，从而降低数据丢失的风险。

一般来说，可以先建立一个数据库的完整备份(差异基准)，然后在此后的一段后续时间内进行好几个差异备份，该后续时间视具体情况而定可长可短。经过这一段后续时间后，随着数据库的更新，包含在差异备份中的数据量会增加，这使得创建和还原备份的速度变慢。因此，必须重新创建一个完整备份，为另一个系列的差异备份提供新的差异基准。

还原时，首先还原完整备份，然后再还原最新的差异备份。不再需要处于完整备份与最新差异备份之间的差异备份，因为这些差异备份的内容实际上已包含在最新的差异备份之中了。

例如，可以这样设计某个数据库的备份计划(以一周为循环单位)：周日凌晨 1 点对该数据库执行完整备份，其后分别在周一至周六的凌晨 1 点对该数据库执行差异备份，这些差异备份均基于周日已进行的完整备份。可以将这个备份计划做成作业，每周自动循环运行(本书第 9 章介绍有关作业的内容)。还原数据库时，先还原周日的完整备份，再还原某个差异备份(假设要还原到周四，则选择周四进行的差异备份还原)。

以上备份计划对于小型以至中型数据库是适用的，对于大型数据库或更改非常频繁的数据库，则可相应缩短循环周期并缩短差异备份之间的时间间隔。

差异备份的操作与完整备份的操作过程大致是一样的，不同之处仅仅在于选择备份的类型不一样。以下以实例操作来加以说明。

【实践操作三】

(1) 以在实践操作二中对数据库“WxdStudent”创建的完整备份集为差异基准，使用管理控制台创建一个差异备份集，该差异备份集的名称为“差异备份集 1”，说明为“这是对数据库 WxdStudent 创建的第一个差异备份集”。将此差异备份集追加到在实践操作二中已创建好的媒体集“WxdStudent 媒体集”中。

(2) 使用 T-SQL 语言创建数据库“WxdStudent”的第二个差异备份集，该差异备份集的名称为“差异备份集 2”，说明为“这是对数据库 WxdStudent 创建的第二个差异备份集”。仍将此差异备份集追加到在实践操作二中已创建好的媒体集“WxdStudent 媒体集”中。

1．采用 SQL Server 管理控制台方式创建第一个差异备份集

(1) 创建第一个差异备份之前，先运行代码清单 4-9 所示的代码以在数据库表“Class”和“Student”中各插入一条记录。

```
USE WxdStudent
GO
INSERT INTO Class(classID，FullclassName，MonitorID，Classroom，
ClassSortID，BoyQuantity，GirlQuantity，LostNumber，IsGraduated，
Remark，GradeID)
VALUES('200801'，'2008 级班'，'0001'，'主教学楼课室'，'12'，0，0，0，
'否'，'这是在第四个完整备份集之后第一个差异备份集之前插入的一条记录!'，
'2008')
INSERT INTO Student(studentID，StudentName，Sex，Birthday，HomeAddress，
HomePhone，MobilePhone，IsMember，Remark，PhotoURL，EnterSchoolDate，
IsGraduated，IsLost，ClassID)
VALUES('20080101'，'宋一'，'男'，'1993-5-20'，'四川省成都市'，'02882323232'，
'13234344343'，'否'，'这是在第四个完整备份集之后第一个差异备份集之前插入
的一条学生记录!'，'~/Photo/200801/20080101.jpg'，'2008-9-1'，'否'，'否'，'200801')
```

代码清单 4-9

(2) 按实践操作二的方式打开图 4-1 所示的对话框，在 3 处备份类型下拉列表框中选择“差异”，在 6 处输入备份集名称“差异备份集 1”，在 7 处输入备份集说明“这是对数据库 WxdStudent 创建的第一个差异备份集”，从而指定了第一个备份集的名称和说明。

(3) 打开图 4-5 所示对话框，选中 1 处“备份到现有媒体集(E)”，然后选中 2 处“追加到现有媒体集(H)”。单击“确定”按钮完成对该数据库差异备份集的创建。

2．采用 T-SQL 语言方式创建第二个差异备份集

(1) 创建第二个差异备份之前，在 SQL Server 管理控制台中打开 T-SQL 查询窗口，运行代码清单 4-10 所示的代码以在数据库表“Student”中插入一条记录。

```
USE WxdStudent
GO
INSERT INTO Student(studentID，StudentName，Sex，Birthday，HomeAddress，
HomePhone，MobilePhone，IsMember，Remark，PhotoURL，EnterSchoolDate，
IsGraduated，IsLost，ClassID)
VALUES('20080102'，'宋二'，'男'，'1993-5-21'，'四川省成都市'，'02882323232'，
'13234344343'，'否'，'这是在第一个差异备份集之后第二个差异备份集之前插入
的一条学生记录!'，'~/Photo/200801/20080102.jpg'，'2008-9-1'，'否'，'否'，'200801')
```

代码清单 4-10

(2) 再运行代码清单 4-11 所示的代码，以完成对数据库“WxdStudent”第二个差异备份集的创建。

```
01:    BACKUP DATABASE WxdStudent
02:    TO Wxd_Backup_1，Wxd_Backup_2，Wxd_Backup_3，Wxd_Backup_4
03:    WITH
04:        DIFFERENTIAL,
05:        NAME = '差异备份集 2',
06:        DESCRIPTION = '这是对数据库 WxdStudent 创建的第二个差异备份集'
```

代码清单 4-11

对代码清单 4-11 说明如下：

♦ 第 4 行代码以关键字“DIFFERENTIAL”表明对此数据库进行的备份操作类型为“差异备份”。由于追加备份集到媒体集的操作为默认操作，因此此处可省略其关键字“NOINIT”。

♦ 第 5 行与第 6 行分别采用关键字“NAME”和“DESCRIPTION”指定该差异备份集的名称和说明。

4.2 事务日志备份

介绍事务日志备份之前，首先对事务日志本身有所了解。

事务日志用于记录所有事务以及每个事务对数据库所做的修改，在事务日志中包含了足够的信息以使数据库能够执行回滚和前滚的操作。

事务日志是数据库的重要组件，如果系统出现故障，则可能需要使用事务日志将数据库恢复到一致状态。事务日志记录在数据库的日志文件中。在创建 SQL Server 2005 数据库时，必须指定至少一个事务日志文件。数据库中的事务日志映射在这样一个或多个物理文件上。从概念上讲，日志文件是一系列日志记录；从物理上讲，日志记录序列被有效地存储在实现事务日志的物理文件集中。

SQL Server 数据库引擎在内部将每一个物理日志文件分成多个虚拟日志文件 VLF(Virtual Log File)。虚拟日志文件没有固定大小，且物理日志文件所包含的虚拟日志文件数不固定。数据库引擎在创建或扩展日志文件时动态选择虚拟日志文件的大小。数据库引擎尝试维护少量的虚拟文件，因为虚拟文件数目越少，数据库引擎运行的效率越高。如果日志文件发生了扩展(例如日志容量已超载了日志文件现有的容量)，则虚拟文件的大小是现有日志大小和新文件增量大小之和。管理员不能配置或设置虚拟日志文件的大小或数量。

只有当日志文件使用较小的初始值和增量值定义时，虚拟日志文件才会影响系统性能。如果这些日志文件由于许多微小增量而增长到很大，则它们将具有很多虚拟日志文件。这会降低数据库启动以及日志备份和还原操作的速度。因此建议为日志文件分配一个接近于最终所需大小的初始值，并且还要分配一个相对较大的增量值，以使日志文件不会产生过多的虚拟日志文件，从而影响数据库引擎的性能。

事务日志是一种回绕的文件。例如，假如本书的示例数据库 WxdStudent 包含一个分成四个虚拟日志文件的物理日志文件，当创建数据库时，逻辑日志文件从物理日志文件的始端开始。新日志记录被添加到逻辑日志的末端，然后向物理日志的末端扩张。日志截断

(Truncata)将清空释放记录在最小恢复日志序列号(MinLSN)之前出现的所有虚拟日志。“MinLSN”是成功进行数据库范围内回滚所需的最早日志记录的日志序列号。示例数据库中的事务日志的外观与 4-10 所示的图形相似。

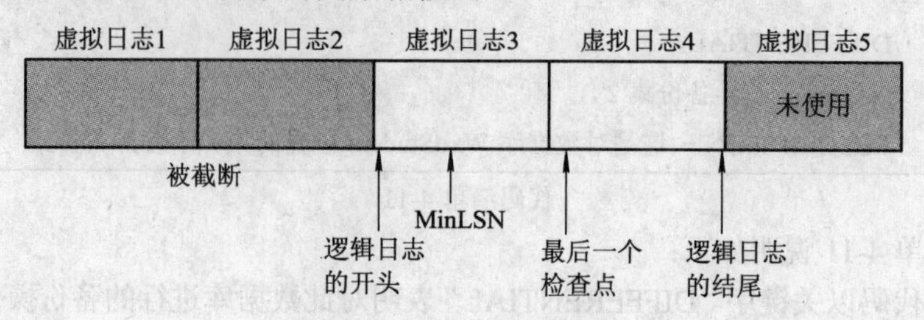

图 4-10　虚拟日志文件

当逻辑日志的末端到达物理日志文件的末端时，新的日志记录将回绕到物理日志文件的始端，如图 4-11 所示。

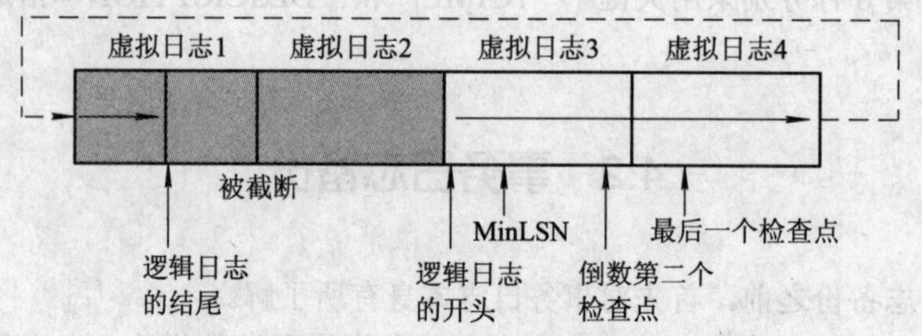

图 4-11　虚拟日志的回绕

这个循环不断重复，只要逻辑日志的末端不到达逻辑日志的始端。如果经常截断旧的日志记录，始终为到下一个检查点前创建的所有新日志记录保留足够的空间，则日志永远不会被填满。但是，如果逻辑日志的末端真的到达了逻辑日志的始端，也就是日志记录将目前日志文件的空间全部占用了，则将发生以下两种情况之一：

♦ 如果对日志启用了 FILEGROWTH 设置且磁盘上有可用空间，则文件就按该选项指定的增量值扩展，并且新的日志记录将添加到扩展中。

♦ 如果未启用 FILEGROWTH 设置，或保存日志文件的磁盘的可用空间比指定的增量值少，则该数据库将会停止运行。

4.2.1　数据库恢复模式

数据库恢复模式是数据库属性，主要用于控制如何记录事务，事务日志是否需要(以及允许)备份，以及可以使用哪些还原操作。SQL Server 2005 数据库有三种恢复模式。

1. 简单恢复模式

当数据库的恢复模式设置为“简单”恢复模式时，每一次对数据库进行数据备份(完整备份、差异备份)的操作，都将自动截断日志文件中不再需要的旧日志记录，因此事实上已不再需要进行事务日志备份。处于该模式下的数据库丢失数据的风险是最高的，还原时只能将数据还原到最近一次的数据备份。该次数据备份之后的所有操作都将丢失。

简单恢复模式主要用于测试和开发数据库，或用于主要包含只读数据的数据库(如数据仓库)。简单恢复模式并不适合实际的生产系统，因为对实际生产系统而言，丢失最新的更改是无法接受的。在这种情况下，建议使用完整恢复模式。

2．完整恢复模式

当数据库的恢复模式设置为“完整”恢复模式时，每一次对数据库进行数据备份(完整备份、差异备份)的操作，将不会截断日志文件中不再需要的旧日志记录，因此日志记录的容量将会不断增大，以至于最终达到指定的日志文件大小，如果此日志文件不能增大，或者该日志文件所处的磁盘已没有可用空间，则该数据库将会停止运行。因此，处于完整恢复模式下的数据库必须有计划地进行事务日志备份。每次事务日志备份将截断不再需要的旧日志记录，从而释放日志文件的空间。

完整恢复模式可以将数据库的数据丢失风险降到最低，如果能够在出现故障后备份日志尾部(尾日志备份)，则甚至可以将数据库恢复到故障点，也就是说，数据丢失风险为零。

3．大容量日志恢复模式

大容量日志恢复模式是完整恢复模式的附加模式，允许执行高性能的大容量复制操作。通过大容量日志记录大多数大容量操作，减少日志空间使用量。对于某些大规模大容量操作(如大容量导入或索引创建)，暂时切换到大容量日志恢复模式可提高性能并减少日志空间使用量。

处于大容量日志恢复模式下的数据库，当进行数据备份时，仍然不会自动截断旧的事务日志记录，因而仍然需要对事务日志进行备份，通过事务日志备份将不再需要的旧日志记录截断，从而释放日志文件的空间。

可以通过以下操作来查看或更改数据库的恢复模式：

通过 SQL Server 管理控制台连接到数据库实例引擎，在对象资源管理器中展开节点“数据库”，右击要查看的数据库名，在右键菜单中选择“属性”，在“属性”对话框中单击“选项”，如图 4-12 所示。

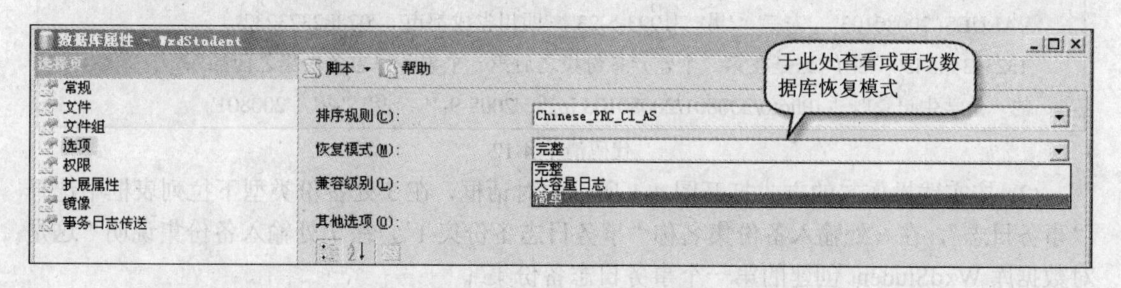

图 4-12　查看或更改数据库的恢复模式

数据库恢复模式对事务日志备份的影响可简要总结为：如果数据库的恢复模式为“简单”，则不需要对数据库进行事务日志备份，否则必须有计划地对数据库进行事务日志备份。

4.2.2　备份事务日志

事务日志的备份操作与数据备份的操作过程大致相同，也可通过 SQL Server 管理控制台或 T-SQL 语句进行，其 T-SQL 语句的简要语法如下：

```
BACKUP LOG { database_name | @database_name_var }
TO <backup_device> [ ，...n ]
```

[<MIRROR TO clause>] [next-mirror-to]

[WITH { <general_WITH_options> | <log-specific_optionspec> } [，...n]

其详细语法说明可参阅 SQL Server 联机文档，具体使用可参见本章后续实践操作。

下面仍以实践操作为例来说明事务日志备份的操作过程。

【实践操作四】 在本章前面几个实践操作中，已经在媒体集“WxdStudent 媒体集”为数据库“WxdStudent”创建了四个完整备份集以及两个差异备份集，本实践操作继续在该媒体集中追加事务日志备份集。要求如下：

(1) 使用管理控制台创建第一个事务日志备份集，该事务备份集的名称为“事务日志备份集 1”，说明为“这是对数据库 WxdStudent 创建的第一个事务日志备份集”。将此事务日志备份集追加到在实践操作二中已创建好的媒体集“WxdStudent 媒体集”中。

(2) 使用 T-SQL 语言创建数据库“WxdStudent”的第二个事务日志备份集，该事务日志备份集的名称为“事务日志备份集 2”，说明为“这是对数据库 WxdStudent 创建的第二个事务日志备份集”。仍将此事务日志备份集追加到在实践操作二中已创建好的媒体集“WxdStudent 媒体集”中。

1．采用 SQL Server 管理控制台的方式创建第一个事务日志备份集

(1) 创建第一个事务日志备份之前，先运行代码清单 4-12 所示的代码以在数据库表“Student”中插入一条记录。

```
USE WxdStudent
GO
INSERT INTO Student(studentID，StudentName，Sex，Birthday，HomeAddress，
HomePhone，MobilePhone，IsMember，Remark，PhotoURL，EnterSchoolDate，
IsGraduated，IsLost，ClassID)
VALUES('20080103'，'宋三'，'男'，'1993-5-23'，'四川省成都市'，'02882323232'，
'13234344343'，'否'，'这是在第二个差异备份集之后第一个事务日志备份集之前插入
的一条学生记录!'，'~/Photo/200801/20080103.jpg'，'2008-9-1'，'否'，'否'，'200801')
```

代码清单 4-12

(2) 按实践操作二的方式打开图 4-1 所示的对话框，在 3 处备份类型下拉列表框中选择“事务日志”，在 6 处输入备份集名称“事务日志备份集 1”，在 7 处输入备份集说明“这是对数据库 WxdStudent 创建的第一个事务日志备份集”。

(3) 打开图 4-5 所示的对话框，选中 1 处“备份到现有媒体集(E)”，然后选中 2 处“追加到现有媒体集(H)”。单击“确定”按钮，完成对该数据库事务日志备份集的创建。

2．采用 T-SQL 语言方式创建第二个事务日志备份集

(1) 创建第二个事务日志备份之前，在 SQL Server 管理控制台中打开 T-SQL 查询窗口，运行代码清单 4-13 所示的代码，以在数据库表“Student”中插入一条记录。

```
USE WxdStudent
GO
INSERT INTO Student(studentID，StudentName，Sex，Birthday，HomeAddress，
HomePhone，MobilePhone，IsMember，Remark，PhotoURL，EnterSchoolDate，
```

```
IsGraduated，IsLost，ClassID)
VALUES('20080104'，'宋四'，'男'，'1993-5-24'，'四川省成都市'，'02882323232'，
'13234344343'，'否'，'这是在第一个事务日志备份集之后第二个事务日志备份集
之前插入的一条学生记录!'，'~/Photo/200801/20080104.jpg'，
'2008-9-1'，'否'，'否'，'200801')
```

代码清单 4-13

(2) 运行代码清单 4-14 所示的代码，以完成对数据库“WxdStudent”第二个事务日志备份集的创建。

```
01:    BACKUP LOG WxdStudent
02:    TO Wxd_Backup_1，Wxd_Backup_2，Wxd_Backup_3，Wxd_Backup_4
03:    WITH
04:          NOINIT，
05:          NAME = '事务日志备份集 2',
06:          DESCRIPTION = '这是对数据库 WxdStudent 创建的第二个事务日志备份集'
```

代码清单 4-14

对代码清单 4-14 说明如下：

◆ 第 1 行代码以关键字“BACKUP LOG”表明对此数据库进行的备份操作类型为“事务日志备份”。

◆ 第 4 行代码的关键字“NOINIT”表示将此事务日志备份集以追加方式添加到媒体集“WxdStudent 媒体集”中，该关键字也可省略。此处明确写出仅为使代码看起来更加清晰。

◆ 第 5 行与第 6 行分别采用关键字“NAME”和“DESCRIPTION”指定该事务日志备份集的名称和说明。

至此，在媒体集“WxdStudent 媒体集”中已包含数据库“WxdStudent”的四个完整数据库备份集、两个差异备份集和两个事务日志备份集。

注意，仍然可以将事务日志备份到单独的物理文件中，例如，可将代码清单 4-10 中第 2 行的代码改成类似这样的代码：TO DISK='C:\WxdDatabaseFiles\Backup\wxd_Backup.trn'。一般建议将事务日志备份文件的扩展名指定为“trn”，当然也可以不需要任何扩展名。

4.3　数据库的还原

如果已经对数据库进行了备份，则可以在此备份的基础上，对数据库进行还原操作。

数据库还原是指从一个或多个备份还原数据、继而恢复数据库的过程。数据库完整还原的目的是还原整个数据库。整个数据库在还原期间处于离线状态。在数据库的任何部分变为在线之前，必须将所有数据恢复到同一点，即数据库的所有部分都处于同一时间点并且不存在未提交的事务。

数据库完整还原涉及还原完整数据库备份或差异备份(如果有)，以及还原所有后续日志备份(按顺序)。

图 4-13 显示了数据库备份及还原的一种方案(该图取自 SQL Server 联机丛书)，t1 时刻对数据库进行了一次完整数据备份(假设将该备份标记为“fullBack_t1”)，t4、t7、t10 时刻分别对数据库进行了一次差异数据备份(假设将这些备份分别标记为“diffBack_t4”、“diffBack_t7”、“diffBack_t10”)，在各数据备份之间的时刻(图中显示为 t2、t3、t5、t6、t8、t9、t11、t12)分别对数据库进行了一次事务日志备份(假设将这些备份分别标记为“logBack_t2”、“logBack_t3”、“logBack_t5”、“logBack_t6”、“logBack_t8”、“logBack_t9”、“logBack_t11”、“logBack_t12”)。从 t13 时刻起再次循环这个备份过程。

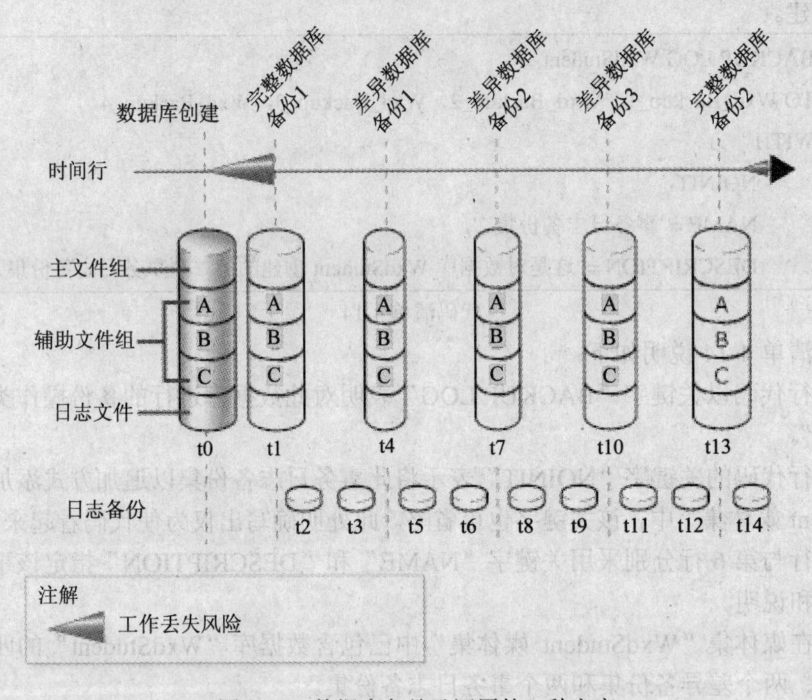

图 4-13　数据库备份及还原的一种方案

在这种备份方案中，如果要将数据库恢复到 t1 时刻，则只需要还原完整数据备份“fullBack_t1”即可。如果要将数据库恢复到 t7 时刻，则需要还原完整数据备份“fullBack_t1”，然后再还原差异备份集“diffBack_t7”。如果要将数据库恢复到 t9 时刻，则需要还原完整数据备份“fullBack_t1”，再还原差异数据备份集“diffBack_t7”，然后依次还原事务日志备份集“logBack_t8”、“logBack_t9”。当然也可以先还原完整数据备份集“fullBack_t1”，然后依次还原 t2、t3、t5、t6、t8、t9 时刻处备份的事务日志备份集。读者可据此推断还原到其他时刻所采取的方案措施。

总之，可从一个完整数据备份集还原整个数据库，详见实践操作五；若要还原差异数据备份集，则必须先还原一个完整数据备份集，该完整数据备份集是该差异数据备份集的基准，再还原该差异备份集，详见实践操作六；若要还原事务日志备份集，仍然必须首先还原一个完整数据备份集(或再加一个差异备份集，如果有的话)，再还原该事务日志备份集，详见实践操作七。不可直接从差异数据备份集或事务日志备份集进行还原数据库的操作。

4.3.1　从完整备份集中还原数据库

从数据备份集还原数据库的操作可通过 SQL Server 管理控制台或 T-SQL 语句实现。采用 T-SQL 语句还原数据库的基本语法为

RESTORE DATABASE {　数据库名　| @数据库名的变量　}

[FROM <备份设备> [　，...n]]

[WITH <还原选项>]

还原数据库的详细 T-SQL 语法说明可参见 SQL Server 联机丛书。

下面以实践操作来说明还原数据库的具体操作步骤。

【实践操作五】　在本章前面四个实践操作中，已经在媒体集“WxdStudent 媒体集”为数据库“WxdStudent”创建了四个完整备份集、两个差异备份集以及两个事务日志备份集，本实践操作演示从该媒体集中还原数据库“WxdStudent”。要求如下：

从媒体集“WxdStudent 媒体集”中的“备份集 4”以替换的方式还原数据库“WxdStudent”，采用 SQL Server 管理控制台和 T-SQL 语句分别实现该操作。

1．采用 SQL Server 管理控制台方式从“备份集 4”还原数据库

(1) 将 SQL Server 管理控制台连接到数据库服务器“WestSVR”的默认实例，在对象资源管理器中右击节点“数据库”，在右键菜单中选择“还原数据库(R)...”。在弹出的还原数据库对话框中，在“目标数据库(O)：”处下拉列表框中选择“WxdStudent”，在“源数据库(R)：”处下拉列表框中选择“WxdStudent”数据库(也可以在此处输入其他数据库的名字，如果在默认实例中不存在该数据库，则还原时首先将自动创建该数据库，然后将备份集还原到此数据库中)，此时 SQL Server 管理控制台将自动为数据库“WxdStudent”列出其已有的备份集(每个数据库曾经的备份信息均保存在系统数据库“Master”中)，并勾选了最合适的备份集以便还原到该数据库的最近时间点(时点还原详见本章上机实验)。如图 4-14 所示。

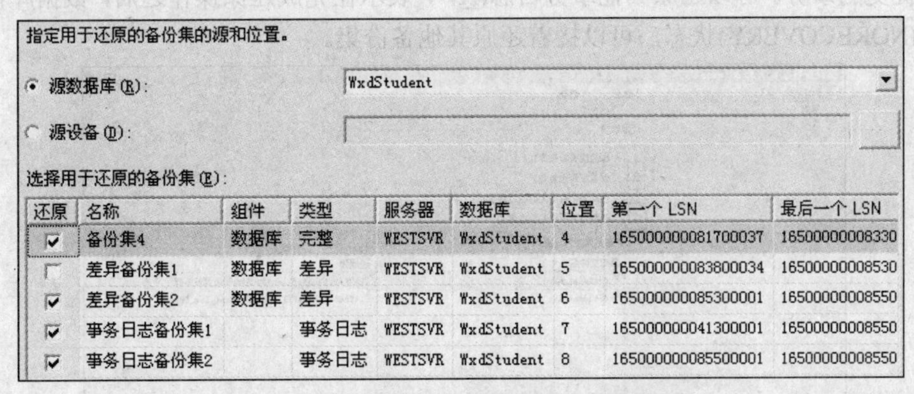

图 4-14　自动勾选能还原到最近时点的备份集

(2) 也可以选中“源设备(D)：”，然后单击右方的按钮，在弹出的对话框中将“备份媒体(B)”选择为“备份设备”，依次添加备份设备“Wxd_Backup_1”、“Wxd_Backup_2”、“Wxd_Backup_3”、“Wxd_Backup_4”，此时在“选择用于还原的备份集(E)：”列表框中将显示该备份设备中的所有备份集，如图 4-15 所示。因为只从备份集 4 中还原数据库，所以此处只勾选“备份集 4”即可。

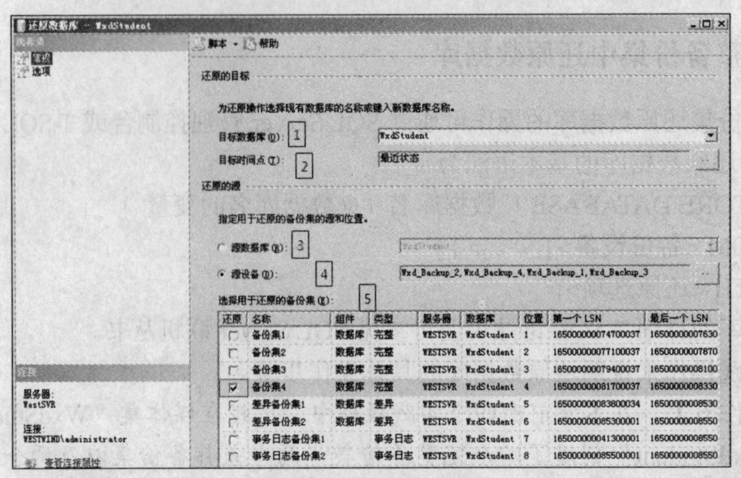

图 4-15　还原数据库的“常规”设置

注意，因为媒体集“WxdStudent 媒体集”总共包含四个备份设备：“Wxd_Backup_1”、“Wxd_Backup_2”、“Wxd_Backup_3”、“Wxd_Backup_4”，因而此处必须全部添加这四个备份设备，否则在还原时将会出现类似图 4-7 所示的错误。

(3) 在图 4-15 所示的对话框中单击“选项”，进入“选项”对话框，如图 4-16 所示。在此对话框中，勾选“覆盖现有数据库(O)”(这是因为当前数据库“WxdStudent”处于联机状态，如果不选中此选项，则还原操作将失败，除非将此备份集还原到一个当前默认实例中不存在的数据库中，例如在图 4-11 的 1 处“目标数据库(O)”中输入了一个当前默认实例中不存在的数据库)，在恢复状态选项中选择“回滚未提交的事务，使数据库处于可以使用的状态，无法还原其他事务日志(L)”，如图 4-16 中 6 处所示。如果在完成了该还原操作之后，还要再还原其他差异备份集或事务日志备份集，则应选择“不对数据库执行任何操作，不回滚未提交的事务。可以还原其他事务日志(A)”，表示在完成还原操作之后，数据库仍处于未恢复(NORECOVERY)状态，可以接着还原其他备份集。

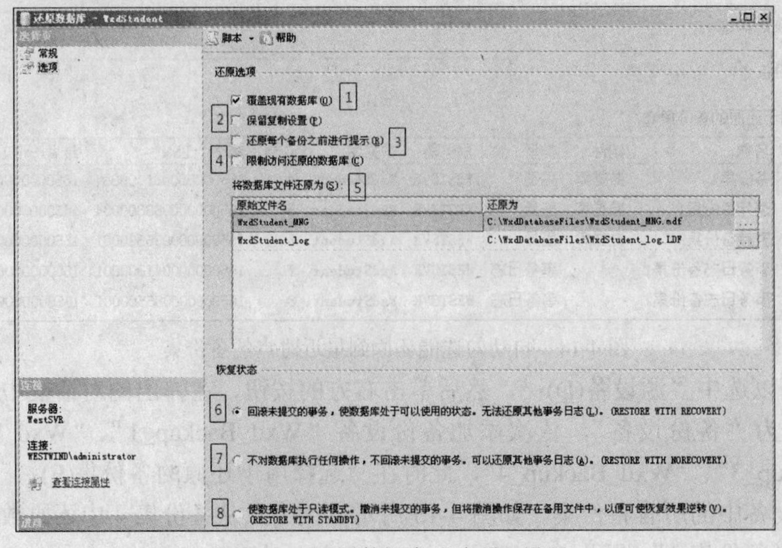

图 4-16　还原数据库“选项”设置

(4) 单击“确定”按钮，显示成功还原数据库的消息提示，表明已将数据库“WxdStudent”还原到“备份集 4”的状态。

2．采用 T-SQL 语言方式从“备份集 4”还原数据库

在 SQL Server 管理控制台中，打开 T-SQL 查询窗口，输入代码清单 4-15 所示的代码并运行，以实现从“备份集 4”还原数据库“WxdStudent”。

```
01:    USE MASTER
02:    GO
03:    RESTORE DATABASE WxdStudent
04:    FROM Wxd_Backup_1, Wxd_Backup_2, Wxd_Backup_3, Wxd_Backup_4
05:    WITH RECOVERY,
06:         FILE = 4,
07:         REPLACE
```

代码清单 4-15

对代码清单 4-15 说明如下：

♦ 第 1 和第 2 行切换系统数据库 MASTER 为当前数据库。

♦ 第 3 行代码使用关键字“RESTORE DATABASE”表示还原数据库操作，并指定要还原的数据库为“WxdStudent”。

♦ 第 4 行代码通过关键字“FROM”指定从何处还原数据库。此处为从逻辑备份设备还原，因此在“FROM”关键字之后列出这四个逻辑备份设备，各备份设备之间用逗号“，”隔开，此处操作等效于图 4-15 中的 4 处添加源设备操作。如果要从磁盘文件还原数据库，则需要使用关键字“DISK”来指定，例如可将第 4 行代码替换类似这样的语句：

FROM DISK = 'C:\WxdDatabaseFiles\Backup\wxd_Backup.bak'

上述代码表示从指定的文件“C:\WxdDatabaseFiles\Backup\wxd_Backup.bak”还原数据库。

♦ 第 5 行代码使用关键字“WITH”来指定还原数据库时所需要的一些选项，“RECOVERY”关键字的作用与图 4-16 中的 6 处相同，表示“回滚未提交的事务，使数据库处于可以使用的状态，无法还原其他事务日志(L)”，代码运行完毕之后该数据库就可以使用了。

♦ 第 6 行代码使用关键字“FILE”来指定从媒体集中的哪个文件还原该数据库，因为“备份集 4”的文件在媒体集“WxdStudent 媒体集”中处于第 4 的位置(该位置可从图 4-15 中查到，或使用“RESTORE HEADERONLY”语句查询)，因而此处使用“FILE = 4”来指定“备份集 4”。该行代码相当于图 4-15 中勾选“备份集 4”的操作。

♦ 第 7 行代码关键字“REPLACE”的作用与图 4-16 中的 1 处“覆盖现有数据库(O)”选项的作用相同。

从完整备份集“备份集 4”成功还原数据库“WxdStudent”之后，此时该数据库的表“Class”中没有班级“200801”这条记录，表“Student”中自然也没有该班级的学生。

4.3.2　从完整备份集、差异备份集中还原数据库

从差异备份集还原数据库时，可选择从一个完整备份集(差异备份集的基准)和一个差异备份集的组合中还原。例如，对于“WxdStudent 媒体集”中的备份集，可以选择完整备份集 4 和差异备份集 1 作为一个组合还原(此时将数据库还原到差异备份集 1 的时刻)，也可以选择完整备份集 4 和差异备份集 2 作为一个组合还原(此时将数据库还原到差异备份集 2 的时刻)。

选择了完整备份集之后，只需要选择一个差异备份集即可。例如，尽管可以选择完整备份集 4、差异备份集 1 和差异备份集 2 作为一个组合，但事实上没有必要这样做，因为该组合等效于完整备份集 4 与差异备份集 2 的组合。

下面以实践操作六来描述如何从完整备份集与差异备份集的组合中还原数据库。

【实践操作六】　本实践操作演示从媒体集“WxdStudent 媒体集”中的完整备份集和差异备份集还原数据库“WxdStudent”。要求如下:

将媒体集“WxdStudent 媒体集”中的“备份集 4”和“差异备份集 2”作为一个组合，并以替换的方式还原数据库“WxdStudent”，采用 SQL Server 管理控制台和 T-SQL 语句分别实现该操作。

1．采用 SQL Server 管理控制台方式从“备份集 4”和“差异备份集 2”还原数据库

本还原操作与实践操作五中采用 SQL Server 管理控制台的方式从“备份集 4”还原数据库的操作绝大部分是相同的，唯一不同之处是：在进行到第(2)步骤时，在图 4-15 的“选择用于还原的备份集(E)”选项中，将“差异备份集 2”也勾选上。本操作详细步骤略。

2．采用 T-SQL 语言方式从“备份集 4”和“差异备份集 2”还原数据库

(1) 在 SQL Server 管理控制台中打开 T-SQL 查询窗口，输入代码清单 4-16 所示的代码并运行，以实现从“备份集 4”中还原数据库“WxdStudent”。

```
01:    USE MASTER
02:    GO
--下列代码从完整备份集"备份集 4"中还原数据库
03:    RESTORE DATABASE WxdStudent
04:    FROM Wxd_Backup_1，Wxd_Backup_2，Wxd_Backup_3，Wxd_Backup_4
05:    WITH NORECOVERY，
06:            FILE = 4，
07:            REPLACE
```

代码清单 4-16

代码清单 4-16 与代码清单 4-15 中的代码大同小异，唯一不同之处在于第 5 行，此处以关键字“NORECOVERY”取代了原先的“RECOVERY”，因为此处从“备份集 4”还原之后，还要继续从“差异备份集 2”还原数据库，所以此时数据库不能处于可用状态(也即此时数据库处于未恢复状态“NORECOVERY”，该关键字相当图 4-16 中的 7 处选项“不对数据库执行任何操作，不回滚未提交的事务，可以还原其他事务日志(A)”)。

代码清单 4-16 运行完毕之后，在“对象资源管理器”中右击节点“数据库”，选择“刷

新”(或直接按下【F5】键)，可以看到数据库“WxdStudent”此时正处于还原状态，如图4-17所示)。

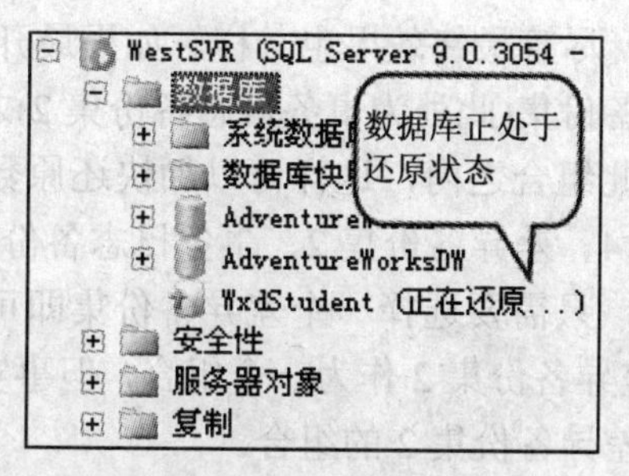

图4-17　数据库处于正还原状态

(2) 运行代码清单4-17所示的代码，以继续从“差异备份集2”中还原数据库。

```
--下列代码从"差异备份集2"中还原数据库
01:    RESTORE DATABASE WxdStudent
02:    FROM Wxd_Backup_1，Wxd_Backup_2，Wxd_Backup_3，Wxd_Backup_4
03:    WITH RECOVERY，
04:            FILE = 6
```

代码清单4-17

因为在从“差异备份集2”还原数据库之后，该数据库应该处于可用状态，所以此时第3行采用关键字“RECOVERY”；因为该差异备份集位于“媒体集WxdStudent”中的第6位置，所以在第4行用代码“FILE = 6”来指定。

注意，代码清单4-16与代码清单4-17也可以合并在一起执行，效果是完全一样的。在实践操作七中通过事务日志还原数据库时，将采用合并一起执行的方式。

以上还原操作成功完成之后，此时该数据库的表“Class”中将有班级“200801”这条记录，表“Student”中将有该班级的两条学生记录，姓名分别是“宋一”和“宋二”，但没有“宋三”和“宋四”，因为这两条学生记录是在“差异备份集2”之后才添加入数据库的。

4.3.3　从完整备份集、差异备份集、事务日志备份集中还原数据库

从事务日志备份集还原数据库时，可选择将一个完整备份集(以及一个差异备份集，如果有的话)和该完整备份集之后的一系列事务日志备份集作为一个组合，然后从该组合中依次还原。

例如，对于“WxdStudent媒体集”中的备份集，可以选择完整备份集4、差异备份集2、事务日志备份集1作为一个组合还原(此时将数据库还原到事务日志备份集1的时刻)。

也可以选择完整备份集4、差异备份集2、事务日志备份集1、事务日志备份集2作为一个组合还原(此时将数据库还原到事务日志备份集2的时刻)，如果要还原到事务日志备份集2的时刻，则事务日志备份集2与离之最近的完整备份集(或差异备份集，此处为“差异备份集2”)之间的所有事务日志备份都必须包括在此组合之内，否则不能构成完整的事务日志链，还原将会失败，所以此组合中的事务日志备份集1是必需的，因为事务日志备份集1位于差异备份集2和事务日志备份集2之间。

也可以选择完整备份集4、事务日志备份集1、事务日志备份集2作为一个组合还原(此时将数据库还原到事务日志备份集2的时刻)。该组合没有使用差异备份集2，这不是实际生产环境中推荐的还原做法，尽管最终效果也一样。如果最开始的完整备份集(此处为完整备份集4)与最终的事务日志备份集(此处为事务日志备份集2)之间存在着差异备份集，则应尽量将此差异备份集包括在此组合之内，这样可以加快还原数据库的速度。这正是上一个还原组合的做法(完整备份集4、差异备份集2、事务日志备份集1、事务日志备份集2)。

选择了完整备份集之后，只需要选择一个差异备份集即可。例如，尽管可以选择完整备份集4、差异备份集1和差异备份集2作为一个组合，但事实上没有必要这样做，因为该组合等效于完整备份集4与差异备份集2的组合。

从事务日志备份集还原数据库的操作可通过SQL Server管理控制台或T-SQL语句实现。采用T-SQL语句还原数据库的基本语法为

```
RESTORE LOG { 数据库名 | @数据库名的变量 }
[ FROM <备份设备> [ ， ...n ] ]
[ WITH <还原选项>]
```

基本语法与从数据备份集还原数据库大致相同，其详细的T-SQL语法请参见SQL Server联机文档。

下面以实践操作七来描述如何将完整备份集、差异备份集、事务日志备份集作为一个组合来还原数据库。

【实践操作七】 本实践操作演示从媒体集“WxdStudent媒体集”中的完整备份集、差异备份集、事务日志备份集中还原数据库“WxdStudent”。要求如下：

将媒体集“WxdStudent媒体集”中的“备份集4”、“差异备份集2”、“事务日志备份集1”、“事务日志备份集2”作为一个组合，并以替换的方式还原数据库“WxdStudent”，采用SQL Server管理控制台和T-SQL语句分别实现该操作。

1. 采用SQL Server管理控制台方式来还原数据库

本还原操作步骤仍然与实践操作五中采用SQL Server管理控制台的方式从“备份集4”还原数据库的操作步骤绝大部分是相同的，不同之处是：在进行到第2步骤时，在图4-15的“选择用于还原的备份集(E)”选项中，将“差异备份集2”、“事务日志备份集1”、“事务日志备份集2”也都勾选上。本操作详细步骤略。

2. 采用T-SQL语言方式来还原数据库

在SQL Server管理控制台中，打开T-SQL查询窗口，输入代码清单4-18所示的代码。运行这段代码以实现从“备份集4”、“差异备份集2”、“事务日志备份集1”、“事务日志备份集2”组合中还原数据库“WxdStudent”。

```
01:    USE MASTER
02:    GO
--下列代码从完整备份集"备份集4"中还原数据库
03:    RESTORE DATABASE WxdStudent
04:    FROM Wxd_Backup_1，Wxd_Backup_2，Wxd_Backup_3，Wxd_Backup_4
05:    WITH NORECOVERY，
06:         FILE = 4，
```

```
07:        REPLACE
--下列代码从"差异备份集 2"中还原数据库
08:   RESTORE DATABASE WxdStudent
09:   FROM Wxd_Backup_1，Wxd_Backup_2，Wxd_Backup_3，Wxd_Backup_4
10:   WITH NORECOVERY，
11:        FILE = 6
--下列代码从"事务日志备份集 1"中还原数据库
12:   RESTORE LOG WxdStudent
13:   FROM Wxd_Backup_1，Wxd_Backup_2，Wxd_Backup_3，Wxd_Backup_4
14:   WITH NORECOVERY，
15:        FILE = 7
--下列代码从"事务日志备份集 2"中还原数据库
16:   RESTORE LOG WxdStudent
17:   FROM Wxd_Backup_1，Wxd_Backup_2，Wxd_Backup_3，Wxd_Backup_4
18:   WITH RECOVERY，
19:        FILE = 8
```

代码清单 4-18

对代码清单 4-18 说明如下：

♦ 第 3～11 行代码等效于实践操作六，首先依次从“备份集 4”和“差异备份集 2”中还原数据库，于第 10 行处需要以关键字“NORECOVERY”表明此时数据库尚处于未恢复状态。

♦ 第 12～15 行代码从“事务日志备份集 1”中还原数据库。从事务日志备份集中还原数据库时需要采用关键字“RESTORE LOG”来标注。因为恢复尚未结束，所以第 14 行以关键字“NORECOVERY”来标明此点；因为该备份集位于“WxdStudent 媒体集”中的第 7 位置，所以以关键字“FILE = 7”来指定。

♦ 第 16～19 行代码从“事务日志备份集 2”中还原数据库，因为这是要还原的最后一个事务日志备份集，所以第 18 行以关键字“RECOVERY”表明数据库已恢复完毕，可以正常使用。

以上还原操作成功完成之后，此时该数据库的表“Class”中将有班级“200801”这条记录，表“Student”中将有该班级的四条学生记录，姓名分别是“宋一”、“宋二”、“宋三”、“宋四”，因为这些学生记录都是在“事务日志备份集 2”之前添加入数据库的，而现在已经将数据库还原到了“事务日志备份集 2”的时刻，如图 4-18 所示。

	classID	FullClassName	MonitorID	ClassRoom	ClassSortID
1	200801	2008级01班	0001	主教学楼604课室	12

	studentID	StudentName	Sex	Birthday	HomeAddress
1	20080101	宋一	男	1993-05-20 00:00:00	四川省成都市
2	20080102	宋二	男	1993-05-21 00:00:00	四川省成都市
3	20080103	宋三	男	1993-05-23 00:00:00	四川省成都市
4	20080104	宋四	男	1993-05-24 00:00:00	四川省成都市

图 4-18　还原到“事务日志备份集 2”时的班级及学生记录

另外，还可以将数据库还原到特定的时间点。时间点可以是最新的可用备份、特定的日期和时间或者标记的事务。只有在完整恢复模式下，数据库才可以还原到特定时间点。有关将数据库还原到特定时间点的详细内容，可参阅本章上机实验以及 SQL Server 联机丛书。

4.4 分离和附加数据库

数据库的备份操作可以对数据库起到很好的保护作用，同时也可以利用数据库备份集在各数据库服务器(或实例)之间移动数据库，例如可以通过将数据库已有的备份集还原到其他数据库服务器或实例就可实现。但如果仅仅是想要快速地在各数据库服务器或实例之间移动数据库，则更为快速的操作是对数据库进行分离与附加。

分离数据库是指将数据库从 SQL Server 实例中删除，但使数据库在其数据文件和事务日志文件中保持不变。之后，就可以使用这些文件将数据库附加到任何 SQL Server 实例，包括分离该数据库的服务器，这就是数据库的附加操作。

分离数据库的操作可以通过 SQL Server Management Studio 实现，也可通过 T-SQL 语句实现。通过 T-SQL 语句来分离数据库需要运行系统存储过程：sp_detach_db，其简要语法格式如下：

```
sp_detach_db [ @dbname= ] 'database_name'
```

详细语法格式可参见 SQL Server 联机丛书。

附加数据库的操作可以通过 SQL Server Management Studio 实现，也可通过 T-SQL 语句实现。通过 T-SQL 语句来附加数据库的语法格式如下：

```
CREATE DATABASE database_name
ON {(
[NAME ='文件逻辑名'，]
FILENAME ='物理文件路径')}
FOR ATTACH
```

详细语法格式可参见 SQL Server 联机丛书。

也可以通过运行系统存储过程“sp_attach_db”来附加数据库，不过这种方式已被微软视为过时，并声称在 SQL Server 2005 中提供这个存储过程只是为了向前兼容，在今后的 SQL Server 版本中将不再提供该功能，所以本书不介绍该存储过程的使用方法，有兴趣的读者可参阅 SQL Server 联机丛书。

下面以实践操作八来描述分离与附加数据库的过程。

【实践操作八】 本实践操作演示从数据库服务器 WestSVR 的默认实例中分离数据库“WxdStudent”，然后再将分离的数据库文件附加到该数据库服务器的命名实例“WESTWINDSQL”中。要求如下：

(1) 将数据库“WxdStudent”从数据库服务器 WestSVR 的默认实例中分离出来，然后将该数据库的数据文件和日志文件复制到“D:\WxdDatabaseFiles”文件夹下。

(2) 将“D:\WxdDatabaseFiles”文件夹下的数据库文件附加到数据库服务器 WestSVR

的命名实例“WESTWINDSQL”中，保持数据库名称不变。

(3) 以上分离和附加的方式均分别采用 T-SQL 语言和 SQL Server Management Studio 操作的方式来实现。

1. 采用 SQL Server 管理控制台方式来实现

(1) 在数据库服务器 WestSVR 中打开 SQL Server 管理控制台，按要求连接到默认实例。在对象资源管理器展开节点“数据库”|“WestSVR”，右击数据库名称“WxdStudent”，在右键菜单中选择“任务”|“分离(D)...”。在弹出的对话框中单击“确定”按钮。分离完成之后，数据库名“WxdStudent”将从节点“数据库”下消失。

(2) 将数据库文件“C:\WxdDatabaseFiles\WxdStudent_MNG.mdf”和“C:\WxdDatabaseFiles\WxdStudent_log.LDF”复制到文件夹“D:\WxdDatabaseFiles”下(注意，如果没有先分离该数据库，则这两个数据库文件是无法复制或剪切的)。

(3) 将 SQL Server 管理控制台连接到数据库服务器 WestSVR 的命名实例“WESTWINDSQL”(如果该命名实例尚未启动，则先通过 SQL Server 配制管理器启动该命名实例)。在对象资源管理器窗口中右击节点“WestSVR\WESTWINDSQL”|“数据库”，选择“附加(A)...”，在弹出的“附加数据库”对话框中单击“添加”按钮以添加数据库的主数据文件(扩展名默认为“MDF”)，定位至“D:\WxdDatabaseFiles\WxdStudent_MNG.mdf”文件，将其加入。在该对话框的下部会自动列出与之相对应的日志文件“D:\WxdDatabaseFiles\WxdStudent_log.LDF”，如图 4-19 所示。单击“确定”按钮，完成数据库的附加操作。

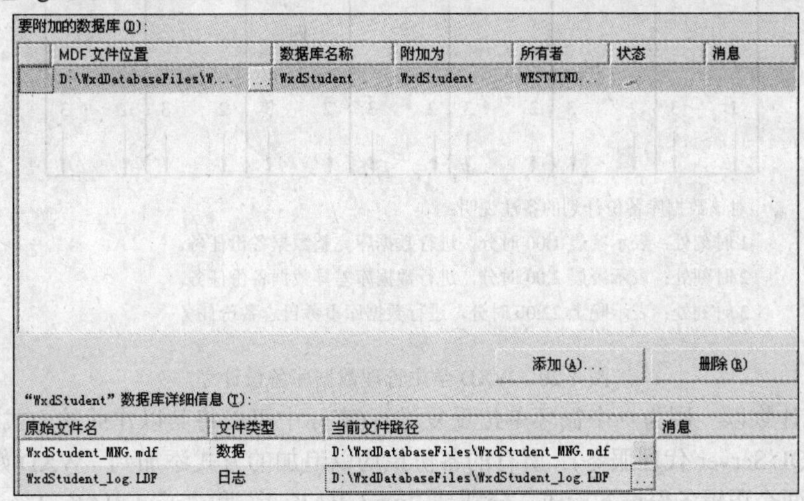

图 4-19 添加要附加的数据文件

以上分离和附加数据库的操作也可通过相应的 T-SQL 语言来实现。

2. 采用 T-SQL 语言方式来实现

(1) 在数据库服务器 WestSVR 中打开 SQL Server 管理控制台，按要求联接到默认实例。打开一个新的 T-SQL 查询窗口，输入下述 T-SQL 代码：

```
USE master
GO
EXEC sp_detach_db @dbname = 'WxdStudent'
```

(2) 执行上述代码以完成数据库的分离，然后将数据库文件“C:\WxdDatabaseFiles\WxdStudent_MNG.mdf”和“C:\WxdDatabaseFiles\WxdStudent_log.LDF”复制到文件夹“D:\WxdDatabaseFiles”下。

(3) 将 SQL Server 管理控制台联接到数据库服务器 WestSVR 的命名实例“WESTWINDSQL”，并以该命名实例作为当前实例，打开一个新的查询窗口，输入下述 T-SQL 代码：

```
USE master
GO
CREATE DATABASE WxdStudent
ON(FILENAME = 'D:\WxdDatabaseFiles\WxdStudent_MNG.mdf')
FOR ATTACH
```

(4) 运行上述代码，完成对数据库的附加操作。

4.5 上机实验

在进行本节实验之前，为了保证数据库在遇到突发状况时能够及时恢复还原，WXD 学生管理数据库制定了图 4-20 所示的数据库备份计划。

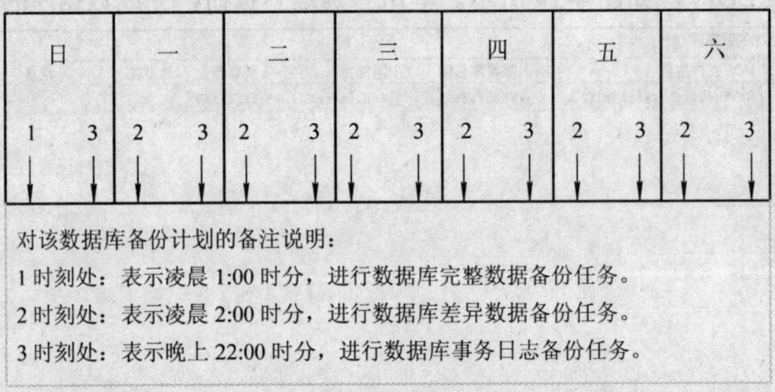

日	一	二	三	四	五	六
1　3	2　3	2　3	2　3	2　3	2　3	2　3

对该数据库备份计划的备注说明：
1 时刻处：表示凌晨 1:00 时分，进行数据库完整数据备份任务。
2 时刻处：表示凌晨 2:00 时分，进行数据库差异数据备份任务。
3 时刻处：表示晚上 22:00 时分，进行数据库事务日志备份任务。

图 4-20　WXD 学生管理数据库备份计划

该备份计划以一周为一个循环单位反复进行(实际中可以将其以作业的方式来实现，详见第 9 章 SQL Server 代理服务)。所有的备份集均以追加的方式添加到“WXD 媒体集”中，该媒体集由两个逻辑备份设备构成，分别是“wxd_BAK_1”和“wxd_BAK_2”，这两个备份设备分别指向物理文件“C:\WxdDatabaseFiles\Backup\wxd_BAK_1.bak”和“C:\WxdDatabaseFiles\Backup\wxd_BAK_2.bak”。

本节上机实验将模拟以上备份和还原过程的实现。

1. 实验一：创建逻辑备份设备

1) 实验要求

本实验有以下要求：

在数据库服务器“WestSVR”的默认实例中，使用 T-SQL 语句创建两个逻辑备份设备“wxd_BAK_1”和“wxd_BAK_2”，分别指向物理文件“C:\WxdDatabaseFiles\Backup\

wxd_BAK_1.bak”和“C:\WxdDatabaseFiles\Backup\wxd_BAK_2.bak”。

2) 实验目的

掌握逻辑备份设备的作用及其创建方法。

3) 实验步骤

(1) 以数据库服务器WestSVR管理员(此管理员为Windows Server 2003操作系统的管理员)的身份登录该服务器，打开SQL Server配置管理器，单击左边树形图节点“SQL Server 2005服务”，右方详细窗格中将列出该服务器的所有数据库服务，确保数据库默认实例引擎已启动。

(2) 打开“SQL Server Management Studio”，并联接到此数据库默认实例。单击按钮“新建查询(N)”以打开一个新的查询窗口，在此查询窗口中输入代码清单4-19所示的代码。

```
01:  USE MASTER
02:  GO
--以下代码创建备份设备"Wxd_BAK_1"
03:  EXEC sp_addumpdevice
04:  @devtype = 'disk',
05:  @logicalname = 'Wxd_BAK_1',
06:  @physicalname = 'C:\WxdDatabaseFiles\Backup\wxd_BAK_1.bak'
--以下代码创建备份设备"Wxd_BAK_2"
07:  EXEC sp_addumpdevice
08:  @devtype = 'disk',
09:  @logicalname = 'Wxd_BAK_2',
10:  @physicalname = 'C:\WxdDatabaseFiles\Backup\wxd_BAK_2.bak'
```

代码清单4-19

(3) 运行这段代码以创建逻辑备份设备“wxd_BAK_1”和“wxd_BAK_2”(注意，如果先前数据库中已经存在这两个逻辑备份设备，则应先删除，然后再运行这段代码)。运行完毕，不要关闭“SQL Server Management Studio”，以便实验二可以继续使用。

2．实验二：对数据库“WxdStudent”进行备份操作

1) 实验要求

本实验有以下要求：

(1) 以图4-19所示的备份计划为准，模拟周日的完整数据备份和事务日志备份、周一的数据差异备份和事务日志备份。

(2) 各备份集均以追加的方式添加到媒体集“WXD媒体集”。

(3) 在进行各备份集的操作之间适当向数据库中添加一些记录，以模拟各备份集之间数据库所发生的变化。

2) 实验目的

掌握完整数据备份、差异数据备份、事务日志备份的操作方法。

3) 实验步骤

(1) 在“SQL Server Management Studio”中单击按钮“新建查询(N)”，打开一个新的查询窗口，输入代码清单 4-20 所示的代码。

```
01:  USE MASTER
02:  GO
03:  BACKUP DATABASE WxdStudent
04:  TO Wxd_BAK_1，Wxd_BAK_2
05:  WITH
06:       FORMAT，
07:       MEDIANAME = 'WXD 媒体集'，
08:       MEDIADESCRIPTION = '该媒体集用于对数据库 WxdStudent 进行备份，包括该数据
          库的完全备份、差异备份、事务日志备份。以后采用追加方式'，
09:       NAME = '备份集_SUN'，
10:       DESCRIPTION = '这是周日凌晨 1:00 进行的完整备份的备份集'
```

代码清单 4-20

(2) 运行此段代码以模拟创建周日凌晨 1:00 时分的完整数据备份任务，并同时创建了媒体集“WXD 媒体集”。

(3) 打开一个新的 T-SQL 查询窗口，输入代码清单 4-21 中的代码。这段代码是模拟在星期日早上完整备份与星期日晚上事务日志备份之间的某个时刻向表“Student”中插入一条记录。记录此段代码运行之前的实际时间，将其标记为 T1，格式为“年-月-日 小时：分钟：秒”，例如“2008-4-20 14:51:39”。

T1 = ________________________。

```
USE WxdStudent
GO
INSERT INTO Class(classID，FullclassName，MonitorID，Classroom，
ClassSortID，BoyQuantity，GirlQuantity，LostNumber，IsGraduated，
Remark，GradeID)
VALUES('200901'，'2009 级班'，'0001'，'主教学楼课室'，'12'，0，0，0，
'否'，'这是模拟在星期日进行完整备份之后事务日志备份之前插入的一条记录!'，'2009')
```

代码清单 4-21

(4) 运行代码清单 4-21 所示的代码。运行完毕后，记录此段代码运行之后的实际时间，将其标记为 T2。

T2 = ________________________。

(5) 打开一个新的 T-SQL 查询窗口，输入代码清单 4-22 中的代码，然后运行这段代码。这段代码是模拟星期日晚上的事务日志备份。

```
USE MASTER
GO
BACKUP LOG WxdStudent
```

```
TO Wxd_BAK_1，Wxd_BAK_2
WITH
NOINIT，
NAME = '事务日志备份集_SUN'，
DESCRIPTION = '这是模拟在星期日晚上 22:00 时进行的事务日志备份集'
```

代码清单 4-22

(6) 打开一个新的 T-SQL 查询窗口，输入代码清单 4-23 中的代码。这段代码是模拟在星期日晚上事务日志备份之后与星期一早上差异备份之前的某个时刻向表“Student”中插入一条记录。记录此段代码运行之前的实际时间，将其标记为 T3。

T3 = ____________________。

```
USE WxdStudent
GO
INSERT INTO Student(studentID，StudentName，Sex，Birthday，
HomeAddress，HomePhone，MobilePhone，IsMember，Remark，PhotoURL，
EnterSchoolDate，IsGraduated，IsLost，ClassID)
VALUES('20090101'，'刘涛'，'女'，'1995-4-20'，'广东省清远市'，'07322323232'，
'13234344343'，'否'，'该学生是模拟在星期日晚上事务日志备份与星期一早上差异备份
之间的某个时刻向表"Student"中插入一条学生记录' ，
'~/Photo/200901/20090101.jpg'，'2009-9-1'，'否'，'否'，'200901')
```

代码清单 4-23

(7) 运行代码清单 4-23 所示的代码。运行完毕，记录此段代码运行之后的实际时间，将其标记为 T4。

T4 = ____________________。

(8) 打开一个新的 T-SQL 查询窗口，输入代码清单 4-24 中的代码，然后运行这段代码。这段代码是模拟星期一凌晨 2:00 对数据库进行的差异备份。

```
USE Master
GO
BACKUP DATABASE WxdStudent
TO Wxd_BAK_1，Wxd_BAK_2
WITH
DIFFERENTIAL，
NAME = '差异备份集_MON'，
DESCRIPTION = '这是模拟星期一凌晨 2:00 时对数据库进行的差异备份'
```

代码清单 4-24

(9) 打开一个新的 T-SQL 查询窗口，输入代码清单 4-25 中的代码。这段代码是模拟在星期一凌晨差异备份与星期一晚上事务日志备份之间的某个时刻向表“Student”中插入的第一条记录。记录此段代码运行之前的实际时间，将其标记为 T5。

T5 = ____________________。

```
USE WxdStudent
GO
INSERT INTO Student(studentID，StudentName，Sex，Birthday，HomeAddress，
HomePhone，MobilePhone，IsMember，Remark，PhotoURL，EnterSchoolDate，
IsGraduated，IsLost，ClassID)
VALUES('20090102'，'王思飞'，'女'，'1995-3-20'，'四川省成都市'，
'02882323232'，'13234344343'，'否'，'该学生是模拟在星期一凌晨差异备份与星期一晚上事务日志
备份之间的某个时刻向表"Student"中插入的一条学生记录'，
'~/Photo/200901/20090102.jpg'，'2009-9-1'，'否'，'否'，'200901')
```

代码清单 4-25

(10) 运行代码清单 4-25 所示的代码。运行完毕后，记录此段代码运行之后的实际时间，将其标记为 T6。

T6 = ________________________。

(11) 打开一个新的 T-SQL 查询窗口，输入代码清单 4-26 中的代码。这段代码是模拟在星期一凌晨差异备份与星期一晚上事务日志备份之间的某个时刻向表“Student”中插入的第二条记录。记录此段代码运行之前的实际时间，将其标记为 T7。

T7 = ________________________。

```
USE WxdStudent
GO
INSERT INTO Student(studentID，StudentName，Sex，Birthday，HomeAddress，
HomePhone，MobilePhone，IsMember，Remark，PhotoURL，EnterSchoolDate，
IsGraduated，IsLost，ClassID)
VALUES('20090103'，'宋雄'，'男'，'1995-5-20'，'四川省成都市'，'02882323232'，
'13234344343'，'否'，'该学生是模拟在星期一凌晨差异备份与星期一晚上事务日志备份之间的某个
时刻向表"Student"中插入的第二条学生记录'，
'~/Photo/200901/20090103.jpg'，'2009-9-1'，'否'，'否'，'200901')
```

代码清单 4-26

(12) 运行代码清单 4-26 所示的代码。运行完毕后，记录此段代码运行之后的实际时间，将其标记为 T8。

T8 = ________________________。

(13) 打开一个新的 T-SQL 查询窗口，输入代码清单 4-27 中的代码，然后运行这段代码。这段代码是模拟星期一晚上 22:00 对数据库进行的事务日志备份。不要关闭“SQL Server Management Studio”，以便实验三可以继续使用。

```
USE MASTER
GO
BACKUP LOG WxdStudent
TO Wxd_BAK_1，Wxd_BAK_2
WITH
```

```
NOINIT,
NAME = '事务日志备份集_MON',
DESCRIPTION = '这是模拟在星期一晚上 22:00 时进行的事务日志备份集'
```

代码清单 4-27

实验二进行完毕之后，在“WXD 媒体集”中将有四个备份集，可使用下列代码查看：

RESTORE HEADERONLY FROM Wxd_BAK_1，Wxd_BAK_2

在数据库“WxdStudent”的表“Class”中将有“200901”这条班级记录，在学生表“Student”中将有该班级的三条学生记录，可使用代码清单 4-28 所示的代码进行查看：

```
USE WxdStudent
GO
SELECT * FROM Class WHERE ClassID='200901'
SELECT * FROM Student WHERE ClassID='200901'
USE MASTER
GO
```

代码清单 4-28

3. 实验三：对数据库“WxdStudent”进行还原操作

1) 实验要求

本实验有以下要求：

(1) 在实验二中已建立了“WXD 媒体集”，该媒体集中包含数据完全备份集、数据差异备份集、事务日志备份集，分别从这些备份集对数据库“WxdStudent”进行还原操作。

(2) 通过事务日志备份集对数据库进行时点还原操作，并对之进行验证。

2) 实验目的

掌握如何按照要求对数据库进行还原。

3) 实验步骤

(1) 在“SQL Server Management Studio”中打开一个新的查询窗口，输入代码清单 4-29 所示的代码，然后运行此段代码。该段代码从数据完整备份集“备份集_SUN”中还原数据库。再次运行代码清单 4-28 所示的代码，此时数据库中有“200901”班级记录吗？该班级中有学生记录吗？为什么？

```
USE MASTER
GO
RESTORE DATABASE WxdStudent FROM Wxd_BAK_1，Wxd_BAK_2
WITH FILE = 1，RECOVERY，REPLACE
```

代码清单 4-29

(2) 打开一个新的查询窗口，输入代码清单 4-30 所示的代码，然后运行此段代码。该段代码将数据完整备份集“备份集_SUN”和事务日志备份集“事务日志备份集_SUN”作为一个组合，并从该组合中还原数据库。再次运行代码清单 4-28 所示的代码，此时数据库中有“200901”班级记录吗？该班级中有学生记录吗？为什么？

```
USE MASTER
GO
RESTORE DATABASE WxdStudent
FROM Wxd_BAK_1，Wxd_BAK_2
WITH FILE = 1，NORECOVERY，REPLACE
RESTORE LOG WxdStudent
FROM Wxd_BAK_1，Wxd_BAK_2
WITH FILE = 2，RECOVERY
```

代码清单 4-30

(3) 打开一个新的查询窗口，输入代码清单 4-31 所示的代码然后运行此段代码。该段代码将数据完整备份集“备份集_SUN”和差异备份集“差异备份集_MON”作为一个组合，并从该组合中还原数据库。再次运行代码清单 4-28 所示的代码，此时数据库中有“200901”班级记录吗？该班级中有学生记录吗？为什么？

```
USE MASTER
GO
RESTORE DATABASE WxdStudent
FROM Wxd_BAK_1，Wxd_BAK_2
WITH FILE = 1，NORECOVERY，REPLACE
RESTORE DATABASE WxdStudent
FROM Wxd_BAK_1，Wxd_BAK_2
WITH FILE = 3，RECOVERY
```

代码清单 4-31

(4) 打开一个新的查询窗口，输入代码清单 4-32 所示的代码，然后运行此段代码。该段代码将数据完整备份集“备份集_SUN”和差异备份集“差异备份集_MON”以及“事务日志备份集_MON”作为一个组合，并从该组合中还原数据库。再次运行代码清单 4-28 所示的代码，此时数据库中有“200901”班级记录吗？该班级中有学生记录吗？为什么？

```
USE MASTER
GO
RESTORE DATABASE WxdStudent
FROM Wxd_BAK_1，Wxd_BAK_2
WITH FILE = 1，NORECOVERY，REPLACE
RESTORE DATABASE WxdStudent
FROM Wxd_BAK_1，Wxd_BAK_2
WITH FILE = 3，NORECOVERY
RESTORE LOG WxdStudent
FROM Wxd_BAK_1，Wxd_BAK_2
WITH FILE = 4，RECOVERY
```

代码清单 4-32

(5) 打开一个新的查询窗口，输入代码清单 4-33 所示的代码然后运行此段代码。该段代码将数据完整备份集“备份集_SUN”和差异备份集“差异备份集_MON”以及“事务日志备份集_MON”作为一个组合，并从该组合中还原数据库，通过时点还原方式将数据库还原到 T7 时刻。再次运行代码清单 4-28 所示的代码，此时数据库中有“200901”班级记录吗？该班级中有学生记录吗？学生记录中有“宋雄”吗？为什么？

```
--请以实验二中记录的 T7 的实际时刻替换下列代码的 T7(格式应当符合数据库
--时间表达式的格式，例如:2008-4-22 15:30:27)，否则运行会出错
01:   USE MASTER
02:   GO
03:   RESTORE DATABASE WxdStudent
04:   FROM Wxd_BAK_1，Wxd_BAK_2
05:   WITH FILE = 1，NORECOVERY，REPLACE
06:   RESTORE DATABASE WxdStudent
07:   FROM Wxd_BAK_1，Wxd_BAK_2
08:   WITH FILE = 3，NORECOVERY
09:   RESTORE LOG WxdStudent
10:   FROM Wxd_BAK_1，Wxd_BAK_2
11:   WITH FILE = 4，RECOVERY，STOPAT = 'T7'
```

代码清单 4-33

对代码清单 4-33 说明如下：

- ♦ 第 3～5 行代码从完整备份集“备份集_SUN”中还原数据库。
- ♦ 第 6～8 行代码从差异备份集“差异备份集_MON”中还原数据库。
- ♦ 第 9～11 行代码从事务日志备份集“事务日志备份集_MON”中还原数据库，关键字“STOPAT”表明时点还原，“STOPAT= 'T7'”表示将数据库还原到 T7 时刻(此处的 T7 必须以实验二中记录的 T7 的实际时刻进行替换，例如替换为：STOPAT = '2008-4-22 15:30:27')。

(6) 如果以记录的 T5 实际时刻替换代码清单 4-33 中的 T7，并运行该段代码，则数据库中有“200901”班级记录吗？该班级中有哪些学生记录？请做出解释。

(7) 通过实验和第(5)、(6)步骤，试体会什么是时点还原。

习 题

一、选择题(下面每个选择题有一个或多个正确答案)

1．在下列有关数据库备份的说法中，哪些是正确的？

A．对于小型的且更新不是很频繁的数据库而言，只采用数据库完整备份就可满足备份要求。

B．对于大型的数据库，备份时应结合数据库完整备份、数据库差异备份以及数据库事务日志备份，这样在还原时可将数据损失减至最小，同时也可加快还原速度。

C．如果数据库的恢复模式设置为“简单”恢复模式，则该数据库的备份方式只能采用完整备份。

D．如果数据库的恢复模式设置为“完全”，则该数据库只进行事务日志备份就可以了，还原时只需要通过事务日志还原即可。

2．下列哪些关键字是属于数据库备份或还原操作的？

A．BACKUP DATABASE

B．BACKUP LOG

C．RESTORE LOG

D．RESTORE DATABASE

E．CREATE LOG

F．CREATE DATABASE

3．在下列有关备份设备的说法中，哪些是正确的？

A．备份设备分为物理备份设备和逻辑备份设备。

B．逻辑备份设备可以指向磁带机，而物理备份设备不可以。

C．可以在SQL Server管理控制台的对象资源管理器中，右击节点“服务器对象”，然后选择“新建(N)”|“备份设备(B)...”来创建逻辑备份设备。

D．可以通过系统存储过程“sp_addumpdevice”来创建逻辑备份设备。

4．下列可以删除逻辑备份设备的系统存储过程有哪些？

A．sp_addumpdevice

B．sp_dropdevice

C．sp_deletedevice

D．sp_erasedevice

5．在从“WxdStudent媒体集”中的备份集还原数据库“WxdStudent”时，如果要使该数据库的表“Class”有班级“200801”这条记录，并且在此班级中只有“宋一”这条学生记录，根据“WxdStudent媒体集”的备份记录，在下列所列出的该媒体集的备份集组合中，可以选择哪些组合来还原数据库以实现此要求？

A．“备份集4”、“差异备份集2”、“事务日志备份集1”、“事务日志备份集2”

B．“备份集4”、“差异备份集1”、“事务日志备份集1”、“事务日志备份集2”

C．“备份集4”、“差异备份集1”、“事务日志备份集1”

D．“备份集4”、“差异备份集1”

6．下列有关媒体集的说法，哪些是正确的？

A．一个备份设备也可以构成媒体集。

B．媒体集也可以由多个备份设备构成。

C．如果一个媒体集中含有三个备份设备，则在从该媒体集的备份集还原数据库时，这三个备份设备都必须全部提供。

D．一个媒体集只能包含一个备份集，如果加入另外的备份集，则后续备份集将覆盖先前的备份集。

E．在进行数据库备份操作时，可以使用T-SQL关键字“FORMAT”来创建一个新的媒体集。

7. 在下列有关分离和附加数据库的说法中，哪些是正确的？

A. 分离和附加数据库的操作可以取代备份与还原数据库的操作。

B. 如果仅仅是将数据库从一个实例迁移到另外一个实例，采用分离与附加数据库的方式比采用备份与还原的方式更加合适。

C. 系统存储过程“sp_detach_db”可以实现数据库的分离，“sp_attach_db”可以实现数据库的附加。

D.“CREATE DATABASE FOR ATTACH”语句可以实现数据库的附加，并且这是SQL Server 2005中推荐的附加数据库的方式。

8. 在下列有关从备份集还原数据库的说法中，哪些是正确的？

A. 可以从一个完整备份集中还原数据库。

B. 从一个差异备份集中还原数据库时，必须首先还原一个完整备份集。

C. 从一个事务日志备份集还原数据库时，必须首先还原一个差异备份集。

D. 可以将一个完整备份集、一系列的事务日志备份集作为一个组合进行数据库的还原操作。

E. 可以将一个完整备份集、一个差异备份集和一系列的事务日志备份集作为一个组合进行数据库的还原操作。

9. 在本章的上机实验中，对于已经创建好的备份集“WXD媒体集”，如果要将数据库还原到“class”表中有班级“200901”记录但该班级中尚无任何学生记录的状态，则下列哪些备份集的组合是可行的？

A.“备份集_SUN”、“事务日志备份集_SUN”作为一个组合，并采用时点还原至T2时刻。

B.“备份集_SUN”、“事务日志备份集_SUN”、“事务日志备份集_MON”作为一个组合，并采用时点还原至T2时刻。

C.“备份集_SUN”、“事务日志备份集_SUN”作为一个组合，还原至最近时点(不用指定关键字“STOPAT”)。

D.“备份集_SUN”、“事务日志备份集_SUN”、“事务日志备份集_MON”作为一个组合，还原至最近时点(不用指定关键字“STOPAT”)。

E.“备份集_SUN”、“差异备份集_MON”作为一个组合还原。

10. 在本章的上机实验中，对于已经创建好的备份集“WXD媒体集”，如果要将数据库还原到“事务日志备份集_MON”，则下列哪些组合是可行的？

A.“备份集_SUN”、“事务日志备份集_SUN”、“事务日志备份集_MON”

B.“备份集_SUN”、“差异备份集_MON”、“事务日志备份集_MON”

C.“备份集_SUN”、“事务日志备份集_MON”

D.“备份集_SUN”、“事务日志备份集_SUN”、“差异备份集_MON”

二、简答题

1. 简述什么是备份设备及其在备份操作中的作用。

2. 本章实践操作六结束之后，“WxdStudent”数据库的表“Class”中将有班级“200801”这条记录，表“Student”中将有该班级的两条学生记录，姓名分别是“宋一”和“宋二”，但没有“宋三”和“宋四”。对此应当如何验？试写出验证的 T-SQL 语句。

3．如果要使“WxdStudent”数据库的表“Class”中有班级“200801”这条记录，表“Student”中有该班级的三条学生记录，姓名分别是“宋一”、“宋二”、“宋三”，只是没有“宋四”这条学生记录，对于本章实践操作中所创建的媒体集“WxdStudent 媒体集”，试问应当从中选择哪些备份集来作为还原组合？

4．什么是分离和附加数据库？在什么情况下采用分离和附加数据库的操作比较合适？试举例说明。

第 5 章　SQL Server 2005 安全性管理

对任何数据库而言，安全性都是其整体中一个相当重要的环节，尤其是对于 SQL Server 2005 这样的大型数据库。

要获取数据库中的信息，用户必须具备相应的权限，必须要经过数据库的验证和授权。SQL Server 2005 数据库有一套完整的用户验证授权机制。当然，就 SQL Server 2005 的安全性而言，并不仅仅包含验证授权机制，SQL Server 2005 的安全性是一个相当广泛的概念，包含相当宽广的内容，本章仅对其验证授权机制进行阐述。

本章学习目标：

(1) 了解 SQL Server 2005 安全机制体系。

(2) 掌握 SQL Server 2005 的验证方式及过程，登录名的作用及其创建，服务器角色的作用。

(3) 掌握 SQL Server 2005 的授权体系，用户的作用及其创建，数据库角色的作用及其创建，如何对用户及数据库角色授权。

5.1　SQL Server 2005 身份验证过程

5.1.1　身份验证过程概述

通过前面的学习我们知道，在一台数据库服务器内可以安装多个数据库实例，在每个实例中可以创建多个数据库。用户若要访问某个数据库实例中的某个数据库，首先要接受该数据库所属的数据库实例的验证(Authentication)，用户需要向该数据库实例出示登录名和密码，这对应着图 5-1 中的第 1 步。验证就是数据库实例验证用户是否具有有效的登录名(Login)以连接到该数据库实例的过程。

图 5-1　用户访问 SQL Server 数据库的过程

当用户成功地通过了数据库实例的验证之后，并不等于该用户就可以访问此数据库实例中的数据库了，通过数据库实例的验证仅仅表明该用户可以连接到此数据库实例，如果要访问其中的数据库，还需要向数据库出示正确的用户名(User Name)，然后获取相应的授权，这就是数据库的授权(Authorization)过程，这对应着图 5-1 中的第 2 步。授权就是当用户通过数据库实例验证之后，决定该用户可以在其要访问的数据库中执行哪些操作(例如访问表、创建表、插入记录等)的过程。

为了更好地理解，可以对以上数据库实例的验证及授权过程打一个通俗的比方。数据库实例引擎就好比是一幢大的写字楼，该实例引擎中的数据库就好比是进驻于该写字楼中的各个公司。用户要访问某个公司，首先得进入写字楼的大门，而要进入写字楼的大门得先通过大门口保安的检验核实，此时大门保安对用户的检验核实相当于数据库实例引擎对用户的验证。经过保安的检验核实之后，用户就可以进入该写字楼了，但并不意味着用户可以随便访问写字楼内的任何公司，保安的检验核实并没有赋予该用户访问写字楼内任何公司的权限，仅仅是表明该用户可以进入写字楼而已。此时用户要访问某家公司必须首先取得访问该公司的权限，经过公司的检验授权之后，如果表明该用户是该公司的总经理，那他当然可以对此公司做他总经理有权能做的任何事情；如果表明该用户仅仅是该公司的一个普通访客，那他就只能参观参观该公司，这就相当于数据库对用户的授权过程。

5.1.2　身份验证方式

通过上一小节的介绍我们知道，用户必须具有有效的登录名才可以与数据库实例建立连接。登录名由数据库管理员创建，管理员在创建登录名时可赋予该登录名一定的权限以使用户能访问相应的数据库。

登录名可以映射到 Windows 系统中的帐户或组，也可以在 SQL Server 2005 数据库实例中创建。有关登录名的详细内容参见 5.3 节。

SQL Server 2005 共有两种验证模式，当用户向数据库实例出示登录名以请求验证时，可以选择这两种验证模式中的任意一种。下面对此两种验证作一简要介绍。

1. Windows 身份验证

Windows 身份验证是指 SQL Server 2005 利用 Windows 系统的身份验证机制来代替其自身的身份验证机制。Windows 系统的验证机制具有很高的安全性，尤其是自 Windows 2000 以后，其验证机制默认采用 Kerberos 协议，该验证协议可以达到相当高的安全级别。读者可查阅有关 Windows Server 2003 的书籍以获取 Kerberos 协议的详情。另外，在 Windows 系统中还可以启用最小密码长度、强密码机制、审核以及其他安全机制等。

如果某用户已经使用其 Windows 帐户登录到 Windows 域中或 Windows Server 系统中，则该用户在连接到 SQL Server 实例时，可以选择 Windows 验证方式，例如当用户通过 SQL Server Management Studio 连接到数据库时，在“连接到服务器”对话框中选择“身份验证(A)”为“Windows 身份验证”，此时用户不需要再输入用户名和密码(可以看到该对话框下部的“用户名”和“密码”已经变成不可用的灰色)，单击“确定”按钮时可自动将该用户的 Windows 身份凭据(Kerberos 票据)传送给 SQL Server 以验证。SQL Server 检查登录名与该用户帐户的映射情况以决定是否允许该用户访问 SQL Server。

这种 Windows 身份验证模式也称为信任连接。

2. SQL Server 身份验证

如果请求连接到 SQL Server 实例的用户没有经过 Windows 域或系统的验证(例如通过 Internet 对数据库实例进行远程连接)，或者该用户希望使用 SQL Server 内建的安全帐户(登录名)来连接到 SQL Server 实例，则该用户可以选择“SQL Server 身份验证”方式来连接到数据库实例，此时用户需要出示用户名和密码。SQL Server 使用其自身的验证机制来对此用户名和密码进行检验以决定是否允许该用户访问 SQL Server 实例。

5.1.3 设置 SQL Server 2005 身份验证模式

通过上一小节的讲解，我们知道用户在连接到 SQL Server 2005 时，可以请求“Windows 身份验证”，也可以请求“SQL Server 身份验证”。当用户请求“SQL Server 身份验证”时(例如在“连接到服务器”对话框中，选择身份验证为“SQL Server 身份验证”，输入用户名“sa”以及密码。有关登录名“sa”的更多内容，参见 5.3 节)，有可能会遇到图 5-2 所示的提示。如果能确认输入的用户名及密码都正确而仍然出现这样的提示，则说明 SQL Server 此时已被配置为不接受“SQL Server 身份验证”连接。

图 5-2　请求“SQL Server 身份验证”连接失败

在默认情况下，SQL Server 2005 只允许“Windows 身份验证”连接，在安装 SQL Server 2005 时，可以看到这一点，参见 1.3.2 节“安装过程及步骤”第(5)步的描述。SQL Server 2005 有两种服务器身份验证模式可供选择，这两种模式分别为“Windows 身份验证模式”和“混合验证模式”。

1. Windows 身份验证模式

如果 SQL Server 配置为该验证模式，则只接受“Windows 身份验证”连接。假若此时用户连接时选择“SQL Server 身份验证”，则会遇到图 5-2 所示的连接错误消息提示。这是 SQL Server 2005 身份验证模式的默认配置。

2. 混合验证模式

如果 SQL Server 配置为该验证模式，则既可接受“Windows 身份验证”连接，也可接受“SQL Server 身份验证”连接。如果用户需要从异类网络环境(例如 UINX、LINUX 等)或 Internet 连接到 SQL Server 2005，则适宜采用该项“混合验证模式”，因为从这些网络环境连接到 SQL Server 2005 时，只能采用“SQL Server 身份验证”连接。当用户连接到 SQL Server 2005 时如果遇到图 5-2 所示的错误消息提示，则可以将 SQL Server 2005 实例的身份验证模式更改为“混合验证模式”以解决这个问题。注意，启用“混合验证模式”会降低 SQL Server 2005 的整体安全性，故只在绝对需要的情况下才启用该模式。

可以按照以下步骤来更改 SQL Server 2005 实例的身份验证模式：

(1) 首先通过 SQL Server Management Studio 连接到 SQL Server 2005 实例。

(2) 在对象资源管理器中，右击该实例名称，在右键菜单中选择“属性”。

(3) 在弹出的“服务器属性”对话框中单击“安全性”，然后在右方的“服务器身份验证”栏中单击“Windows 身份验证模式(W)”以启用 Windows 身份验证，单击“SQL Server 和 Windows 身份验证模式(S)”以启用混合验证模式，如图 5-3 所示，然后单击“确定”按钮关闭对话框。

(4) 在对象资源管理器中右击该实例名称，在右键菜单中选择“重新启动”以按要求重新启动该 SQL Server 2005 实例，使更改的设置生效。

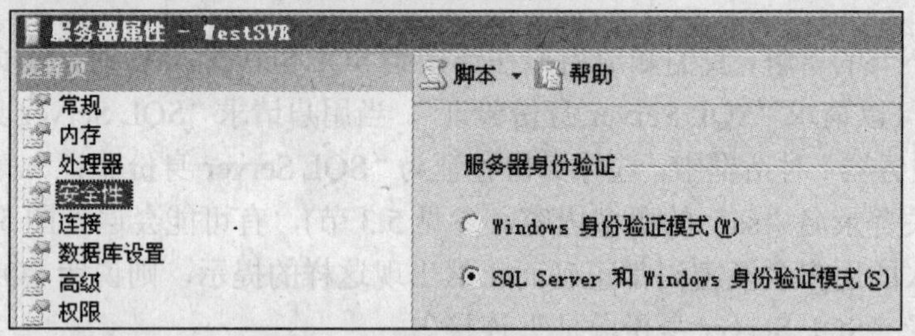

图 5-3　选择服务器身份验证模式

读者可于此处完成本章上机实验一，以加深对 SQL Server 2005 服务器身份验证模式的认识。

5.2　SQL Server 2005 的授权过程

当用户通过 SQL Server 2005 的身份验证之后，该用户仅能执行在他权限范围之内的操作，也仅能访问他被授权允许访问的数据库，这里涉及到一个用户在经过身份验证之后如何被赋予相应权限的问题。用户的权限分服务器级的权限和数据库级的权限，有两种方式可以非常方便地将这两种权限授予用户，即通过将用户加入到相应的固定服务器角色和固定数据库角色之中。

5.2.1　服务器级的权限

在 SQL Server 2005 中，已经预先定义了一些固定服务器角色(Server Roles)，不同的固定服务器角色具有不同的管理权限。在概念上，SQL Server 2005 中的角色(包括随后介绍的数据库角色)类似于 Windows 系统中的组，可以将 Windows 系统中的用户加入相应的组，从而方便地将用户归为某一类然后对其统一地授予相同的权限，极大地简化了对用户的管理。同样地，在 SQL Server 2005 中，可以将登录名或用户名加入相应的角色，角色中的成员将自动拥有该角色所具备的权限。

顾名思义，服务器角色意味着其成员可以从事服务器级范围内的操作。这里的服务器是指 SQL Server 2005 服务器实例引擎。任何一个数据库实例的服务器角色都不能被删除，也不能更改其预先所定义好的权限。要对某个用户授予某种服务器级的权限，只需要简单地将该用户的登录名加入到相应的服务器角色之中就可以了。

下面对这些服务器角色作简要的描述：

(1) sysadmin：该固定服务器角色的成员可以在服务器中执行任何操作。默认情况下，Windows 系统 BUILTIN\Administrators 组(本地管理员组)的所有成员都是 sysadmin 固定服务器角色的成员。

(2) serveradmin：该固定服务器角色的成员可以更改服务器范围的配置选项和关闭服务器。默认情况下，Windows 系统 BUILTIN\Server Operators 组映射到此服务器角色。

(3) setupadmin：该固定服务器角色的成员可以添加和删除链接服务器，并且也可以执行某些系统存储过程。例如可以将某些系统存储过程标记为在数据库实例启动时执行，Windows 系统 BUILTIN\Server Operators 组映射到此服务器角色。

(4) securityadmin：该固定服务器角色的成员将管理登录名及其属性。它们可以 GRANT(授予)、DENY(拒绝)和 REVOKE(吊销)服务器级权限，也可以 GRANT(授予)、DENY(拒绝)和 REVOKE(吊销)数据库级权限。另外，它们可以重置 SQL Server 登录名的密码。Windows 系统 BUILTIN\Server Operators 组映射到此服务器角色。有关 GRANT、DENY 和 REVOKE 的详情，参见 5.4 节内容。

(5) processadmin：该固定服务器角色的成员可以终止 SQL Server 实例中运行的进程。

(6) dbcreator：该固定服务器角色的成员可以创建、更改、删除和还原任何数据库，可以将那些不属于 sysadmin 服务器角色的高级数据库管理员添加至该固定服务器角色中。

(7) diskadmin：该固定服务器角色用于管理磁盘文件和备份设备，但仅仅用于兼容 SQL Server 2000 之前版本的数据库。

(8) bulkadmin：该固定服务器角色的成员可以运行 BULK INSERT 语句以对数据库执行大容量数据插入操作。

注意，任何一个服务器角色中的成员都有权限将其他用户加入其所属的服务器角色中，例如，假如 LiMei 是 securityadmin 的成员但不是 sysadmin 的成员，则 LiMei 可以将其他用户(例如 LiuYing)加入到 securityadmin 中，但不能将其加入 sysadmin 中。

可以按如下方式查看数据库实例中的固定服务器角色：

在 SQL Server 管理控制台中，展开节点“<数据库实例名称>”|“安全性”，单击“服务器角色”，右方窗格中将列出所有的固定服务器角色。右击某个固定服务器角色(例如“sysadmin”)，选择“属性”，在其属性对话框中可查阅该固定服务器角色中的成员，如图 5-4 所示。单击下部的“添加”按钮，可按要求将其他登录名作为一个成员添加到此固定服务器角色中。也可将某个角色成员选中，然后单击“删除”按钮以取消该登录名作为此角色中一个成员的资格。

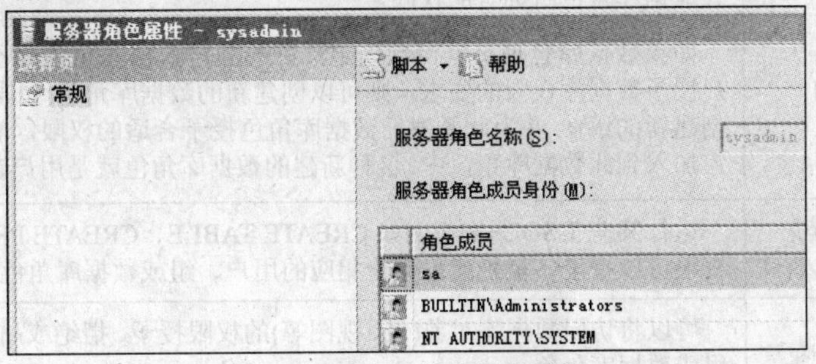

图 5-4 固定服务器角色属性

5.2.2　数据库级的权限

用户能访问 SQL Server 2005 数据库实例并不能说明该用户就可以访问该实例中的数据库，固定服务器角色中的成员也没有被赋予访问数据库的权限，除非是 sysadmin 中的成员(因为 sysadmin 中的成员可以对该实例做任何操作，当然包括了对该实例中所有数据库的任何操作)。

只有在取得了数据库访问权限的前提下，用户才能访问相应的数据库。数据库管理员可以向用户授予相应的数据库级的权限。

数据库权限(Permission)可以被授予、拒绝或吊销，包括在数据库中创建对象(表、索引、存储过程等)、管理数据库、运行某些 T-SQL 语句、向表或视图中插入数据，或仅仅是浏览表或数据。权限也可以以非常精细的粒度授予用户，例如只允许访问数据库中某个表的某几列数据等，这可以视实际情况而定。有关向用户授予数据库级权限的详细内容，参见 5.4 节。

表 5-1 对基于数据库级的权限进行了较为详细的描述。

表 5-1　数据库级权限大致分类

权　限	描　述
Database owner (数据库所有者)	可以将用户指定为数据库的所有者(通过将用户名加入到数据库角色 db_owner 中)，该用户可以在此数据库内执行任何操作
DBO	默认情况下，该数据库用户是数据库角色 db_owner 中的成员，一般映射至 Windows 系统管理员(BUILTIN\administrator)。可以在其所属的数据库内执行任何操作
User(用户)	特殊的用户或组可以通过其 Windows 或 SQL Server 2005 安全帐户来授予其访问数据库的权限。数据库管理员使用数据库角色、public 角色或用于向用户授予权限的 T-SQL 语句来向用户授予访问数据库的权限
Guest	如果某个用户经过身份验证后能够访问 SQL Server 2005 实例，但尚未在此实例的数据库中有相应的数据库用户名与其登录名形成映射关系，则此用户可以以数据库中的 Guest 用户身份来访问此数据库。注意，默认情况下，Guest 用户并未被启用(留意在它的图标中有一个向下的箭头)，数据库管理员需要手动启用它
Public(角色)	所有有权限访问某个数据库的用户都将自动成为该数据库内 Public 角色中的成员。一般来说，Public 角色用于向数据库用户授予一些最基本常见的权限，这些权限可能是所有的用户都需要的，例如查阅数据库中的表
固定数据库角色 (Database Role)	与服务器角色类似，在数据库实例中的每个数据库内，已经预先创建好了一些固定数据库角色。每个不同的数据库角色已经被授予了不同的数据库权限。将数据库用户加入到合适的固定数据库角色中，可以快速地使数据库用户获得该数据库角色所拥有的权限
用户自定义的 数据库角色	如果数据库管理员觉得预先定义好的固定数据库角色尚不能满足自己对用户授予数据库权限的要求，则可以创建新的数据库角色(如同 Windows 系统中创建新的组)，并为此新建的数据库角色授予合适的权限，然后再将相应的用户加入到此数据库角色中。这种新建的数据库角色就是用户自定义数据库角色
运行 T-SQL 语句 的权限	运行某些 T-SQL 语句(例如 CREATE TABLE、CREATE PROCEDURE 等)的权限可以授予、拒绝或吊销给相应的用户、组或数据库角色
对象(Object)权限	可以将访问数据库对象(表、视图等)的权限授予、拒绝或吊销给相应的用户、组或数据库角色

下面对固定数据库角色作详细的说明。

固定数据库角色是在数据库级别定义的，并且存在于每个数据库中。每个不同的数据库角色已经被授予了不同的数据库权限。不能删除固定数据库角色，也不能更改其预先定义好的数据库权限。

共有九个预定义的固定数据库角色，分别如下：

(1) db_owner：该固定数据库角色的成员可以执行数据库的所有配置和维护活动。

(2) db_accessadmin：该固定数据库角色的成员可以为Windows登录帐户、Windows组和SQL Server 登录帐户添加或删除访问权限。

(3) db_securityadmin：该固定数据库角色的成员可以修改角色成员身份和管理权限(使用GRANT、REVOKE、DENY语句)。

(4) db_ddladmin：该固定数据库角色的成员可以在数据库中运行任何数据定义语言(DDL，包括CREATE、ALTER、DROP)命令。

(5) db_backupoperator：该固定数据库角色的成员可以备份该数据库，运行DBCC命令，发布检查点(Check Point)。

(6) db_datareader：该固定数据库角色的成员可以对数据库中的任何表或视图运行SELECT语句，即读取操作。

(7) db_datawriter：该固定数据库角色的成员可以在所有用户表中添加、删除或更改数据。

(8) db_denydatareader：该固定服务器角色的成员不能读取数据库内用户表中的任何数据，即没有SELECT权限。

(9) db_denydatawriter：该固定服务器角色的成员不能添加、修改或删除数据库内用户表中的任何数据。

可以按如下方式查看数据库实例中某个数据库的固定数据库角色：

在SQL Server管理控制台中，展开节点“<数据库实例名称>”|“数据库”|“<数据库名称>”|“安全性”|“角色”，单击节点“数据库角色”，右方窗格中将列出所有的固定数据库角色(包括用户自定义的数据库角色)。右击某个数据库角色(例如“db_owner”)，选择“属性”，在其属性对话框中可查阅该数据库角色中的成员，如图5-5所示。单击下部的

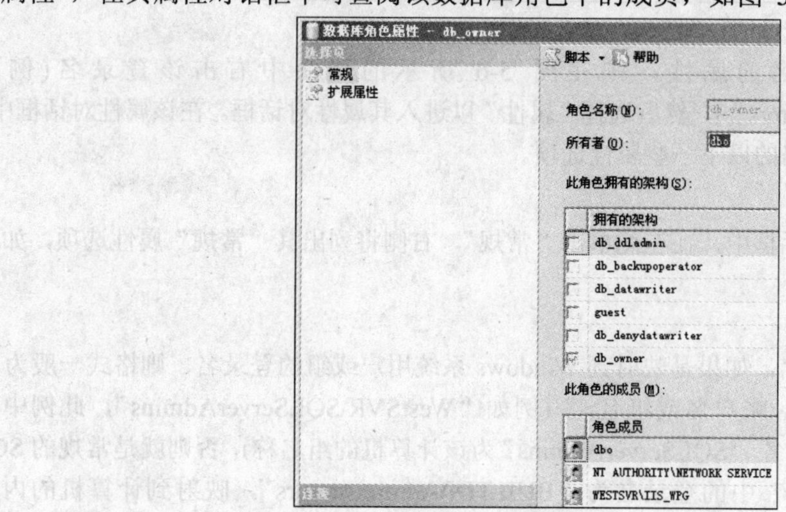

图5-5　数据库角色属性

“添加”按钮，可按要求将其他数据库用户或数据库角色作为一个成员添加到此数据库角色中。也可将某个角色成员选中，然后单击“删除”按钮以使该数据库用户或数据库角色不再属于此角色中的一个成员。图 5-5 中有关架构的介绍说明参见 5.4 节内容。

5.3 创建和管理登录名

本章前两节已经描述，用户要能访问 SQL Server 2005 数据库实例，必须出示其登录名，出示登录名时可以选择“Windows 身份验证”连接，也可以选择“SQL Server 身份验证”连接，所以用户能访问 SQL Server 实例的前提条件是在该实例中有他的登录名，尽管以“Windows 身份验证”连接不需要直接出示登录名，但在 SQL Server 实例中也必须有相应的登录名与其 Windows 帐户名形成映射关系，否则该 Windows 用户仍然不能登录到 SQL Server 2005 数据库实例。

本节将详细描述如何创建、管理并使用登录名来访问 SQL Server 2005 数据库实例。

5.3.1 查阅或修改 SQL Server 2005 数据库实例登录名属性

通过以下方式可以查看某个数据库实例中已经创建好的登录名：

以 SQL Server 管理控制台连接至该数据库实例引擎，在对象资源管理器中展开节点“<数据库实例名称>”|“安全性”，单击“登录名”，右方详细窗格中将列出该数据库实例引擎所有的登录名，如图 5-6 所示。

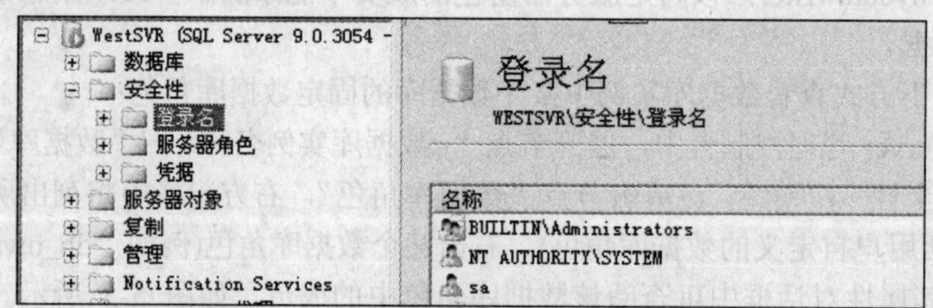

图 5-6　查看数据库实例的登录名

若要修改登录名的属性，则在图 5-6 所示的页面中右击该登录名(例如“BUILTIN\Administrators”)，然后选择“属性”以进入其属性对话框。在该属性对话框中，可以查阅或修改登录名的以下一些属性选项。

1. “常规”属性

在登录名属性对话框中，在左侧单击“常规”，右侧将列出其“常规”属性选项，如图 5-7 所示。

1) 登录名

此处列出了登录名，如果是映射到 Windows 系统用户或组的登录名，则格式一般为“<计算机名或域名>\<帐户名或组名>”(例如“WestSVR\SQLServerAdmins”，此例中的“WestSVR”为计算机名，“SQLServerAdmins”为该计算机的组名称)，否则就是常规的 SQL Server 登录名。图 5-7 中的登录名为“BUILTIN\Administrators”，映射到计算机的内建(BUILTIN)管理员组“Administrators”。

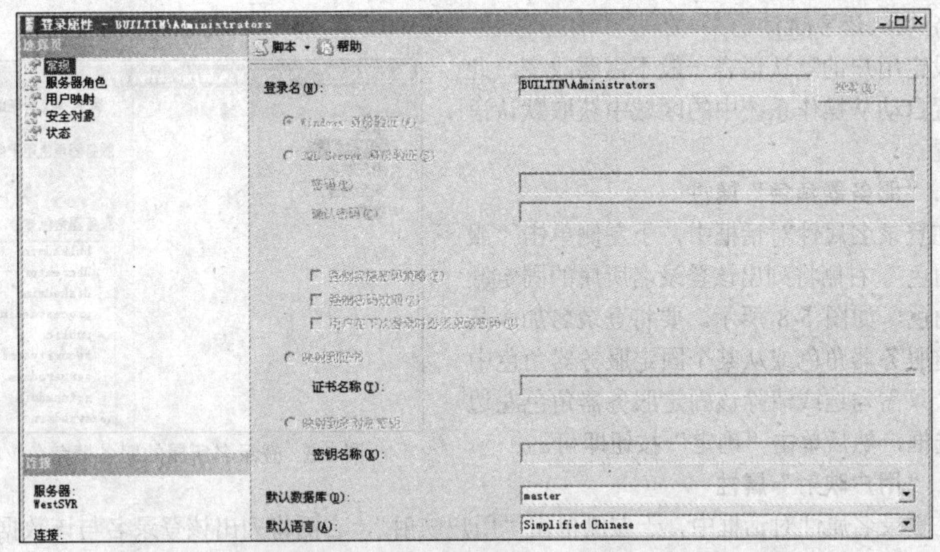

图 5-7　登录属性常规选项

(1) Windows 身份验证(W)：如果该选项被选中，说明此登录名只能以“Windows 身份验证”登录数据库实例。事实上说明该登录名已经映射到 Windows 系统中的用户帐户或组。登录名一旦确定，该选项不能被修改(呈灰色显示)。

(2) SQL Server 身份验证(S)：如果该选项被选中，说明此登录名只能以“SQL Server 身份验证”登录数据库实例，也说明该登录名是一个 SQL Server 登录名。登录名一旦确定，该选项不能被修改(呈灰色显示)。

“密码(P)”和“确认密码(C)”：如果是 SQL Server 登录名，则可以于此处修改其登录密码。如果是映射到 Windows 系统的用户帐户或组的登录名，此选项不可修改(可以在 Windows 系统中修改此登录名所映射到的用户帐户的密码)。

“强制实施密码策略(F)”、“强制密码过期(X)”和“用户在下次登录时必须更改密码(U)”：如果要对用户登录名实施这些策略，则勾选其左边的复选框。此三项仅对 SQL Server 登录名适用(但是这些策略均来自运行该数据库引擎实例的 Windows Server 计算机组策略中相应的密码策略和帐户锁定策略)，如果要对映射到 Windows 系统的用户帐户或组的登录名实施相应的选项，则直接在 Windows 系统中通过相应的组策略实施，有关组策略内容可参阅 Windows Server 的书籍。

(3) “映射到证书”和“映射到非对称密钥”：登录名也可以映射到证书或非对称密钥，本书不讨论映射到证书或非对称密钥的登录名，读者可参阅 SQL Server 联机丛书中的相关内容，有关证书和非对称密钥的知识，可参阅 Windows Server 书籍(或其帮助文档)中的“公钥基础结构”篇章。

2) 默认数据库(D)

此处指定当用户以该登录名登录数据库实例时，实例中的哪个数据库将成为该用户的默认数据库。如果不用“USE”语句显式地更改当前数据库，则该用户的所有操作都是针对此处指定的默认数据库。例如，当用户在 SQL Server 管理控制台的工具栏中单击“新建查询(N)”以打开一个 T-SQL 查询窗口时，此处设定的默认数据库将成为当前数据库并出现在工具栏“当前数据库”下拉列表框中。

3) 默认语言(A)

设定用户的默认语言一般不需要改变。此处设置自动从操作系统中的区域中获取默认语言设置。

2. “服务器角色”属性

在登录名属性对话框中，于左侧单击“服务器角色”，右侧将列出该登录名所属的固定服务器角色，如图 5-8 所示。要将登录名加入某个固定服务器角色或从某个固定服务器角色中删除，只需勾选或清除该固定服务器角色左边的复选框，然后单击“确定”按钮即可。

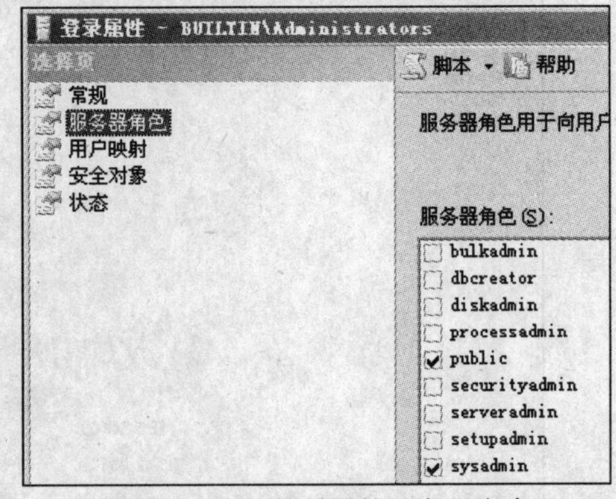

图 5-8　登录名所属的服务器角色

3. “用户映射”属性

在登录名属性对话框中，于左侧单击“用户映射”，右侧将列出该登录名与该数据库实例中的哪些数据库内的用户名形成了映射关系，如图 5-9 所示。只有与数据库内的用户名形成了映射关系的登录名才可连接并访问此数据库(“sysadmin”固定服务器角色的成员除外)。如果数据库名左边的复选框没有被勾选，则说明该登录名尚未映射到此数据库库内的任何用户(例如图中的“master”数据库)。若要建立映射关系，可勾选此数据库左边的复选框，此时“用户”列将自动显示一个用户名(此用户名可以不是数据库中已存在的用户名，它可以被创建，例如图中的“sb”)。默认情况下，此用户名与登录名的名字相同，也可以将此用户名改成其他名字(例如图中的“sbTemp”)。要将此数据库用户加入该数据库内的某个数据库角色，可勾选此对话框下部“数据库角色成员身份”中所列出的相应的数据库角色，然后单击“确定”按钮。如果在数据库中尚未有相应的数据库用户，则此用户将自动被创建。有关数据库用户及角色的详情参见 5.4 节内容。

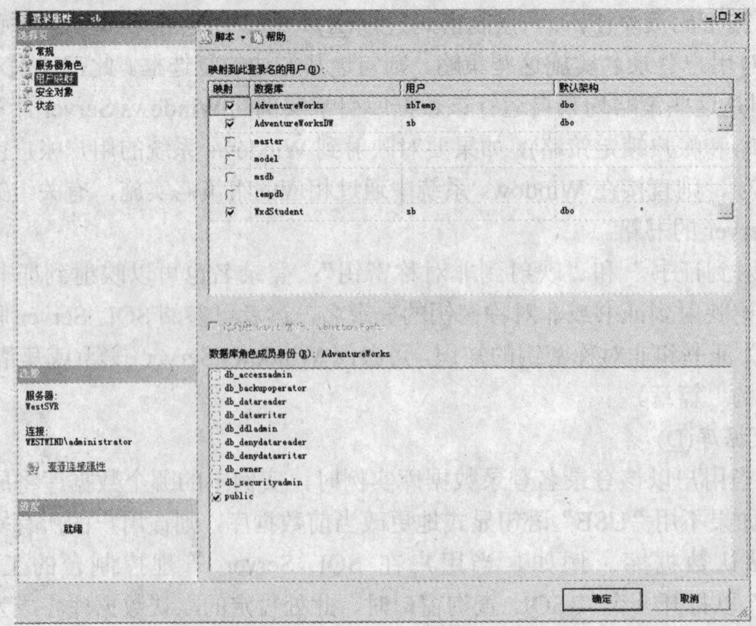

图 5-9　登录名与数据库中用户的映射关系

4. “安全对象”属性

在登录名属性对话框中，于左侧单击“安全对象”，右侧将列出该登录名在此数据库实例中的权限，如图 5-10 所示。

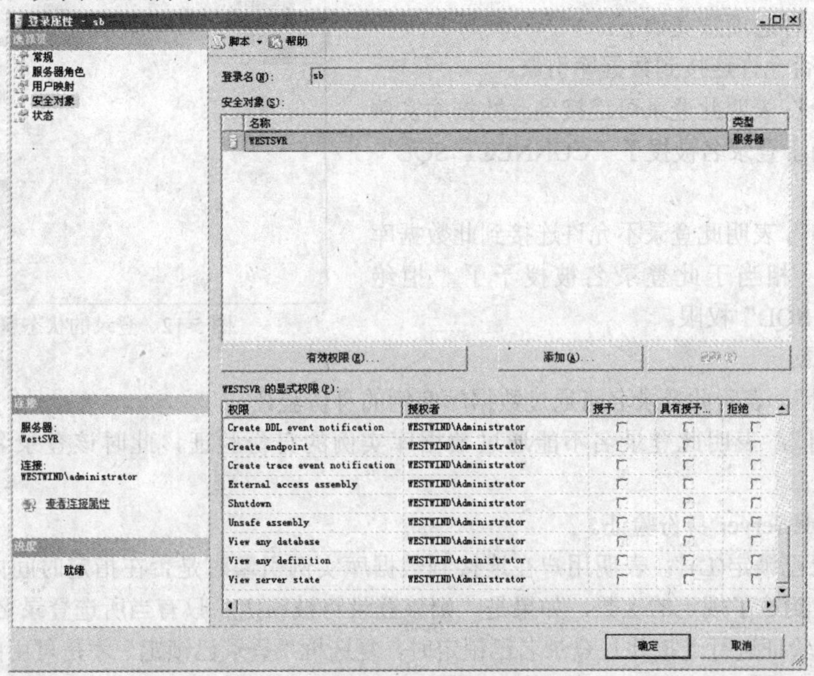

图 5-10　显示登录所拥有的权限

单击“添加”可以将该项添加到上部网格(例如单击“添加”|“特定类型的所有对象(T)”|“确定”|“服务器”|“确定”，将数据库服务器“WestSVR”添加至上部网格)。在上部网格中选中一个项，然后在“显式权限”网格中将显示该登录名对此安全对象有哪些显式权限，也可为其设置适当的权限(在下部网格中找到相应的权限，分别勾选“授予”或“拒绝”。如果勾选“具有授予权限”，则表明该登录可将此权限授予其他登录)。该图所示操作与配置数据库用户或角色的“安全对象”属性的操作相似，可结合图 5-18～图 5-20 的操作一起体会。

此页仅显示那些显式授予或拒绝的权限。通过组或角色中的成员身份，可能隐式拥有对这些安全对象或其他安全对象的其他权限。这些网格中没有列出通过组或角色中的成员身份获取的权限。所有显式和隐式权限的总和构成其有效权限。

可以这样查看登录对某个安全对象的所有有效权限：在安全对象网格中，选中某个“安全对象”(例如服务器“WestSVR”)，单击按钮“有效权限(E)...”，将列出此登录对该安全对象的有效权限，如图 5-11 所示。

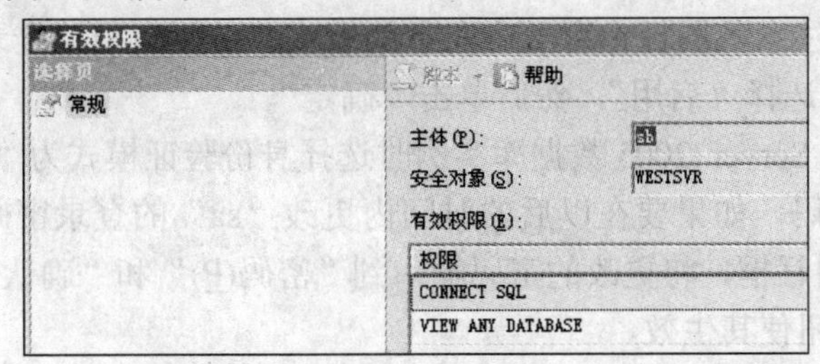

图 5-11　登录对安全对象的显式权限

5. “状态”属性

在登录名属性对话框中，于左侧单击“状态”，右侧将列出该登录名在此数据库实例中的状态，见图 5-12。各选项意义如下：

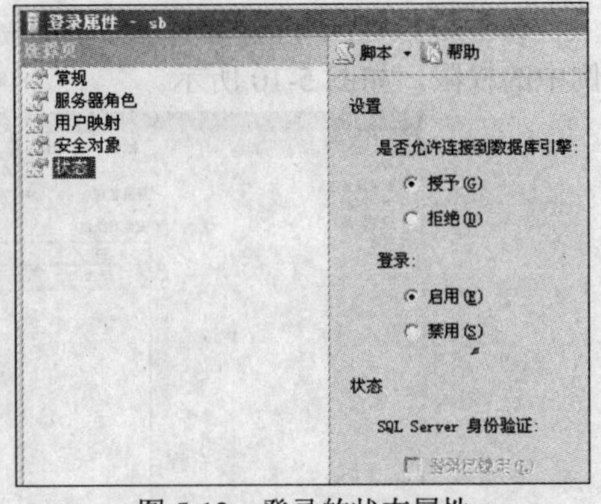

图 5-12　登录的状态属性

(1) 是否允许连接到数据库引擎。

“授予”：表明此登录可连接到此数据库实例引擎，相当于登录名被授予“CONNECT SQL”权限。

“拒绝”：表明此登录不允许连接到此数据库实例引擎，相当于此登录名被授予了“拒绝 CONNECT SQL”权限。

(2) 登录。

“启用”：表明此登录名可通过数据库实例的身份验证。

“禁用”：表明此登录名不能通过数据库实例的身份验证，此时该登录名存在但不可用。

(3) SQL Server 身份验证。

“登录已锁定(L)”：表明用户在连接到数据库实例引擎时是否在指定时间内输入的错误密码次数到达了规定的次数，如果是，则该登录将被锁定。只有当所选登录名使用 SQL Server 身份验证进行连接并且登录名已锁定时，复选框“登录已锁定”才是可用的，数据库管理员可清除此复选框以为此登录解锁。SQL Server 数据库引擎的帐户锁定策略来自于运行该实例的 Windows Server 计算机系统中的帐户锁定策略，此策略可设定用户登录到 Windows 网络中时，如果在一定时间内(默认为 10 分钟)连续输入了几次(默认为 3 次)错误的密码，则该帐户将被锁定一段时间(默认为 60 分钟)，在这一段时间内此帐户是不能再登录到 Windows 网络中的。

在 SQL Server 2005 数据库实例中，有两个非常特殊的登录名，这两个登录名在安装 SQL Server 2005 时就已经创建好了。下面简要介绍这两个登录名。

(1) “sa”登录名：SQL Server 2005 实例中的“sa”登录名如同 Windows 系统中的“Administrator”用户账户(注意，这里的“Administrator”用户帐户是在安装 Windows 操作系统时的原始系统管理员帐户)，可见其地位之重要。“sa”登录名不可以被删除，也不可以将其从固定服务器角色“sysadmin”中移除，只可以被重命名(这也类似于 Windows 系统中的“Administrator”帐户)。由此可见，该登录名的密码应该足够复杂，最好符合强密码要求，否则可能在安全方面对数据库实例造成极大的危害。也正因为此，默认情况下，该登录名并没有被启用，注意其图标中有一个向下的箭头。若要启用该登录名，可打开其类似图 5-12 所示的属性，选择“启用”，然后单击“确定”。

如果在安装 SQL Server 2005 数据库实例时选择身份验证模式为“混合验证模式”，则可在安装时设置其密码。如果要在以后的时间内更改“sa”的登录密码，可打开其类似图 5-7 所示的常规属性对话框，将更改的密码输入到“密码(P)”和“确认密码(C)”文本框中，然后单击“确定”按钮使其生效。

(2) “BUILTIN\Administrators”登录名：运行 SQL Server 2005 数据库实例的计算机中

的内置 Windows 系统管理员组(Administrators)映射到此登录名。Windows 系统管理员登录到计算机之后，可通过此登录名以“Windows 身份验证”的方式连接至 SQL Server 2005 数据库实例。本书大部分以 SQL Server 管理控制台连接到数据库实例时均采用这种信任连接方式。默认情况下，该登录名属于固定服务器角色“sysadmin”中的成员，因而可以在数据库实例中执行任何操作。

注意，如果 SQL Server 2005 安装在最新的 VISTA(或 Windows Server 2008)系统上，则默认情况下，将不会为计算机中的内置 Windows 管理员(Administrators)组创建此登录名，这意味着即使是 VISTA 的系统管理员也不能通过“Windows 身份验证”方式连接至 SQL Server 2005 实例。这也是为了提高 SQL Server 2005 数据库实例的安全性。

若要在 VISTA 下为其系统管理员组创建登录名，可按 5.3.2 节所述常规方法进行创建，或打开 SQL Server 外围应用配置器进行“添加新管理员”的操作。

5.3.2 Windows 登录名

用户若选择以“Windows 身份验证”的方式连接到 SQL Server 2005 数据库实例，此时用户将自动向 SQL Server 2005 数据库实例出示其 Windows 帐户身份。尽管该用户已经通过了 Windows 系统的验证，但如果在 SQL Server 2005 数据库实例中没有与其帐户(或该帐户所属的 Windows 组)形成映射的登录名，则该用户将不能成功地连接到数据库实例。这种登录名称之为 Windows 登录名。

所以，以“Windows 身份验证”的方式连接到数据库实例的用户必须首先在该数据库实例中已经具备与其帐户(或该帐户所属的 Windows 组)相关的登录名。管理员必须要为这些用户创建与其 Windows 帐户(或该帐户所属的 Windows 组)形成映射的登录名。

可以通过 SQL Server 管理控制台或直接运行相关 T-SQL 语句的方式来创建与 Windows 帐户或组相映射的登录名。

采用 SQL Server 管理控制台创建与 Windows 帐户或组相映射的登录名，可按以下步骤进行：

(1) 打开 SQL Server 管理控制台，以数据库管理员的身份登录进入 SQL Server 2005 数据库实例(例如以该数据库服务器的 Windows 系统管理员身份登录该数据库服务器，然后再以“Windows 身份验证”连接至数据库实例。默认情况下，Windows 管理员组“administrators”已经在该数据库服务器的所有实例中有与其相对应的登录名，且该登录名是固定服务器角色“sysadmin”的成员)。

(2) 在对象资源管理器中展开节点“〈数据库实例名称〉”|“安全性”，右击“登录名”，选择“新建登录名(N)...”，弹出与图 5-7 相类似的属性对话框，在此页面中选择“Windows 身份验证(W)”，在“登录名(N)”文本框中输入要映射到的 Windows 用户帐户登录名或组名，格式为“<计算机名>\<用户帐户登录名或组名>”，例如“WestSVR\LiMei”(LiMei 为计算机 WestSVR 中的用户帐户登录名称)或“WestSVR\SQLServerUsers”(SQLServerUsers 为计算机 WestSVR 中的组名称)。也可以单击“搜索(E)...”按钮，然后定位至相应的用户帐户或组。

(3) 该新建登录名对话框中的其他属性(例如“服务器角色”、“用户映射”等)的意义均与 5.3.1 节的描述相同，在此不再赘述，选择合适的设置即可。单击“确定”按钮，完成创建与 Windows 帐户或组相映射的登录名。

运行相关 T-SQL 语句创建与 Windows 帐户或组相映射的登录名，可按以下步骤进行：

(1) 打开 SQL Server 管理控制台，以数据库管理员的身份登录进入 SQL Server 2005 数据库实例。

(2) 单击工具栏“新建查询”按钮，打开 T-SQL 查询窗口，在此窗口输入代码清单 5-1 所示的代码并运行。

```
01:   CREATE LOGIN [WestSVR\LiMei] FROM WINDOWS
02:   WITH DEFAULT_DATABASE = WxdStudent
```

代码清单 5-1

对代码清单 5-1 的说明如下：

♦ 第 1 行代码使用关键字“CREATE LOGIN”表明创建登录名，其后紧跟登录名的名称“[WestSVR\LiMei]”。注意，如果从 Windows 帐户或组映射登录名，则登录名的名称必须用方括号“[]”括起来。关键字“FROM WINDOWS”表明此登录名是映射到 Windows 帐户或组的登录名。此行代码的完整意思为：创建一个名为“WestSVR\LiMei”的登录名，该登录名映射到计算机 WestSVR 中名为“LiMei”的 Windows 用户帐户。

♦ 第 2 行代码使用“DEFAULT_DATABASE”关键字指定该新创建的登录名的默认数据库为“WxdStudent”。此行代码也可省略，如果省略，则默认数据库为“Master”。

♦ 为 Windows 系统中的组创建登录名的方法与代码清单 5-1 差不多，只需将“[WestSVR\LiMei]”换成相应的组名称表达式即可。例如，如果要为计算机“WestSVR”中的组“SQLServerUsers”创建登录名，可运行代码清单 5-2 中的 T-SQL 语句。创建好登录名之后，该组“SQLServerUsers”中的成员都可以通过“Windows 身份验证”的方式连接至该数据库实例。

```
01:   CREATE LOGIN [WestSVR\SQLServerUsers] FROM WINDOWS
02:   WITH DEFAULT_DATABASE = WxdStudent
```

代码清单 5-2

读者可于此处完成本章上机实验二，以加深对 Windows 登录名的认识体会。

5.3.3 SQL Server 登录名

用户若选择以“SQL Server 身份验证”的方式连接到 SQL Server 2005 数据库实例，则此时用户需要向 SQL Server 2005 数据库实例出示其 SQL Server 登录名和密码。由数据库实例引擎对用户出示的登录名和密码进行验证，然后决定是否允许该用户的连接请求。如果数据库实例引擎中不存在用户出示的登录名或者登录名和密码有误，则连接请求被拒绝。因此用户能成功地以“SQL Server 身份验证”的方式连接到 SQL Server 2005 数据库实例的前提条件是：在该数据库实例中有该用户的 SQL Server 登录名。管理员需要为用户创建相应的登录名，并按实际需要分配权限。

仍然可以通过 SQL Server 管理控制台或直接运行相关 T-SQL 语句的方式来创建 SQL Server 登录名。

采用 SQL Server 管理控制台创建 SQL Server 登录名，可按以下步骤进行：

(1) 打开 SQL Server 管理控制台，以数据库管理员的身份登录进入 SQL Server 2005 数据库实例。

(2) 在对象资源管理器中展开节点“<数据库实例名称>”|“安全性”，右击“登录名”，选择“新建登录名(N)...”，弹出与图 5-7 相类似的属性对话框，在“登录名(N)”文本框中输入 SQL Server 登录名的名称(例如“sb”)，选中“SQL Server 身份验证(S)”，在“密码(P)”和“确认密码(C)”文本框中输入该登录名的密码。

(3) 该新建登录名对话框中的其他属性(例如“服务器角色”、“用户映射”等)的意义均与 5.3.1 节的描述相同，在此不再赘述，选择合适的设置后单击“确定”按钮，即可完成对 SQL Server 登录名的创建。

运行相关 T-SQL 语句创建 SQL Server 登录名，可按以下步骤进行：

(1) 打开 SQL Server 管理控制台，以数据库管理员的身份登录进入 SQL Server 2005 数据库实例。

(2) 单击工具栏“新建查询”按钮打开 T-SQL 查询窗口，在此窗口输入代码清单 5-3 所示的代码并运行。

```
01:  CREATE LOGIN sb
02:  WITH PASSWORD = 'password',
03:          DEFAULT_DATABASE = WxdStudent,
04:          CHECK_POLICY = OFF
```

代码清单 5-3

对代码清单 5-3 的说明如下：

◆ 由于是直接创建 SQL Server 登录名，所以第 1 行代码不能再使用关键字“FROM WINDOWS”。

◆ 第 2 行代码通过关键字“PASSWORD”指定该登录名的密码为“password”，注意密码要放在一对单引号之中，且密码区分大小写。

◆ 第 3 行代码指定该登录名的默认数据库为“WxdStudent”。该行若省略则其默认数据库为“Master”。

◆ 第 4 行代码通过关键字“CHECK_POLICY”指定是否实施密码策略，若为“OFF”则不实施密码策略，若为“ON”则强制实施密码策略。此处为不实施密码策略。再次强调此处的密码策略是指运行数据库实例的计算机中的 Windows 密码策略。此行代码也可省略，如果省略则默认为“ON”，也即会强制实施密码策略。如果未能通过密码策略，则会收到消息提示：密码有效性验证失败。这说明该密码不够复杂，不符合 Windows 策略要求。

读者可于此处完成本章上机实验三，以加深对 SQL Server 登录的认识。

5.3.4　与登录名相关的其他 T-SQL 语言

在前两节中我们看到，既可以通过 SQL Server 管理控制台这种图形用户界面来创建登录名，也可以通过“CREATE LOGIN”语句来实现。5.3.1节描述了如何通过SQL Server管理控制台来查看或修改登录名的属性。本节简要介绍一下其他与登录名相关的T-SQL语言。

1. ALTER LOGIN

该语句可对登录名按要求进行修改。

(1) 启用或禁用登录名：

```
ALTER LOGIN <LoginName> ENABLE|DISABLE
```

下面的代码将登录名“sb”禁用：

```
ALTER LOGIN sb DISABLE
```

(2) 修改登录名的密码：

```
ALTER LOGIN <LoginName> WITH PASSWORD = 'password'
```

下面的代码将登录名“sb”的密码修改为“123456”：

```
ALTER LOGIN sb WITH PASSWORD = '123456'
```

(3) 修改登录名的默认数据库：

```
ALTER LOGIN <LoginName> WITH DEFAULT_DATABASE = database
```

下面的代码将登录名“sb”的默认数据库修改为“WxdStudent”：

```
ALTER LOGIN sb WITH DEFAULT_DATABASE = WxdStudent
```

修改登录名的密码和默认数据库也可合并在一起执行，如下列语句所示：

```
ALTER LOGIN sb WITH PASSWORD = '123456',
DEFAULT_DATABASE = WxdStudent
```

2. DROP LOGIN

该语句可删除登录名。语法如下所示：

```
DROP LOGIN login_name
```

下列语句删除“sb”登录名：

```
DROP LOGIN sb
```

以上仅对“CREATE LOGIN”、“ALTER LOGIN”、“DROP LOGIN”作简要介绍，详细内容可参阅SQL Server联机丛书。

还有一些与登录名相关的系统存储过程：

1) sp_addsrvrolemember

该存储过程可将登录添加到固定服务器角色中使之成为其中一员，语法为

```
sp_addsrvrolemember
[ @loginame= ] 'login' ,
[ @rolename = ] 'role'
```

下列语句将登录“sb”添加到固定服务器角色“serveradmin”中：

```
EXEC sp_addsrvrolemember 'sb','serveradmin'
```

2) sp_dropsrvrolemember

该存储过程可将登录从固定服务器角色中移除使之不再是其中一员，语法为

```
sp_dropsrvrolemember
[ @loginame = ] 'login' ,
```

[@rolename =] 'role'

下列语句将登录“sb”从固定服务器角色“serveradmin”中移除：

EXEC sp_dropsrvrolemember 'sb','serveradmin'

3) sp_helplogins

该存储过程提供有关每个数据库中的登录及相关用户的信息，语法为

sp_helplogins [[@LoginNamePattern =] 'login']

运行时如果未指定登录名(login)，则返回有关所有登录的信息。下列语句返回有关登录“sa”的信息：

EXEC sp_helplogins 'sa'

运行结果如图 5-13 所示。

结果　消息

	LoginName	SID	DefDBName	DefLangName	AUser	ARemote
1	sa	0x01	master	简体中文	yes	no

	LoginName	DBName	UserName	UserOrAlias
1	sa	master	db_owner	MemberOf
2	sa	master	dbo	User
3	sa	model	db_owner	MemberOf
4	sa	model	dbo	User

图 5-13　有关登录“sa”的信息

4) sp_helpsrvrole

该存储过程返回数据库实例中的固定服务器角色。下列语句可以查看数据库实例中的所有固定服务器角色：

EXEC sp_helpsrvrole

5) sp_helpsrvrolemember

该存储过程可查看固定服务器角色中的成员，语法为

sp_helpsrvrolemember [[@srvrolename =] 'role']

上述语句不带参数运行时将返回所有固定服务器角色中的成员，下列语句返回固定服务器角色“sysadmin”中的成员状况：

EXEC sp_helpsrvrolemember 'sysadmin'

运行结果如图 5-14 所示。

结果　消息

	ServerRole	MemberName	MemberSID
1	sysadmin	sa	0x01
2	sysadmin	BUILTIN\Administrators	0x01020000000000052000000002...
3	sysadmin	NT AUTHORITY\SYSTEM	0x010100000000000512000000

图 5-14　显示固定服务器角色“sysadmin”中的成员

有关存储过程的详情参见本书第 6 章内容。

5.4　创建和管理数据库用户

在上一节创建的登录(例如“WestSVR\LiMei”、“sb”等)尽管可以成功地连接至数据库实例(WestSVR 中的默认实例)，但并不能成功地访问数据库实例中的数据库(例如“WxdStudent”)。原因就是这些登录并没有在其要访问的数据库(例如“WxdStudent”)中有与之相对应的数据库用户，这些登录可以通过图 5-1 中第 1 步的身份验证，但却无法通过第 2 步的数据库授权。事实上，在默认情况下(数据库中的用户“guest”没有启用的时候)，所有的登录若要访问某数据库(例如执行查询、删除、修改等操作)，都必须在该数据库中有与之相对应的用户。只有一种例外，就是固定服务器角色“sysadmin”中的成员不需要在数据库中有相应的用户就可以对该数据库执行任何操作，因为该固定服务器角色可以在数据库实例的范围内执行任何操作(当然包括其中的数据库)。

数据库管理员需要在数据库中为不同的登录创建相应的数据库用户，并按实际需求赋予其合适的权限。

5.4.1　特殊的数据库用户“guest”

在正式介绍数据库用户之前，首行了解数据库实例中每个数据库都有的一个特殊用户——“guest”。

guest 是所有 SQL Server 数据库中均提供的一种特殊用户帐户，不能从任何数据库中删除该帐户。如果使用未在数据库中分配用户帐户的登录名进行连接(本章上机实验二、三即为此类情况)，并且该连接引用该数据库中的对象，则它仅具有分配给该数据库中的 guest 帐户的权限。也就是说，此时登录是以 guest 的身份来访问数据库的。

在默认情况下，guest 用户帐户并未启用，所以当使用未在数据库中分配用户帐户的登录名进行连接时均会失败(本章上机实验二、三也属此类情况)。

可以这样查看 guest 用户的启用状况：通过 SQL Server 管理控制台连接到数据库实例，在对象资源管理器中展开节点“<数据库实例名称>”|“数据库”|“<数据库名称>”|“安全性”，单击“用户”，在“对象资源管理器详细信息”中将列出该数据库中的所有用户，其中当然包括 guest 用户，如果 guest 的图标中有一个向下的箭头，则表明该用户未被启用，如图 5-15 所示。

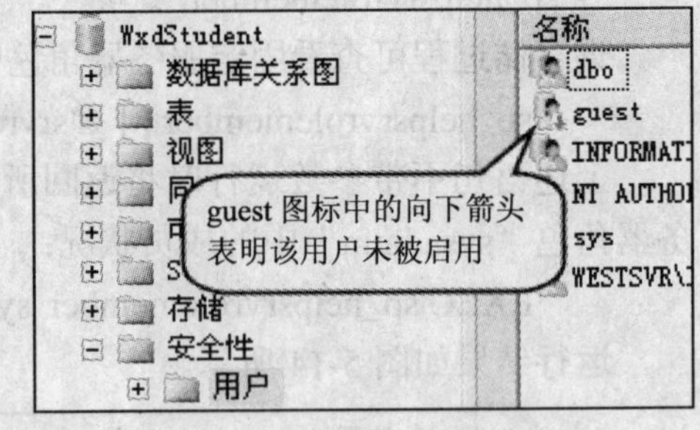

图 5-15　数据库中的用户

必须通过运行相应的 T-SQL 语句才可以启用 guest 用户，管理员可以运行下面的 T-SQL 代码来启用 guest 用户帐户：

```
GRANT CONNECT TO guest
```

运行完毕之后，刷新“用户”节点，可以看到 guest 图标中的向下箭头已经消失了，表明该用户帐户已经启用。

读者可于此处完成本章上机实验四的内容，以加深对guest用户帐户的认识。

5.4.2 创建数据库用户

为了使登录能访问数据库，必须要在数据库中专门创建映射到此登录的用户。仍然可以通过SQL Server管理控制台或运行相应的T-SQL语句来创建数据库用户。

1．通过SQL Server管理控制台创建数据库用户

1) 直接通过登录名的“用户映射”属性创建数据库用户

可以直接通过打开登录名的属性页，定位至其“用户映射”选项，然后勾选需要在其中创建相应用户的数据库，详情可参阅5.3.1节对“用户映射”属性的描述(见图5-9)，此处不再赘述。

2) 通过数据库中的“用户”创建数据库用户

操作步骤如下：

通过SQL Server管理控制台连接到数据库实例，在对象资源管理器中展开节点“<数据库实例名称>”|“数据库”|“<数据库名称>”|“安全性”，右击节点“用户”，选择“新建用户(N)...”，弹出图5-16所示的“数据库用户-新建”对话框。

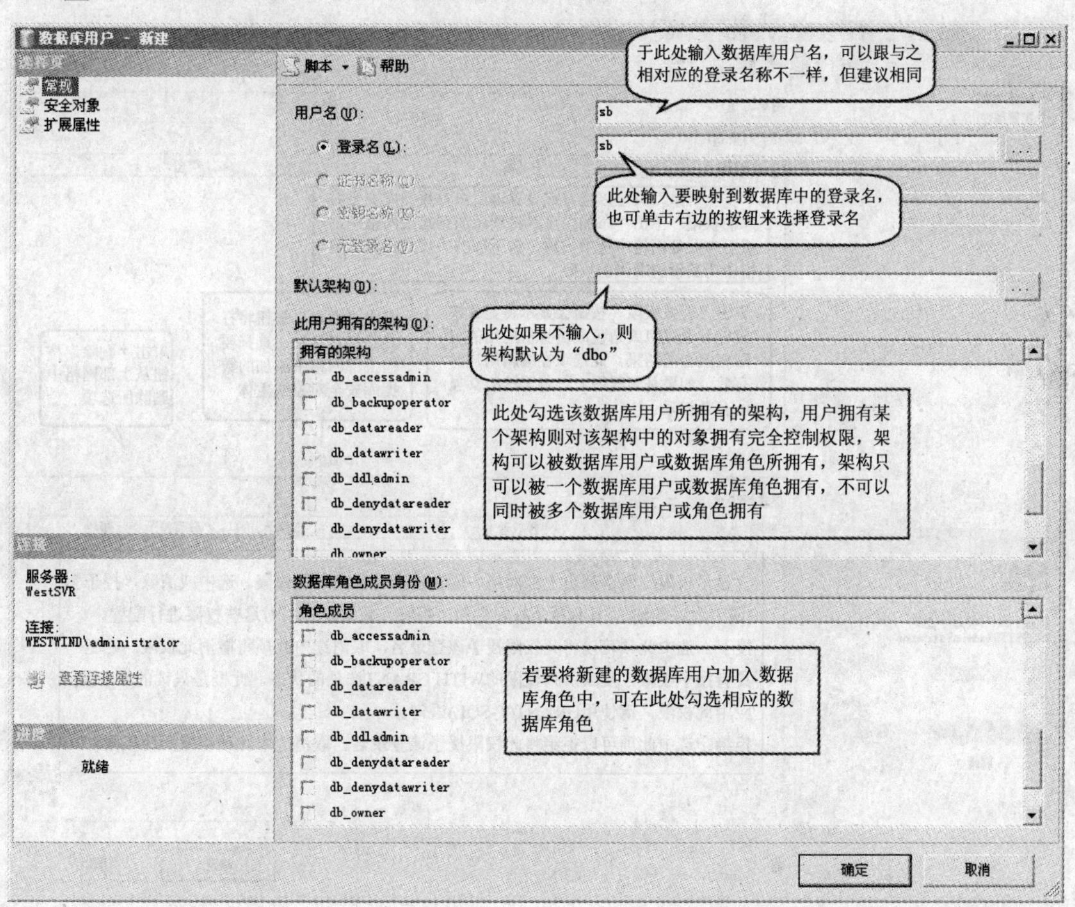

图5-16 “数据库用户-新建”对话框

下面是对图 5-16 中相关选项的说明：

♦ 用户名(U)：于此处输入数据库用户名，可以跟与之相对应的登录名称不一样，但建议相同。如果正在编辑现有用户，则不能更改此选项。

♦ 登录名(L)：此处输入要映射到数据库中的登录名，也可单击右边的按钮来选择登录名。如果正在编辑现有用户，也不能更改此选项。

♦ 默认架构(D)：在此处显式输入新建数据库用户的默认架构，如果不输入，则架构默认为“dbo”。注意，在创建映射到 Windows 组登录的数据库用户时，不能指定其默认架构，如果创建的是映射到 Windows 帐户登录的数据库用户，则可以指定其默认架构。

♦ 此用户拥有的架构(O)：此处勾选该数据库用户所拥有的架构，用户拥有某个架构则对该架构中的对象具有完全控制权限，架构可以被数据库用户或数据库角色所拥有，一个架构只可以被一个数据库用户或数据库角色拥有，不可以同时被多个数据库用户或角色拥有。

♦ 数据库角色成员身份(M)：若要将新建的数据库用户加入数据库角色中，可在此处勾选相应的数据库角色。

设置完毕“常规”选项之后，单击“安全对象”切换到图 5-17 所示的页面。

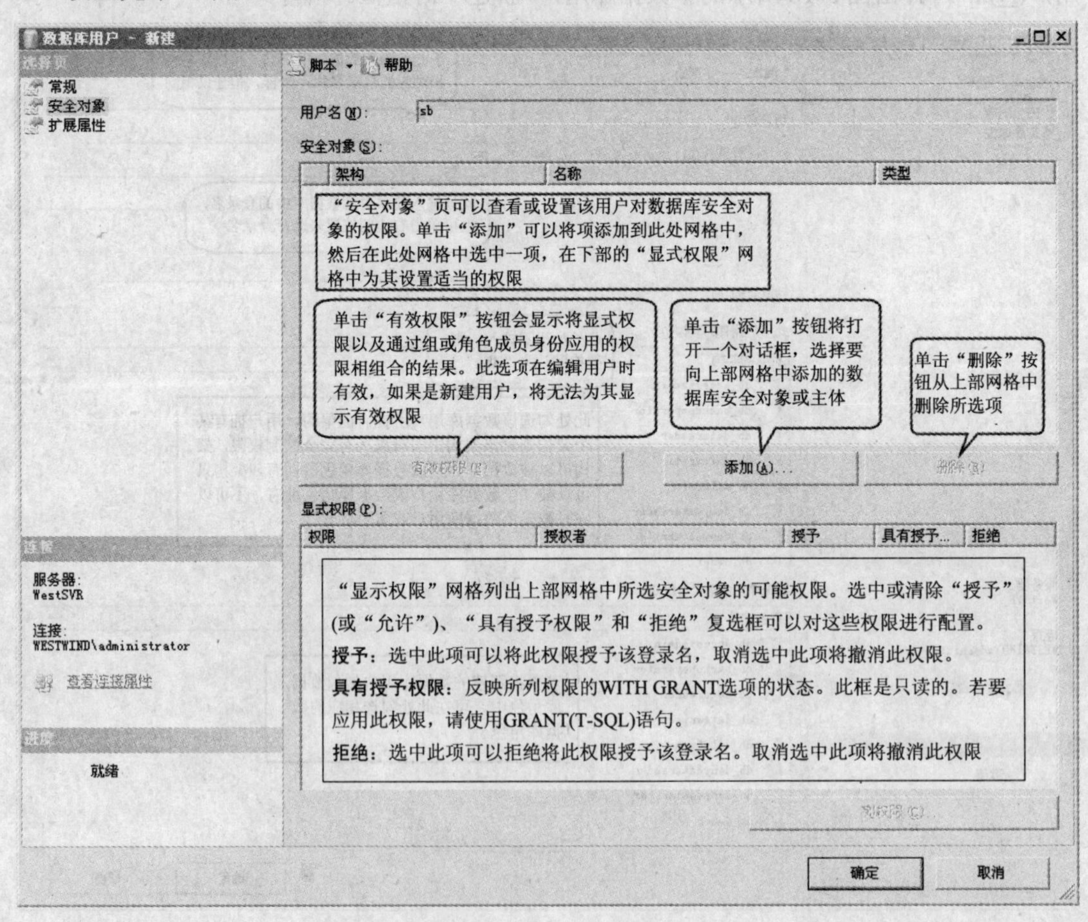

图 5-17　“安全对象”选项

下面是对图 5-17 中相关选项的说明：

♦ 安全对象(S)：查看或设置该用户对数据库安全对象的权限。单击“添加”可以将项添加到此处网格中，然后在此处网格中选中一项，在下部的“显式权限”网格中为其设置适当的权限。

♦ 有效权限(E)：单击“有效权限”按钮会显示将显式权限以及通过组或角色成员身份应用的权限相组合的结果。此选项在编辑用户时有效，如果是新建用户，将无法为其显示有效权限。

♦ 添加(A)：单击“添加”按钮将打开一个对话框，选择要向上部网格中添加的数据库安全对象或主体。

♦ 删除(R)：单击“删除”按钮从上部网格中删除所选项。

♦ 显式权限(P)：“显式权限”网格列出了上部网格中所选安全对象的可能权限。选中或清除“授予”(或“允许”)、“具有授予权限”和“拒绝”复选框可以对这些权限进行配置。

授予：选中此项可以将此权限授予该登录名，取消选中此项将撤消此权限。

具有授予权限：反映所列权限的 WITH GRANT 选项的状态。此框是只读的。若要应用此权限，则使用 GRANT(T-SQL)语句。

拒绝：选中此项可以拒绝将此权限授予该登录名。取消选中此项将撤消此权限。

在图 5-17 所示的“安全对象”选项中，单击“添加”按钮，打开图 5-18 所示的对话框。

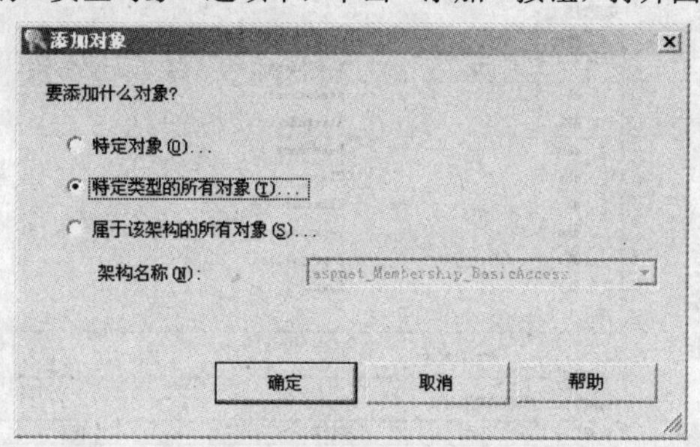

图 5-18　添加安全对象

下面是对图 5-18 中相关选项的说明：

♦ 特定对象(O)…：选中此项再单击“确定”按钮，可以精确地选择某一类安全对象的唯一实体，例如可以将选择对象设置为“表”，然后只选择其中的一个表(也可多选)，以将其添加到图 5-17 的上部网格中。

♦ 特定类型的所有对象(T)…：选中此项再单击“确定”按钮，可以将某一类安全对象的所有实体添加到图 5-17 的上部网格中。例如选择“表”，则可以将该数据库中的所有表添加到上部网格中。

♦ 属于该架构的所有对象(S)…：选中此项，然后在“架构名称(N)”下拉列表框中选择合适的架构，可以将此架构的所有对象添加到图 5-17 的上部网格中。

在图 5-18 中，选中“特定类型的所有对象(T)…”，单击“确定”按钮，弹出图 5-19 所示的对话框。

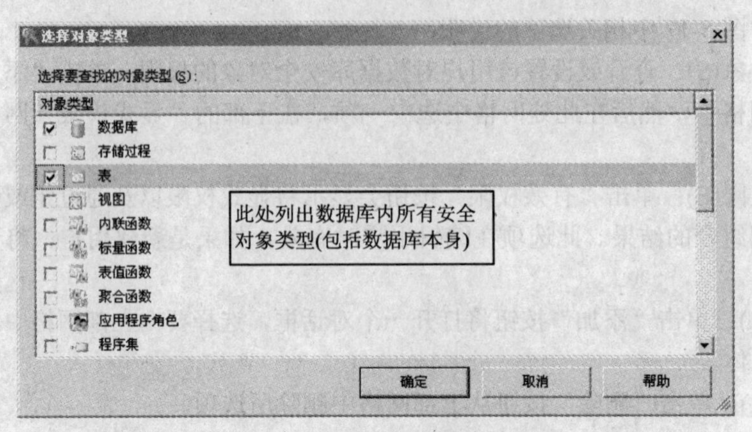

图 5-19　“选择对象类型”对话框

在 5-19 所示的对话框中，勾选“数据库”和“表”，然后单击“确定”按钮，此时图 5-17 将显示为图 5-20 所示的内容。可以重复“添加”过程以添加多个安全对象到上部网格中。

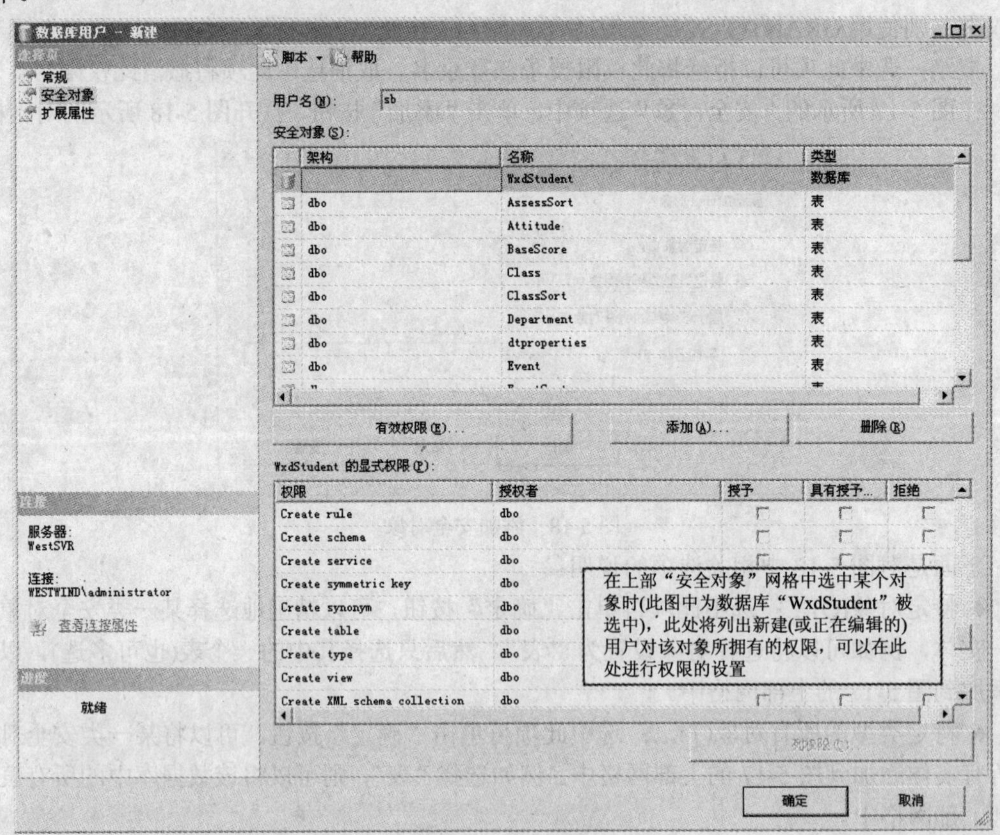

图 5-20　为用户设置安全对象的权限

根据图 5-17 的说明为此数据库用户设置合适的权限，最后单击“确定”按钮完成对新数据库用户的创建。

定位至节点“<数据库实例名称>”|“数据库”|“<数据库名称>”|“安全”|“用户”，可以查看到刚才创建好的新用户(必要时按下【F5】键以刷新)。

若要编辑该新建数据库用户，则右击该用户，选择“属性”。弹出的对话框与前述创建该用户时的对话框相同，可按前述操作进行设置，然后单击“确定”保存修改。

这种创建用户的方式可以对新建用户的权限进行非常精确的控制，可以对其进行许多小粒度权限的授予。也可以简化步骤，例如只需要在图5-16中完成用户名和登录名的输入，然后单击“确定”按钮就可以快速完成创建一个数据库用户的过程，以后可以通过编辑的方式(或通过T-SQL语句)再为其设置适当的安全权限。

2. 通过运行相关的T-SQL语句来创建数据库用户

可以使用“CREATE USER”T-SQL语句来创建数据库用户，其简单语法如下：

```
CREATE USER user_name
[ { { FOR | FROM } { LOGIN login_name }}] | [WITHOUT LOGIN]
[ WITH DEFAULT_SCHEMA = schema_name ]
```

对其语法简要说明如下：

♦ user_name：指定在此数据库中新创建的用户的名称，长度最多是128个字符。

♦ LOGIN login_name：指定要创建数据库用户的登录名。login_name必须是服务器中有效的登录名。当此登录名进入数据库时，它将获取正在创建的数据库用户的名称和ID，然后以此身份访问数据库。

♦ WITHOUT LOGIN：指定不应将用户映射到现有登录名，该新创建的用户可以作为guest连接到数据库，前提是该数据库中的guest用户已经启用。

♦ FOR|FROM：这两个关键字的意思是一样的，运行时二者只可选择其一，如果忽略FOR(或FROM)LOGIN，则新的数据库用户将被映射到同名的登录名。

♦ WITH DEFAULT_SCHEMA = schema_name：为新创建的用户指定默认架构，当服务器为此数据库用户解析对象名时将首先使用此架构。

下面通过举例说明。

代码清单5-4的T-SQL语句在数据库“WxdStudent”中创建数据库用户“WestSVR\SQLServerUsers”，由于省略了“FOR LOGIN”，因此该新建的用户默认映射至与其名称相同的Windows登录“WestSVR\SQLServerUsers”。注意，如果用户名称与Windows登录名相同，需要将其放在一对“[]”中。在通过T-SQL语句创建映射到Windows组登录的数据库用户时，仍然不能使用“WITH DEFAULT_SCHEMA”指定其默认架构，如果创建的是映射到Windows帐户登录的数据库用户，则可以使用“WITH DEFAULT_SCHEMA”指定其默认架构。

```
USE WxdStudent
GO
CREATE USER [WestSVR\SQLServerUsers]
```

代码清单5-4

代码清单5-5的T-SQL语句在数据库“WxdStudent”中创建数据库用户“sb”，该用户映射至SQL Server登录“sb”，并为其指定默认架构为“sb”。

```
USE WxdStudent
GO
CREATE USER sb FROM LOGIN sb
WITH DEFAULT_SCHEMA = sb
```

代码清单 5-5

读者可于此处完成本章上机实验五的内容，以加深对创建及使用数据库用户的认识体会。

5.4.3　对数据库用户授权

通过本章上机实验五的上机练习，读者可以体会到尽管已为登录(例如“sb”)在数据库中(该实验中为“WxdStudent”)创建了相应的数据库用户，该登录可以连接至数据库，但能执行的操作非常有限(该实验中连执行简单的查询“SELECT”语句都不能实现)。这是因为要想在数据库中执行某些操作，必须首先获得这些操作的权限。

在能够自如地对数据库用户进行授权之前，必须要先了解数据库权限的种类。

如果要进行细分，数据库中安全对象主体的权限非常多。尽管如此，对于初学者而言，还是有必要了解一些常见的数据库权限。

常见的数据库权限可以分为对数据库的权限、对表的权限、对视图的权限、对存储过程的权限等。

表 5-2 列出了数据库的一些基本权限。

表 5-2　数据库的基本权限

数据库的权限分类	说　明
CREATE DATABASE(创建数据库)	默认情况下该权限由固定服务器角色“sysadmin”和“dbcreator”所拥有。拥有该权限的用户可以在数据库实例中创建数据库
BACKUP DATABASE(备份数据库) BACKUP LOG(备份日志)	默认情况下该权限由固定服务器角色“sysadmin”、固定数据库角色“db_owner”和“db_backupoperator”所拥有。拥有该权限的用户可以对数据库及其日志进行备份操作
CREATE TABLE(创建表) CREATE VIEW(创建视图) CREATE PROCEDURE(创建存储过程) CREATE DEFAULT(创建默认约束) CREATE RULE(创建规则) CREATE FUNCTION(创建函数)	默认情况下该权限由固定服务器角色“sysadmin”、固定数据库角色“db_owner”和“db_ddladmin”所拥有。拥有这些权限者可分别创建表、视图、存储过程、默认约束、规则、用户函数
CREATE TRIGGER(创建触发器)	默认情况下该权限由固定服务器角色“sysadmin”、固定数据库角色“db_owner”和“db_ddladmin”以及定义该触发器的表的所有者所拥有。拥有该权限可以创建触发器

表5-3列出了表的一些基本权限。

表5-3 表的基本权限

表的权限分类	说 明
SELECT	该权限可浏览表或视图中的信息内容。默认情况下该权限由固定服务器角色“sysadmin”、固定数据库角色“db_owner”和“db_datareader”所拥有
INSERT	该权限可在表或视图中插入新行。默认情况下该权限由固定服务器角色“sysadmin”、固定数据库角色“db_owner”和“db_datawriter”所拥有。固定数据库角色“db_denydatawriter”的所有成员被拒绝此权限
UPDATE	该权限可更改表或视图中的数据。默认情况下该权限由固定服务器角色“sysadmin”、固定数据库角色“db_owner”和“db_datawriter”所拥有。固定数据库角色“db_denydatawriter”的所有成员被拒绝此权限
DELETE	该权限可删除表或视图中的数据。默认情况下该权限由固定服务器角色“sysadmin”、固定数据库角色“db_owner”和“db_datawriter”所拥有。固定数据库角色“db_denydatawriter”的所有成员被拒绝此权限

以上只列出一些常见的权限，其他权限可参阅SQL Server联机文档。

数据库管理员可以通过多种方式来对数据库用户授予适当的权限，下面分别予以介绍。

1．通过固定服务器角色授权

严格来说，这不能算作是对数据库用户授权的范畴，但是它或多或少也包含对数据库用户的授权。通过前面的介绍(5.2.1节)我们知道，固定服务器角色的成员拥有在数据库实例级范围之内的权限。如果需要委派某些用户执行数据库实例级的任务(例如创建数据库、备份数据库等)，最好的方式就是将这些用户的登录加入到相应的固定服务器角色之中。

固定服务器角色的成员若要访问该数据库实例中的数据库，仍然需要在该数据库中拥有与其登录相对应的数据库用户。这一点只有固定服务器角色“sysadmin”中的成员例外，该角色中的成员拥有在数据库实例级范围内的任何权限(包括对其中的数据库执行任何操作)。

有关固定服务器角色的详细介绍，请参见本章5.2.1节内容。

2．通过数据库角色授权

对数据库用户授权的最方便也是最容易管理的方式就是将该用户加入到合适的数据库角色中，加入到数据库角色中的用户将拥有该角色所拥有的全部权限(这与在Windows系统中将用户加入到组中然后只向组授权的目的是一样的)。这也是对数据库用户授权的推荐做法。

可以将数据库用户加入已经在每一个数据库中存在的固定数据库角色(这些角色已经预先定义好了其所拥有的权限)，也可以创建具有合适权限的自定义数据库角色，然后将相应的数据库用户加入其中。

1) 将用户加入固定数据库角色

每个数据库中都有9个预定义的固定数据库角色。不同的固定数据库角色均预先定义了不同级别的权限。针对数据库用户所需要的权限，可以选择一个与其所需权限接近的固定数据库角色，然后加入其中。例如，如果只需要用户“sb”能读取数据库中的表，则将该用户加入到“db_datareader”固定数据库角色就可以了。

可通过打开图5-5所示的“数据库角色属性”对话框，然后将相应的数据库用户加入，也可通过打开图5-16所示的“数据库用户-新建”对话框，然后勾选合适的数据库角色的方式来加入。具体请参见前述说明，此处不再赘述。

2) 将用户加入自定义数据库角色

如果所有的固定数据库角色所拥有的权限都不太符合管理员对用户授权的需要(例如，要将某些用户加入某数据库角色，并且只允许这些用户访问某些表中的某些列)，那么此时管理员可以手动创建自定义数据库角色，然后为该角色授予合适的权限，并将相应的用户加入到该数据库角色中。

(1) 通过SQL Server管理控制台创建自定义数据库角色，可按以下步骤进行(假设在数据库“WxdStudent”中创建一个名为“Class_FullControl”的自定义数据库角色，该角色只拥有对表“Class”的完全控制权限)：

通过SQL Server管理控制台连接到数据库实例，在对象资源管理器中展开节点“<数据库实例名称>”|“数据库”|“<数据库名称>”|“角色”，右击节点“数据库角色”，选择“新建数据库角色(N)...”，弹出图5-21所示的新建数据库角色的“常规”选项对话框。

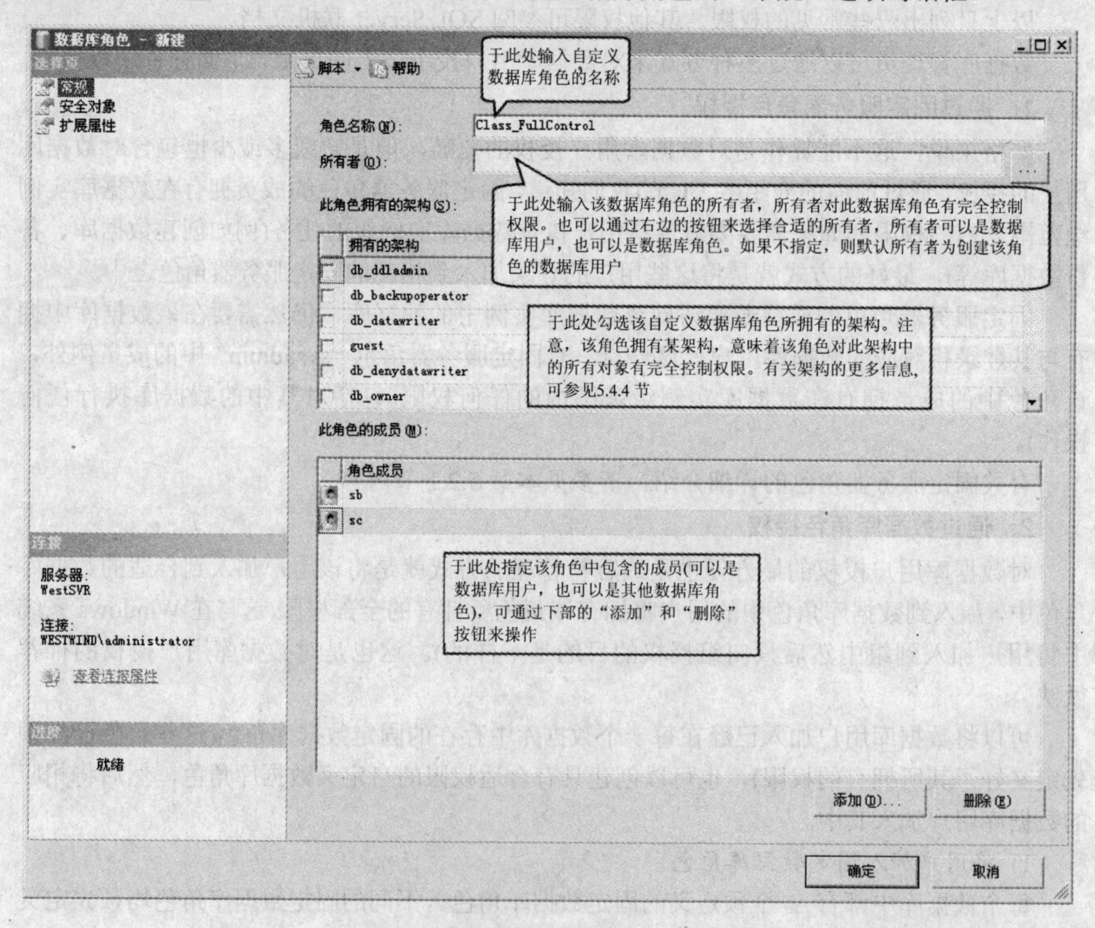

图5-21　新建数据库角色的“常规”选项

下面是对图5-21中相关选项的说明：

“角色名称(N)”：于此处输入自定义数据库角色的名称。

“所有者(O)”：于此处输入该数据库角色的所有者，所有者对此数据库角色有完全控制权限。也可以通过右边的按钮来选择合适的所有者，所有者可以是数据库用户，也可以是数据库角色。如果不指定，则默认所有者为创建该角色的数据库用户。

“此角色拥有的架构(S)”：于此处勾选该自定义数据库角色所拥有的架构。注意，该角色拥有某架构，意味着该角色对此架构中的所有对象有完全控制权限。

“此角色的成员(M)”：于此处指定该角色中包含的成员(可以是数据库用户，也可以是其他数据库角色)，可通过下部的“添加”和“删除”按钮来操作。本例中将数据库用户“sb”和“sc”加入此新建的数据库角色。

设置好“常规”选项之后，在图5-21中单击“安全对象”进入对该数据库角色设置其所拥有的安全权限对话框。该对话框与图5-17所示的新建数据库用户的“安全对象”对话框是完全一样的，具体操作设置也一样，此处不再赘述。对于本例，按前述要求操作，然后在图5-20所示对话框的上部网格中选中表“Class”，然后在下部网格中勾选“control”的授予权限复选项框。

设置完毕，单击“确定”按钮以完成该自定义数据库角色的创建。

在“对象资源管理器”中定位至节点“<数据库实例名称>”|“数据库”|“<数据库名称>”|“安全”|“角色”|“数据库角色”，可以查看到刚才创建好的自定义数据库角色(必要时按下【F5】键以刷新)。

若要编辑该自定义数据库角色，则右击该角色，选择“属性”。弹出的对话框与前述创建该角色时的对话框相同，可按前述操作进行设置，然后单击“确定”保存修改。

(2) 通过运行T-SQL语句创建自定义数据库角色

创建自定义数据库角色的T-SQL语法为

```
CREATE ROLE role_name [ AUTHORIZATION owner_name ]
```

对其语法简要说明如下：

♦ role_name：指定在此数据库中新创建的数据库角色名称，长度最多是128个字符，相当于图5-21中的“角色名称(N)”。

♦ AUTHORIZATION owner_name：将拥有新角色的数据库用户或角色。相当于图5-21中的“所有者(O)”。

下列语句创建一个名为“Class_FullControl”的数据库角色，并指定“dbo”数据库用户为其所有者：

```
CREATE ROLE Class_FullControl AUTHORIZATION dbo
```

如果要使用T-SQL语句将数据库用户加入数据库角色中，则需要使用系统存储过程“sp_addrolemember”。其语法为

```
sp_addrolemember [ @rolename = ] 'role',
[ @membername = ] 'security_account'
```

下列语句将数据库用户“sb”加入到数据库角色“Class_FullControl”之中：

```
EXEC sp_addrolemember 'Class_FullControl','sb'
```

如果要使用T-SQL语句为创建的数据库角色进行授权操作，需要用到“GRANT”、

“REVOKE”、“DENY”语句。

3. 使用 T-SQL 语句授权

可以直接运行 T-SQL 语句来对数据库用户或数据库角色进行授权操作。这些语句运行的目的其实与图 5-20 所示的操作一样，都是为数据库主体设置权限，只不过图 5-20 的操作是通过 SQL Server 管理控制台的图形用户界面实现的。

使用 T-SQL 语句授权需要用到三个语句，分别是 GRANT、REVOKE、DENY。下面分别予以讲解。

1) GRANT(授予)

“GRANT”是将安全对象的权限授予数据库用户或数据库角色，相当于图 5-20 下部网格中勾选“授予”列的操作。

其授予数据库级权限的简单语法为

GRANT <权限> TO <数据库角色或用户名称>

其授予表级权限的简单语法为

GRANT <权限> ON OBJECT:：<表> TO <数据库角色或用户名称>

下列语句将“CREATE TABLE”权限授予数据库用户“sb”：

GRANT CREATE TABLE TO sb

若要将该权限授予数据库角色，只需要用数据库角色名称替换上述代码中的“sb”即可。

下列语句将对表“Student”的“SELECT”权限授予数据库角色“Class_FullControl”：

GRANT SELECT ON OBJECT:: Student TO Class_FullControl

2) DENY(拒绝)

“DENY”是拒绝数据库用户或数据库角色拥有某安全对象的权限，相当于图 5-20 下部网格中勾选“拒绝”列的操作。

其拒绝数据库级权限的简单语法为

DENY <权限> TO <数据库角色或用户名称>

其拒绝表级权限的简单语法为

DENY <权限> ON OBJECT:：<表> TO <数据库角色或用户名称>

下列语句拒绝数据库用户“sb”拥有“CREATE TABLE”权限：

DENY CREATE TABLE TO sb

若要将该权限对数据库角色进行拒绝操作，只需要用数据库角色名称替换上述代码中的“sb”即可。

下列语句将对表“Student”的“SELECT”权限拒绝授予数据库角色“Class_FullControl”：

DENY SELECT ON OBJECT:: Student TO Class_FullControl

注意，拒绝某安全对象的权限和授予某安全对象的权限如果同时作用于某数据库角色或用户，则拒绝权限优先。例如，数据库用户“sb”被授予了对表“Student”的“SELECT”权限，数据库用户“sb”是数据库角色“Class_FullControl”中的成员，而数据库角色“Class_FullControl”被拒绝了对表“Student”的“SELECT”权限，则数据库用户“sb”仍被拒绝了对表“Student”的“SELECT”权限，即数据库用户“sb”不能查阅浏览表“Student”的数据。

3) REVOKE(吊销)

“REVOKE”是将先前对数据库用户或角色进行授予和拒绝的安全对象权限吊销的操作。相当于在图5-20下部网格中对“授予”列和“拒绝”列的复选框进行清除的操作。

其吊销数据库级权限的简单语法为

REVOKE <权限> FROM <数据库角色或用户名称>

其吊销表级权限的简单语法为

REVOKE <权限> ON OBJECT:: <表> FROM <数据库角色或用户名称>

下列语句将授予给数据库用户“sb”的“CREATE TABLE”权限吊销：

REVOKE CREATE TABLE FROM sb

若要用该权限对数据库角色进行吊销，只需要用数据库角色名称替换上述代码中的“sb”即可。

下列语句将授予给数据库角色“Class_FullControl”的表“Student”的“SELECT”权限吊销：

REVOKE SELECT ON OBJECT:: Student FROM Class_FullControl

读者可于此处完成本章上机实验六的内容，以加深对数据库角色和用户授权的认识体会。

5.4.4　用户与架构分离

在本章前面的内容中，我们在设置安全对象(数据库用户、角色等)的属性时已经见到不少有关架构的设置。本节主要对架构作一简单介绍。

在SQL Server 2005数据库中，每个对象都属于一个数据库架构。数据库架构是一个独立于数据库用户的非重复命名空间。可以在数据库中创建和更改架构，并且可以授予用户访问架构的权限。任何用户都可以拥有架构，并且架构所有权可以转移。

在SQL Server的早期版本中，数据库用户和架构在概念上是同一对象。从SQL Server 2005开始，用户和架构便区分开来，架构用作对象的容器。

下面举一个简单的例子说明。

假设数据库用户“sc”的默认架构为“sc”(可以打开该用户的属性对话框查阅到)，该用户登录到数据库服务器“WestSVR”的默认实例，并打开一个查询窗口运行下面的T-SQL语句：

```
USE WxdStudent
GO
SELECT * FROM Student
```

在上述查询语句中，因为数据库用户的默认架构为“sc”，所以事实上“SELECT”语句首先搜寻的是架构“sc”中的表“[sc].[Student]”，如果数据库中存在该表“[sc].[Student]”，则返回的结果是表“[sc].[Student]”的所有行。但是如果在数据库中不存在该表，则“SELECT”语句会继续搜寻架构“dbo”中的表“[dbo].[Student]”；如果存在该表“[dbo].[Student]”，则返回的结果是表“[dbo].[Student]”的所有行；如果连表“[dbo].[Student]”也不存在，则会返回一个无效表的错误。

在以前版本的 SQL Server 数据库中，用户与架构不可分离。仍以上面例子为例，数据库用户“sc”所拥有的架构就是“sc”，该用户创建的对象(例如表)默认情况下均为类似“[sc].[Table1]”、“[sc].[Table2]”等等这样的名字。假设该用户离开了，其他用户难以取得这些表的控制权，只能保留数据库用户名“sc”，造成数据库管理的混乱，所以以前版本的 SQL Server 均建议尽量将数据库对象创建在统一的架构“dbo”之下以方便管理。这就是为什么在上面例子中，在不存在表“[sc].[Student]”的情况下之所以还要继续搜寻架构“dbo”中的表“[dbo].[Student]”的原因，主要就是为了与以前版本的 SQL Server 数据库兼容。

在 SQL Server 2005 中，采用用户与架构分离的方式很好地解决了以前版本的上述问题。假设用户“sc”离开了，则其他用户只需要取得架构“sc”的所有权就可以了，取得架构“sc”的用户可以完全控制该架构下的所有对象，然后可以将数据库用户“sc”删除。

创建架构的方法比较简单，仍然可以通过 SQL Server 管理控制台或运行相应的 T-SQL 语句来实现。

1. 通过 SQL Server 管理控制台创建架构

(1) 打开 SQL Server 管理控制台，连接到数据库实例，在对象资源管理器中展开节点“<数据库实例名称>”|“数据库”|“<数据库名称>”|“安全性”，单击节点“架构”，在右方的对象资源管理器详细信息窗口中可以查阅已经存在的架构，如图 5-22 所示。

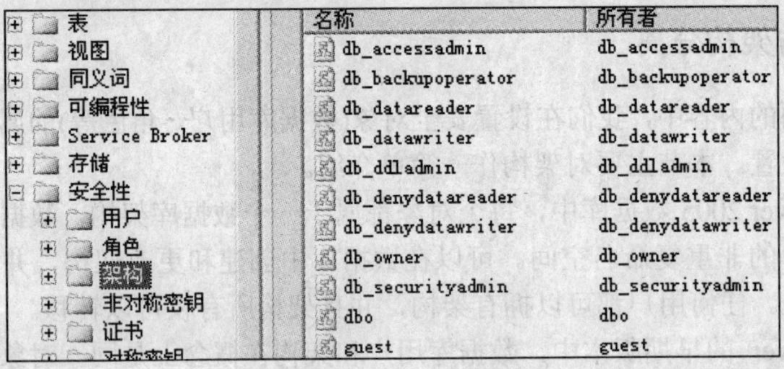

图 5-22　查阅已存在的架构

(2) 右击节点“架构”，选择“新建架构(N)...”，弹出图 5-23 所示的“架构-新建”对话框。

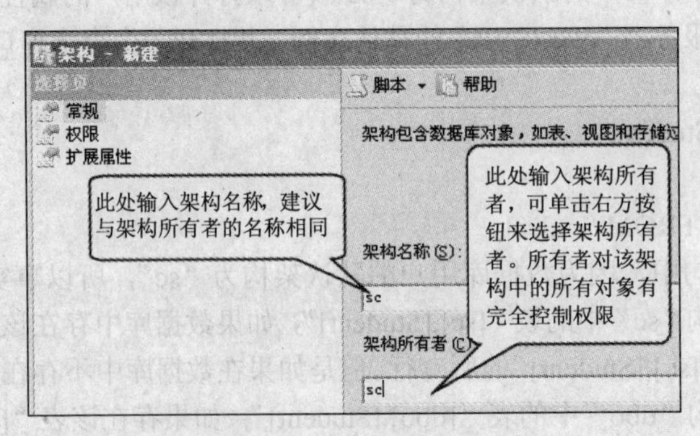

图 5-23　“架构-新建”对话框

以下为对图 5-23 所示选项的说明：

- 架构名称(S)：此处输入要创建的架构名称，建议与架构所有者的名称相同。

♦ 架构所有者(C)：此处输入架构所有者，可单击右方按钮来选择架构所有者。所有者对该架构中的所有对象有完全控制权限。注意，一个架构只能由一个主体所拥有。

(3) 单击“权限”，进入图 5-24 所示的页面。此页面可设置数据库用户或角色对该新建架构拥有怎样的权限。

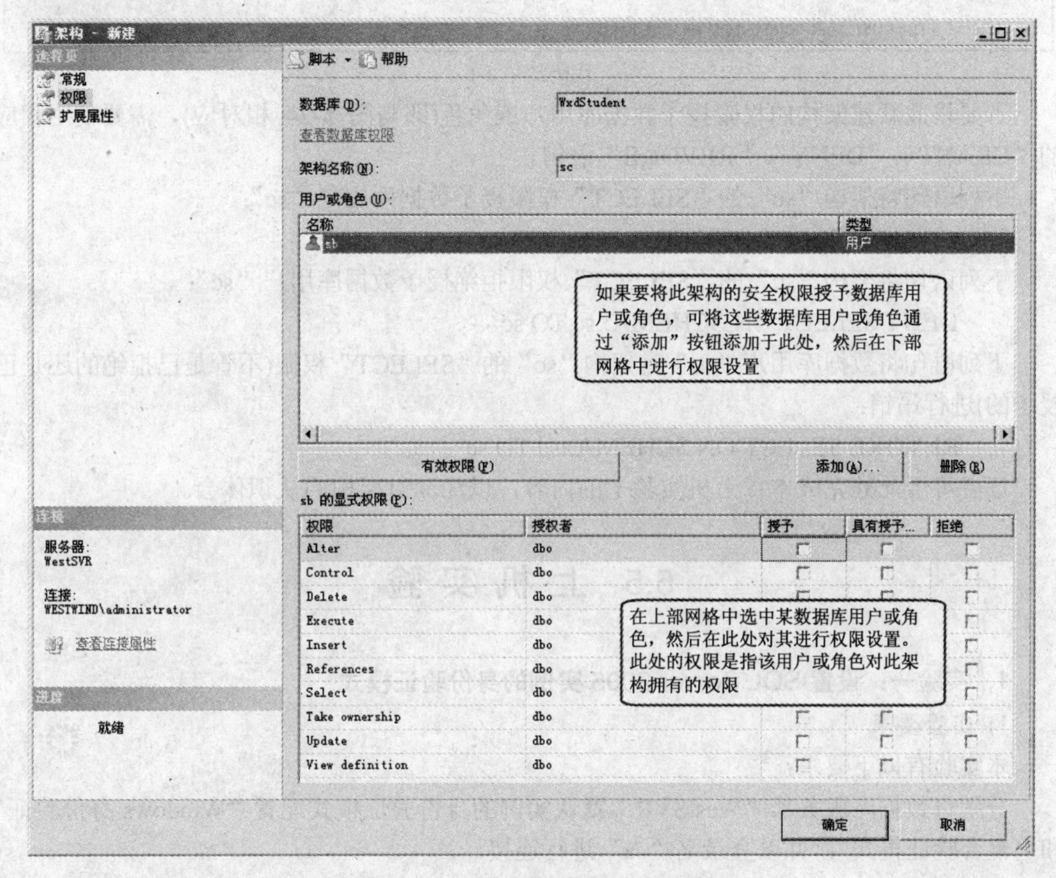

图 5-24　授予用户或角色对此架构的权限

以下为对图 5-24 所示选项的说明：

♦ 用户或角色(U)：如果要将此架构的安全权限授予数据库用户或角色，可将这些数据库用户或角色通过“添加”按钮添加于此处，然后在下部网格中进行权限设置。

♦ sb 的显示权限(P)：在上部网格中选中某数据库用户或角色，然后在此处对其进行权限设置。此处的权限是指该用户或角色对此架构拥有的权限。

(4) 单击“确定”按钮完成新架构的创建。

2．通过运行 T-SQL 语句创建架构

创建架构的 T-SQL 简要语法为

```
CREATE SCHEMA schema_name AUTHORIZATION owner_name
```

♦ schema_name：在数据库内标识架构的名称，对应图 5-23 中的“架构名称(S)”选项。

♦ AUTHORIZATION owner_name：指定将拥有架构的数据库级主体(例如用户或角色)的名称。此主体还可以拥有其他架构，并且可以不使用当前架构作为其默认架构，对应图 5-23 的“架构名称(S)”选项。注意，一个架构只能由一个主体所拥有。

代码清单 5-6 所示的 T-SQL 语句在数据库"WxdStudent"中创建一个名为"sc"的架构，并指定此架构的所有者为数据库用户"sc"：

```
USE WxdStudent
GO
CREATE SCHEMA sc AUTHORIZATION sc
```

代码清单 5-6

若要将此新建架构的权限授予数据库用户或角色(即与图 5-24 相对应)，需要使用相应的"GRANT"、"DENY"、"REVOKE"语句。

下列语句将架构"sc"的"SELECT"权限授予数据库用户"sc"：

```
GRANT SELECT ON SCHEMA::sc TO sc
```

下列语句将架构"sc"的"SELECT"权限拒绝授予数据库用户"sc"：

```
DENY SELECT ON SCHEMA::sc TO sc
```

下列语句将数据库用户"sc"对架构"sc"的"SELECT"权限(不管是已拒绝的还是已授予的)进行吊销：

```
REVOKE SELECT ON SCHEMA::sc TO sc
```

读者可于此处完成本章上机实验七的内容，以加深对架构的认识体会。

5.5 上机实验

1. 实验一：设置 SQL Server 2005 实例的身份验证模式

1) 实验要求

本实验有以下要求：

分别将数据库服务器"WestSVR"默认实例的身份验证模式配置"Windows 身份验证"和"混合验证模式"，并以登录名"sa"进行连接。

2) 实验目的

掌握如何设置 SQL Server 2005 身份验证模式，体会在不同模式的身份验证下可能会遇到的问题。

3) 实验步骤

(1) 以数据库服务器 WestSVR 管理员(此管理员为 Windows Server 2003 操作系统的管理员)的身份登录该服务器。打开 SQL Server 配置管理器，单击左方的树形图节点"SQL Server 2005 服务"，右方的详细窗格中列出该服务器的所有数据库服务。确保数据库默认实例引擎已启动。

(2) 打开"SQL Server Management Studio"，并连接到此数据库默认实例。在对象资源管器窗口中右击默认实例名称"WestSVR"，选择"属性"，在弹出的"服务器属性"对话框中单击"安全性"，然后在右方的"服务器身份验证"栏中单击"Windows 身份验证模式(W)"以启用 Windows 身份验证(如果该实例已经处于该验证模式，则此步骤略)。按要求重新启动此默认实例。

(3) 在对象资源管理器的默认实例下，依次展开节点"安全性"|"登录名"，注意登录

名“sa”的图标“sa”中的向下箭头，此箭头表明该登录名尚未启用，默认情况下，SQL Server 2005实例中的登录名“sa”并未被启用。右击该登录名，选择“属性”，在“登录属性-sa”对话框中，单击“常规”，在右方的“密码(P)”和“确认密码(C)”文本框中均输入密码“password”。

(4) 单击“状态”，在右方的登录选项中单击“启用”以启用该登录名(如果该登录名已处于启用状态，则此步骤略)。单击“确定”按钮。在对象资源管理器中右击“登录名”，选择“刷新”，注意此时登录名“sa”图标的变化。

(5) 单击对象资源管理器窗口中的图标“”以断开与默认实例的连接，再单击“连接(O)”|“数据库引擎(D)...”弹出“连接到服务器”对话框，在“服务器名称(S)”栏中选择“WestSVR”，在“身份验证(A)”栏中选择“SQL Server身份验证”，在“登录名(L)”和“密码(P)”栏内分别输入“sa”和“password”。单击“确定”按钮，将弹出连接错误的消息提示框。

(6) 单击“确定”按钮关闭该消息提示框，然后在“身份验证(A)”栏中选择“Windows身份验证”并单击“确定”按钮重新连接到数据库默认实例“WestSVR”。重复本实验的第(2)步骤，但此次在“服务器身份验证”栏中单击“SQL Server和Windows身份验证模式(S)”以启用混合验证模式。

(7) 再次重复本实验第(5)步骤，可以看到此次“sa”将成功地以“SQL Server身份验证”的方式连接到数据库默认实例“WestSVR”。

2．实验二：创建并使用Windows登录名

1) 实验要求

本实验有以下要求：

(1) 分别采用SQL Server管理控制台和T-SQL语句创建Windows登录名。

(2) 以相应的Windows帐户登录计算机，然后以可信任连接的方式连接至SQL Server 2005数据库实例引擎。

2) 实验目的

掌握创建Windows登录名的方法，体会信任连接至数据库实例的过程。

3) 实验步骤

(1) 以数据库服务器WestSVR管理员(此管理员为Windows Server 2003操作系统的管理员)的身份登录该服务器。单击“开始”|“控制面板”|“管理工具”，双击“计算机管理”，展开节点“计算机管理(本地)”|“系统工具”|“本地用户和组”，右击节点“用户”，选择“新用户(N)...”。按照这种方式创建三个用户帐户，帐户名分别为“LiMei”、“LiuTao”、“SongQing”，密码均为“password”，创建时清除“用户下次登录时须更改密码(M)”复选项框。

(2) 右击节点“组”，选择“新建组(N)...”。按照这种方式创建两个组，组名分别为“SQLServerUsers”、“SQLServerAdmins”。将用户帐户“LiuTao”加入“SQLServerUsers”，用户帐户“SongQing”加入“SQLServerAdmins”。以上创建用户和组的过程均比较简单，详情不在此赘述。

(3) 打开SQL Server配置管理器，单击左方的树形图节点“SQL Server 2005服务”，右方的详细窗格中列出该服务器的所有数据库服务。确保数据库默认实例引擎已启动。

(4) 打开“SQL Server Management Studio”，并连接到此数据库默认实例。单击“新建查询(N)”打开一个新的查询窗口。在此查询窗口中输入代码清单 5-7 的 T-SQL 代码，然后运行这些代码，以分别为用户帐户“LiMei”和组“SQLServerUsers”创建相应的登录名。注意，没有为这两个登录指定默认数据库，因此其默认数据库为系统数据库“Master”。

```
CREATE LOGIN [WestSVR\LiMei] FROM WINDOWS
CREATE LOGIN [WestSVR\SQLServerUsers] FROM WINDOWS
```

代码清单 5-7

(5) 在对象资源管理器中展开节点“安全性”|“登录名”，在右边的“对象资源管理器详细信息”中可以看到刚才创建好的两个登录名(必要时按下【F5】键以刷新)。右击登录名“WestSVR\LiMei”，选择“属性”。仔细查看该登录名的属性，不要作任何改动。按同样方式查看登录名“WestSVR\SQLServerUsers”的属性，同样不要作任何改动。

(6) 在对象资源管理器中右击节点“登录名”，选择“新建登录名(N)...”打开新建登录名对话框，如图 5-7 所示。确认已选中单选按钮“Windows 身份验证(W)”，单击按钮“搜索(E)...”定位到组“SQLServerAdmins”，或者直接在“登录名(N)”文本框中输入“WestSVR\SQLServerAdmins”。

(7) 在对象资源管理器的左方树形图中单击节点“服务器角色”，然后在右方勾选“sysadmin”，以将登录名“WestSVR\SQLServerAdmins”加入此固定服务器角色。单击“确定”按钮完成此登录名的创建。可按第(5)步骤描述查看登录名“WestSVR\SQLServerAdmins”的属性，同样不要作任何改动。

(8) 关闭 SQL Server 管理控制台，关闭 SQL Server 配置管理器(注意不要停止数据库默认实例的运行)。单击“开始”|“注销”，然后单击“确定”按钮。

(9) 注销完毕出现新的“登录到 Windows”窗口(若有必要可依提示同时按下 Ctrl+Alt+Del 键)，在“用户名(U)”文本框中输入“LiMei”，“密码(P)”文本框中输入“password”，单击“确定”以 LiMei 的身份登录到数据库服务器 WestSVR。

(10) 单击“开始”|“所有程序”|“Microsoft SQL Server 2005”|“SQL Server Management Studio”以打开 SQL Server 管理控制台。在“连接到服务器”对话框中，选择“服务器类型(T)”为“数据库引擎”，“服务器名称(S)”为“WestSVR”，“身份验证(A)”为“Windows 身份验证”。注意下部灰色显示的用户名为“WestSVR\LiMei”，表明此时是以该用户的身份登录至默认数据库实例。单击“连接”按钮，此时用户 LiMei 可以成功地连接到数据库默认实例。

(11) 单击“新建查询(N)”，在新查询窗口输入下述语句：

```
USE WxdStudent
GO
```

然后运行，此时下部消息提示框中有什么消息提示？可以访问该数据库吗？关闭 SQL Server 管理控制台，单击“开始”|“注销”，然后单击“确定”按钮。

(12) 重复第(9)～(11)步骤，但此时在“用户名(U)”文本框中输入“LiuTao”，因本次以用户帐户 LiuTao 的身份登录至数据库服务器 WestSVR。在数据库默认实例中并没有与用户 LiuTao 直接形成映射关系的登录名，为什么 LiuTao 仍然可以成功登录？重复第(11)步骤时，结果是否与 LiMei 的相同？

(13) 重复第(9)～(11)步骤，但此时在“用户名(U)”文本框中输入“SongQing”，因本次以用户帐户 SongQing 的身份登录至数据库服务器 WestSVR。重复第(11)步骤时，结果是否与 LiMei 的相同？为什么？

3．实验三：创建并使用 SQL Server 登录名

1) 实验要求

本实验有以下要求：

(1) 分别采用 SQL Server 管理控制台和 T-SQL 语句创建 SQL Server 登录名。

(2) 通过新创建的 SQL Server 登录名连接至数据库实例。

(3) 如果在数据库服务器 WestSVR 的默认实例中已存在登录名“sb”、“sc”时应先将其删除。

2) 实验目的

掌握创建 SQL Server 登录名的方法以及如何通过 SQL Server 登录名连接至数据库实例。

3) 实验步骤

(1) 以数据库服务器 WestSVR 管理员(此管理员为 Windows Server 2003 操作系统的管理员)的身份登录该服务器。

(2) 打开 SQL Server 配置管理器，单击左方的树形图节点“SQL Server 2005 服务”，右方的详细窗格中列出该服务器的所有数据库服务。确保数据库默认实例引擎已启动。

(3) 打开“SQL Server Management Studio”，并连接到此数据库默认实例。单击“新建查询(N)”打开一个新的查询窗口。在此查询窗口中输入代码清单 5-8 的 T-SQL 代码，然后运行以创建 SQL Server 登录“sb”。注意，没有为该登录指定默认数据库，因此其默认数据库为系统数据库“Master”。

```
01:  CREATE LOGIN sb
02:  WITH PASSWORD = 'password',
03:        CHECK_POLICY = OFF
```

代码清单 5-8

(4) 在对象资源管理器中展开节点“安全”，右击节点“登录名”，选择“新建登录名(N)...”打开新建登录名对话框，如图 5-8 所示。在“常规”选项中，确认已选中单选按钮“SQL Server 身份验证(S)”，在“登录名(N)”文本框中输入 SQL Server 登录名的名称“sc”，在“密码(P)”和“确认密码(C)”文本框中输入该登录名的密码为“password”。清除“强制实施密码策略(F)”复选框。

(5) 保持其他选项不变，单击“确定”按钮，完成对 SQL Server 登录“sc”的创建。

(6) 在对象资源管理器中，确认选中节点“安全性”|“登录名”，在右方的“对象资源管理器详细信息”中可以看到刚才创建好的两个登录名“sb”、“sc”(必要时按下【F5】键以刷新)。右击登录名“sb”，选择“属性”。仔细查看该登录名属性，不要作任何改动。以同样方式查看登录名“sc”的属性，同样不要作任何改动。

(7) 在对象资源管理器的上部单击“连接(O)”|“数据库引擎(D)...”，在弹出的“连接到服务器”对话框中，选择“服务器名称(S)”为“WestSVR”，“身份验证(A)”为“SQL Server

身份验证”。在“登录名(L)”文本框中输入“sb”，“密码(P)”文本框中输入“password”。

(8) 单击“连接”按钮，将成功地连接到数据库服务器“WestSVR”的默认实例引擎。注意，此连接将显示在对象资源管理器的下部，此连接的身份为“sb”，而上部连接的身份为数据库管理员“BUILTIN\administrator”。

(9) 确认刚才在对象资源管理器中以“sb”身份新建立的连接被选中，单击“新建查询(N)”，在新查询窗口输入下述语句：

```
USE WxdStudent
GO
```

然后运行(注意此时该窗口中所有的 T-SQL 语句都是以“sb”的身份运行的)，此时下部消息提示框中有什么消息提示？可以访问该数据库吗？

(10) 重复第(7)～(9)步骤，但此次以登录“sc”的身份进行连接。登录“sc”的情况与登录“sb”的情况是否是一样的？

(11) 不用保存任何设置，关闭“SQL Server Management Studio”。

4．实验四：使用数据库用户 guest

1) 实验要求

本实验有以下要求：

(1) 首先完成实验二和实验三的内容。

(2) 启用 guest 数据库用户，并以 guest 身份访问数据库。

2) 实验目的

认识 guest 数据库用户的作用。

3) 实验步骤

(1) 以数据库服务器 WestSVR 管理员(此管理员为 Windows Server 2003 操作系统的管理员)的身份登录该服务器。

(2) 打开 SQL Server 配置管理器，单击左方的树形图节点“SQL Server 2005 服务”，右方的详细窗格中列出该服务器的所有数据库服务。确保数据库默认实例引擎已启动。

(3) 打开“SQL Server Management Studio”，并连接到此数据库默认实例。单击“新建查询(N)”打开一个新的查询窗口。在此查询窗口中输入下述代码并运行：

```
USE WxdStudent
GO
GRANT CONNECT TO guest
```

(4) 重复实验三的第(7)～(9)步骤。此时登录“sb”可以成功地运行代码“USE WxdStudent”，注意此时登录“sb”是以 guest 的身份连接至数据库“WxdStudent”的。

(5) 重复实验二的第(8)～(11)步骤。此时登录“WestSVR\LiMei”也可以成功地运行代码“USE WxdStudent”，注意此时登录“WestSVR\LiMei”也是以 guest 的身份连接至数据库“WxdStudent”的。

(6) 重复本实验第(1)～(3)步骤，但在查询窗口中改为输入下述代码并运行：

```
USE WxdStudent
GO
DENY CONNECT TO guest
```

上述代码使guest用户重新处于未启用状态。

(7) 重复本实验第(4)、(5)步骤，证实登录“sb”和“WestSVR\LiMei”将再不能连接至数据库“WxdStudent”。

5．实验五：创建数据库用户帐户

1) 实验要求

本实验有以下要求：

(1) 首先完成实验二和实验三的内容。

(2) 在数据库中为登录创建相应的数据库用户，分别采用SQL Server管理控制台和运行T-SQL语句的方式。

(3) 如果数据库“WxdStudent”中已存在数据库用户“sb”、“sc”、“WestSVR\SQLServerUsers”、“WestSVR\LiMei”，则先将其删除。

2) 实验目的

掌握数据库用户的作用及创建数据库用户的方式。

3) 实验步骤

(1) 以数据库服务器WestSVR管理员(此管理员为Windows Server 2003操作系统的管理员)的身份登录该服务器。

(2) 打开SQL Server配置管理器，单击左方的树形图节点“SQL Server 2005服务”，右方的详细窗格中列出该服务器的所有数据库服务。确保数据库默认实例引擎已启动。

(3) 通过SQL Server管理控制台连接到数据库WestSVR默认实例，在对象资源管理器中展开节点“WestSVR”|“数据库”|“WxdStudent”|“安全性”，单击节点“用户”，在“对象资源管理器详细信息”中查看guest用户，确保其为未启用状态。

(4) 右击节点“用户”，选择“新建用户(N)...”，弹出类似图5-16所示的新建数据库用户对话框。在“用户名(U)”和“登录名(L)”文本框中均输入“sb”，不用设置其他选项，单击“确定”按钮创建数据库用户“sb”。

(5) 刷新节点“用户”，在“对象资源管理器详细信息”中右击用户“sb”，选择“属性(R)”，在数据库用户属性页面中，单击“安全对象”|“添加”|“特定类型对象的所有对象(T)...”，勾选“数据库”，单击“确定”按钮，回到类似图5-16所示对话框，单击“有效权限(E)...”，可查阅到此时数据库用户“sb”对数据库“WxdStudent”的有效权限仅为可以“CONNECT(连接)”到该数据库，如图5-25所示。

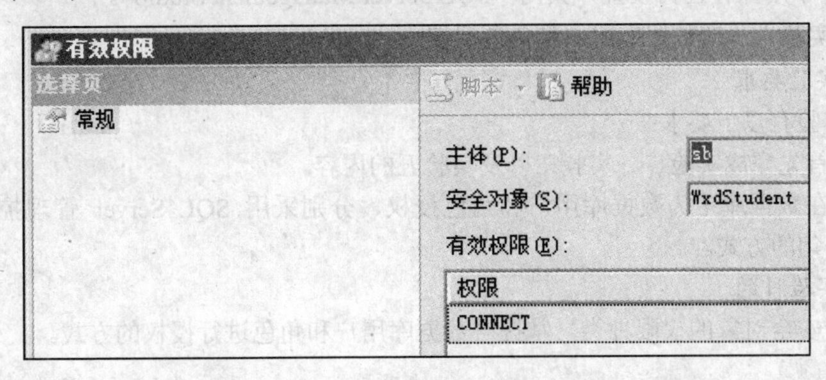

图5-25　用户“sb”对数据库“WxdStudent”的有效权限

(6) 单击“新建查询(N)”打开一个新的查询窗口。在此查询窗口中输入代码清单 5-9 的 T-SQL 代码，然后运行以创建数据库用户“sc”，该用户映射至登录名“sc”。

```
01： USE WxdStudent
02： GO
03： CREATE USER sc FROM LOGIN sc
04： WITH DEFAULT_SCHEMA = sc
```

代码清单 5-9

(7) 再次单击“新建查询(N)”以重新打开一个新的查询窗口。在此查询窗口中输入代码清单 5-10 的 T-SQL 代码，然后运行以创建数据库用户“WestSVR\SQLServerUsers”和“WestSVR\LiMei”，分别映射至登录名“WestSVR\SQLServerUsers”和“WestSVR\LiMei”。

```
01： USE WxdStudent
02： GO
03： CREATE USER [WestSVR\SQLServerUsers] FROM LOGIN [WestSVR\SQLServerUsers]
04： CREATE USER [WestSVR\LiMei] FROM LOGIN [WestSVR\LiMei]
```

代码清单 5-10

(8) 重复实验三的第(7)～(9)步骤。此时登录“sb”可以成功地运行代码“USE WxdStudent”。在重复第(9)步骤的查询窗口中回车以另起一行，输入下列语句并运行该语句，运行的结果将是什么？此时登录“sb”是以数据库“WxdStudent”中什么用户的身份来访问该数据库的？可以读取其中的表吗？

```
SELECT * FROM student
```

(9) 以登录“sc”的身份重复本实验第(8)步骤，结果与“sb”是一样的。

(10) 重复实验二的第(8)～(11)步骤。此时登录“WestSVR\LiMei”可以成功地运行代码“USE WxdStudent”。在重复第(11)步骤的查询窗口中回车以另起一行，输入下列语句并运行该语句，运行的结果与本实验第(8)步骤的结果是一样的。注意此时登录“WestSVR\LiMei”是以数据库用户“WestSVR\LiMei”的身份连接至数据库“WxdStudent”的。

```
SELECT * FROM student
```

(11) 以数据库服务器 WestSVR 中的 Windows 帐户“LiuTao”身份重复本实验第(10)步骤，结果与“LiMei”是一样的。

(12) 不用保存任何设置，关闭“SQL Server Management Studio”。

6．实验六：对数据库用户和角色授权

1) 实验要求

本实验有以下要求：

(1) 首先完成实验二、实验三以及实验五的内容。

(2) 在数据库中为数据库用户和角色授权，分别采用 SQL Server 管理控制台和运行 T-SQL 语句的方式。

2) 实验目的

体会安全对象的权限种类，掌握对数据库用户和角色进行授权的方式。

3) 实验步骤

(1) 以数据库服务器WestSVR管理员(此管理员为Windows Server 2003操作系统的管理员)的身份登录该服务器。

(2) 打开SQL Server配置管理器，单击左方的树形图节点“SQL Server 2005服务”，右方的详细窗格中列出该服务器的所有数据库服务。确保数据库默认实例引擎已启动。

(3) 通过SQL Server管理控制台连接到数据库WestSVR默认实例，在对象资源管理器中展开节点“WestSVR”|“数据库”|“WxdStudent”|“安全性”|“角色”，单击节点“数据库角色”，在“对象资源管理器详细信息”中查看当前数据库中已存在的数据库角色。

(4) 单击菜单“文件”|“新建(N)”|“数据库引擎查询”，在弹出的“连接到数据库引擎”对话框中，选择“服务器名称(S)”为“WestSVR”，“身份验证(A)”为“SQL Server身份验证”。在“登录名(L)”文本框中输入“sb”，“密码(P)”文本框中输入“password”。单击“确定”按钮，打开一个新的T-SQL查询窗口。在此窗口中所有的T-SQL语句都是以数据库用户“sb”的身份运行的。注意，该查询窗口下部的状态栏显示了此窗口是以哪个数据库用户的身份连接至数据库的，如图5-26所示。

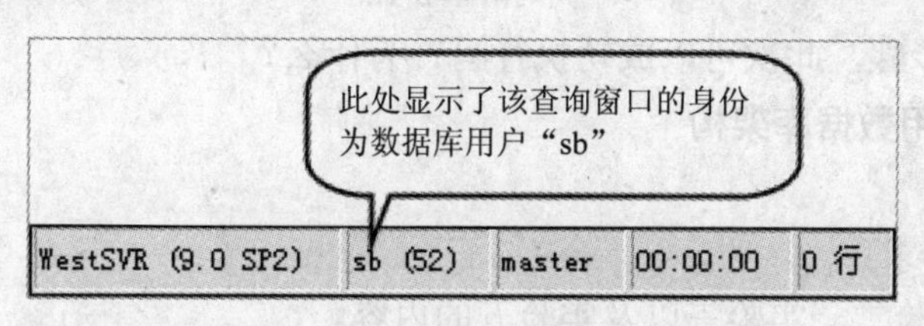

图5-26 查询窗口用户身份的显示

(5) 在此查询窗口中输入代码清单5-11的代码并运行，结果显示为“拒绝了对对象'student' (数据库“WxdStudent”，架构“dbo”)的SELECT权限”。表明此时“sb”对表“Student”不具备“SELECT”权限。

```
01:  USE WxdStudent
02:  GO
03:  SELECT * FROM Student
```

代码清单5-11

(6) 在对象资源管理器中右击节点“数据库角色”，选择“新建数据库角色(N)...”，弹出图5-21所示的新建数据库角色的“常规”选项对话框。在“角色名称(N)”中输入“Student_Read”，单击“添加”按钮将数据库用户“sb”加入。在左方单击“安全对象”，单击“添加”按钮，在“添加对象”中选中“特定类型的所有对象(T)...”，单击“确定”，在“选择对象类型”对话框中只勾选“表”，单击“确定”按钮可得类似图5-20所示的对话框，在上部网格中选中表“Student”，然后在下部网格中只勾选“SELECT”的“授予”复选框。单击“确定”按钮完成数据库角色“Student_Read”的创建。将窗口切换到“对象资源管理器详细信息”，可查阅刚才创建好的数据库角色“Student_Read”(必要时按下【F5】键以刷新)。

(7) 再次将窗口转换到数据库用户“sb”的T-SQL查询窗口(注意，该查询窗口下部的状态栏显示为该用户名称“sb”)并运行刚才输入的代码清单5-11的代码。这次可以成功执行吗？为什么？

(8) 在对象资源管理器中选中节点“数据库角色”，并将右方的详细信息窗口切换到“对象资源管理器详细信息”，右击数据库角色“Student_Read”，单击“属性”，在其“常规”选项中，单击“角色成员”中的“sb”，单击“删除”按钮将该用户从数据库角色“Student_Read”中清除。单击“确定”按钮关闭属性对话框。

(9) 重复第(7)步骤，此次可以成功执行吗？为什么？。

(10) 在对象资源管理器中，确保数据库“WxdStudent”被选中，单击工具栏“新建查询(N)”打开一个新的查询窗口，该窗口中的 T-SQL 代码是以“WestSVR\administrator”数据库管理员的身份运行的(注意下部的状态栏显示了该用户)。在此窗口中输入代码清单 5-12 的代码并运行。

```
01:    USE WxdStudent
02:    GO
03:    GRANT SELECT ON OBJECT::Student TO sb
```

代码清单 5-12

(11) 重复第(7)步骤，此次可以成功执行吗？为什么？

7．实验七：使用数据库架构

1) 实验要求

本实验有以下要求：

(1) 首先完成实验二、实验三以及实验五的内容。

(2) 在数据库中创建架构，并将此架构的某些权限授予数据库用户或角色。

(3) 如果数据库“WxdStudent”中已存在架构“sc”，则请先将此架构删除。注意，如果此架构中包含有对象(例如表)，必须先将这些对象删除才可以删除该架构。

2) 实验目的

体会架构的创建，并将架构的权限授予数据库用户或角色。

3) 实验步骤

(1) 以数据库服务器 WestSVR 管理员(此管理员为 Windows Server 2003 操作系统的管理员)的身份登录该服务器。

(2) 打开 SQL Server 配置管理器，单击左方的树形图节点“SQL Server 2005 服务”，右方的详细窗格中列出该服务器的所有数据库服务。确保数据库默认实例引擎已启动。

(3) 通过 SQL Server 管理控制台连接到数据库 WestSVR 默认实例，在对象资源管理器中，展开节点“WestSVR”|“数据库”|“WxdStudent”|“安全性”，单击节点“架构”，然后在“对象资源管理器详细信息”中查看当前数据库中已存在的数据库架构。

(4) 右击节点“架构”，选择“新建架构(N)...”，弹出图 5-23 所示的新建架构对话框。在“架构名称(S)”中输入“sc”，“架构所有者(C)”中输入“dbo”。单击“确定”按钮，完成对架构“sc”的创建。

(5) 单击工具栏“新建查询(N)”打开一个新的查询窗口(将此窗口标记为第 1 号窗口。注意，此窗口中的 T-SQL 代码是以数据库管理员“WestsVR\administrator”的身份运行的，注意下部的状态栏显示，参见图 5-26)。在此窗口输入代码清单 5-13 所示的代码并运行。这段代码在数据库“WxdStudent”中创建一个名为“tbpTemp1”的表，此表位于架构“sc”之内。

```
01:  USE WxdStudent
02:  GO
03:  CREATE TABLE [sc].[tblTemp1] (ID int,idName CHAR(10))
04:  GO
05:  INSERT INTO [sc].[tblTemp1] VALUES(1,'Name1')
06:  INSERT INTO [sc].[tblTemp1] VALUES(2,'Name2')
```

代码清单 5-13

(6) 单击菜单“文件”|“新建(N)”|“数据库引擎查询”，在弹出的“连接到数据库引擎”对话框中，选择“服务器名称(S)”为“WestSVR”，“身份验证(A)”为“SQL Server 身份验证”。在“登录名(L)”文本框中输入“sc”，“密码(P)”文本框中输入“password”。单击“确定”按钮，打开一个新的T-SQL查询窗口(将此窗口标记为第2号窗口。在此窗口中所有的T-SQL语句都是以数据库用户“sc”的身份运行的)。在此窗口输入代码清单5-14所示的代码并运行。

```
01:  USE WxdStudent
02:  GO
03:  SELECT * FROM [sc].[tblTemp1]
```

代码清单 5-14

(7) 当在第2号窗口中运行代码清单5-14所示代码时，结果为

消息229，级别14，状态5，第1 行

拒绝了对对象'tblTemp1' (数据库'WxdStudent'，架构'sc')的SELECT 权限。

表明此时用户“sc”不能查阅该架构“sc”中的对象。

(8) 将查询窗口切换到1号窗口，在窗口下部回车以另起一行，输入代码清单5-15的代码，然后只运行这段代码(用鼠标将其高亮选中，然后单击“执行(X)”)。

```
GRANT SELECT ON SCHEMA::sc TO sc
```

代码清单 5-15

(9) 将查询窗口切换到第2号窗口，再次运行此窗口中的代码。此次可以成功地执行该窗口中的代码。

(10) 在第2号窗口下部回车以另起一行，输入代码清单5-16的代码，然后只运行这段代码(用鼠标将其高亮选中，然后单击“执行(X)”)。

```
DROP TABLE [sc].[tblTemp1]
```

代码清单 5-16

(11) 当在第2号窗口中运行代码清单5-16所示的代码时，结果为

消息3701，级别14，状态20，第1 行

无法对表'tblTemp1' 执行删除，因为它不存在，或者您没有所需的权限。

表明此时用户“sc”没有权限删除该架构中的表。

(12) 将查询窗口切换到第1号窗口，在窗口下部回车以另起一行，输入代码清单5-17

的代码，然后只运行这段代码(用鼠标将其高亮选中，然后单击“执行(X)”)。

```
GRANT ALTER ON SCHEMA::sc TO sc
```

代码清单 5-17

(13) 将查询窗口切换到第 2 号窗口，再次只运行代码清单 5-16 所示的代码。此次可以成功地执行该窗口中的代码，该表“[sc].[tblTemp1]”将被删除。

习　题

一、选择题(下面每个选择题有一个或多个正确答案)

1．下列哪些验证模式属于 SQL Server 2005 数据库的身份验证方式？

A．Windows 身份验证

B．SQL Server 身份验证

C．Kerberos 身份验证

D．Public Key 身份验证

E．LDAP 身份验证

2．LiuTao 是计算机 WestSVR 中的一个普通用户，该用户登录到计算机之后，打开 SQL Server 管理控制台，在没有输入用户名和密码的情况下，成功地与数据库实例建立了连接。请问该用户采用的是哪一种身份验证方式？

A．Windows 身份验证

B．SQL Server 身份验证

C．Kerberos 身份验证

D．Public Key 身份验证

E．LDAP 身份验证

3．LiuTao 是计算机 WestSVR 中的一个普通用户，该用户登录到计算机之后，打开 SQL Server 管理控制台，她希望在不输入用户名和密码的情况下能够与数据库实例建立了连接，但是却失败了。请问原因是什么？

A．数据库实例没有启用混合验证模式。

B．数据库实例没有启用 Windows 身份验证。

C．数据库实例没有与用户 LiuTao 相对应的登录名，也没有与 LiuTao 所属的组相对应的登录名。

D．数据库中没有与用户 LiuTao 相对应的数据库用户名，也没有与 LiuTao 所属的组相对应的数据库用户名。

4．下列有关数据库固定服务器角色的说法中，正确的有：

A．固定服务器角色可以方便地将服务器级的权限委派给合适的用户。

B．在必要的情况下，可以建立用户自定义的固定服务器角色。

C．可以删除某些不需要的固定服务器角色以降低资源开销。

D．如果某个登录是某固定服务器角色中的成员，则该登录不需要在数据库中有与其对应的数据库用户也能访问该数据库。

5．下列哪些属于固定数据库角色？

A．dbcreator

B．db_owner

C．db_securityadmin

D．db_denydatareader

E．db_datareader

6．下列哪些T-SQL语句可以创建数据库登录？

A．CREATE USER

B．CREATE LOGIN

C．CREATE DATABASE

D．CREATE GROUP

7．下列哪些T-SQL语句可以创建数据库用户？

A．CREATE USER

B．CREATE LOGIN

C．CREATE DATABASE

D．CREATE GROUP

8．下列有关架构的说法中，哪些是正确的？

A．一个架构只能由一个主体(例如数据库角色或用户)所拥有。

B．拥有某个架构的用户对此架构中的对象有完全控制权限。

C．用户对指定为自己默认架构的架构拥有完全控制的权限。

D．一个主体(例如数据库角色或用户)可以拥有多个架构。

9．下列有关数据库用户guest的说法中，哪些是正确的？

A．默认情况下，数据库用户guest没有被启用。

B．如果数据库用户guest已被启用，则对于哪些在数据库中没有相应数据库用户与之对应的登录，可以以guest的身份来访问该数据库。

C．如果不需要guest用户，则应将其删除。

D．可以通过运行T-SQL语句“GRANT CONNECT TO guest”来启用guest。

10．下列哪些语句是专用于对主体(例如数据库用户或角色)授权的T-SQL语句？

A．GRANT

B．REVOKE

C．DENY

D．ACCESS

E．ALTER

F．DROP

二、简答题

1．数据库服务器WestSVR中的某位Windows用户，其帐户名为“WangFei”。在该服务器的数据库实例中，没有与其帐户对应的登录名，在实例的数据库中也没有与其帐户相对应的数据库用户，但是该用户仍然可以登录数据库引擎实例并访问其中的数据库。请问这种情况可能吗？如果可能，在哪些情况下会有这样的现象？

2．有哪些方式可以将登录添加到固定服务器角色中？

3．有十个用户，均采用SQL Server身份验证方式连接至数据库实例，均分别有自己的SQL Server登录名。要求这十个用户只能访问数据库“WxdStudent”中的表“Student”、“Class”、“Teacher”，其他表均不能访问。请问实现该目标的最方便快捷的方法是什么？

4．请谈谈你对Windows组、固定服务器角色、固定数据库角色、自定义数据库角色的认识体会。

第6章 存储过程

存储过程是一个 T-SQL 语句的预编译集合，它创建于数据库服务器并且以一个名称存储为一个单元，可以被应用程序调用，也可以被另一个存储过程或触发器调用。

本章学习目标：

(1) 掌握创建、修改和删除存储过程的方法。

(2) 理解存储过程的输入参数、输出参数、默认参数、返回值等重要概念，并掌握它们的运用技巧。

(3) 能够灵活运用存储过程来解决实际问题。

6.1 存储过程简介

存储过程具有以下优点：

(1) 存储过程允许模块化编程。存储过程在被创建以后可以在程序中被多次调用，而不必重新编写该存储过程的 SQL 语句。

(2) 存储过程能够实现较快的执行速度。如果某一操作包含大量的 T-SQL 代码或分别被多次执行，那么存储过程要比批处理的执行速度快很多。

(3) 存储过程能够减少网络流量。对于同一个针对数据库对象的操作(如查询、修改)，如果这一操作所涉及到的 T-SQL 语句被组织成一存储过程，那么当在客户计算机上调用该存储过程时，网络中传送的只是该调用语句，否则将是多条 SQL 语句，从而大大增加了网络流量，降低网络负载。

(4) 存储过程可被作为一种安全机制来充分利用。系统管理员通过对执行某一存储过程的权限进行限制，从而能够实现对相应的数据访问权限的限制，避免非授权用户对数据的访问，保证数据的安全。

6.2 使用存储过程

6.2.1 创建存储过程

创建存储过程的语法如下：

```
CREATE PROC [ EDURE ] procedure_name
```

```
[ { @parameter data_type }
        [ OUTPUT ]
] [， ...n ]
        AS sql_statement [ ...n ]
```

参数的含义如下：

procedure_name：新存储过程的名称。过程名称必须遵循有关标识符的规则，并且在架构中必须唯一。

@ parameter：过程中的参数。在 CREATE PROCEDURE 语句中可以声明一个或多个参数。

通过使用 at 符号(@)作为第一个字符来指定参数名称。参数名称必须符合有关标识符的规则。

data_type：参数以及所属架构的数据类型。

OUTPUT：指示参数是输出参数。此选项的值可以返回给调用 EXECUTE 的语句。使用 OUTPUT 参数将值返回给过程的调用方。

<sql_statement>：要包含在过程中的一个或多个 T-SQL 语句。

下面将演示怎样创建一个存储过程，假设想要列出 2002 级 8 班(也就是学号以“200208”开头)学生的学号、姓名和性别，只需要一条 SELECT 语句就可以完成，输入代码清单 6-1 所示的代码并执行。

```
CREATE PROC spStudents028
AS
SELECT studentID，StudentName，Sex FROM student
WHERE studentID LIKE '200208%'
```

代码清单 6-1

当上面的代码被执行完毕后，可以看到已经存在名称为“spStudents028”的存储过程，如图 6-1 所示。

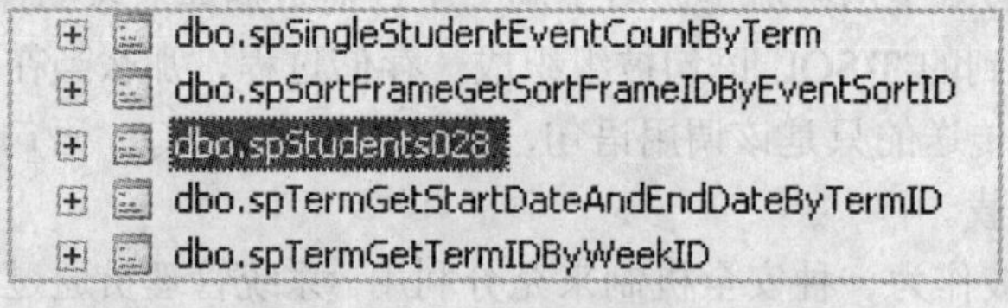

dbo.spSingleStudentEventCountByTerm
dbo.spSortFrameGetSortFrameIDByEventSortID
dbo.spStudents028
dbo.spTermGetStartDateAndEndDateByTermID
dbo.spTermGetTermIDByWeekID

图 6-1　被创建的 spStudents028 存储过程

6.2.2　运行存储过程

执行存储过程的语法也很简单，只需要在 EXECUTE 语句(或简写为 EXEC)后面加上存储过程名称就可以了，比如要执行上面刚创建的存储过程，输入代码清单 6-2 所示的代码并执行，执行结果如图 6-2 所示。

```
EXEC spStudents028
```

代码清单 6-2

	studentID	StudentName	Sex
1	20020801	吉峰客	男
2	20020802	张丰伟	男
3	20020803	张伟	男
4	20020805	刘小小	女
5	20020808	黃思	女
6	20020834	流星	男
7	20020845	陈好	女
8	20020866	张瓜瓜	男

图 6-2 存储过程执行结果

6.2.3 修改存储过程

存储过程被创建之后，有时候由于种种原因还要对它进行修改，修改存储过程可以使用 ALTER PROCEDURE 语句，语法结构如下：

```
ALTER PROC [ EDURE ] procedure_name
        [ { @parameter data_type }
                [ OUTPUT ]
        ] AS sql_statement [ ...n ]
```

其实这个语法与创建存储过程的语法很类似，只是把 CREATE 改成了 ALTER，其余部分的含义在上一节中已经介绍，这里不再重复。现在我们把上一个例子作一点改动，即列出 2002 级 8 班(也就是学号以“200208”开头)女同学的学号、姓名和性别，输入代码清单 6-3 所示的代码并执行，执行结果如图 6-3 所示，从结果图可以看出，对存储过程的修改已经起作用了。

```
ALTER PROC spStudents028
AS
SELECT studentID，StudentName，Sex FROM student
WHERE studentID LIKE '200208%' AND Sex='女'
GO
EXEC spStudents028
```

代码清单 6-3

	studentID	StudentName	Sex
1	20020805	刘小小	女
2	20020808	黃思	女
3	20020845	陈好	女

图 6-3 存储过程执行结果

6.2.4 删除存储过程

当不需要某个存储过程时，就可以将它从数据库中删除，删除存储过程的语句为DROP PROCEDURE，具体语法结构如下：

DROP PROCEDURE <存储过程名称>

注意，对存储过程的删除操作是永久且无法恢复的，所以在删除之前一定要谨慎。比如要把前面例子所创建的存储过程 spStudents028 删除，然后试图再次运行它，但是系统给出了找不到存储过程的信息，输入代码清单6-4所示的代码并执行，结果如图6-4所示。

```
DROP PROC spStudents028
EXEC spStudents028
```

代码清单 6-4

```
消息
消息 2812，级别 16，状态 62，第 3 行
找不到存储过程 'spStudents028'。
```

图 6-4 找不到存储过程 spStudents028

6.3 可编程化存储过程

在存储过程中编写的代码可以是很复杂的，功能也可以是很强大的。

6.3.1 设置参数

在声明参数时需要注意，必须使用@符号作为第一个字符来指定参数名称，参数名称必须符合标识符的规则，在一个存储过程中可以定义一个或多个参数，每个参数仅用于该存储过程的局部变量。

下面举例说明带参数存储过程的创建，即创建一个能根据所指定的科目名称来查询考生信息的存储过程，输入代码清单6-5所示的代码并执行，即可创建并运行该存储过程。

```
CREATE PROC spGetInfoBySubjectName
@subjectName char(50)
AS
SELECT * FROM TestInformation
WHERE SubjectName=@subjectName
GO
EXEC spGetInfoBySubjectName '全国计算机等级考试'
```

代码清单 6-5

在代码中，我们指定了一个名为@subjectName 的参数，它的参数类型为 char(50)(必须注意数据类型应该和表中相应的字段的数据类型一致)，这个参数被用在 WHERE 从句中，

用来筛选出相应的考试科目的记录。而在执行语句中，只需在存储过程名称后面直接输入参数值“全国计算机等级考试”就可以把它传送给参数了，执行结果如图6-5所示。

结果 | 消息

	InfoID	StudentID	SubjectName	Degree	Score	Credit
1	2	20020503	全国计算机等级考试	二级	92	4
2	3	20020551	全国计算机等级考试	二级	95	4
3	6	20020710	全国计算机等级考试	二级	72	4
4	10	20020745	全国计算机等级考试	一级	95	1
5	11	20020798	全国计算机等级考试	二级	78	4
6	14	20020802	全国计算机等级考试	一级	73	1
7	16	20020803	全国计算机等级考试	二级	91	4
8	20	20020805	全国计算机等级考试	二级	94	4

图6-5 执行带单个参数的存储过程spGetInfoBySubjectName

接下来查询另一科目“局域网管理员考试”的信息，输入代码清单6-6所示的代码并执行，结果如图6-6所示。

```
EXEC spGetInfoBySubjectName '局域网管理员考试'
```

代码清单6-6

结果 | 消息

	InfoID	StudentID	SubjectName	Degree	Score	Credit
1	4	20020503	局域网管理员考试	二级	82	4
2	7	20020710	局域网管理员考试	一级	66	1
3	12	20020798	局域网管理员考试	二级	67	4
4	17	20020803	局域网管理员考试	一级	62	1

图6-6 执行带单个参数的存储过程spGetInfoBySubjectName

存储过程是可以指定多个参数的，比如想查询指定的科目名称和指定级别的考试信息，这里就要用到两个参数：一个是@subjectName，用来存放科目信息；另一个是@degree，用来存放级别信息。输入代码清单6-7所示的代码并执行，在代码中先创建存储过程，然后执行两次，但每次执行所输入的参数值是不同的，所返回的两个结果集如图6-7所示。

```
CREATE PROC spGetInfoBySubjectNameAndDegree
@subjectName char(50), @degree char(10)
AS
SELECT * FROM TestInformation
WHERE SubjectName=@subjectName   AND Degree=@degree
GO
EXEC spGetInfoBySubjectNameAndDegree '全国英语等级考试', '一级'
EXEC spGetInfoBySubjectNameAndDegree '全国计算机等级考试', '二级'
```

代码清单6-7

结果 | 消息

	InfoID	StudentID	SubjectName	Degree	Score	Credit
1	1	20020548	全国英语等级考试	一级	86	1
2	9	20020745	全国英语等级考试	一级	62	1

	InfoID	StudentID	SubjectName	Degree	Score	Credit
1	2	20020503	全国计算机等级考试	二级	92	4
2	3	20020551	全国计算机等级考试	二级	95	4
3	6	20020710	全国计算机等级考试	二级	72	4
4	11	20020798	全国计算机等级考试	二级	78	4
5	16	20020803	全国计算机等级考试	二级	91	4
6	20	20020805	全国计算机等级考试	二级	94	4

图 6-7　执行带两个参数的存储过程 spGetInfoBySubjectNameAndDegree

这里需要强调的是两个参数值的参数问题，在调用存储过程的语句中指定参数的时候，可以只指定参数值而不用指出参数名，但这时各参数值的顺序必须和存储过程定义中各相应参数的顺序保持一致，否则会导致逻辑上的不正确。但也可以指出参数名与值(即显式写出“@参数名称=参数值”的格式)，这时候参数的顺序可以是任意的，例如下面的例子，对同一个存储过程分别以不同方式调用了两次，两次调用中各参数值的顺序和存储过程定义中各相应参数的顺序都不一致，但第一次没有指出参数名，所以没有检索到数据，而第二次明确指出参数名，所以得到预期的结果，输入代码清单 6-8 所示的代码并执行，所返回的两个结果集如图 6-8 所示。

```
EXEC spGetInfoBySubjectNameAndDegree '一级',  '全国英语等级考试'
EXEC spGetInfoBySubjectNameAndDegree @degree='一级',  @subjectName='全国英语等级考试'
```

代码清单 6-8

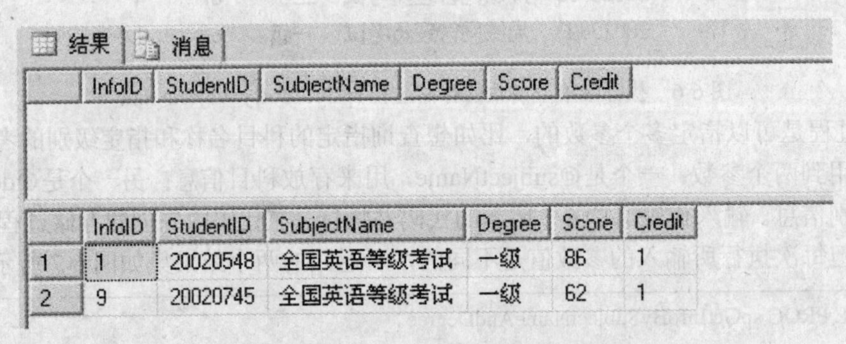

结果 | 消息

InfoID	StudentID	SubjectName	Degree	Score	Credit

	InfoID	StudentID	SubjectName	Degree	Score	Credit
1	1	20020548	全国英语等级考试	一级	86	1
2	9	20020745	全国英语等级考试	一级	62	1

图 6-8　两次执行存储过程的比较

6.3.2　设置默认参数

如果在调用一个带有参数的存储过程时没有指定参数值，通常存储过程是不能执行的，比如调用上面创建的存储过程 spGetInfoBySubjectNameAndDegree 却没有指定参数，就会返回错误信息。输入代码清单 6-9 所示的代码并执行，返回的错误信息如图 6-9 所示。

```
EXEC spGetInfoBySubjectNameAndDegree
```

代码清单 6-9

```
消息
消息 201，级别 16，状态 4，过程 spGetInfoBySubjectNameAndDegree，第 0 行
过程或函数 'spGetInfoBySubjectNameAndDegree' 需要参数 '@subjectName'，但未提供该参数。
```

图 6-9 没有指定参数值出错

还有另外一种情况也会出错，就是所指定的参数个数与存储过程所声明的参数个数不同，例如存储过程 spGetInfoBySubjectNameAndDegree 有两个参数，下面的例子在调用它时却只输入了一个参数，结果是系统也返回错误信息，但这次的错误信息指出的是缺少第二个参数@degree。输入代码清单 6-10 所示的代码并执行，返回的错误信息如图 6-10 所示。

```
EXEC spGetInfoBySubjectNameAndDegree  '全国英语等级考试'
```

代码清单 6-10

```
消息
消息 201，级别 16，状态 4，过程 spGetInfoBySubjectNameAndDegree，第 0 行
过程或函数 'spGetInfoBySubjectNameAndDegree' 需要参数 '@degree'，但未提供该参数。
```

图 6-10 没有指定足够个数的参数值时出错

其实，在声明存储过程的参数时是可以为其指定默认值的，如果在调用存储过程时没有指定参数值，那么认为参数的值是默认值，否则就是所指定的值。对于有多个参数的情况，也可以指定部分参数值，其余的参数则采用默认值。

为参数指定默认值的语法是在所声明的参数名称后面加上“=<参数值>”。例如，对存储过程 spGetInfoBySubjectNameAndDegree 进行少许修改，为两个参数@subjectName 和@degree 分别指定默认值为“全国英语等级考试”和“一级”，输入代码清单 6-11 所示的代码并执行。

```
ALTER PROC spGetInfoBySubjectNameAndDegree
@subjectName char(50)='全国英语等级考试', @degree char(10)='一级'
AS
SELECT * FROM TestInformation
WHERE SubjectName=@subjectName   AND Degree=@degree
```

代码清单 6-11

接下来进行三种方式的调用：第一种方式是两个参数都不指定参数值(即全部采用默认值)；第二种方式是@subjectName 采用默认值，而指定@degree 的值；第三种方式是两个参数都采用指定的值，具体代码如代码清单 6-12 所示，结果如图 6-11 所示。

```
EXEC spGetInfoBySubjectNameAndDegree
EXEC spGetInfoBySubjectNameAndDegree   @degree='二级'
EXEC spGetInfoBySubjectNameAndDegree @subjectName='局域网管理员考试', @degree='二级'
```

代码清单 6-12

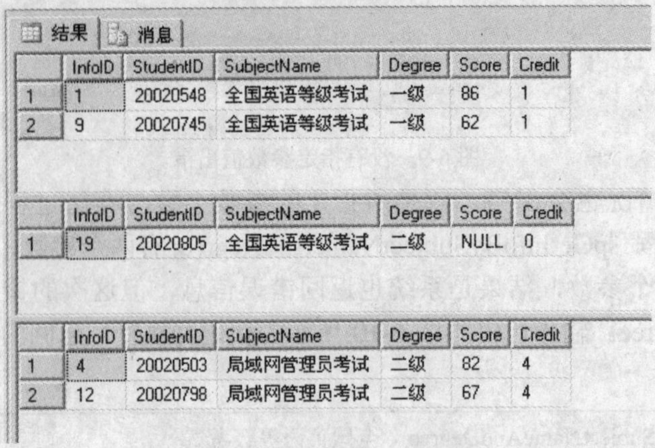

结果 | 消息

	InfoID	StudentID	SubjectName	Degree	Score	Credit
1	1	20020548	全国英语等级考试	一级	86	1
2	9	20020745	全国英语等级考试	一级	62	1

	InfoID	StudentID	SubjectName	Degree	Score	Credit
1	19	20020805	全国英语等级考试	二级	NULL	0

	InfoID	StudentID	SubjectName	Degree	Score	Credit
1	4	20020503	局域网管理员考试	二级	82	4
2	12	20020798	局域网管理员考试	二级	67	4

图 6-11 几种调用方式的比较

6.3.3 设置输出参数

在前面的两小节中介绍了存储过程的参数，但都是输入参数，如果有必要，也可以声明输出参数，声明输出参数的语法为在参数后面加一个 OUTPUT 关键字。例如继续对上面所创建的存储过程 spGetInfoBySubjectNameAndDegree 进一步进行修改，添加一个返回参加指定科目和级别的所有考生的平均成绩的输出参数@averageScore，输入代码清单 6-13 所示的代码并执行。

```
ALTER PROC spGetInfoBySubjectNameAndDegree
@subjectName char(50)='全国英语等级考试', @degree char(10)='一级',
@averageScore float OUTPUT
AS
SELECT @averageScore = AVG(Score) FROM TestInformation
WHERE SubjectName=@subjectName   AND Degree=@degree
```

代码清单 6-13

注意，在上面的代码中“@averageScore = AVG(Score)”是指把函数 AVG(Score)的结果赋给变量@averageScore，这时候 SELECT 所返回的就只是一个单个的数值。

接下来将调用修改过后的存储过程，首先声明一个数据类型为 FLOAT 的临时变量@AvgScre，用来存放输出参数的值，在调用时，对于@AvgScre 参数也必须在后面加上 OUTPUT 关键字，我们将使用不同的参数调用两次，以便对结果进行比较，每次调用后都用 SELECT 语句来显示输出结果，具体代码如代码清单 6-14 所示，输出参数的结果如图 6-12 所示。

```
DECLARE @AvgScre FLOAT

EXEC spGetInfoBySubjectNameAndDegree @subjectName='全国英语等级考试',
@degree='一级',
@averageScore=@AvgScre OUTPUT
SELECT @AvgScre AS '平均分'
```

```
EXEC spGetInfoBySubjectNameAndDegree @subjectName='全国计算机等级考试',
@degree='二级',
@averageScore=@AvgScre OUTPUT
SELECT @AvgScre AS '平均分'
```

代码清单 6-14

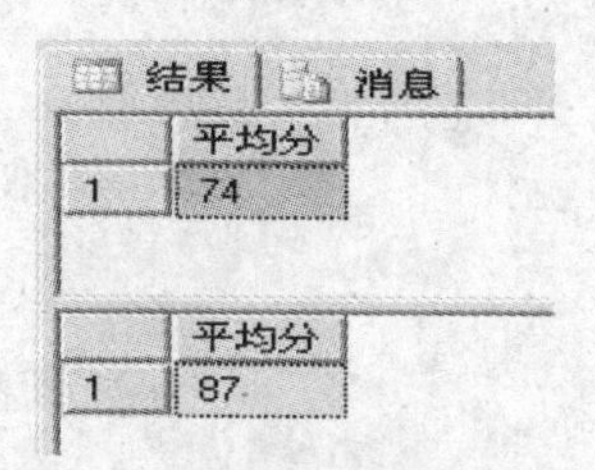

图 6-12　显示输出参数的结果

6.3.4　存储过程的返回值

实际上存储过程是可以有返回值的，尽管在前面的例子中创建存储过程时没有显式的返回值语句，而在执行存储过程的时候也没有刻意去获取它的返回值，在这种情况下，如果存储过程能成功执行，则默认自动返回一个整数 0，通过检测这个返回值来确定存储过程的执行状态。若有必要，也可以指定返回值，以反映标识值或影响的行数等信息。

若要获取存储过程的返回值，可以使用以下语法：

EXEC <变量>=<存储过程名>

下面进行一个获取存储过程返回值的测试，以上一小节所创建的存储过程为例，具体代码如代码清单 6-15 所示，执行结果如图 6-13 所示。

```
DECLARE @ReturnValue INT
DECLARE @AvgScre FLOAT
EXEC @ReturnValue= spGetInfoBySubjectNameAndDegree
@subjectName='全国英语等级考试',
@degree='一级',
@averageScore=@AvgScre OUTPUT
SELECT @ReturnValue AS '返回值'
```

代码清单 6-15

上面的代码与之前调用存储过程的方式有少许不同，就是专门声明了一个变量@ReturnValue 用来存放返回值，由图可知，存储过程返回了整数值 0。

如本小节开始所述，是可以自定义存储过程的返回值的，只需要在存储过程中使用 RETURN 语句，具体语法为

	返回值
1	0

图 6-13　显示存储过程的返回值

RETURN [<返回的整数值>]

这里要注意，返回值必须是整数值，当执行到 RETURN 语句时，存储过程就会无条件退出，而不管后面是否还有语句。

这里创建一个按照学号来查找考生的存储过程，如果找不到，则返回-200，表示没有匹配的记录；如果找到，则显示相应的记录，这时系统就会默认返回 0，具体代码如代码清单 6-16 所示。

```
CREATE PROC spFindInfoByStudentID
@studentID CHAR(8)
AS
IF NOT EXISTS
(
SELECT * FROM TestInformation
WHERE StudentID=@studentID
)
RETURN  -200
SELECT * FROM TestInformation
WHERE StudentID=@studentID
```

代码清单 6-16

上述代码中，EXISTS 子句的作用是用来检测是否存在相应的记录，但这里在它的前面还加了一个 NOT，意思就变为如果下面的语句：

SELECT * FROM TestInformation　WHERE StudentID=@studentID

没有匹配的记录，就执行 RETURN -200，然后退出存储过程，否则就显示结果集。

现在对这个存储过程进行调用测试，具体代码如代码清单 6-17 所示，结果如图 6-14 所示。

```
DECLARE @IsFounded INT
EXEC @IsFounded = spFindInfoByStudentID '20020504'
SELECT @IsFounded AS '查找结果'
EXEC @IsFounded = spFindInfoByStudentID '20020745'
SELECT @IsFounded AS '查找结果'
```

代码清单 6-17

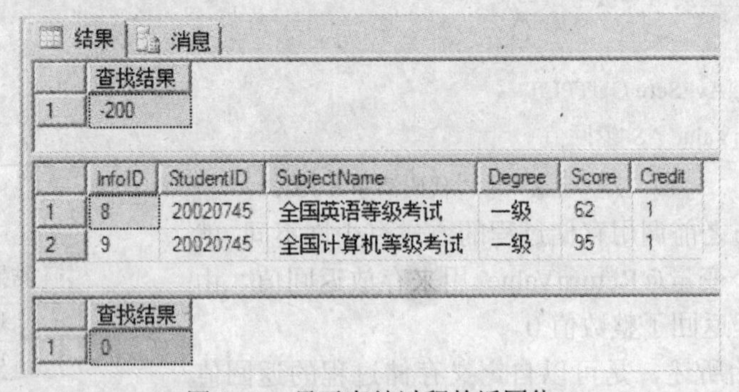

	查找结果
1	-200

	InfoID	StudentID	SubjectName	Degree	Score	Credit
1	8	20020745	全国英语等级考试	一级	62	1
2	9	20020745	全国计算机等级考试	一级	95	1

	查找结果
1	0

图 6-14　显示存储过程的返回值

在代码中，先声明一个变量用来存放返回值，然后进行了两次调用，第一次为查找学号为“20020504”的考生，但是没有找到匹配的记录，所以返回值为-200(见图 6-14 上面方框部分)；而第二次为查找学号为“20020745”的考生，找到了两条记录，所以先显示出结果集，然后显示出返回值为 0(见图 6-14 下面方框部分)。

6.4 上机实验

在本章的实验中，利用第 3 章实验中所创建的两张表 Teachers2008 和 Course2008，由于它们的数据在第 3 章实验中已经被改变，因此在本章实验前需要重新创建它们。重新创建这两张表的代码参见第 3 章的代码清单 3-52，可按以下步骤运行这段代码：

进入“Microsoft SQL Server Management Studio”界面，选择“文件”|“打开”|“文件…”，在弹出的“打开文件”对话框中定位到随本书配套资源中的代码文件“3-52.sql”，然后单击“连接”，就会在所打开的代码窗口中显示出代码清单 3-52 的代码，单击工具栏中的 ! 执行(X) ✓，这样 Teachers2008 和 Course2008 就会被重新创建并恢复最原始的数据了。

1. 实验一：创建和使用简单存储过程

1) 实验要求

(1) 熟练运用 CREATE PROCEDURE 创建存储过程。

(2) 对创建、运行、修改和删除存储过程有初步的认识。

2) 实验目的

掌握存储过程的基本操作。

3) 实验步骤

进入“Microsoft SQL Server Management Studio”界面，在对象资源管理器中展开节点“WestSVR”|“数据库”，单击选中数据库节点“WxdStudent”，再单击工具栏按钮“新建查询(N)”，在所打开的查询窗口中完成以下任务：

(1) 创建一个不带任何参数的存储过程，名称为 ShowAllTeachers，可以输出所有教师的全部数据。

在代码窗口中输入代码清单 6-18 所示的代码并运行，消息窗口显示出“命令已成功完成”，则说明存储过程已经被成功创建了。如果展开“WxdStudent”|“可编程性”|“存储过程”节点，可以看到存储过程 ShowAllTeachers，如图 6-15 所示。

```
CREATE PROC ShowAllTeachers
AS
SELECT * FROM Teachers2008
```

代码清单 6-18

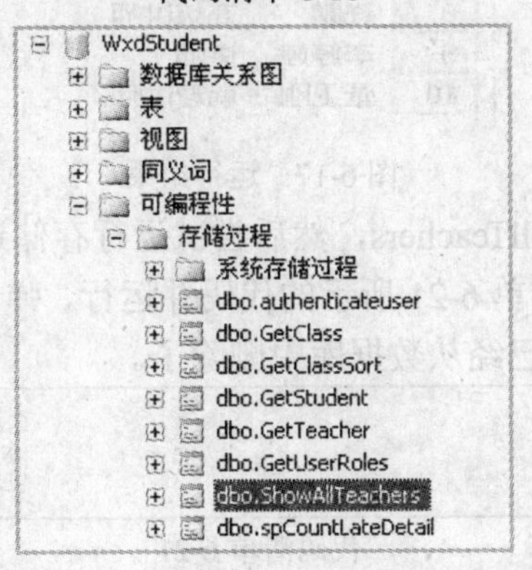

图 6-15 存储过程 ShowAllTeachers

(2) 运行存储过程 ShowAllTeachers，观察结果。

在代码窗口中输入代码清单 6-19 所示的代码并运行，运行结果如图 6-16 所示。

```
EXEC ShowAllTeachers
```

代码清单 6-19

	TeacherID	Name	Sex	Birth	AcademicTitle
1	1	王晓	1	1970-05-12 00:00:00	高级讲师
2	2	李勇	1	1982-12-01 00:00:00	助理讲师
3	3	陈浩强	1	1978-09-18 00:00:00	讲师
4	4	李雯	0	1971-03-22 00:00:00	高级讲师
5	5	张旭	1	1980-06-13 00:00:00	讲师
6	6	陈晓梅	0	1983-10-26 00:00:00	助理讲师
7	7	谭春霞	0	1976-07-08 00:00:00	讲师
8	8	许鹏	1	1972-02-19 00:00:00	高级讲师
9	9	李婷婷	0	1978-08-02 00:00:00	讲师
10	10	董卫刚	1	1981-12-19 00:00:00	助理讲师

图 6-16　运行结果

(3) 修改存储过程 ShowAllTeachers，改为只显示姓名(Name)和职称(AcademicTitle)两列数据，然后运行修改过后的存储过程。

在代码窗口中输入代码清单 6-20 所示的代码并运行，运行结果如图 6-17 所示。

```
ALTER PROC ShowAllTeachers
AS
SELECT [Name]，AcademicTitle FROM Teachers2008
GO
EXEC ShowAllTeachers
```

代码清单 6-20

	Name	AcademicTitle
1	王晓	高级讲师
2	李勇	助理讲师
3	陈浩强	讲师
4	李雯	高级讲师
5	张旭	讲师
6	陈晓梅	助理讲师
7	谭春霞	讲师
8	许鹏	高级讲师
9	李婷婷	讲师
10	董卫刚	助理讲师

图 6-17　运行结果

(4) 删除存储过程 ShowAllTeachers，然后尝试运行存储过程，观察错误信息。

在代码窗口中输入代码清单 6-21 所示的代码并运行，弹出图 6-18 所示的错误消息，说明存储过程 ShowAllTeachers 已经从数据库中删除了。

```
DROP PROC ShowAllTeachers
EXEC ShowAllTeachers
```

代码清单 6-21

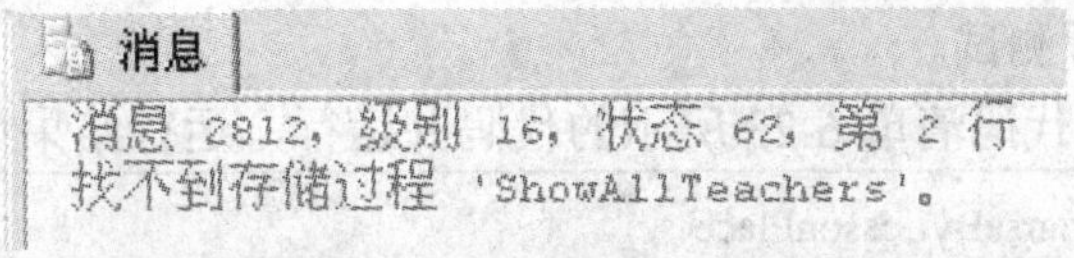

消息

消息 2812，级别 16，状态 62，第 2 行
找不到存储过程 'ShowAllTeachers'。

图 6-18 错误消息提示

2．实验二：创建和使用带参数的存储过程

1) 实验要求

(1) 熟悉创建带参数的存储过程的语法。

(2) 理解默认参数的功能。

2) 实验目的

掌握带参数的存储过程的运用。

3) 实验步骤

进入“Microsoft SQL Server Management Studio”界面，在对象资源管理器中展开节点“WestSVR”|“数据库”，单击选中数据库节点“WxdStudent”，再单击工具栏按钮“新建查询(N)”，在所打开的查询窗口中完成以下任务：

(1) 创建一个带 1 个参数的存储过程 FindTeacherBySex，在参数中指定性别(1 表示男，0 表示女)，存储过程可以列出相应的老师，并且运行存储过程进行测试。

在代码窗口中输入代码清单 6-22 所示的代码并运行，运行结果如图 6-19 所示。

```
CREATE PROC FindTeacherBySex
@sex bit
AS
SELECT * FROM Teachers2008
WHERE Sex=@sex
Go
EXEC FindTeacherBySex 1
EXEC FindTeacherBySex 0
```

代码清单 6-22

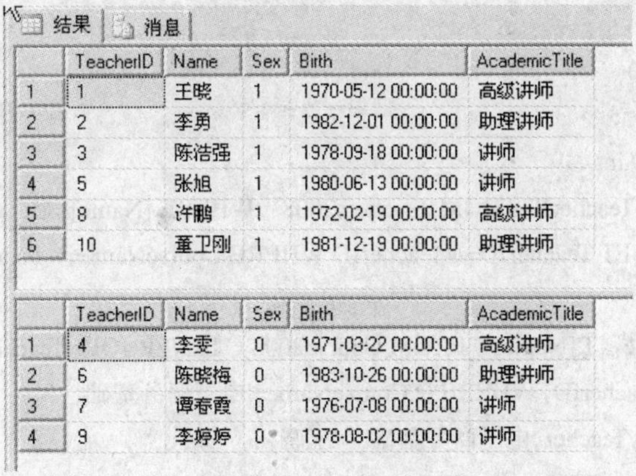

结果 | 消息

	TeacherID	Name	Sex	Birth	AcademicTitle
1	1	王晓	1	1970-05-12 00:00:00	高级讲师
2	2	李勇	1	1982-12-01 00:00:00	助理讲师
3	3	陈浩强	1	1978-09-18 00:00:00	讲师
4	5	张旭	1	1980-06-13 00:00:00	讲师
5	8	许鹏	1	1972-02-19 00:00:00	高级讲师
6	10	董卫刚	1	1981-12-19 00:00:00	助理讲师

	TeacherID	Name	Sex	Birth	AcademicTitle
1	4	李雯	0	1971-03-22 00:00:00	高级讲师
2	6	陈晓梅	0	1983-10-26 00:00:00	助理讲师
3	7	谭春霞	0	1976-07-08 00:00:00	讲师
4	9	李婷婷	0	1978-08-02 00:00:00	讲师

图 6-19 运行结果

(2) 创建一个带一个参数的存储过程 FindCourseByLessonPlace，在参数中指定上课地点，存储过程可以列出相应的课程。若不指定参数，则默认为列出在“课室”上课的课程，

并且运行存储过程进行测试。

在代码窗口中输入代码清单 6-23 所示的代码并运行，运行结果如图 6-20 所示。

```
CREATE PROC FindCourseByLessonPlace
@lessonPlace CHAR(10)='课室'
AS
SELECT * FROM Course2008
WHERE LessonPlace=@lessonPlace
Go
EXEC FindCourseByLessonPlace '第 1 机房'
EXEC FindCourseByLessonPlace
```

代码清单 6-23

结果 | 消息

	CourseID	CourseName	Teacher...	Credit	ClassHour	BeginDate	EndDate	LessonPlace
1	3	FLASH动画	3	4	6	2008-02-20 00:00:00	2008-07-01 00:00:00	第1机房

	CourseID	CourseName	Teacher...	Credit	ClassHour	BeginDate	EndDate	LessonPlace
1	5	语文	2	2	4	2008-02-20 00:00:00	2008-07-01 00:00:00	课室
2	7	数学	6	2	2	2007-09-05 00:00:00	2008-01-15 00:00:00	课室
3	8	电子商务基础	5	2	2	2008-02-20 00:00:00	2008-07-01 00:00:00	课室
4	9	低频电路	8	4	4	2008-02-20 00:00:00	2008-07-01 00:00:00	课室
5	10	数字脉冲电路	9	4	6	2007-09-05 00:00:00	2008-01-15 00:00:00	课室
6	11	彩色电视机...	10	4	4	2008-02-20 00:00:00	2008-07-01 00:00:00	课室
7	12	通信技术基础	1	2	2	2007-09-05 00:00:00	2008-01-15 00:00:00	课室
8	15	应用文写作	2	2	4	2008-02-20 00:00:00	2008-07-01 00:00:00	课室

图 6-20　运行结果

(3) 创建一个带两个参数的存储过程 ModifyCourseByTeacher，在参数中指定课程名称和教师姓名，存储过程可以将相应课程的授课教师更改为参数中指定姓名的教师，并且运行存储过程进行测试。

在代码窗口中输入代码清单 6-24 所示的代码并运行，运行结果如图 6-21 所示。

```
CREATE PROC ModifyCourseByTeacher
@courseName char(20),
@teacherName char(10)
AS
DECLARE @teacherID int
SELECT @teacherID =TeacherID FROM Teachers2008    WHERE [Name]=@teacherName
UPDATE Course2008 SET TeacherID=@teacherID WHERE CourseName=@courseName
Go
SELECT C.CourseName，T.[Name]    FROM Course2008 C INNER JOIN Teachers2008 T
ON (C.TeacherID=T.TeacherID) WHERE C.CourseName='电子商务基础'
EXEC ModifyCourseByTeacher '电子商务基础'，'王晓'
SELECT C.CourseName，T.[Name]    FROM Course2008 C INNER JOIN Teachers2008 T
ON (C.TeacherID=T.TeacherID) WHERE C.CourseName='电子商务基础'
```

代码清单 6-24

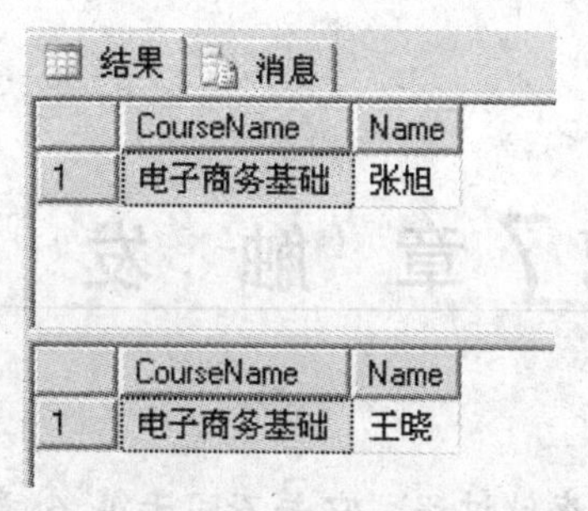

图6-21 运行结果

习 题

一、判断题(正确的，在题后括号内画“√”；错误的，在题后括号内画“×”)

1．如果要执行大量的T-SQL代码，最好使用存储过程，而不要将代码存放在客户端。 ( )

2．若某个存储过程定义有输入参数，则调用它时一定要指明参数的值，否则会出错。 ( )

3．若某个存储过程定义有几个参数，则在调用时如果显式指明参数的名称和参数值，则参数的排列顺序可以和参数在存储过程内的声明顺序不一致。 ( )

4．若没有在存储过程内使用RETURN语句，则存储过程就没有返回值。 ( )

5．若执行存储过程失败，则返回0。 ( )

二、填空题

1．创建存储过程的语句为________，修改存储过程的语句为________，删除存储过程的语句为________。

2．在创建或修改存储过程的时候可以声明参数，参数分为________和________两种类型。

3．若在执行存储过程的同时要获取返回值，则调用的语法为________。

三、简答题

1．为什么不把T-SQL程序存放在客户端，而是尽量使用存放在服务器的存储过程？

2．执行存储过程时，若省略EXECUTE关键字，会有什么结果？

3．简述存储过程的输入参数和输出参数的作用，以及默认参数的机制。

4．简述如何设置存储过程的返回值。

第7章　触　发　器

触发器是一种特殊类型的存储过程，它并不同于第 6 章中所介绍过的存储过程。触发器主要是通过事件自动触发而被执行的，而存储过程是通过存储过程名字来显式调用的。在以下各节中我们将对触发器的概念、功能以及使用方法作详细介绍。

本章学习目标：

(1) 掌握创建、修改和删除触发器的方法。

(2) 充分理解触发器的工作原理以及 inserted 表和 deleted 表的使用方法。

(3) 能够灵活运用触发器来解决实际问题。

7.1 触发器简介

触发器实际上就是一种特殊类型的存储过程，它的特殊性就体现在：它是在执行某些特定的 T-SQL 语句时自动被触发而执行的，这些特定的 T-SQL 语句通常包括 INSERT、DELETE 和 UPDATE 等。

1. 触发器的主要功能

可以利用触发器来完成很多功能，常见的如下：

(1) 对数据库进行强化约束，完成比约束更复杂的数据约束。

(2) 执行级联操作。触发器可以监视数据库内的操作，并自动地级联影响整个数据库的相关数据。

(3) 进行存储过程的嵌套调用。触发器本身就是一种存储过程，而存储过程是可以嵌套使用的，所以触发器也可以调用一个或多个存储过程。

2. 触发器对数据库完整性的扩展

Microsoft SQL Server 2005 提供了两种主要机制来强制执行业务规则和数据完整性：约束和触发器。

约束和触发器在特殊情况下各有优点。触发器的主要优点在于它们可以包含使用 T-SQL 代码的复杂处理逻辑。因此，触发器可以支持约束的所有功能；但触发器对于给定的功能并不总是最好的方法。

实体完整性总应在最低级别上通过索引进行强制，这些索引应是 PRIMARY KEY 和 UNIQUE 约束的一部分，或者是独立于约束而创建的。域完整性应通过 CHECK 约束进行强制，而引用完整性(RI)则应通过 FOREIGN KEY 约束进行强制，假设这些约束的功能满足应用程序的功能需求。

3. 触发器种类

SQL Server 2005 包括两大类触发器：数据操作语言(Data Manipulation Language，DML)触发器和数据定义语言(Data Definition Language，DDL)触发器。

DML 触发器在数据库中发生数据操作语言(DML)事件时将启用。DML 事件包括在指定表或视图中修改数据的 INSERT 语句、UPDATE 语句或 DELETE 语句。DML 触发器可以查询其他表，还可以包含复杂的 T-SQL 语句。触发器和触发它的语句可作为在触发器内回滚的单个事务对待。如果检测到错误，则整个事务自动回滚。SQL Server 2005 的 DML 触发器又可分为两类：

(1) After 触发器：这类触发器在记录已经改变完之后(after)才会被激活执行。

(2) Instead Of 触发器：这类触发器一般用来取代原本的操作，在记录变更之前发生。

DDL 触发器是 SQL Server 2005 的新增功能。当服务器或数据库中发生数据定义语言(DDL)事件时将调用这些触发器。

7.2 触发器的工作原理

在创建和使用触发器前，有必要先了解触发器的工作原理，而了解触发器工作原理的关键又在于了解两个特殊的表：inserted 表和 deleted 表。这两个表是在运行触发器的时候临时被创建的，而且是驻留在数据库服务器的内存中的。它们是由系统管理的逻辑表，而不是真正存储在数据库中的物理表，其具有以下几个特点：

(1) 它们在结构上和触发器所在的表的结构相同。

(2) 它们只是临时驻留在内存里，当触发器的工作完成之后，这两个表也将会从内存中删除。

(3) 对于这两个表，用户只能够引用它们的数据，但没有修改的权限。

假设某个表在 INSERT、DELETE 和 UPDATE 语句上定义了触发器，那么下面分三种情况来讲解 inserted 表和 deleted 表中的记录。

当执行的是 INSERT 语句时，inserted 表里存放的是要插入的记录，而 deleted 表中没有记录。

当执行的是 DELETE 语句时，deleted 表里存放的是要删除的记录，而 inserted 表中没有记录。

当执行的是 UPDATE 语句时，可以将更新操作看成是有两个操作组成：首先将要更新的记录删除，然后再根据要更新的数据生成一条新记录插回表中，所以 deleted 表里存放的是更新前原来的记录，而 inserted 表里存放的是已被更新后的记录。

7.3 创建和管理触发器

7.3.1 创建触发器的语法

创建触发器的语句是 CREATE TRIGGER，具体语法如下：

```
CREATE TRIGGER trigger_name
ON { table | view }
[ WITH <dml_trigger_option> [ ， ...n ] ]
{ FOR | AFTER | INSTEAD OF }
{ [ INSERT ] [ ， ] [ UPDATE ] [ ， ] [ DELETE ] }
AS { sql_statement [ ; ] }
```

其中各个参数的含义如下：

trigger_name：触发器的名称。每个 trigger_name 必须遵循标识符规则。

table | view：对其执行 DML 触发器的表或视图，有时称为触发器表或触发器视图。

AFTER：指定 DML 触发器仅在触发 SQL 语句中指定的所有操作都已成功执行时才被激发。

INSTEAD OF：指定 DML 触发器是“代替”SQL 语句执行的，因此其优先级高于触发语句的操作。

{ [DELETE] [，] [INSERT] [，] [UPDATE]}：指定数据修改语句，这些语句可在 DML 触发器对此表或视图进行尝试时激活该触发器。在触发器定义中必须至少指定一个选项，允许使用上述选项的任意顺序组合。

sql_statement：触发条件和操作，触发器条件指定其他标准，用于确定尝试的 DML 或 DDL 语句是否导致执行触发器操作。

7.3.2 触发器的创建与使用

1．INSERT 触发器

首先创建一个 INSERT 触发器，用于对插入 TestInformation 表的记录进行检查，规定 Score 字段的值只能处于 0～100 之间，如果不符合这个条件，将回滚事务(ROLLBACK TRANSACTION)，并且给出错误信息，具体代码如代码清单 7-1 所示。

```
CREATE TRIGGER CheckScore
ON TestInformation
FOR INSERT
AS
DECLARE @score INT
SELECT @score=Score FROM inserted
IF @score<0 OR @score>100
BEGIN
ROLLBACK TRANSACTION
RAISERROR ('成绩的有效范围是 0--100'，16，1)
END
GO
```

代码清单 7-1

上面的代码所创建的触发器名称为“CheckScore”，它是一个 INSERT 触发器(FOR INSERT)，当对 TestInformation 表执行 INSERT 语句时，触发器就会被触发而执行。

首先声明了一个整型变量@score，用来存放所插入记录的 Score 字段的值，接下来的语句值得注意：

```
SELECT  @score=Score  FROM  inserted
```

这里 FROM inserted 子句中所指定的就是在 7.2 节中所介绍的 inserted 表，所插入的记录会复制一份副本在 inserted 表中，然后就可以对它进行引用。在 IF 语句中，判断所插入记录的 Score 字段值是否处于 0～100 之间，如果不是，将采取的方法是：利用 ROLLBACK TRANSACTION 语句将事务回滚到插入记录前的状态。

在这里解释一下事务的概念，事务是单个的工作单元。如果某一事务成功，则在该事务中进行的所有数据修改均会提交，成为数据库中的永久组成部分。如果事务遇到错误且必须取消或回滚，则所有数据修改均被清除。其实，在触发器中，ROLLBACK TRANSACTION 语句的使用非常普遍。当调用 ROLLBACK TRANSACTION 语句时，就会将本次事务中所做的更改全部取消，在这里也就是将已经插入到 TestInformation 表中的记录予以清除。接下来使用语句 RAISERROR ('成绩的有效范围是--100', 16，1)给出错误信息，RAISERROR 的功能是将系统错误或警告消息返回到应用程序中。

运行上述代码之后，就可以看到 CheckScore 触发器了，如图 7-1 所示。

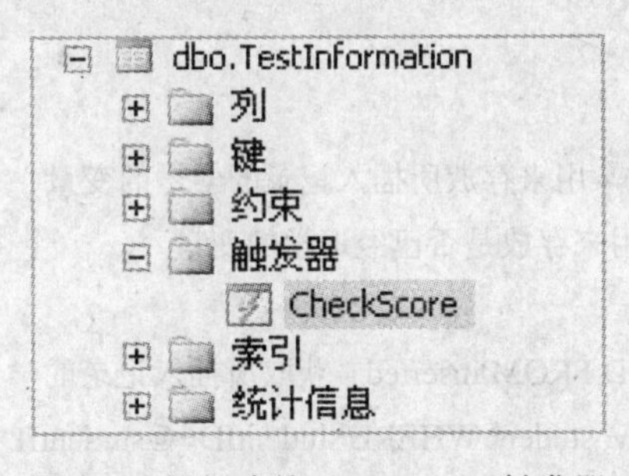

图 7-1 新创建的 CheckScore 触发器

测试触发器的执行效果时，将执行两条 INSERT 语句(记住：触发器是没有显式的调用命令，而是由相应的语句触发的，CheckScore 触发器是 INSERT 触发器，是由 INSERT 语句触发)，一条包含正确的数据，另一条的数据并不符合条件，比较两条语句的执行结果，具体代码如代码清单 7-2 所示，执行结果如图 7-2 所示。

```
INSERT INTO TestInformation VALUES ('20050907', '局域网管理员考试', '一级', 97, 1)
INSERT INTO TestInformation VALUES ('20050908', '全国计算机等级考试', '一级', 105, 1)
```

代码清单 7-2

```
消息
(1 行受影响)
消息 50000，级别 16，状态 1，过程 CheckScore，第 10 行
成绩的有效范围是0--100
消息 3609，级别 16，状态 1，第 3 行
事务在触发器中结束。批处理已中止。
```

图 7-2 执行两条 INSERT 语句的不同结果

从图 7-2 可以看到，两条 INSERT 语句返回的消息是不同的，第一条 INSERT 语句成功地被执行了，返回了“1 行受影响”的消息，而第二条 INSERT 语句所插入的记录的 Score 值为 105，所以操作被回滚，并得到了预期的错误消息“成绩的有效范围是--100”。同时打开 TestInformation 表来验证结果，可以在图 7-3 中看到最后的一条记录正是刚刚插入的记录。

	20	20020805	全国计算机等...	二级	94	4
	22	20050907	局域网管理员...	一级	97	1

图 7-3　第一条 INSERT 语句成功把记录插入 TestInformation 表

再如向 TestInformation 表插入记录的时候，除了进行 Score 的判断之外，还要根据所插入记录的 StudentID 字段的值，到 student 表中去检查一个字段 IsLost，这个字段是字符型数据，表示的是这个学生是否已经退学。如果它的值为“是”，则这个学生已经退学，如果为“否”，则这个学生是在读的。很明显，当这个学生是在读学生时，就允许记录被插入到 TestInformation 表，否则将回滚事务。

在这种情况下，通过在 TestInformation 表建立约束的方法是无法实现这种逻辑判断的，因为约束只能指定表内的数据，无法引用另外表的数据。而触发器可以完成比约束更复杂的数据约束，根据上述的逻辑创建触发器 CheckIsLost，具体代码如代码清单 7-3 所示。

```
CREATE TRIGGER CheckIsLost
ON TestInformation
FOR INSERT
AS
DECLARE @studentID char(8) --用来存放所插入记录的学号的变量
DECLARE @isLost char(2) --用来存放是否已经退学的变量


SELECT @studentID=StudentID FROM inserted --获取所插入记录的学号
SELECT @isLost=IsLost FROM student WHERE studentID=@studentID   --获取是否已经退学的信息
IF @isLost='是'
BEGIN
ROLLBACK TRANSACTION
RAISERROR ('该生已经退学!', 16, 1)
END
GO
```

代码清单 7-3

在上面的代码中，判断所插入记录的学生是否已经退学时，声明了两个变量@studentID 和@isLost，其中@studentID 用来存放所插入的新记录的学号，@isLost 用来存放根据@studentID 变量的值查找到的学生是否已经退学的信息。

@studentID 的值从 inserted 表由下面的语句获得：

SELECT @studentID=StudentID FROM inserted

而@isLost 的值从 student 表由下面的语句获得：

SELECT @isLost=IsLost FROM student WHERE studentID=@ststudent

接下来仍然执行两条 INSERT 语句，比较两条语句的执行结果，具体代码如代码清单 7-4 所示，执行结果如图 7-4 所示。

```
USE WxdStudent
GO

INSERT INTO TestInformation VALUES ('20050924', 'Photoshop 考试', '一级', 97  ,  1)
INSERT INTO TestInformation VALUES ('20020866', '全国计算机等级考试', '一级', 89  ,  1)
```

代码清单 7-4

```
消息
(1 行受影响)
消息 50000，级别 16，状态 1，过程 CheckIsLost，第 20 行
该生已经退学!
消息 3609，级别 16，状态 1，第 3 行
事务在触发器中结束。批处理已中止。
```

图 7-4　执行两条 INSERT 语句的不同结果

从图 7-4 可以看到，两条 INSERT 语句返回的消息是不同的，第一条 INSERT 语句成功地被执行了，返回了“1 行受影响”的消息，而第二条 INSERT 语句所插入的记录的 StudentID 值为“20020866”，而在 Student 表 StudentID 值为“20020866”的记录的 IsLost 字段值为“是”，所以操作被回滚，并得到了预期的错误消息“该生已经退学!”。

2．UPDATE 触发器

上面的两个例子介绍了怎样创建 INSERT 触发器，接下来介绍 UPDATE 触发器。

UPDATE 触发器是当对表执行 UPDATE 语句完毕后被触发执行的，在 UPDATE 触发器中可以同时利用 inserted 表和 deleted 表的记录。考虑下面的情况，TestInformation 表中存放有代表级别的 Degree 字段和代表学分的字段 Credit，而且 Credit 字段的值与 Degree 有关。当对 TestInformation 表进行修改 Degree 字段之后，若成绩合格(60 分以上)，如果是一级，获得的学分就是 1 分；如果是二级，获得的学分就是 4 分。当我们修改 TestInformation 表中的记录时，要根据所修改的情况修改相应的学分，具体代码如代码清单 7-5 所示。

```
CREATE TRIGGER UpdateTestInformation
ON TestInformation
FOR UPDATE
AS
DECLARE @infoID INT --存放 deleted 表中记录的 InfoID 值
DECLARE @score INT   --存放 inserted 表中记录的 Score 值
DECLARE @degree char(10)--存放 inserted 表中记录的 Degree 值
DECLARE @credit INT --存放 inserted 表中记录的 Credit 值
SELECT @infoID=InfoID FROM deleted
SELECT @score=Score，  @degree=Degree ，  @credit=Credit FROM inserted
IF @score<60 AND @credit<>0
```

```
UPDATE TestInformation SET Credit=0 WHERE InfoID=@infoID --若成绩不合格，学分为 0
IF   @score>=60
BEGIN
IF @degree='一级' AND @credit<>1
--若成绩合格并且为一级，学分为 1
UPDATE TestInformation SET Credit=1 WHERE InfoID=@infoID

IF @degree='二级' AND @credit<>4
--若成绩合格并且为二级，学分为 4
UPDATE TestInformation SET Credit=4 WHERE InfoID=@infoID
END
GO
```

代码清单 7-5

在上面的代码中，首先声明了 4 个变量，其中@infoID 用来存放 deleted 表中记录的 InfoID 值，(请记住 deleted 表中的记录是修改前的记录)，以便以后找出这个记录并重新设置 Credit 的值，另外@score、@degree 和@credit 3 个变量是用来存放修改之后记录的相应字段值，并用两条 SELECT 语句向 4 个变量赋值。利用 IF 语句分如下两种情况讨论：

(1) 成绩不合格的情况。若成绩不合格，但学分(Credit)不等于 0，则将 Credit 字段设置为 0。

(2) 成绩合格的情况，又分如下两种情况。

如果是“一级”，但学分(Credit)不等于 1，则将 Credit 字段设置为 1。

如果是“二级”，但学分(Credit)不等于 4，则将 Credit 字段设置为 4。

运行上述代码后，UpdateTestInformation 触发器即被创建。测试触发器的功能时，先找到一个成绩合格并且级别为“一级”的记录，它的 InfoID 字段的值为 22，将它的级别修改为“二级”，测试的具体代码如代码清单 7-6 所示。

```
UPDATE TestInformation SET Degree='二级' WHERE InfoID=22
```

代码清单 7-6

执行这段测试代码之后，其返回消息如图 7-5 所示。

图 7-5　测试代码的返回消息

图中，只执行了一条 UPDATE 语句却返回了两条“1 行受影响”的消息。这是因为在测试代码中，确实只有一条 UPDATE 语句，但执行完这条 UPDATE 语句之后，接着会引起 UpdateTestInformation 触发器的执行，在触发器的执行过程中，判断到成绩合格并且为二级，就会又执行一条 UPDATE 语句，将学分字段 Credit 的值改为 4，所以最后总共返回了两条“1 行受影响”的消息。此时可以打开 TestInformation 表查看 InfoID 为 22 的记录，级别已被改为“二级”，同时由于触发器的作用，Credit 也已经被改为 4，如图 7-6 所示。

	22	20050907	局域网管理员考试	二级	97	4

图 7-6　UPDATE 触发器自动修改 Credit 字段值为 4

从这个例子中可以看到，通过利用触发器，使得数据库能自动维护数据的一致性，这也是触发器的主要功能之一。

3. DELETE 触发器

DELETE 触发器是执行完 DELETE 语句后被触发的，在 DELETE 触发器中可以利用 deleted 表中的记录。

DELETE 触发器的常用功能之一就是防止删除符合指定的某种条件的记录，比如对于 TestInformation 表，如果某条记录的 Score 字段的值不是 NULL，则不能将它删除(即只能删除 Score 字段的值是 NULL 的缺考的考生信息)，可以用触发器来进行这个限制，具体代码如代码清单 7-7 所示。

```
CREATE TRIGGER DeleteTestInformation
ON TestInformation
FOR DELETE
AS
IF EXISTS(SELECT * FROM deleted WHERE NOT   Score   IS NULL)
BEGIN
ROLLBACK TRANSACTION
RAISERROR ('在读的学生信息不能删除', 16, 1)
END
GO
```

代码清单 7-7

上述代码用另外一种方式使用 deleted 表，即使用了 EXISTS 子句，该子句的含义是判断后面括号里的 SELECT 语句是否有符合条件的记录。在这里，如果有记录返回，所删除的记录不是 NULL，则要回滚事务，同时给出错误信息。

首先执行上述代码创建触发器，然后执行代码清单 7-8 所示的测试代码，返回消息如图 7-7 所示。

```
USE WxdStudent
GO
DELETE TestInformation WHERE InfoID=19
DELETE TestInformation WHERE InfoID=20
```

代码清单 7-8

```
消息

(1 行受影响)
消息 50000，级别 16，状态 1，过程 DeleteTestInformation，第 9 行
在读的学生信息不能删除
消息 3609，级别 16，状态 1，第 2 行
事务在触发器中结束。批处理已中止。
```

图 7-7 DELETE 触发器的效果

在测试代码中要删除的两条记录中，InfoID=19 的记录 Score 为 NULL，所以第一条 DELETE 语句能够成功地被执行，返回“1 行受影响”的信息；而 InfoID=20 的记录 Score

不是 NULL，所以第 2 条 DELETE 语句回滚，并给出“在读的学生信息不能删除”的错误信息。

7.3.3 修改与删除触发器

创建触发器之后，由于各种原因，有时候还需要对触发器进行修改，或者将不需要的触发器删除。

1．修改触发器

修改触发器可以使用 ALTER TRIGGER 语句，语法如下：

```
ALTER TRIGGER schema_name.trigger_name
ON ( table | view )
( FOR | AFTER | INSTEAD OF )
{ [ DELETE ] [ ，  ] [ INSERT ] [ ，  ] [ UPDATE ] }
[ NOT FOR REPLICATION ]
AS { sql_statement }
```

上述语法结构中，很多参数的含义与在 7.3.1 节“创建触发器的语法”中所介绍的相同，这里就不再重复了。比如，由于现在考试规定有所调整，单科的满分为 150 分，则需要对前面所建立的触发器 CheckScore 进行修改，具体代码如代码清单 7-9 所示。

```
ALTER TRIGGER CheckScore
ON TestInformation
FOR INSERT
AS
DECLARE @score INT
SELECT @score=Score FROM inserted
IF @score<0 OR @score>150   --此处修改为
BEGIN
ROLLBACK TRANSACTION
RAISERROR ('成绩的有效范围是 0--150', 16, 1)
END
GO
```

代码清单 7-9

执行上述代码后，则触发器已经被修改成允许成绩处于 0～150 之间了，然后执行代码清单 7-10 所示的测试代码，发现代码能成功运行，返回消息如图 7-8 所示。

```
INSERT INTO TestInformation VALUES ('20050908', '全国计算机等级考试', '一级', 105  , 1)
```

代码清单 7-10

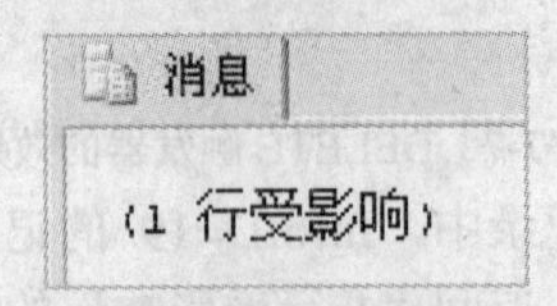

图 7-8　代码能成功运行

此时打开 TestInformation 表，可以看到刚插进去的记录，如图 7-9 所示。

27	20050924	Photoshop考试	一级	97	1
40	20050908	全国计算机等级考试	一级	105	1
NULL	NULL	NULL	NULL	NULL	NULL

图 7-9 插入成绩大于 100 的记录

2．删除触发器

当不需要触发器时，可以利用 DROP TRIGGER 语句将它从数据库中删除，具体语法为

DROP TRIGGER trigger_name

语法很简单，现在将删除前面所创建的触发器 CheckIsLost，具体代码如代码清单 7-11 所示。

```
DROP TRIGGER CheckIsLost
```

代码清单 7-11

执行上述代码后，触发器 CheckIsLost 就被删除了。

7.3.4 使用管理控制台管理触发器

在上面的几个小节中，都是通过代码来介绍创建、修改和删除触发器的方法，还有一种方法就是通过管理控制台的可视化界面来操作。

可以在对象资源管理器中展开节点“WestSVR”|“数据库”|“WxdStudent|表|TestInformation|触发器”，就可以看到当前属于 TestInformation 表的触发器，在相应的触发器(如 UpdateTestInformation)上单击鼠标右键，弹出快捷菜单，如图 7-10 所示。

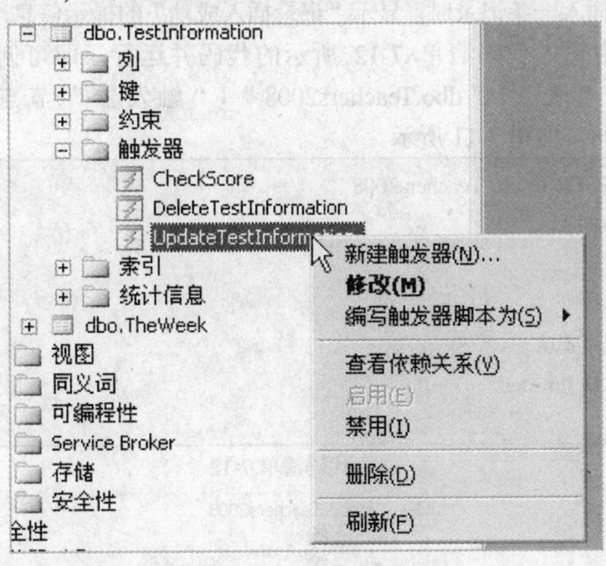

图 7-10 利用可视化界面进行操作

该快捷菜单中包含了“新建触发器…”、“修改”和“删除”等菜单，它们可以实现和用代码来完成的相同的功能，由于篇幅关系，这里不再详述。

7.4 上机实验

在本章的实验中，利用在第 3 章实验中所创建的两张表 Teachers2008 和 Course2008，因为它们的数据在第 3 章实验中已经被改变，所以在本章实验前需要重新创建。重新创建这两张表的代码参见代码清单 3-52，可按以下步骤运行这段代码：

进入“Microsoft SQL Server Management Studio”界面，选择“文件”|“打开”|“文件…”，在弹出的“打开文件”对话框中定位到随本书配套资源中的代码文件“3-52.sql”，然后单击“连接”，就会在所打开的代码窗口中显示出代码清单 3-52 的代码，单击工具栏中的“! 执行(X) ✓”，这样 Teachers2008 和 Course2008 就会被重新创建并恢复最原始的数据了。

1．实验一：创建和使用简单触发器

1) 实验要求

(1) 熟悉创建触发器的语法。

(2) 对创建、修改和删除触发器有初步的认识。

2) 实验目的

掌握触发器的基本操作。

3) 实验步骤

进入“Microsoft SQL Server Management Studio”界面，在对象资源管理器中展开节点“WestSVR”|“数据库”，单击选中数据库节点“WxdStudent”，再单击工具栏按钮“新建查询(N)”，在所打开的查询窗口中完成以下任务：

(1) 在 Teachers2008 表上创建一个触发器 Insert_Teachers2008，功能是每当给 Teachers2008 表中插入一条记录时，显示“记录插入成功”的提示信息，并显示所插入的记录。

在代码窗口中输入代码清单 7-12 所示的代码并运行，即可创建触发器，如果展开“WxdStudent”|“表”|“dbo.Teachers2008”|“触发器”节点，则可看到触发器 Insert_Teachers2008，如图 7-11 所示。

```
CREATE TRIGGER Insert_Teachers2008
ON Teachers2008
FOR INSERT
AS
PRINT '记录插入成功'
SELECT * FROM inserted
GO
```

代码清单 7-12

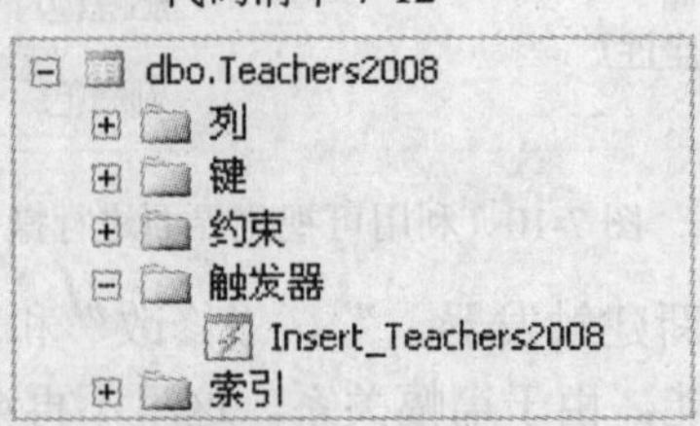

图 7-11　触发器 Insent_Teachers2008

(2) 向 Teachers2008 表中插入一条记录并进行测试。

在代码窗口中输入代码清单 7-13 所示的代码并运行，运行结果如图 7-12 和图 7-13 所示。(注意：由于返回的消息是在“消息”框显示，而所显示的记录是在“结果”框显示，因此这里用了两张图来显示运行效果。)

```
INSERT INTO Teachers2008 ([Name], [Sex], [Birth], [AcademicTitle])
VALUES ('黄波',  1, '1968-2-25', '高级讲师')
```

代码清单 7-13

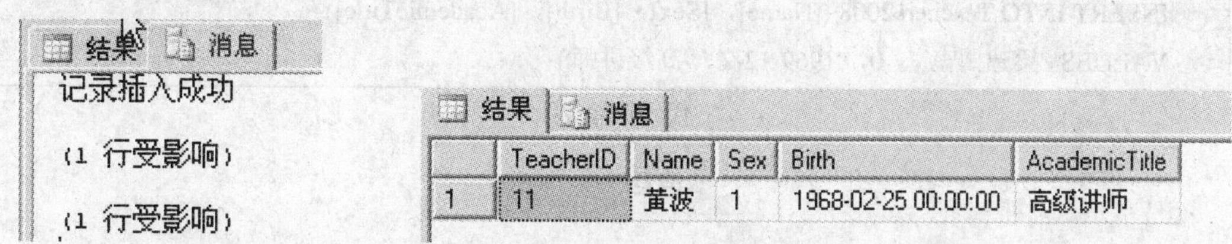

图 7-12 返回的消息　　　　图 7-13 显示所插入的记录

(3) 修改触发器 Insert_Teachers2008，使得返回的消息不是在“消息”框显示，而是和所显示的记录一起在“结果”框显示(提示：可以同样用 SELECT 语句来显示消息)。

在代码窗口中输入代码清单 7-14 所示的代码并运行，运行结果如图 7- 14 所示。

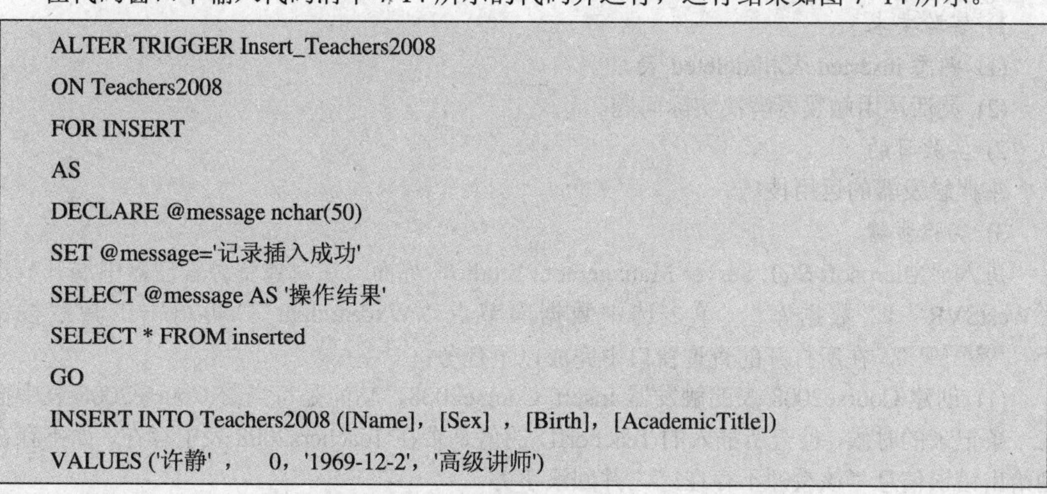

```
ALTER TRIGGER Insert_Teachers2008
ON Teachers2008
FOR INSERT
AS
DECLARE @message nchar(50)
SET @message='记录插入成功'
SELECT @message AS '操作结果'
SELECT * FROM inserted
GO
INSERT INTO Teachers2008 ([Name], [Sex] , [Birth], [AcademicTitle])
VALUES ('许静' ,   0, '1969-12-2', '高级讲师')
```

代码清单 7- 14

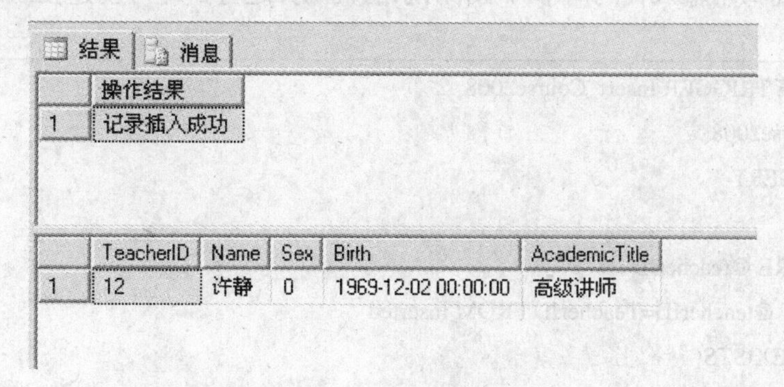

图 7-14 消息和记录都显示在“结果”框

(4) 删除触发器，然后再插入一条记录，观察结果。

在代码窗口中输入代码清单 7-15 所示的代码并运行，运行结果如图 7-15 所示。可以看到，删除了触发器之后再插入记录，既没有提示消息，也不再显示所插入的记录，只有系统的默认消息“(1 行受影响)”。

```
DROP TRIGGER Insert_Teachers2008
GO

INSERT INTO Teachers2008 ([Name], [Sex], [Birth], [AcademicTitle])
VALUES ('梁建国' ,    0, '1969-12-2', '高级讲师')
```

代码清单 7-15

```
消息

(1 行受影响)
```

图 7-15　运行结果

2. 实验二：触发器的应用

1) 实验要求

(1) 熟悉 inserted 表和 deleted 表。

(2) 灵活运用触发器解决实际问题。

2) 实验目的

掌握触发器的运用技巧。

3) 实验步骤

进入“Microsoft SQL Server Management Studio”界面，在对象资源管理器中展开节点“WestSVR”|“数据库”，单击选中数据库节点“WxdStudent”，再单击工具栏按钮“新建查询(N)”，在所打开的查询窗口中完成以下任务：

(1) 创建 Course2008 表的触发器 Insert_Course2008，功能是每当给 Course2008 表中插入一条记录的时候，检查所插入的 TeacherID 的值是否在 Teachers2008 表中存在，如不存在则给出错误信息“该教师不存在!”，并回滚事务。

在代码窗口中输入代码清单 7-16 所示的代码并运行，即可创建 Insert_Course2008 触发器。

```
CREATE TRIGGER Insert_Course2008
ON Course2008
FOR INSERT
AS
DECLARE @teacherID int
SELECT @teacherID=TeacherID FROM inserted
IF NOT EXISTS(
SELECT * FROM Teachers2008 WHERE TeacherID=@teacherID
```

```
)
BEGIN
ROLLBACK TRANSACTION
RAISERROR ('该教师不存在！', 16, 1)
END
GO
```

代码清单 7-16

(2) 添加两条插入记录的语句并对触发器 Insert_Course2008 进行测试，观察结果。

在代码窗口中输入代码清单 7-17 所示的代码并运行，运行结果如图 7-16 所示，其中第一条语句成功执行，而第二条语句弹出错误信息。

```
INSERT INTO Course2008
(CourseName, TeacherID, Credit, ClassHour, BeginDate, EndDate, LessonPlace)
VALUES ('Visual Basic', 3, 6, 6, '2007-9-5', '2008-1-15', '第机房')

INSERT INTO Course2008
(CourseName , TeacherID, Credit, ClassHour, BeginDate, EndDate, LessonPlace)
VALUES ('机械制图基础', 20, 4, 4, '2008-2-20', '2008-7-1', '课室')
```

代码清单 7-17

```
消息
(1 行受影响)
消息 50000，级别 16，状态 1，过程 Insert_Course2008，第 12 行
该教师不存在！
消息 3609，级别 16，状态 1，第 2 行
事务在触发器中结束。批处理已中止。
```

图 7-16 测试触发器 Insert_Course2008

(3) 创建 Course2008 表的触发器 Insert_Update_Course2008，功能是每当给 Course2008 表中插入一条记录或者修改 Course2008 表的记录时进行检查，保证“手机维修”课程的授课教师的职称是“高级讲师”。

在代码窗口中输入代码清单 7-18 所示的代码并运行。

```
CREATE TRIGGER Insert_Update_Course2008
ON Course2008
FOR INSERT, UPDATE
AS
DECLARE @teacherID int
DECLARE @courseName nchar(20)
DECLARE @academicTitle nchar(10)

SELECT @teacherID=TeacherID ,  @courseName=CourseName  FROM inserted
IF @courseName='手机维修'
```

```
BEGIN
SELECT @academicTitle=AcademicTitle FROM Teachers2008
WHERE   TeacherID=@teacherID
IF @academicTitle<>'高级讲师'
BEGIN
ROLLBACK TRANSACTION
RAISERROR ('手机维修的任教老师必须是高级讲师', 16, 1)
END
END
GO
```

代码清单 7-18

(4) 添加两条插入记录的语句并对触发器 Insert_Update_Course2008 进行测试，观察结果。在代码窗口中输入代码清单 7-19 所示的代码并运行，运行结果如图 7-17 所示。

```
UPDATE Course2008 SET TeacherID=7 WHERE CourseName='手机维修'
```

代码清单 7-19

消息

```
消息 50000，级别 16，状态 1，过程 Insert_Update_Course2008，第 16 行
手机维修的任教老师必须是高级讲师
消息 3609，级别 16，状态 1，第 1 行
事务在触发器中结束。批处理已中止。
```

图 7-17　测试触发器 Insert_Update_Course2008

(5) 创建 Teachers2008 表的触发器 Delete_Teachers2008，功能是每当删除 Teachers2008 表的一条记录时就进行检查，确认被删除的记录没有在 Course2008 表中被引用。

在代码窗口中输入代码清单 7-20 所示的代码并运行，即可创建 Insert_Course2008 触发器。

```
CREATE TRIGGER Delete_Teachers2008
ON Teachers2008
FOR DELETE
AS
DECLARE @teacherID int
SELECT @teacherID=TeacherID FROM deleted
IF   EXISTS(
SELECT * FROM Course2008 WHERE TeacherID=@teacherID
)
BEGIN
ROLLBACK TRANSACTION
RAISERROR ('该教师被 Course2008 表引用，不能被删除！', 16, 1)
END
GO
```

代码清单 7-20

(6) 添加对触发器 Insert_Update_Course2008 进行测试的代码，观察结果。

在代码窗口中输入代码清单 7-21 所示的代码并运行，运行结果如图 7-18 所示。

```
DELETE Teachers2008 WHERE TeacherID=1
```

代码清单 7-21

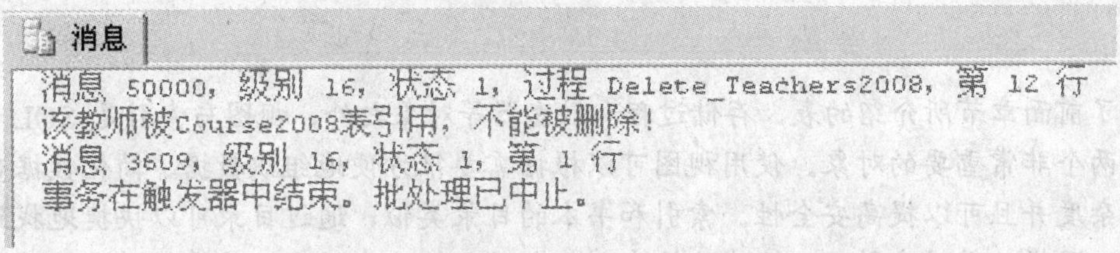

```
消息
消息 50000，级别 16，状态 1，过程 Delete_Teachers2008，第 12 行
该教师被Course2008表引用，不能被删除!
消息 3609，级别 16，状态 1，第 1 行
事务在触发器中结束。批处理已中止。
```

图 7-18 测试触发器 Insert_Update_Course2008

习 题

一、判断题(正确的，在题后括号中画“√”；错误的，在题后括号中画“×”)

1．触发器有 SELECT 触发器、INSERT 触发器、UPDATE 触发器和 DELETE 触发器四种。 ( )

2．触发器也可以用专门的调用语句来随时调用。 ( )

3．触发器中有三张特殊的表：inserted 表、deleted 表和 updated 表。 ( )

4．当发生 INSERT 操作时，只影响到 inserted 表中的内容。 ( )

5．当发生 UPDATE 操作时，影响到 inserted 表和 deleted 表中的内容。 ( )

6．触发器是一种依附于数据表的对象。 ( )

二、填空题

1．触发器是一种特殊的________，它是通过________而被执行的。

2．创建触发器的语句是________。

3．SQL Server 2005 包括两大类触发器：________和________，其中________又分为________和________两种。

4．RAISERROR 函数的功能是________。

5．在触发器中，inserted 表保存________操作的记录，deleted 表保存的是________操作的记录。

三、简答题

1．简述触发器的主要功能。

2．简述触发器的工作原理。

3．什么是事务？ROLLBACK TRANSACTION 的作用是什么？

4．通常可以用触发器来实现用约束无法实现的业务规则，试在本章找出这样的例子。

第 8 章　视图与索引

除了前面章节所介绍的表、存储过程和触发器等对象之外，视图与索引是 SQL Server 中另外两个非常重要的对象。使用视图可以根据需要很方便地组织数据、简化数据查询操作的复杂度并且可以提高安全性。索引和书本的目录类似，通过目录可以快捷地找到需要的内容。同样，通过索引可以快速地检索到指定的数据，有效地设计索引可以提高数据库访问的性能。

本章学习目标：

(1) 掌握创建、修改和删除视图的方法。

(2) 通过视图浏览数据以及通过视图对表的数据进行插入、修改和删除操作。

(3) 创建和管理索引。

8.1　视图简介

视图是一个虚拟表，其内容由查询定义。同真实的表一样，视图包含一系列带有名称的列和行数据。视图在数据库中并不是以数据值存储集的形式存在的，除非是索引视图。

对其中所引用的基础表来说，视图的作用类似于筛选。定义视图的筛选可以来自当前或其他数据库的一个或多个表，或者其他视图。分布式查询也可用于定义使用多个异类源数据的视图。例如，如果有多台不同的服务器分别存储单位在不同地区的数据，而需要将这些服务器上结构相似的数据组合起来，这种方式就很有用。

图 8-1 为在 Student 表和 TestInformation 表的基础上建立视图的示意图。

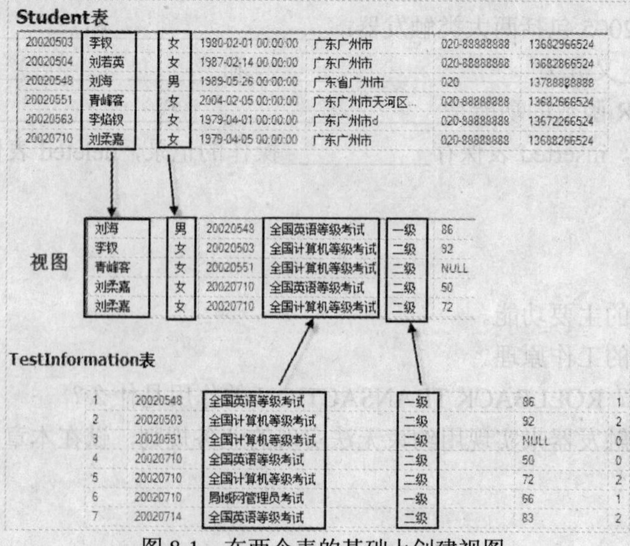

图 8-1　在两个表的基础上创建视图

8.2　视图的创建、修改与删除

8.2.1　创建视图

创建视图可以使用SQL Server Management Studio和T-SQL语句两种方法，下面分别介绍这两种方法的操作步骤。

1．在SQL Server Management Studio中创建视图

(1) 进入“Microsoft SQL Server Management Studio”界面，在对象资源管理器中展开节点“WestSVR”|“数据库”|“WxdStudent”，右键单击“视图”，在弹出的快捷菜单中选择“新建视图”，如图8-2所示。

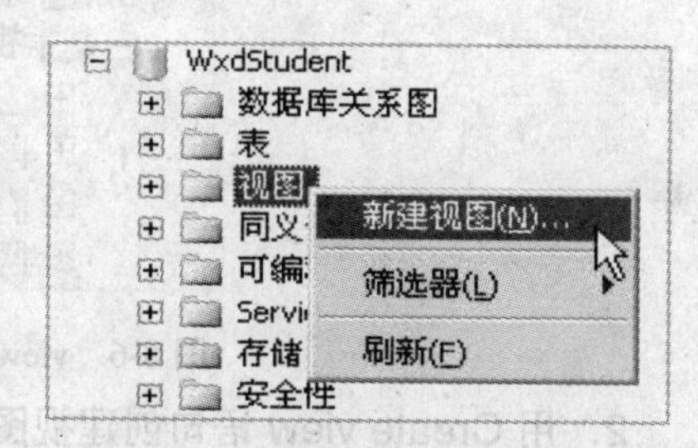

图8-2　“新建视图”菜单选项

(2) 出现图8-3所示的视图设计对话框后，在“添加表”对话框中可以将要引用的表添加到视图设计对话框上，分别选择student和TestInformation表后点击“添加”按钮，最后点击“关闭”按钮。

图8-3　视图设计对话框

(3) 在“关系图窗格”里选择数据表需要在视图里显示的字段前的复选框，依次选择TestInformation表的StudentID，student表的StudentName、Sex字段，以及TestInformation表的SubjectName、Degree和Score字段。设置好的界面如图8-4所示。

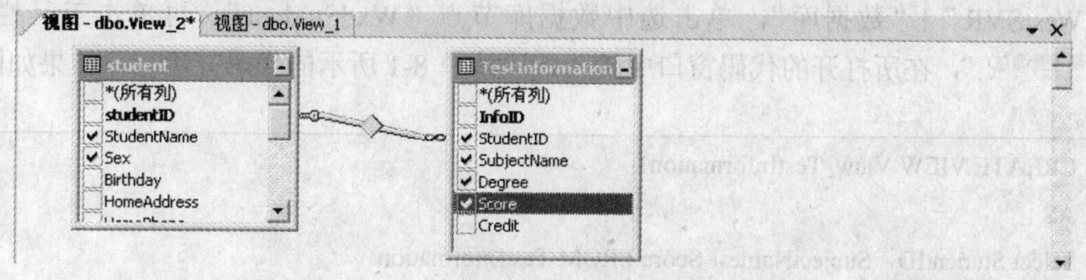

图8-4　设置完毕的视图设计对话框

(4) 所有查询条件设置完毕之后，单击 按钮，在“结果窗格”里会显示出相应的数据，观察数据是否与预期的数据一致。

(5) 若验证数据正确，则单击 按钮，在弹出的对话框中输入视图的名称“view_stu_TestInfo”，然后单击“确定”按钮，视图就被建立起来了，如图8-5所示。

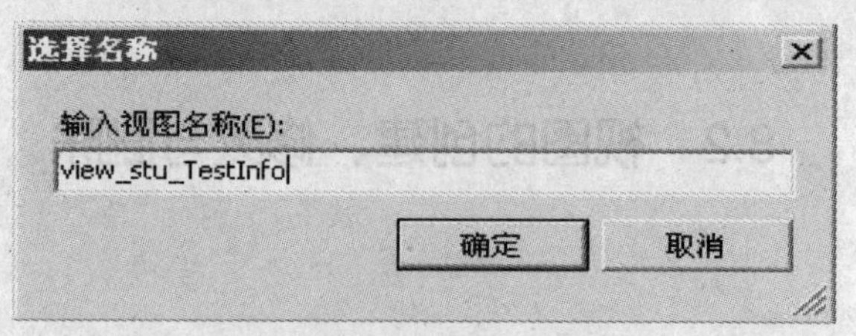

图 8-5　保存所创建的视图

(6) 展开“视图”节点，就可以看到所建立起来的视图，如图 8-6 所示。

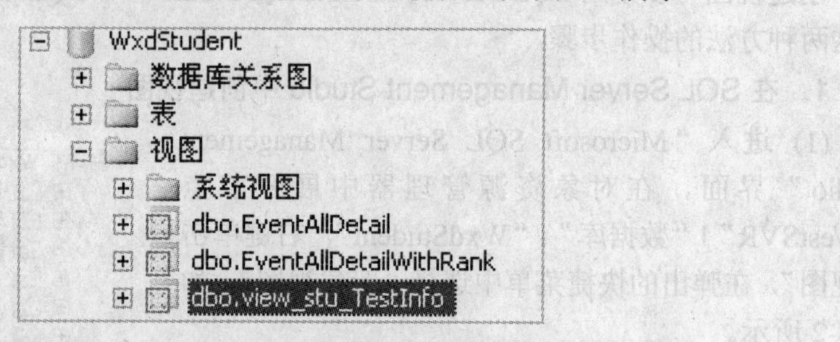

图 8-6　view_stu_TestInfo 视图已被成功创建

2．用 Create view 语句创建视图

创建视图的具体语法如下：

```
CREATE VIEW view_name    [ WITH <view_attribute> [ ， ...n ] ]
AS select_statement [ ; ]
```

其中各参数的含义如下：

view_name：视图的名称。视图名称必须符合有关标识符的规则。可以选择是否指定视图所有者的名称。

AS：指定视图要执行的操作。

select_statement：定义视图的 SELECT 语句。该语句可以使用多个表和其他视图。该参数需要相应的权限才能在已创建视图的 SELECT 子句引用的对象中选择。

例如，创建一个视图，用于查看 TestInformation 表的 StudentID、SubjectName 和 Score 三个字段，具体步骤如下：

进入“Microsoft SQL Server Management Studio”界面，在对象资源管理器中，展开节点“WestSVR”|“数据库”，单击选中数据库节点“WxdStudent”，再单击工具栏按钮“新建查询(N)”，在所打开的代码窗口中输入代码清单 8-1 所示的代码并运行，结果如图 8-7 所示。

```
CREATE VIEW View_TestInformation1
AS
Select StudentID，SubjectName，Score FROM TestInformation
GO
SELECT * FROM View_TestInformation1
GO
```

代码清单 8-1

	StudentID	SubjectName	Score
1	20020548	全国英语等级考试	86
2	20020503	全国计算机等级考试	92
3	20020551	全国计算机等级考试	95
4	20020503	局域网管理员考试	82
5	20020710	全国计算机等级考试	72
6	20020710	局域网管理员考试	66
7	20020745	全国英语等级考试	62
8	20020745	全国计算机等级考试	95
9	20020798	全国计算机等级考试	78
10	20020798	局域网管理员考试	67
11	20020802	全国计算机等级考试	73
12	20020803	全国计算机等级考试	91
13	20020803	局域网管理员考试	62
14	20020805	全国计算机等级考试	94
15	20050907	局域网管理员考试	97
16	20050924	Photoshop考试	97
17	20050908	全国计算机等级考试	105

图 8-7 从视图 View_TestInformation1 查询数据

代码清单 8-1 被执行后，View_TestInformation1 就会被创建起来了(可以如前一个例子“在 SQL Server Management Studio 中创建视图”的步骤(7)所介绍的方法去验证)。访问视图与访问表是十分相似的，也是使用 SELECT 语句，在 FROM 后面紧跟视图名称即可，在大多数情况甚至可以把视图当做表来对待。

下面所举的例子与前一个例子的区别是：在视图中指定每一个字段的别名，并在前一个例子的基础上进行修改既可。在代码窗口中输入代码清单 8-2 所示的代码并运行，结果如图 8-8 所示。

```
CREATE VIEW View_TestInformation2 (学生学号，科目名称，成绩)
AS
Select StudentID，SubjectName，Score FROM TestInformation
GO
SELECT * FROM View_TestInformation2
GO
```

代码清单 8-2

	学生学号	科目名称	成绩
1	20020548	全国英语等级考试	86
2	20020503	全国计算机等级考试	92
3	20020551	全国计算机等级考试	95
4	20020503	局域网管理员考试	82
5	20020710	全国计算机等级考试	72
6	20020710	局域网管理员考试	66
7	20020745	全国英语等级考试	62
8	20020745	全国计算机等级考试	95
9	20020798	全国计算机等级考试	78
10	20020798	局域网管理员考试	67
11	20020802	全国计算机等级考试	73
12	20020803	全国计算机等级考试	91
13	20020803	局域网管理员考试	62
14	20020805	全国计算机等级考试	94
15	20050907	局域网管理员考试	97
16	20050924	Photoshop考试	97
17	20050908	全国计算机等级考试	105

图 8-8 从视图 View_TestInformation2 查询数据

将图 8-8 与图 8-7 进行对比，可以看到图 8-8 中每列数据的标题已经被换成中文了。

其实在创建视图的时候，是可以通过 WHERE 子句来限制符合某些条件的记录的。比如，我们想创建一个视图，只列出参加“全国计算机等级考试”二级考试的信息，在代码窗口中输入代码清单 8-3 所示的代码并运行，结果如图 8-9 所示。

```
CREATE VIEW View_TestInformation3 (学生学号，科目名称，级别，成绩)
AS
Select StudentID，SubjectName，Degree，Score FROM TestInformation
WHERE SubjectName= '全国计算机等级考试'AND Degree='二级'
GO
SELECT * FROM View_TestInformation3
GO
```

代码清单 8-3

结果 | 消息

	学生学号	科目名称	级别	成绩
1	20020503	全国计算机等级考试	二级	92
2	20020551	全国计算机等级考试	二级	95
3	20020710	全国计算机等级考试	二级	72
4	20020798	全国计算机等级考试	二级	78
5	20020803	全国计算机等级考试	二级	91
6	20020805	全国计算机等级考试	二级	94

图 8-9　从视图 View_TestInformation3 查询数据

8.2.2　查看和修改视图

1．查看视图内容

除了像上一小节那样用 SELECT 语句来查看视图的内容之外，也可以在 SQL Server Management Studio 中查看视图内容，只需要按照以下步骤进行：

(1) 进入“Microsoft SQL Server Management Studio”界面，在对象资源管理器中，展开“WestSVR”|“数据库”|“WxdStudent”|“视图”节点。

(2) 用鼠标右击要查看的视图(这里以 view_stu_TestInfo 为例)，在弹出的快捷菜单中选择“打开视图”，如图 8-10 所示。

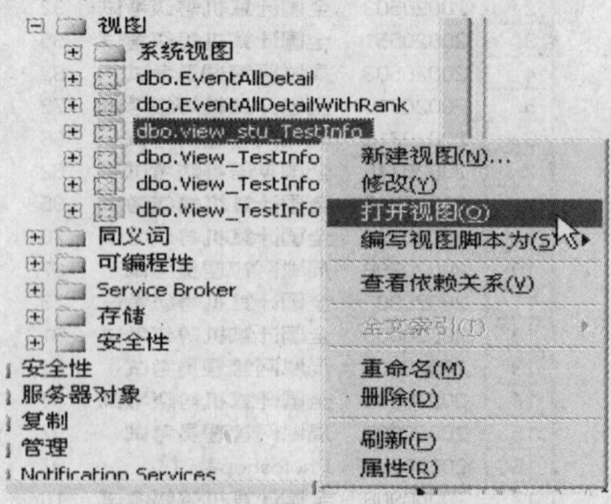

图 8-10　打开一个视图

(3) 如图 8-11 所示，列出视图内容的窗口，该窗口界面与在第 3 章所介绍的查看数据表的窗口界面类似。

视图 - dbo.view_stu_TestInfo

	StudentID	StudentName	Sex	SubjectName	Degree	Score
▶	20020548	刘海	男	全国英语等级考试	一级	86
	20020503	李钗	女	全国计算机等级考试	二级	92
	20020551	青峰客	女	全国计算机等级考试	二级	95
	20020503	李钗	女	局域网管理员考试	二级	82
	20020710	刘柔嘉	女	全国计算机等级考试	二级	72
	20020710	刘柔嘉	女	局域网管理员考试	一级	66
	20020745	陈好	女	全国英语等级考试	一级	62
	20020745	陈好	女	全国计算机等级考试	一级	95
	20020798	万国发	男	全国计算机等级考试	二级	78
	20020798	万国发	男	局域网管理员考试	二级	67
	20020802	张丰伟	男	全国计算机等级考试	一级	73
	20020803	张伟	男	全国计算机等级考试	二级	91
	20020803	张伟	男	局域网管理员考试	一级	62
	20020805	刘小小	女	全国计算机等级考试	二级	94
	20050907	刘国正	男	局域网管理员考试	二级	97
	20050924	邱浩云	男	Photoshop考试	一级	97
	20050908	杨武志	男	全国计算机等级考试	一级	105
*	NULL	NULL	NULL	NULL	NULL	NULL

图 8-11　在 SQL Server Management Studio 中查看视图内容

2. 修改视图

修改视图有两种方法，第一种为在 SQL Server Management Studio 中修改，第二种为使用 ALTER VIEW 语句修改，下面分别介绍。

1) 在 SQL Server Management Studio 中修改视图

(1) 进入“Microsoft SQL Server Management Studio”界面，在对象资源管理器中展开“WestSVR”|“数据库”|“WxdStudent”|“视图”节点。

(2) 用鼠标右击要更改的视图(这里以 View_TestInformation3 为例)，在弹出的快捷菜单中选择“修改”，如图 8-12 所示。

图 8-12　“修改”菜单选项

(3) 显示修改视图的窗口，该窗口界面与在 8.2.1 小节中所介绍的创建视图的窗口界面是一样的，“筛选器”列将原来的“全国计算机等级考试”和“二级”改为“全国英语等级考试”和“一级”，然后单击 ! 按钮，在窗口下面部分可以看到视图被更改后的新内容，如图 8-13 所示，然后单击保存按钮，视图就被更改过来了。

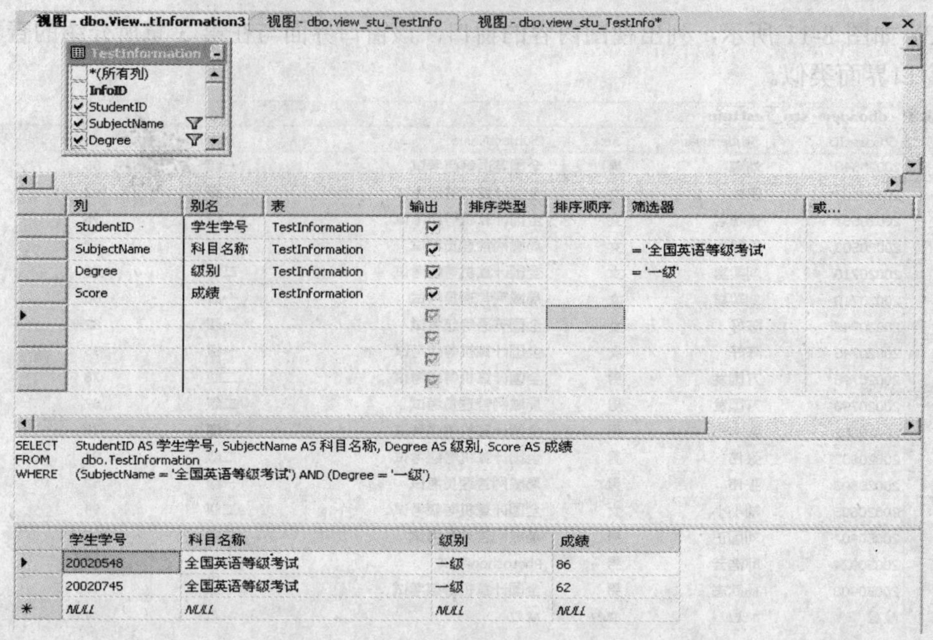

图 8-13　更改视图

2) 使用 ALTER VIEW 语句修改视图

ALTER VIEW 语句的具体语法为

```
ALTER VIEW   view_name
AS select_statement [ ; ]
```

可以发现，用 ALTER VIEW 语句修改视图的语法和创建视图的语法几乎一样，参数的含义也是一样的，这里不再详述，直接举一个例子进行演示。

我们仍然是对 View_TestInformation3 进行修改，改为列出参加“局域网管理员考试”考试的信息，在代码窗口中输入代码清单 8-4 所示的代码并运行，结果如图 8-14 所示。

```
ALTER VIEW View_TestInformation3 (学生学号，科目名称，级别，成绩)
AS
Select StudentID，SubjectName，Degree，Score FROM TestInformation
WHERE SubjectName= '局域网管理员考试'
GO
SELECT * FROM View_TestInformation3
GO
```

代码清单 8-4

结果 | 消息

	学生学号	科目名称	级别	成绩
1	20020503	局域网管理员考试	二级	82
2	20020710	局域网管理员考试	一级	66
3	20020798	局域网管理员考试	二级	67
4	20020803	局域网管理员考试	一级	62
5	20050907	局域网管理员考试	二级	97

图 8-14　对视图 View_TestInformation3 进行修改后的结果

8.2.3 删除视图

当我们不需要某些视图时，可以将它从数据库中删除。删除视图也有两种方法，第一种为在 SQL Server Management Studio 中删除，第二种为使用 DROP VIEW 语句删除，下面分别介绍。

1. 在 SQL Server Management Studio 中删除视图

(1) 进入“Microsoft SQL Server Management Studio”界面，在对象资源管理器中展开“WestSVR”|“数据库”|“WxdStudent”|“视图”节点。

(2) 用鼠标右击要删除的视图(这里以 View_TestInformation1 为例)，在弹出的快捷菜单中选择“删除”，如图 8-15 所示。

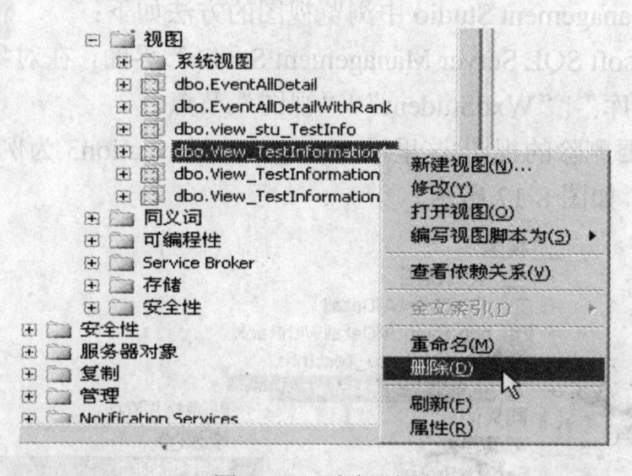

图 8-15 删除视图

(3) 弹出“删除对象”对话框，单击“确定”按钮，即将视图 View_TestInformation1 从数据库删除，如图 8-16 所示。

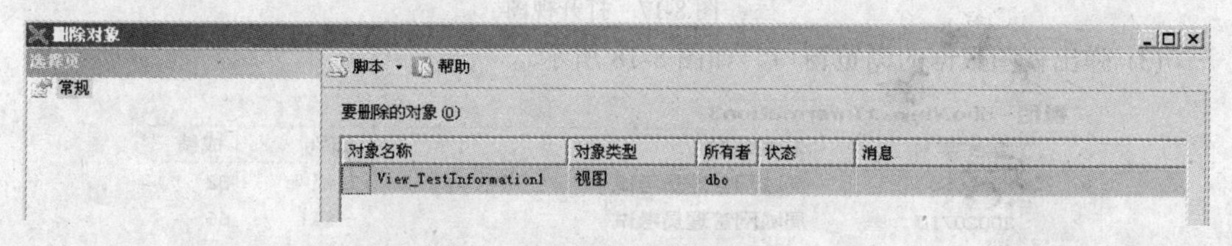

图 8-16 删除视图

2. 使用 DROP VIEW 语句修改视图

DROP VIEW 语句的语法为

```
DROP VIEW view_name
```

view_name 是要删除的视图的名称，它表示可以用逗号隔开的视图的名称列表，这时候可以一次删除多个视图。

比如，想删除视图 View_TestInformation2，在代码窗口中输入代码清单 8-5 所示的代码并运行即可。

```
DROP VIEW View_TestInformation2
```

代码清单 8-5

执行上面的代码后，视图 View_TestInformation2 就会被删除。

8.3 通过视图操作数据

虽然视图是一个虚拟的表，但是也可以通过视图来完成和表一样的各种数据操作。例如通过视图来检索、插入、删除和更改数据，但是这些操作实际上都是在基础表上进行的，下面就介绍这些操作。

8.3.1 通过视图浏览记录

在 SQL Server Management Studio 中浏览视图的方法如下：

(1) 进入“Microsoft SQL Server Management Studio”界面，在对象资源管理器中，展开“WestSVR”|“数据库”|“WxdStudent”|“视图”节点。

(2) 用鼠标右击要删除的视图(这里以 View_TestInformation3 为例)，在弹出的快捷菜单中选择“打开视图”，如图 8-17 所示。

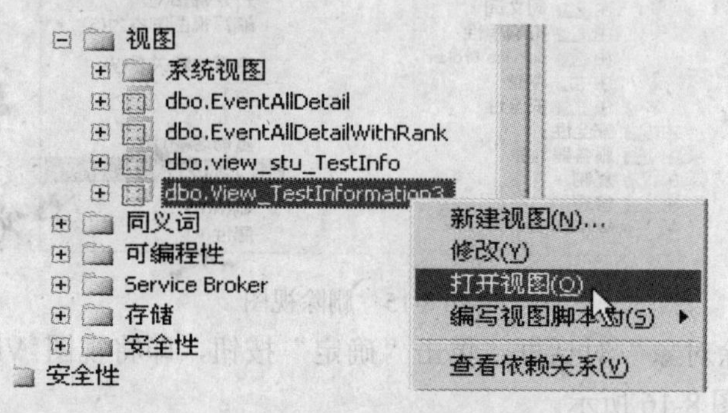

图 8-17　打开视图

(3) 弹出视图数据的浏览窗口，如图 8-18 所示。

视图 - dbo.View...tInformation3

	学生学号	科目名称	级别	成绩
▶	20020503	局域网管理员考试	二级	82
	20020710	局域网管理员考试	一级	66
	20020798	局域网管理员考试	二级	67
	20020803	局域网管理员考试	一级	62
	20050907	局域网管理员考试	二级	97
*	NULL	NULL	NULL	NULL

图 8-18　视图数据浏览窗口

8.3.2 通过视图插入记录

对视图进行插入记录的操作时要注意，因为视图可能并没有显示出基础表的所有字段(比如视图 View_TestInformation3 就没有显示出“Credit”字段)，所以，如果这些没有显示出来的字段不允许 NULL 值，并且没有默认值，就会出错，下面举例来说明这一点。在代码窗口中输入代码清单 8-6 所示的代码并运行，错误信息如图 8-19 所示。

```
insert into View_TestInformation3
values('20050910', '局域网管理员考试', '二级', 77 )
```

代码清单 8-6

```
消息
消息 515, 级别 16, 状态 2, 第 1 行
不能将值 NULL 插入列 'Credit', 表 'WxdStudent.dbo.TestInformation'; 列不允许有空值。INSERT 失败。
语句已终止。
```

图 8-19 错误信息

为此，另外创建一个视图 View_TestInformation4，列出 TestInformation 表除了 InfoID 字段以外的其他所有字段，条件是参加“局域网管理员考试”二级考试的信息，在创建了视图之后列出视图的数据进行验证。在代码窗口中输入代码清单 8-7 所示的代码并运行，结果如图 8-20 所示。

```
CREATE VIEW View_TestInformation4 (学生学号，科目名称，级别，成绩，学分)
AS
Select StudentID，SubjectName，Degree，Score，Credit FROM TestInformation
WHERE SubjectName= '局域网管理员考试'AND Degree='二级'
GO
SELECT * FROM View_TestInformation4
```

代码清单 8-7

结果 | 消息

	学生学号	科目名称	级别	成绩	学分
1	20020503	局域网管理员考试	二级	82	4
2	20020798	局域网管理员考试	二级	67	4
3	20050907	局域网管理员考试	二级	97	4

图 8-20 View_TestInformation4 的内容

现在对 View_TestInformation4 插入记录，在代码窗口中输入代码清单 8-8 所示的代码并运行，结果如图 8-21 所示。

```
INSERT INTO View_TestInformation4
VALUES
( '20050910', '局域网管理员考试', '二级', 77, 4 )
GO
SELECT * FROM View_TestInformation4
```

代码清单 8-8

结果 | 消息

	学生学号	科目名称	级别	成...	学分
1	20020503	局域网管理员考试	二级	82	4
2	20020798	局域网管理员考试	二级	67	4
3	20050907	局域网管理员考试	二级	97	4
4	20050910	局域网管理员考试	二级	77	4

图 8-21 在 View_TestInformation4 中插入了一条记录

由于这次在字段列表中指明了所有字段的值(当然，这里没有包括 InfoID 字段，因为它是标识列，它的值由系统自动产生，不需要指明)，因此操作成功了，从图 8-21 可以看到，视图 View_TestInformation4 中已经包含了新插入的记录。

8.3.3 通过视图删除记录

通过视图来删除记录的方法和删除表的记录相似。

比如要从 View_TestInformation4 中删除学号为“20020798”的记录。

在第 7 章“介绍触发器”中创建了一个触发器 DeleteTestInformation，功能是用来防止删除在读学生，在这里为了演示通过视图来删除记录，需要将这个触发器禁用，方法如下：

(1) 进入“Microsoft SQL Server Management Studio”界面，在对象资源管理器中，展开“WestSVR”|“数据库”|“WxdStudent”|“表”|“TestInformation”|“触发器”节点。

(2) 用鼠标右击触发器 DeleteTestInformation，在弹出的快捷菜单中选择“禁用”，如图 8-22 所示。

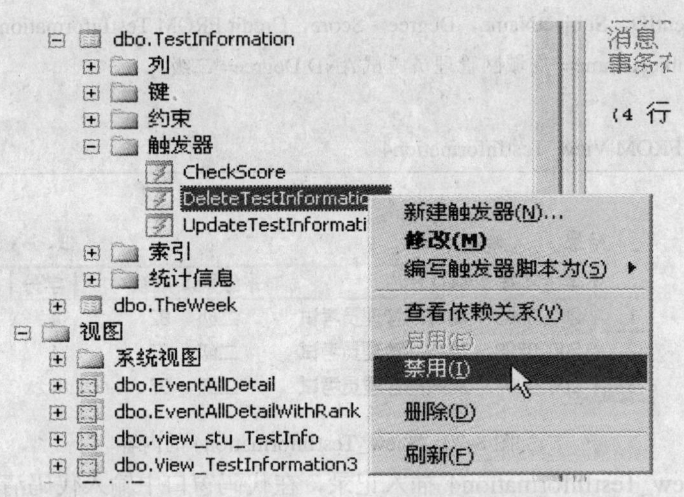

图 8-22　禁用触发器

(3) 在弹出的“禁用触发器”对话框中单击“关闭”按钮，即可完成禁用触发器的操作，如图 8-23 所示。

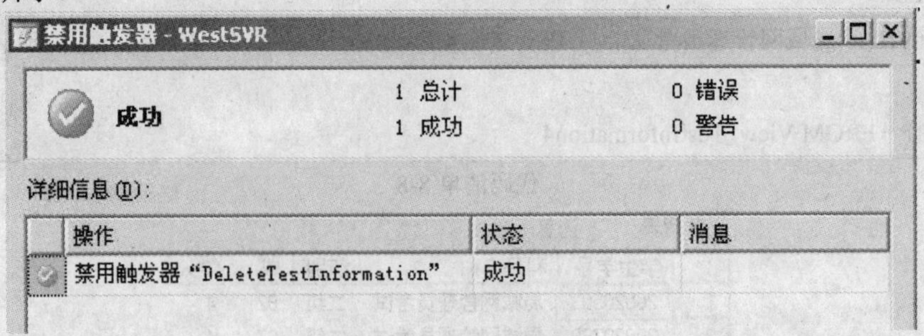

图 8-23　禁用触发器

在视图 View_TestInformation4 中删除记录时，可在代码窗口中输入代码清单 8-9 所示的代码并运行，结果如图 8-24 示。

```
DELETE FROM View_TestInformation4
WHERE 学生学号='20020798'
GO
SELECT * FROM View_TestInformation4
```

代码清单 8-9

	学生学号	科目名称	级别	成绩	学分
1	20020503	局域网管理员考试	二级	82	4
2	20050907	局域网管理员考试	二级	97	4
3	20050910	局域网管理员考试	二级	77	4

图 8-24 删除 View_TestInformation4 中的记录

将图 8-24 和图 8-21 比较，可以发现学号为“20020798”的记录已经被删除了。

8.3.4 通过视图更改记录

通过视图来更改记录的方法和更改表的记录也很相似。

比如要在 View_TestInformation4 中把学号为“200205038”的记录的成绩改为 90 分，在代码窗口中输入代码清单 8-10 所示的代码并运行，结果如图 8-25 示。

```
UPDATE View_TestInformation4
SET 成绩=90    WHERE 学生学号='20020503'
GO
SELECT * FROM View_TestInformation4
```

代码清单 8-10

	学生学号	科目名称	级别	成绩	学分
1	20020503	局域网管理员考试	二级	90	4
2	20050907	局域网管理员考试	二级	97	4
3	20050910	局域网管理员考试	二级	77	4

图 8-25 更改 View_TestInformation4 中的记录

从图 8-25 可以看到，学号为“20020503”的成绩已经被改为 90 了。

8.4 索引的概念

索引是与表或视图关联的磁盘上的结构，可以加快从表或视图中检索行的速度。索引包含由表或视图中的一列或多列生成的键。

表或视图可以包含以下类型的索引：

(1) 聚集索引。在聚集索引中，索引树的叶级页包含实际的数据：记录的索引顺序与物理顺序相同。聚集索引根据数据行的键值在表或视图中排序和存储这些数据行，索引定义中包含聚集索引列。每个表只能有一个聚集索引，因为数据行本身只能按一个顺序排序。

(2) 非聚集索引。非聚集索引具有独立于数据行的结构。非聚集索引包含非聚集索引键值，并且每个键值项都有指向包含该键值的数据行的指针。

8.5　创建和管理索引

8.5.1　创建索引

创建索引有两种方法，第一种为在 SQL Server Management Studio 中创建，第二种为使用 CREATE INDEX 语句，现在分别介绍。

在这里需要说明一点，如果当初创建表的时候指定了主键，那么系统会自动在主键上创建一个名称“PK_表名”的聚集索引，可以进行查看。因为一个表只能有一个聚集索引，所以接下来所创建的索引不是聚集索引。

1. 在 SQL Server Management Studio 中创建索引

首先查看 TestInformation 表的聚集索引，可按照以下步骤操作：

(1) 进入“Microsoft SQL Server Management Studio”界面，在对象资源管理器中，展开“WestSVR”|“数据库”|“WxdStudent”|“表”|“TestInformation”|“索引”节点，就会看到 TestInformation 表的聚集索引，如图 8-26 示。

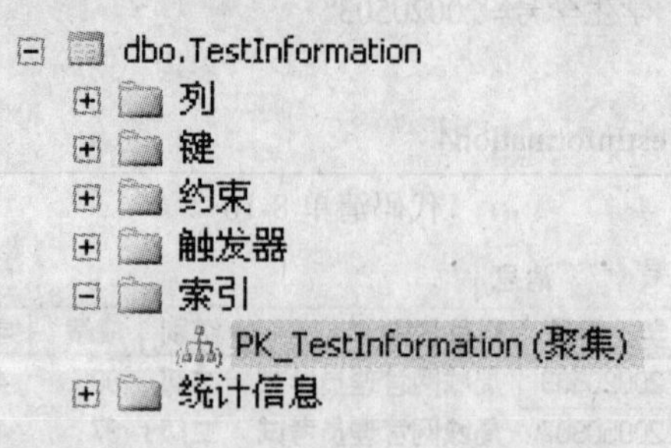

图 8-26　TestInformation 表的聚集索引

(2) 在 StudentID 字段上创建一个非聚集索引。用鼠标右键在“索引”节点上单击，在弹出的快捷菜单中选择“新建索引”，如图 8-27 所示。

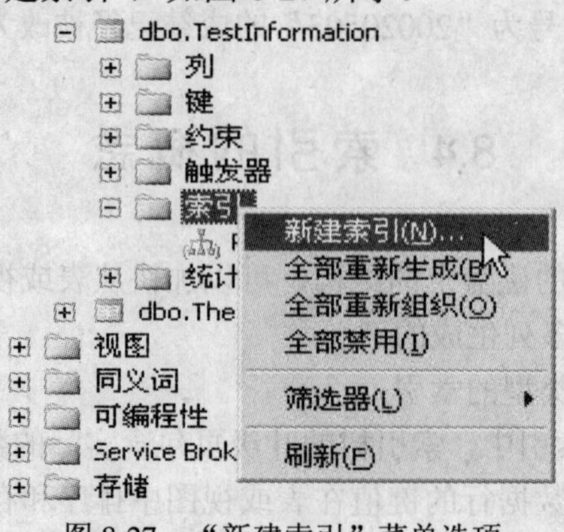

图 8-27　“新建索引”菜单选项

(3) 弹出“新建索引”对话框，在“索引名称”一栏中输入“Index_StudentID”，如图8-28所示，然后单击“添加”按钮。

图8-28　“新建索引”对话框

(4) 弹出“从dbo.TestInformation中选择列”对话框，选择“StudentID”一行，如图8-29所示，然后单击“确定”按钮。

从“dbo.TestInformation”中选择列

选择要添加到索引键的表列。

表列(T):

	名称	数据类型	字节	标识	允许空值
☐	InfoID	int	4	是	否
☑	StudentID	char (8)	8	否	否
☐	SubjectName	char (50)	50	否	否
☐	Degree	char (10)	10	否	否
☐	Score	int	4	否	是
☐	Credit	int	4	否	否

图8-29　选择“StudentID”

(5) 回到“新建索引”对话框，可以看到“索引键列”中已经出现刚才所选择的StudentID字段了，如图8-30所示，然后单击“确定”按钮。

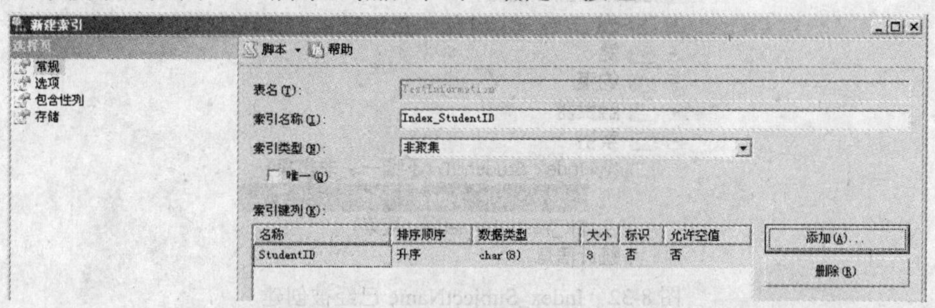

图8-30　“新建索引”对话框

(6) 刷新TestInformation的“索引”节点，可以看到已经出现了刚创建的索引，如图8-31所示，至此，创建索引的操作就完成了。

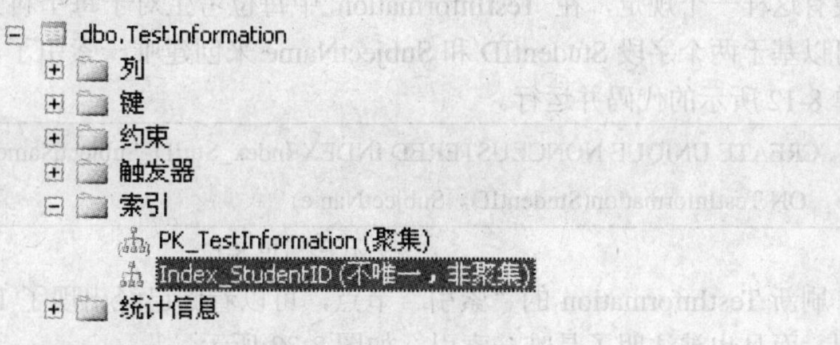

图8-31　完成创建索引

2. 用 CREATE INDEX 语句创建索引

CREATE INDEX 语句的基本语法如下：

```
CREATE [ UNIQUE ] [ CLUSTERED | NONCLUSTERED ] INDEX index_name
    ON <object> (column [ ASC | DESC ] [ ，...n ] )
```

各参数的含义如下：

UNIQUE：为表或视图创建唯一索引。唯一索引不允许两行具有相同的索引键值。

CLUSTERED：指定创建非聚集索引。

NONCLUSTERED：创建一个指定表的逻辑排序的索引。

index_name：索引的名称。索引名称在表或视图中必须唯一，但在数据库中不必唯一。索引名称必须符合标识符的规则。

column：索引所基于的一列或多列。指定两个或多个列名，可为指定列的组合值创建组合索引。

[ASC | DESC]：确定特定索引列的升序或降序排序方向。默认值为 ASC。

下面将使用 CREATE INDEX 在 SubjectName 字段上创建创建一个非聚集索引，可在代码窗口中输入代码清单 8-11 所示的代码并运行。

```
CREATE  NONCLUSTERED INDEX Index_SubjectName
 ON TestInformation(SubjectName)
```

代码清单 8-11

刷新 TestInformation 的“索引”节点，可以看到已经出现了 Index_SubjectName 索引，如图 8-32 所示。

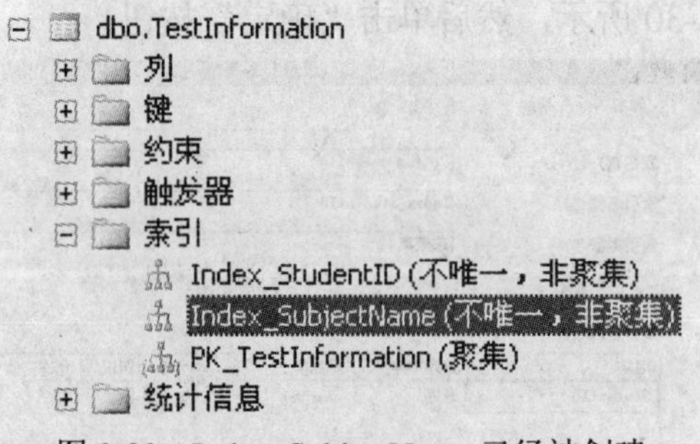

图 8-32　Index_SubjectName 已经被创建

3. 创建复合索引

前面所创建的两个索引都不是唯一索引，因为它们所基于的字段的值并不是唯一的。假设有这样一个规定，在 TestInformation 中每位考生对于每个科目只能有一条记录，这时就可以基于两个字段 StudentID 和 SubjectName 来创建唯一索引了，在代码窗口中输入代码清单 8-12 所示的代码并运行。

```
CREATE UNIQUE NONCLUSTERED INDEX Index_StuID_SubjectName
 ON TestInformation(StudentID，SubjectName)
```

代码清单 8-12

刷新 TestInformation 的“索引”节点，可以看到已经出现了 Index_StuID_SubjectName 索引，而且也被注明了是唯一索引，如图 8-33 所示。

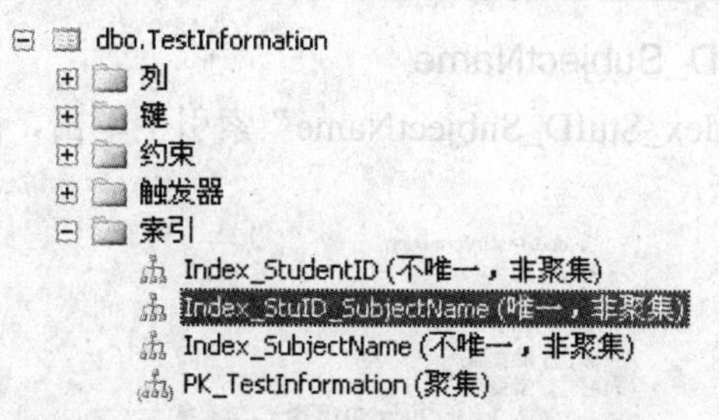

图 8-33　Index_StuID_SubjectName 已经被创建

8.5.2　管理索引

在 SQL Server Management Studio 中可对索引进行包括禁用、重命名和删除等的管理操作，步骤如下：

进入“Microsoft SQL Server Management Studio”界面，在对象资源管理器中，展开“WestSVR”|“数据库”|“WxdStudent”|“表”|“TestInformation”|“索引”节点，会看见 TestInformation 表所有已经存在的索引。

1．禁用 Index_StudentID 索引

(1) 用鼠标右键在“Index_StudentID”索引上单击，在弹出的快捷菜单中选择“禁用”，如图 8-34 所示。

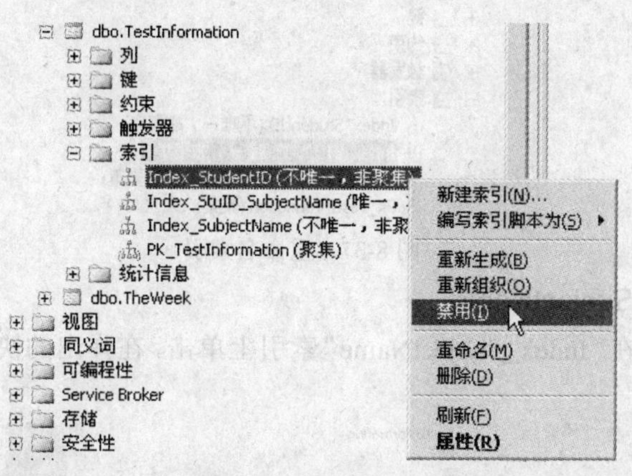

图 8-34　禁用索引

(2) 在弹出的“禁用索引”对话框中单击“确定”按钮，即可将 Index_StudentID 索引禁用，如图 8-35 所示。

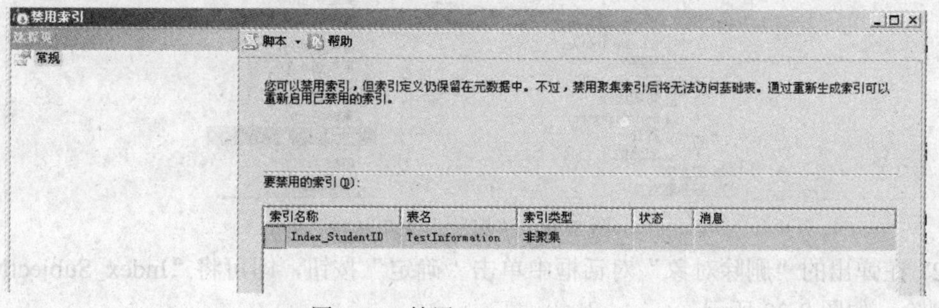

图 8-35　禁用 Index_StudentID

2. 重命名 Index_StuID_SubjectName

(1) 用鼠标右键在“Index_StuID_SubjectName”索引上单击，在弹出的快捷菜单中选择“重命名”，如图 8-36 所示。

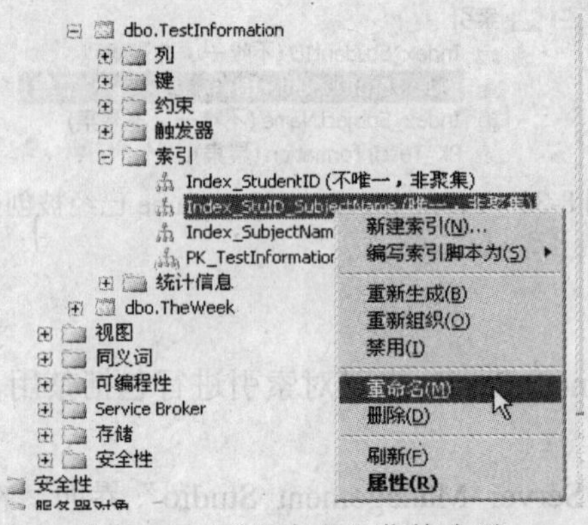

图 8-36 “重命名”菜单选项

(2) 此时，“Index_StuID_SubjectName”索引会处于编辑状态，输入新的名字“Index_STU_SUB”，然后用鼠标在名称以外的地方单击，即可完成重命名操作，结果如图 8-37 所示。

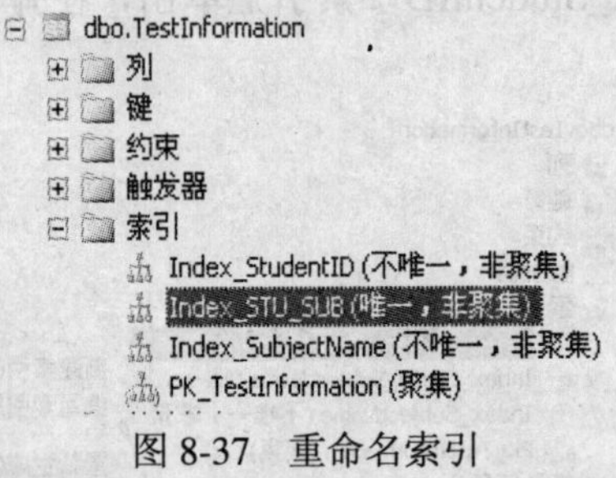

图 8-37 重命名索引

3. 删除 Index_SubjectName

(1) 用鼠标右键在“Index_SubjectName”索引上单击，在弹出的快捷菜单中选择“删除”，如图 8-38 所示。

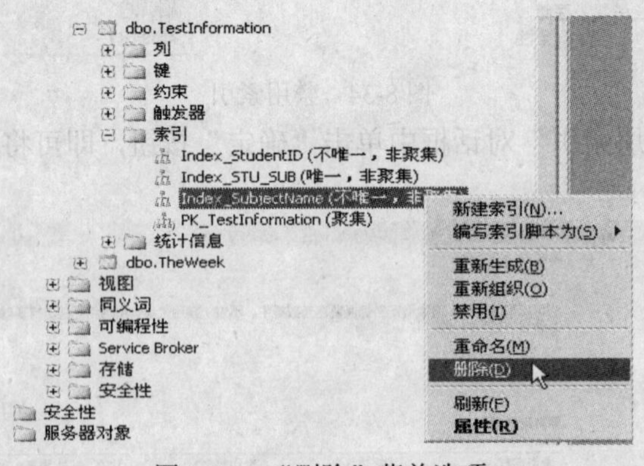

图 8-38 “删除”菜单选项

(2) 在弹出的“删除对象”对话框中单击“确定”按钮，即可将“Index_SubjectName”索引删除，如图 8-39 所示。

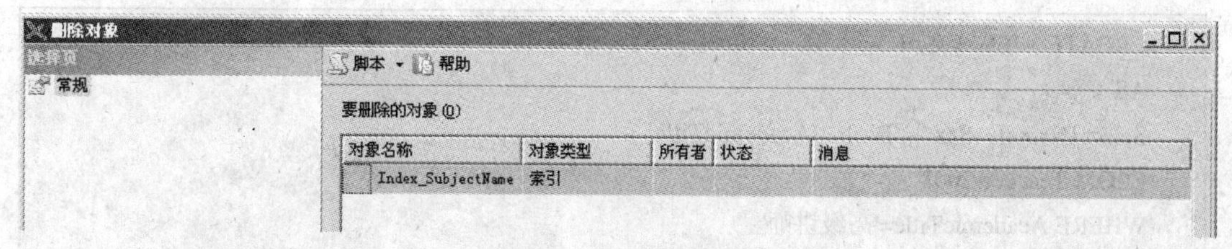

图 8-39 删除索引

(3) 刷新 TestInformation 的“索引”节点，可以发现“Index_SubjectName”索引已经不见了，如图 8-40 所示。

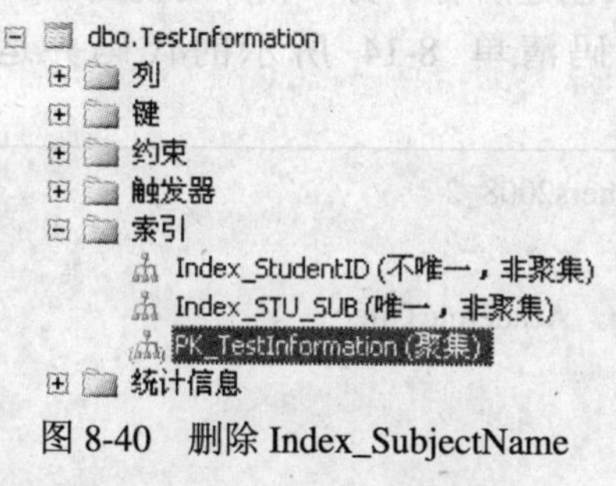

图 8-40 删除 Index_SubjectName

8.6 上 机 实 验

在本章的实验中，利用第 3 章实验中所创建的两张表 Teachers2008 和 Course2008，由于它们的数据在第 3 章实验中已经被改变，因此在本章实验前需要重新创建它们。重新创建这两张表的代码参见第 3 章的代码清单 3-52，可按以下步骤运行这段代码：

进入“Microsoft SQL Server Management Studio”界面，选择“文件”|“打开”|“文件…”，在弹出的“打开文件”对话框中定位到随本书配套资源中的代码文件“3-52.sql”，然后单击“连接”，就会在所打开的代码窗口中显示出代码清单 3-52 的代码，单击工具栏中的 ! 执行(X) ✓，这样 Teachers2008 和 Course2008 就会被重新创建并恢复最原始的数据。

1. 实验一：创建和使用视图

1) 实验要求

(1) 熟练地运用 CREATE VIEW 语句创建视图。

(2) 通过视图来更新(插入、删除和更改)基表的记录。

2) 实验目的

熟练地创建和运用视图。

3) 实验步骤

进入“Microsoft SQL Server Management Studio”界面，在对象资源管理器中展开节点“WestSVR”|“数据库”，单击选中数据库节点“WxdStudent”，再单击工具栏按钮“新建查询(N)”，在所打开的查询窗口中完成以下任务：

(1) 利用 Teachers2008 表创建所有“高级讲师”的视图 View_Teachers2008_1。

在代码窗口中输入代码清单 8-13 所示的代码并运行，即可创建视图 View_Teachers2008_1。

```
CREATE VIEW View1
AS
Select [Name]，Sex，  Birth，AcademicTitle
FROM Teachers2008
WHERE AcademicTitle='高级讲师'
GO
```

代码清单 8-13

(2) 利用 Teachers2008 表创建所有“男”教师的视图 View_Teachers2008_2。

在代码窗口中输入代码清单 8-14 所示的代码并运行，即可创建视图 View_Teachers2008_2。

```
CREATE VIEW View_Teachers2008_2
AS
Select [Name]，Sex，  Birth，AcademicTitle
FROM Teachers2008
WHERE Sex=1
GO
```

代码清单 8-14

(3) 利用 Course2008 表创建所有 4 学分课程的视图 View_Course2008_1，要求只显示课程名称、学分和学时 3 个字段。

在代码窗口中输入代码清单 8-15 所示的代码并运行，即可创建视图 View_Course2008_1。

```
CREATE VIEW View_Course2008_1 (课程名称，  学分，  学时)
AS
Select CourseName，  Credit，ClassHour
FROM Course2008
WHERE Credit=4
GO
```

代码清单 8-15

(4) 利用 Course2008 表创建所有在“课室”授课课程的视图 View_Course2008_2，要求只显示课程名称和授课地点两个字段。

在代码窗口中输入代码清单 8-16 所示的代码并运行，即可创建视图 View_Course2008_2。

```
CREATE VIEW View_Course2008_2 (课程名称，授课地点)
AS
Select CourseName，  LessonPlace
FROM Course2008
WHERE LessonPlace='课室'
GO
```

代码清单 8-16

(5) 利用 Course2008 表和 Teachers2008 表创建视图 View_Course2008_Teachers2008，要求只显示课程名称、教师姓名两个字段。

在代码窗口中输入代码清单 8-17 所示的代码并运行，即可创建视图 View_Course2008_Teachers2008。

```
CREATE VIEW View_Course2008_Teachers2008 (课程名称，教师姓名)
AS
Select C.CourseName， T.[Name]
FROM Course2008 C INNER JOIN Teachers2008 T ON (C.TeacherID=T.TeacherID)
GO
```

代码清单 8-17

(6) 浏览前面所创建的 5 个视图的内容。

在代码窗口中输入代码清单 8-18 所示的代码并运行，观察所显示的 5 个结果图。

```
SELECT * FROM View_Teachers2008_1
SELECT * FROM View_Teachers2008_2
SELECT * FROM View_Course2008_1
SELECT * FROM View_Course2008_2
SELECT * FROM View_Course2008_Teachers2008
```

代码清单 8-18

(7) 在 View_Teachers2008_1 视图中插入一条记录：'赵超勇'，1，'1967-5-22'，'高级讲师'，并浏览插入记录后的视图。

在代码窗口中输入代码清单 8-19 所示的代码并运行，观察插入记录后的结果图，如图 8-41 所示。

```
INSERT INTO View_Teachers2008_1
VALUES
('赵超勇'，1，'1967-5-22'，'高级讲师' )
GO
SELECT * FROM View_Teachers2008_1
```

代码清单 8-19

结果 | 消息

	Name	Sex	Birth	AcademicTitle
1	王晓	1	1970-05-12 00:00:00	高级讲师
2	李雯	0	1971-03-22 00:00:00	高级讲师
3	许鹏	1	1972-02-19 00:00:00	高级讲师
4	赵超勇	1	1967-05-22 00:00:00	高级讲师

图 8-41 插入记录后的结果

(8) 在 View_Teachers2008_2 视图中删除所有职称为“助理讲师”的记录，并浏览删除记录后的视图。

在代码窗口中输入代码清单 8-20 所示的代码并运行，观察删除记录后的结果图，如图 8-42 所示。

```
DELETE FROM   View_Teachers2008_2
WHERE AcademicTitle='助理讲师'
GO
SELECT * FROM View_Teachers2008_2
```

代码清单 8-20

	Name	Sex	Birth	AcademicTitle
1	王晓	1	1970-05-12 00:00:00	高级讲师
2	陈浩强	1	1978-09-18 00:00:00	讲师
3	张旭	1	1980-06-13 00:00:00	讲师
4	许鹏	1	1972-02-19 00:00:00	高级讲师
5	赵超勇	1	1967-05-22 00:00:00	高级讲师

图 8-42　删除记录后的结果

(9) 在 View_Course2008_1 视图中将课程名称为“数字脉冲电路”的记录的学时改为 4，并浏览更改记录后的视图。

在代码窗口中输入代码清单 8-21 所示的代码并运行，观察更改记录后的结果图，如图 8-43 所示。

```
UPDATE   View_Course2008_1
SET 学时=4
WHERE 课程名称='数字脉冲电路'
GO
SELECT * FROM View_Course2008_1
```

代码清单 8-21

	课程名称	学分	学时
1	计算机图像处理	4	6
2	FLASH动画	4	6
3	3DMax	4	4
4	英语	4	4
5	低频电路	4	4
6	数字脉冲电路	4	4
7	彩色电视机原理	4	4
8	手机维修	4	4

图 8-43　更改记录后的结果

2．实验二：创建和管理索引

1) 实验要求

(1) 创建存储每个班的班主任名字的表 BZR，然后创建聚集索引。

(2) 掌握通过 CREATE INDEX 创建索引的方法。

(3) 在 SQL Server Management Studio 中删除索引。

2) 实验目的

创建和管理索引。

3) 实验步骤

进入“Microsoft SQL Server Management Studio”界面，在对象资源管理器中，展开节点“WestSVR”|“数据库”，单击选中数据库节点“WxdStudent”，再单击工具栏按钮“新建查询(N)”，在打开的查询窗口中完成以下任务：

(1) 创建BZR表，该表包含两列数据：ClassID和TeacherName，然后用CREATE INDEX在ClassID上创建聚集索引。

在代码窗口中输入代码清单8-22所示的代码并运行，然后刷新表节点，观察新创建的表以及确认表目前还没有索引(即索引节点旁边没有“+”号)，如图8-44所示。

```
CREATE TABLE BZR(
    ClassID    char(6) NOT NULL,
TeacherName nchar(10) NOT NULL
)
```

代码清单8-22

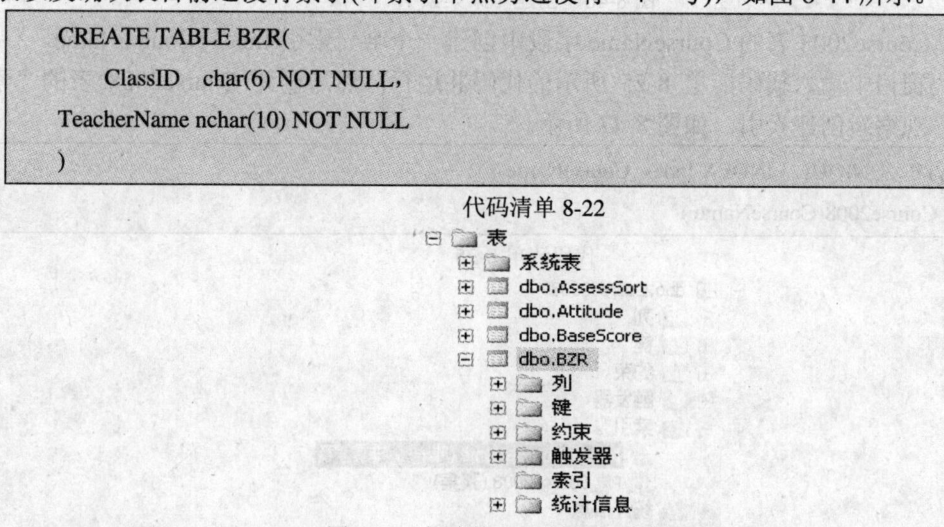

图8-44 新建的BZR表还没有包含索引

输入代码清单8-23所示的代码并运行，创建聚集索引，然后刷新索引节点，观察所创建起来的聚集索引，如图8-45所示。

```
CREATE    CLUSTERED    INDEX Main_Index
ON BZR(ClassID )
```

代码清单8-23

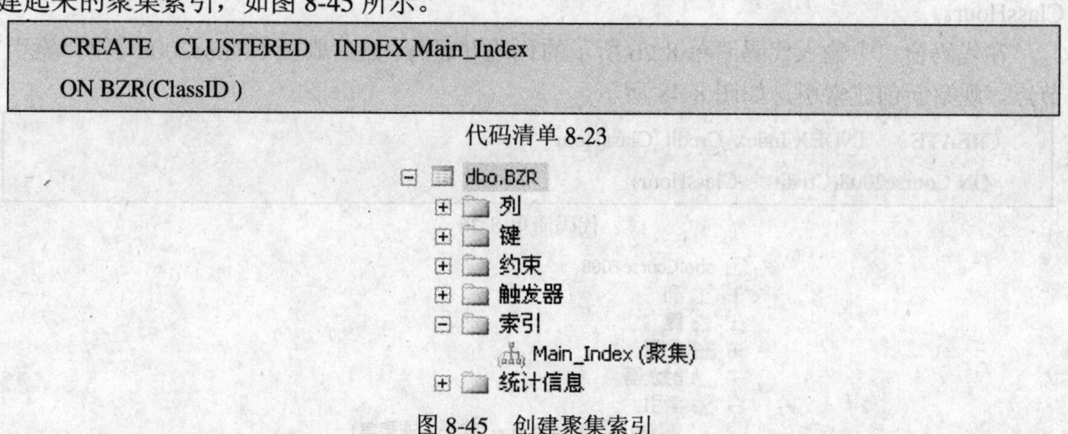

图8-45 创建聚集索引

(2) 在Teachers2008表的Name字段中创建一个非聚集索引Index_Name。

在代码窗口中输入代码清单8-24所示的代码并运行，然后刷新Teachers2008表的“索引”节点，观察新创建索引，如图8-46所示。

```
CREATE  NONCLUSTERED  INDEX Index_Name
  ON Teachers2008([Name] )
```

代码清单 8-24

dbo.Teachers2008
列
键
约束
触发器
索引
Index_Name (不唯一，非聚集)
PK_Teachers2008 (聚集)
统计信息

图 8-46　创建非聚集索引

(3) 在 Course2008 表的 CourseName 字段中创建一个唯一索引 Index_CourseName。

在代码窗口中输入代码清单 8-25 所示的代码并运行，然后刷新 Course2008 表的“索引”节点，观察新创建索引，如图 8-47 所示。

```
CREATE  UNIQUE  INDEX Index_CourseName
  ON Course2008(CourseName )
```

代码清单 8-25

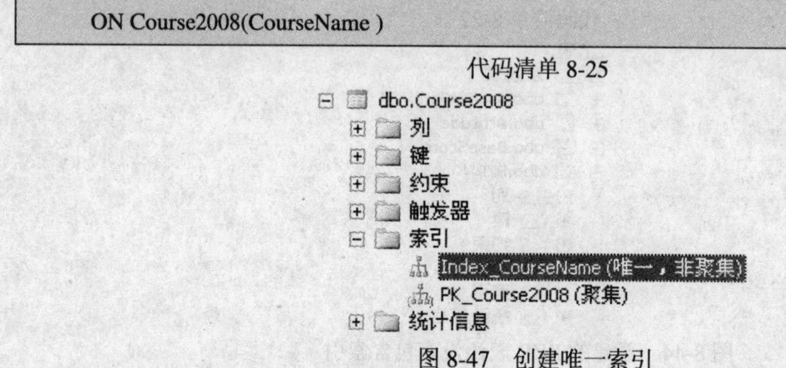

图 8-47　创建唯一索引

(4) 在 Course2008 表的 Credit 和 ClassHour 字段中创建一个复合索引 Index_Credit_ClassHour。

在代码窗口中输入代码清单 8-26 所示的代码并运行，然后刷新 Course2008 表的“索引”节点，观察新创建索引，如图 8-48 所示。

```
CREATE    INDEX Index_Credit_ClassHour
  ON Course2008(Credit,  ClassHour)
```

代码清单 8-26

dbo.Course2008
列
键
约束
触发器
索引
Index_CourseName (唯一，非聚集)
Index_Credit_ClassHour (不唯一，非聚集)
PK_Course2008 (聚集)
统计信息

图 8-48　创建复合索引

(5) 在 SQL Server Management Studio 中删除 Teachers2008 表的索引 Index_Name。

在 SQL Server Management Studio 中展开 Teachers2008 表的“索引”节点，用鼠标右键在“Index_Name”索引上单击，在弹出的快捷菜单中选择“删除”，在弹出的“删除对象”对话框中单击“确定”按钮，即可将 Index_Name 索引删除，如图 8-49 所示。

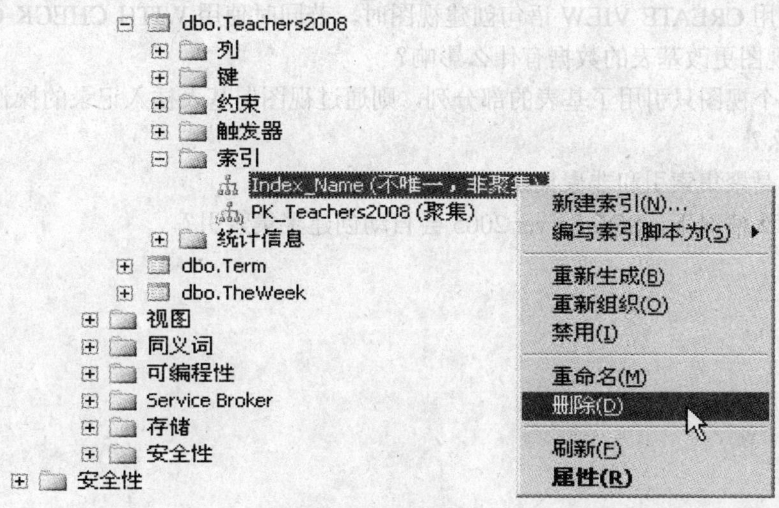

图 8-49 删除索引

习 题

一、单项选择题

1．下面关于视图的叙述，哪个是正确的？

A．可以通过视图修改对多个基表的数据进行更改。

B．视图本身的数据是被物理存储在硬盘上的。

C．视图可以引用来自多个表或视图的数据。

D．对视图执行 INSERT 命令时，在视图中没有被引用的其他列一律被设置为 NULL。

2．下面关于索引的叙述，哪个是错误的？

A．一个表可以有多个聚集索引。

B．一个表可以有多个非聚集索引。

C．一个表可以有多个唯一索引。

D．一个表可以有多个复合索引。

二、填空题

1．通常创建视图有两种方法，第一种为在____________________中创建，另一种为使用____________________语句创建。

2．视图是一种_________表，当它的基表的数据发生改变时，视图_______________。

3．索引主要分为_______________和__________________两种类型。

4．用 CREATE INDEX 语句来创建索引时，若在 INDEX 前加上_________关键字，则创建聚集索引；若加上__________关键字，则创建非聚集索引；加上__________关键字，则创建唯一索引。

三、简答题

1．当使用CREATE VIEW语句创建视图时，若同时使用WITH CHECK OPTION，则对以后通过视图更改基表的数据有什么影响？

2．若一个视图只引用了基表的部分列，则通过视图向基表插入记录的操作是否一定能成功？为什么？

3．什么是聚集索引和非聚集索引？

4．在什么情况下，SQL Server 2005会自动创建聚集索引？

第 9 章　SQL Server 代理服务

在 SQL Server 2005 中，有一系列的管理维护任务，这些管理维护任务都可以设置为自动运行。例如数据库的备份，数据库在备份时对资源的占用较大，因此一般是在数据库较空闲时对其进行备份操作，然而数据库空闲的时间大部分都是在晚上(例如凌晨左右)，此时将其配置为自动运行是最佳的选择。

要在数据库中自动运行这些管理维护任务，必须要运行该数据库实例的代理服务，因为这些管理维护任务是通过代理服务来调度安排的。

SQL Server 代理是一项 Microsoft Windows 服务，允许数据库自动执行某些管理任务。SQL Server 代理运行作业、监视 SQL Server 并处理警报。必须先运行 SQL Server 代理服务，本地或多服务器管理作业才会自动运行。

本章详细讲解 SQL Server 代理服务及相关的作业、警报服务。

本章学习目标：

(1) 掌握如何配置 SQL Server 代理服务。
(2) 掌握数据库邮件的含义，并能正确配置。
(3) 掌握操作员(Operator)的含义，并能正确配置。
(4) 掌握作业(Job)的含义，能按要求创建相应的作业并将其配置为自动运行。
(5) 掌握通过警报来监控数据库的性能及运转情况。

9.1　配置数据库邮件

数据库邮件并不属于 SQL Server 代理的内容，但是，如果希望在某项作业自动完成之后能向相应的管理员发送电子邮件以报告该作业的执行情况(例如成功或失败以及作业执行的简要信息)，则必须启用 SQL Server 代理的邮件会话功能，而启用的前提是数据库实例中已经完成了对数据库邮件的配置。有关 SQL Server 代理配置的详细内容参见 9.3 节。

数据库邮件是一种通过 Microsoft SQL Server 2005 数据库引擎发送电子邮件的企业解决方案。通过使用数据库邮件，数据库应用程序可以向用户发送电子邮件。邮件中可以包含查询结果，还可以包含来自网络中任何资源的文件。数据库邮件旨在实现可靠性、灵活性、安全性和兼容性。

按以下步骤配置数据库邮件:

(1) 打开“SQL Server 外围应用配置器”，单击“功能的外围应用配置器”，展开节点“<数据库实例>”|“Database Engine”，此处的<数据库实例>为要启用数据库邮件功能的数

据库实例。在默认情况下，数据库实例是没有启用其数据库邮件功能的，因此，若要使用数据库邮件，则需要通过此步骤先启用该功能。

(2) 单击“数据库邮件”，并勾选“数据库邮件存储过程(E)”，如图 9-1 所示，再单击“确定”按钮。注意，如果未在此处通过“SQL Server 外围应用配置器”来启用数据库邮件功能，则在后续配置数据库邮件时仍有机会通过其向导来启用。

(3) 打开“SQL Server Management Studio”，连接至数据库实例引擎。在对象资源管理器中，展开节点“<数据库实例>”|“管理”，右击“数据库邮件”，在右键菜单中选择“配置数据库邮件(C)”，进入数据库邮件配置向导欢迎画面，单击“下一步”，进入图 9-2 所示的向导。

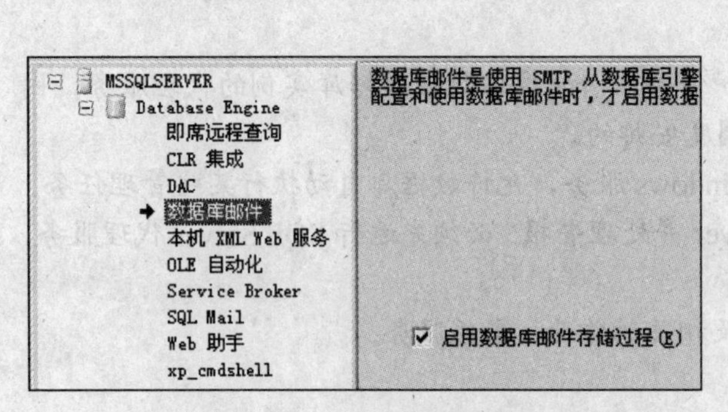

图 9-1　启用数据库邮件

图 9-2　选择数据库邮件配置项

(4) 如果是第一次配置数据库邮件，则选择“通过执行以下任务来安装数据库邮件(S)”，然后单击“下一步”按钮，进入图 9-3 所示的“数据库邮件配置向导”。

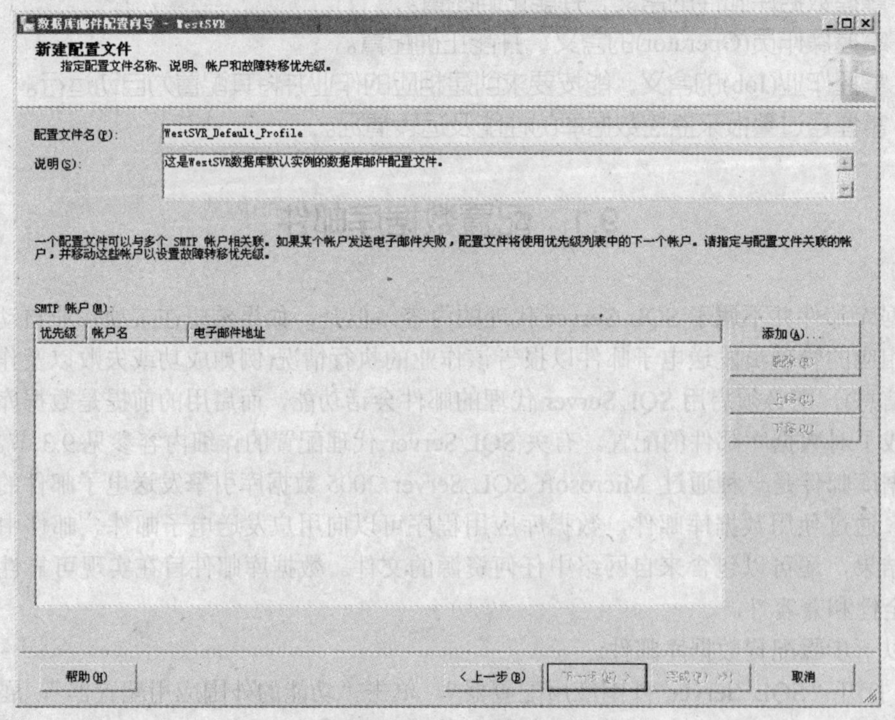

图 9-3　新建数据库邮件配置文件向导

(5) 在“配置文件名(P)”中输入该配置文件的名称，在“说明(S)”中可输入对该配置文件的功用描述，也可不输入。

(6) 单击“添加”按钮，进入图 9-4 所示的“新建数据库邮件帐户”对话框。

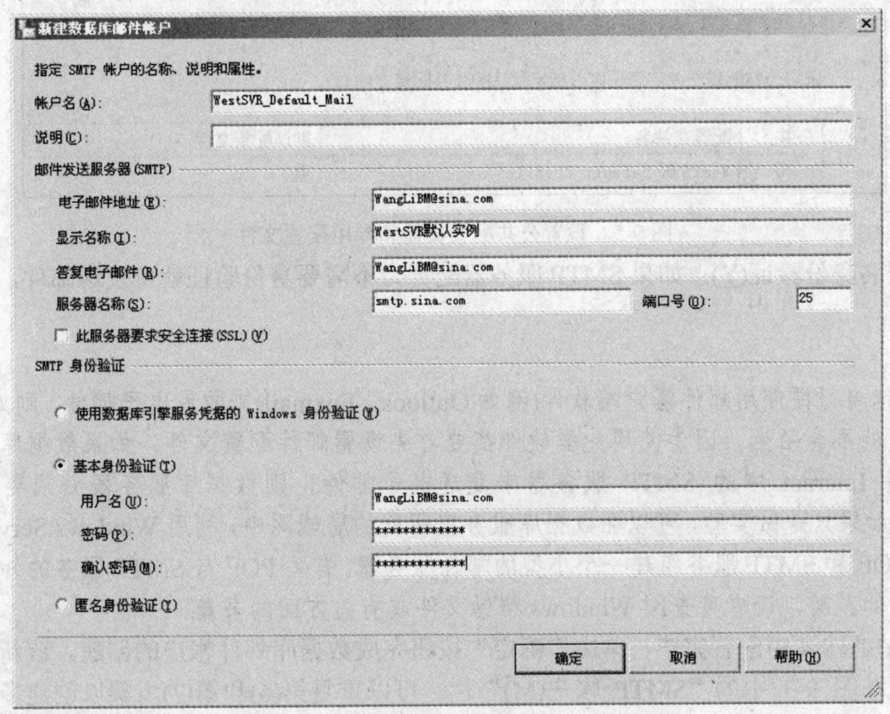

图 9-4　“新建数据库邮件帐户”对话框

对图 9-4 中各选项说明如下：

♦ 帐户名(A)：此处输入该邮件帐户的名称。

♦ 说明(C)：可选项。输入对该邮件帐户的简要说明。

♦ 电子邮件地址(E)：此处输入发送邮件的电子邮件地址，数据库邮件将用此邮箱来发送电子邮件。

♦ 显示名称(I)：可选项。输入帐户发送的电子邮件上显示的名称，当对方收到从此电子邮箱发送的信件时，该名称将显示在“发件人”栏。

♦ 答复电子邮件(R)：可选项。该电子邮件是答复由此帐户发送的电子邮件所用到的地址。

♦ 服务器名称(S)：输入此帐户发送电子邮件所用的 SMTP 服务器的名称或 IP 地址。SMTP 服务器主要用来发送电子邮件。

♦ 使用数据库引擎服务凭据的 Windows 身份验证(W)：此处的服务凭据实际上就是数据库实例引擎的服务帐户(详见第 2 章)，当连接到 SMTP 服务器以发送邮件时，将出示该服务帐户的身份给 SMTP 服务器以请求身份验证。如果 SMTP 服务器与数据库服务器位于同一个域或林中，并且 SMTP 服务器需要身份验证，则可以选择此项。

♦ 基本身份验证(T)：如果数据库邮件需要身份验证，则在此处输入用户名和密码。一般来说，如果需要通过 Internet 中的 SMTP 服务器(例如图 9-5 中新浪的 SMTP 服务器)来发送邮件，则该 SMTP 服务器都是需要身份验证的。

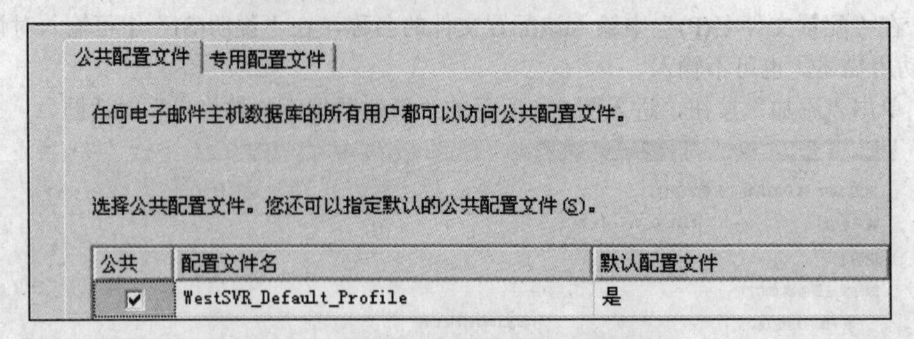

图 9-5　设置公共配置文件和专用配置文件

♦ 匿名身份验证(Y)：如果 SMTP 服务器配置为不需要身份验证就可发送邮件，则可选择此项。

如果读者习惯使用邮件客户端软件(例如 Outlook、Foxmail)来收发电子邮件，则对图 9-4 中的配置就不会陌生。因为使用此类软件都要首先设置邮件配置文件。如果数据库服务器需要使用 Internet 中的 SMTP 服务器来发送电子邮件，则数据库服务器必须要能访问 Internet。如果只是做实验，可以在数据库服务器所处的局域网中，利用 Windows Server 2003 自带的 POP 和 SMTP 服务组建一个小型的邮件服务器。有关 POP 与 SMTP 服务的知识已超越了本书的范畴，读者可查阅 Windows 帮助文件或有关方面的书籍。

(7) 在图 9-4 中配置完毕，单击“确定”按钮完成数据库邮件帐户的创建。该新建的帐户将出现在图 9-3 中的“SMTP 帐户(M)”栏。可以重复第(6)和第(7)步骤以创建多个邮件帐户。

(8) 在创建了数据库邮件帐户之后，单击图 9-3 中的“下一步”按钮，进入图 9-5 所示的对话框。此处可设置公共配置文件和专用配置文件。数据库中的所有用户都可以使用公共配置文件来发送电子邮件，而只有专门指定的用户才有资格使用专用配置文件来发送电子邮件。设置完毕，单击“下一步”，并按照提示完成数据库邮件配置文件的创建。

完成数据库邮件的配置之后，应该测试一下该邮件配置文件是否可以正常发送电子邮件。可按如下步骤测试邮件配置文件：

在 SQL Server 管理控制台的“对象资源管理器”中右击“数据库邮件”，选择“发送测试电子邮件(S)...”，弹出图 9-6 所示的对话框。

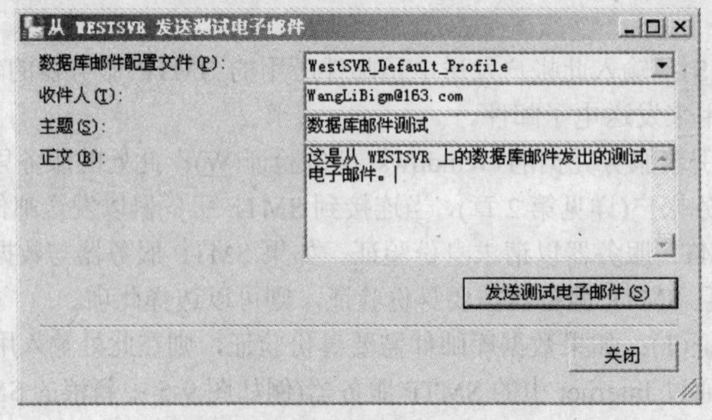

图 9-6　发送测试电子邮件

如果已经建立了多个邮件配置文件，则可以从“数据库邮件配置文件(P)”下拉列表框中选择要测试的邮件配置文件。在“收件人(T)”中输入正确的要接收的电子邮件地址，“主题(S)”和“正文(B)”可按自己意愿输入文字，或保持为默认，然后单击“发送测试电子邮件(S)”按钮，将弹出一对话框，表示邮件已经在排队处理。

稍过一段时间之后，打开收件人的邮箱，检查是否成功接收到测试邮件。如果未能收到，则表示邮件配置文件可能不正确或网络不通，可右击“数据库邮件”，选择“查看数据库邮件日志(V)”以大致了解邮件发送失败的原因，图 9-7 显示了该日志的一部分。

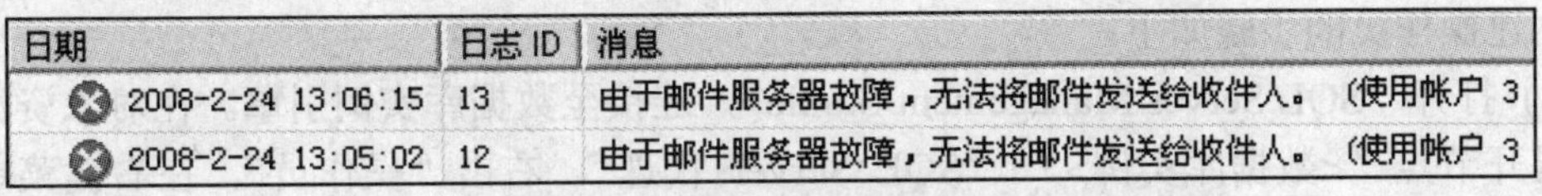

日期	日志 ID	消息
2008-2-24 13:06:15	13	由于邮件服务器故障，无法将邮件发送给收件人。（使用帐户 3
2008-2-24 13:05:02	12	由于邮件服务器故障，无法将邮件发送给收件人。（使用帐户 3

图 9-7　查看数据库邮件日志

在图 9-7 中单击某个条目，下部将显示其详细信息，如图 9-8 所示。

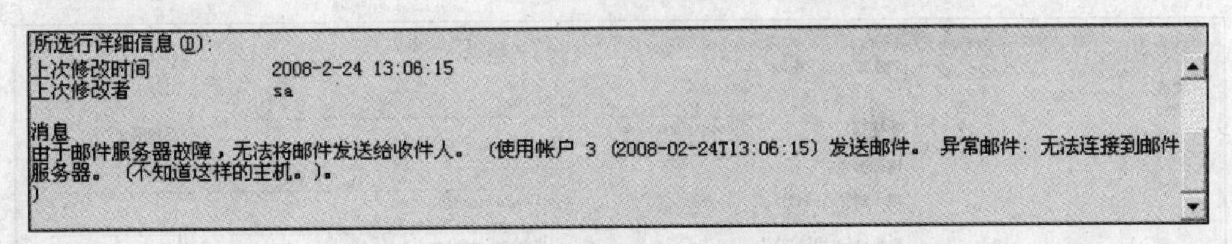
所选行详细信息 (D):
上次修改时间　2008-2-24 13:06:15
上次修改者　sa

消息
由于邮件服务器故障，无法将邮件发送给收件人。（使用帐户 3 (2008-02-24T13:06:15) 发送邮件。异常邮件: 无法连接到邮件服务器。（不知道这样的主机。）。
)

图 9-8　邮件日志详细信息

如果已经收到测试邮件，则说明邮件配置文件是能正常工作的。图 9-9 显示了收到的测试电子邮件。

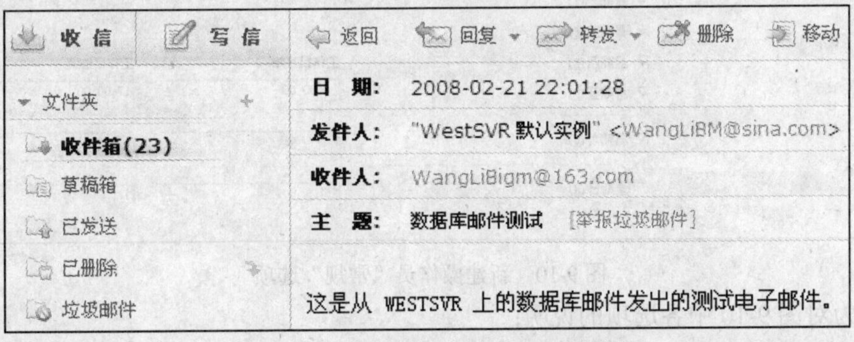

收信　写信　返回　回复　转发　删除　移动
文件夹
收件箱(23)
草稿箱
已发送
已删除
垃圾邮件
日　期：2008-02-21 22:01:28
发件人："WestSVR 默认实例" <WangLiBM@sina.com>
收件人：WangLiBigm@163.com
主　题：数据库邮件测试　[举报垃圾邮件]
这是从 WESTSVR 上的数据库邮件发出的测试电子邮件。

图 9-9　成功接收到的测试电子邮件

成功配置了数据库邮件之后，就可以在数据库中使用该配置文件来发送电子邮件了。在 T-SQL 语句中可以使用系统存储过程“sp_send_dbmail”来发送邮件，具体语法可参阅 SQL Server 联机文档。

9.2　操　作　员

上一节讲述数据库邮件时描述了当作业完成后，SQL Server 代理可以通过数据库邮件来通知管理员或相关的人员。在这里接收该通知邮件的管理员或相关人员其实就是本节要讲述的操作员。

操作员是在完成作业或触发警报时可以接收电子通知的人员或组的别名。操作员就像虚拟的一个人物，是一些属性的集合体，这些属性主要就是操作员的电子邮件、寻呼通知以及 NET SEND 通知。

可以根据不同的要求来创建具有不同用途的操作员，例如备份操作员(接收备份完成时的通知信息)、警报操作员(接收当某个警报被触发时的通知信息)等等。当然，操作员本身并没有这样的分类，但是可以根据不同的用途来对操作员进行相应的命名，从而在创建维护任务时方便地选择要通知的操作员。

创建操作员的步骤如下：

(1) 打开“SQL Server Management Studio”，连接至数据库实例引擎。在对象资源管理器中展开节点“<数据库实例>”|“SQL Server 代理”，右击“操作员”，在右键菜单中选择“新建操作员(N)...”，弹出图 9-10 所示的对话框。默认情况下，“常规”选项处于选中状态。

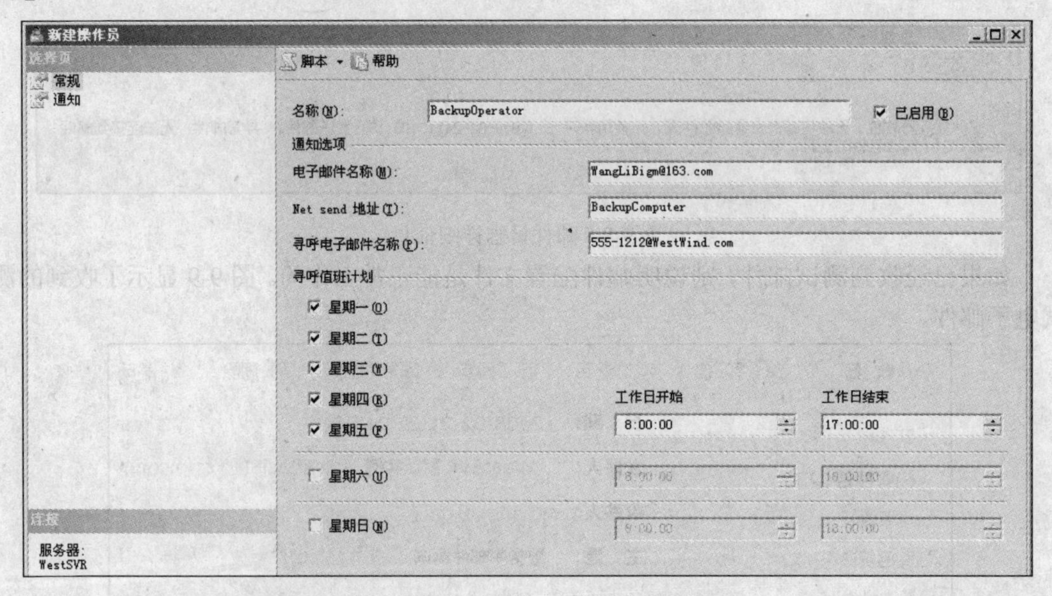

图 9-10　新建操作员“常规”选项

以下为对图 9-10 中各选项的说明：

♦ 名称(N)：此处输入操作员的名称。最好选择有意义的名字，比如备份操作员可以命名为“BackupOperator”等。

♦ 已启用(B)：此操作员是否处于启用状态。如果操作员未启用，则该操作员将不会收到任何通知信息。

♦ 电子邮件名称(M)：此处输入该操作员的电子邮件。如果是以电子邮件的形式通知操作员，则该通知将发送到此处所输入的电子邮件中。

♦ Net send 地址(T)：可以通过 Windows 信使服务(采用命令 NET SEND)来将通知消息发送给操作员，此处输入操作员所使用的计算机的名称或其计算机别名(可以使用命令 NET NAME 来为计算机建立别名)。读者可在命令提示符下键入“NET HELP SEND”和“NET HELP NAME”来了解这两个命令的详细使用方法。注意，Net send 命令依赖于 Microsoft Windows Messenger 服务，若要成功发送警报，此服务必须在运行 SQL Server 的计算机和操作员使用的计算机上同时运行。

♦ 寻呼电子邮件名称(P)和寻呼值班计划：寻呼是通过电子邮件实现的。对于寻呼通知，需要提供操作员接收寻呼消息的电子邮件地址。若要设置寻呼通知，则必须在邮件服务器上安装软件，处理入站邮件并将其转换为寻呼消息。该功能非常类似于时下流行的电子邮件与手机短信相整合的功能，比如，当电子邮箱收到一封新的邮件时，马上就会收到一条手机短信而被告知。由于要在电子邮件服务器上采用特殊的寻呼软件才可以实现此功能，因此本书暂不讨论通过寻呼电子邮件来通知操作员的方式。

(2) 配置完图 9-10 所示的“常规”选项之后，在左边单击“高级”，进入图 9-11 所示的对话框。

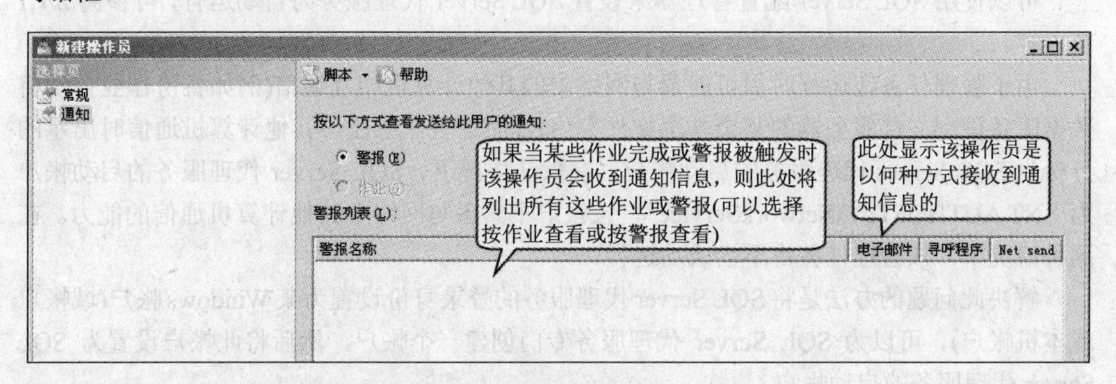

图 9-11　新建操作员“通知”选项

在图 9-11 中，如果当某些作业完成或警报被触发时该操作员会收到通知信息，则在“警报列表(L)”栏将列出所有作业或警报(可以选择按作业查看或按警报查看)。

(3) 配置完毕，单击“确定”按钮完成操作员的创建。

对于已经创建好的操作员，如果要更改其属性，可在“对象资源管理器”中选中节点“操作员”，然后在右方“对象资源管理器详细信息”窗口中右击该操作员，选择“属性”以打开其属性页面。该属性页面与图 9-10 和图 9-11 差不多，但在左边将多出一个“历史记录”属性，显示该操作员最近被通知的方式以及时间，如图 9-12 所示。

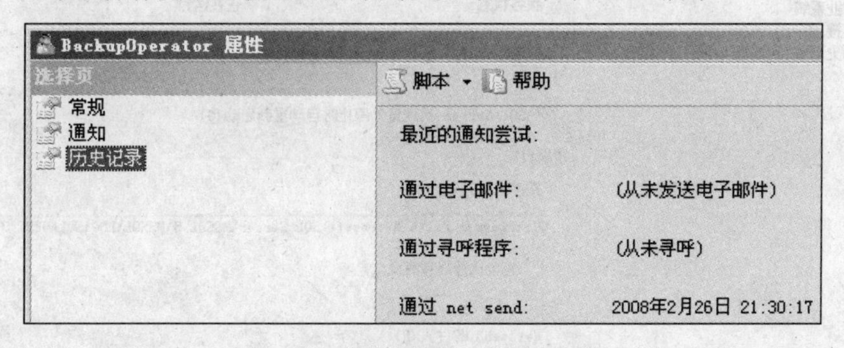

图 9-12　操作员被通知的历史记录

创建操作员也可通过系统存储过程“sp_add_operator”来完成，其具体语法可参阅 SQL Server 联机文档。

本章后续章节将描述如何配置当作业完成或警报发生时通知相应的操作员。

读者可于此处完成本章上机实验一“创建操作员”，以加深对操作员的理解和认识。

9.3　配置 SQL Server 代理服务

SQL Server 管理任务(例如作业、警报等)的自动运行依赖于 SQL Server 代理服务是否处于运行状态，因为这些任务的调度是由 SQL Server 代理来实现的。如果在自动运行管理任务的时刻并没有运行 SQL Server 代理服务，则该管理任务将不会自动运行。所以，对于需要自动运行某些管理任务的数据库引擎，必须将其代理服务设置为自动运行。

可以使用 SQL Server 配置管理器来设置 SQL Server 代理服务为自动运行，可参阅 2.1.1 节内容。

由于管理任务在运行时很可能要与网络中的其他计算机相互通信(例如备份作业自动将数据库备份到文件服务器的某个共享文件夹内)，而这些任务在与其他计算机通信时出示的身份为 SQL Server 代理服务的启动帐户。在默认情况下，SQL Server 代理服务的启动帐户为“NT AUTHORITY\NetworkService”，该帐户不具备与网络中其他计算机通信的能力。在这种情况下，该管理任务将不会成功运行。

解决此问题的办法是将 SQL Server 代理服务的登录身份设置为某 Windows 帐户(域帐户或本机帐户)。可以为 SQL Server 代理服务专门创建一个帐户，然后将此帐户设置为 SQL Server 代理服务的启动帐户。

可按下述操作对 SQL Server 代理服务的属性进行配置：

(1) 通过 SQL Server 管理控制台连接到 SQL Server 实例，在“对象资源管理器”中右击“SQL Server 代理”，然后在右键菜单中选择“属性”以打开其属性页面。当属性页面打开时，其“常规”选项处于选中状态，如图 9-13 所示。

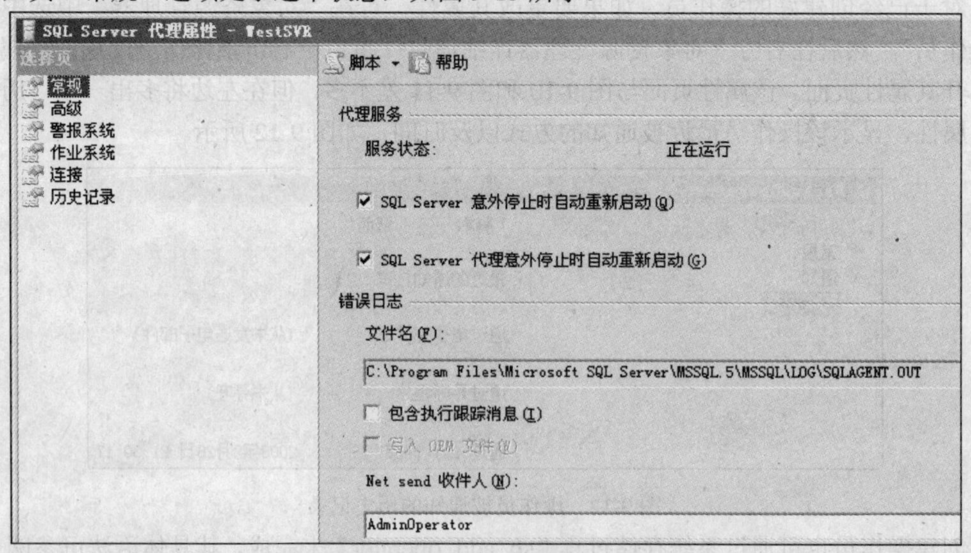

图 9-13　SQL Server 代理属性常规选项

以下为对图 9-13 中关键选项的说明：

♦ SQL Server 意外停止时自动重新启动(Q)：如果勾选了此项，则当 SQL Server 数据库引擎意外停止时，SQL Server 代理将重新启动 SQL Server 数据库引擎。

♦ SQL Server 代理意外停止时自动重新启动(G)：如果勾选了此项，则当 SQL Server 代理意外停止时，SQL Server 数据库引擎将重新启动 SQL Server 代理。

♦ Net send 收件人(N)：此处键入操作员的名称，该操作员负责接收针对 SQL Server 代理写入日志文件的消息的 Net send 通知。

(2) 单击“高级”，打开其“高级”属性页面，如图 9-14 所示。

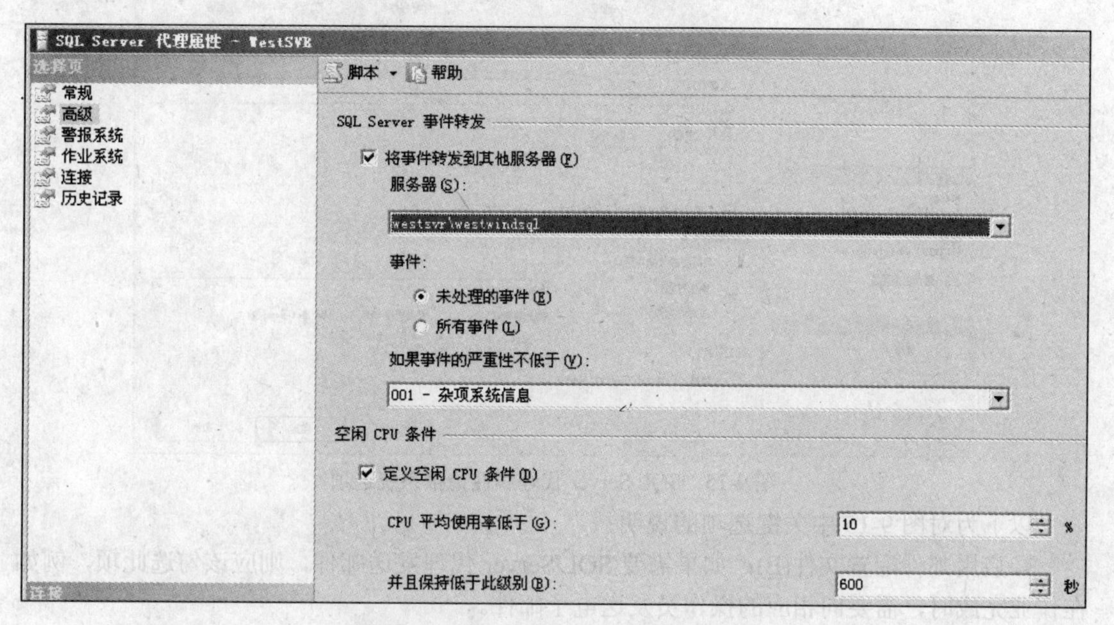

图 9-14　SQL Server 代理属性高级选项

以下为对图 9-14 中关键选项的说明：

♦ 将事件转发到其他服务器(F)：勾选此项，可以将 SQL Server 代理事件转发到其他服务器。

♦ 服务器(S)：在此下拉列表框中选择要转发到的数据库服务器。此下拉列表框将显示已在 SQL Server 管理控制台中注册的数据库服务器。

♦ 事件：“未处理的事件(E)”表明 SQL Server 代理仅转发警报未对其响应的事件，“所有事件(L)”表明 SQL Server 代理将转发所有事件。可以通过“如果事件的严重性不低于(V)”下拉列表框来选择仅转发那些严重级别不低于指定级别的事件。

♦ 空闲 CPU 条件：可以将作业设置为当 CPU 空闲时运行。此时 SQL Server 代理需要知道 CPU 在何种负荷下便可视为空闲，因而必须要定义 CPU 空闲的条件，当 CPU 满足这些条件时，便可视为空闲。

♦ 定义空闲 CPU 条件(D)：勾选此复选框以便定义 CPU 的空闲条件，否则将视 CPU 为永远没有空闲的时候。如果 CPU 在“并且保持低于此级别(B)”所指定的时间内平均使用率低于“CPU 平均使用率低于(G)”处所指定的百分值，则 CPU 将被视为空闲状态。如果某些作业被配置为在 CPU 空闲时运行，则此时这些作业将开始运行。

(3) 单击“警报系统”，打开其属性页面，如图 9-15 所示。

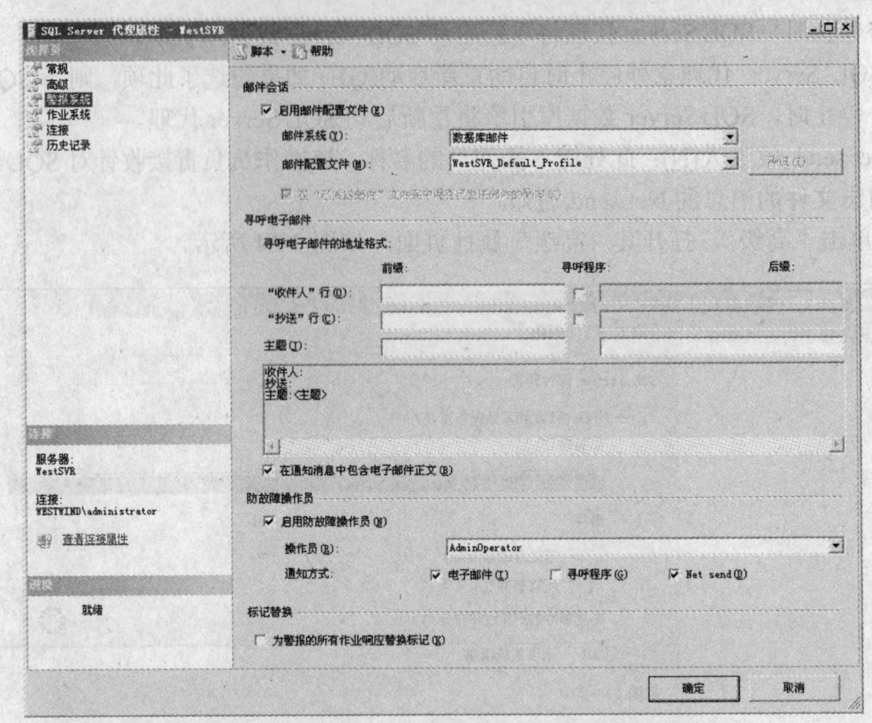

图 9-15　SQL Server 代理属性警报系统选项

以下为对图 9-15 中关键选项的说明：

♦ 启用邮件配置文件(E)：如果需要 SQL Server 代理发送邮件，则应该勾选此项，例如在作业完成时，需要向相应的操作员发送电子邮件。

♦ 邮件系统(Y)：设置 SQL Server 代理要使用的邮件系统。可以选择“数据库邮件”，也可选择“SQL MAIL”(这是与以前版本兼容的邮件功能，不推荐采用该邮件)，建议使用数据库邮件。

♦ 邮件配置文件(M)：在此下拉列表框中选择要使用的数据库邮件配置文件。

♦ 启用防故障操作员(N)：如果当警报被触发或作业完成时，相应的操作员未能成功地接收到通知信息，则将该通知信息发送给防故障操作员。勾选此项以启用该功能。在“操作员(R)”下拉列表框中选择合适的操作员作为防故障操作员，并在“通知方式”中勾选通知该防故障操作员的方式(电子邮件、寻呼程序、Net send)。

(4) 单击“作业系统”，打开其“作业系统”属性页面，如图 9-16 所示。

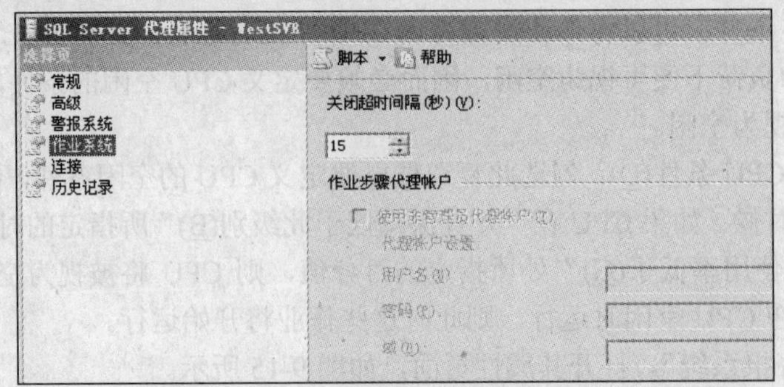

图 9-16　SQL Server 代理属性作业系统选项

以下为对图 9-16 中关键选项的说明：

♦ 关闭超时间隔(秒)(V)：指定 SQL Server 代理在关闭作业之前等待作业完成的秒数。如果在指定间隔之后作业仍在运行，则 SQL Server 代理将强制停止该作业。

♦ 使用非管理员代理帐户(T)：设置 SQL Server 代理的非管理员代理帐户。如果作业中某些步骤的类型属于 CmdExec(命令行应用程序)或 ActiveX 脚本，则在默认情况下，这些类型的作业步骤只有当作业的所有者是固定服务器角色“sysadmin”中的成员时才可以被执行，如果希望在作业的所有者并不属于“sysadmin”的成员的情况下这些步骤也能运行，则需在此处指派非管理员代理帐户，这些步骤将以该帐户的身份运行。

(5) 单击“连接”，打开其“连接”属性页面，如图 9-17 所示。

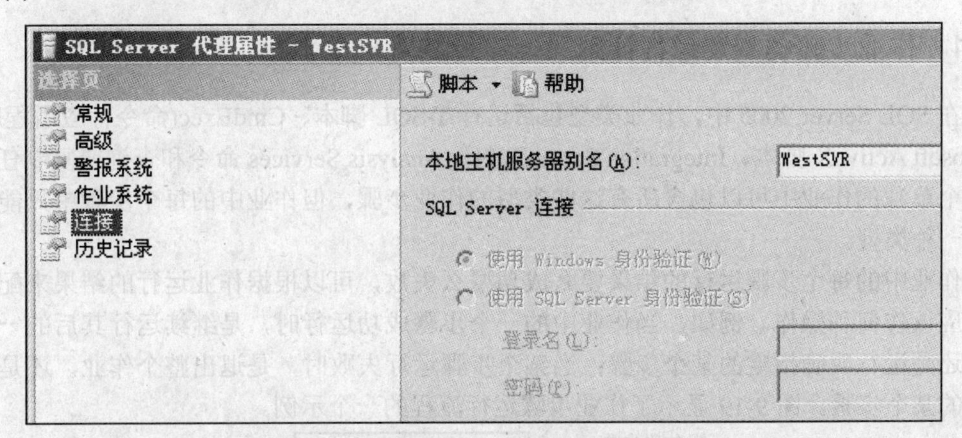

图 9-17　SQL Server 代理属性连接选项

以下为对图 9-17 中关键选项的说明：

♦ 本地主机服务器别名(A)：指定用来连接 SQL Server 的本地实例的别名。SQL Server 代理必须要连接到相应的数据库实例，才可以启动其自动管理任务，默认情况下 SQL Server 代理使用 Windows 身份验证(可信连接)连接至数据库实例。如果无法使用 SQL Server 代理的默认连接选项，则为相应的实例定义一个别名，并在此处指定该别名。

(6) 单击“历史记录”，打开其“历史记录”属性页面，如图 9-18 所示。此处可以查看和修改用于管理 Microsoft SQL Server 代理服务历史记录日志的设置，可根据需要酌情进行修改。当所有的选项均按照要求进行配置之后，单击“确定”按钮使其生效。

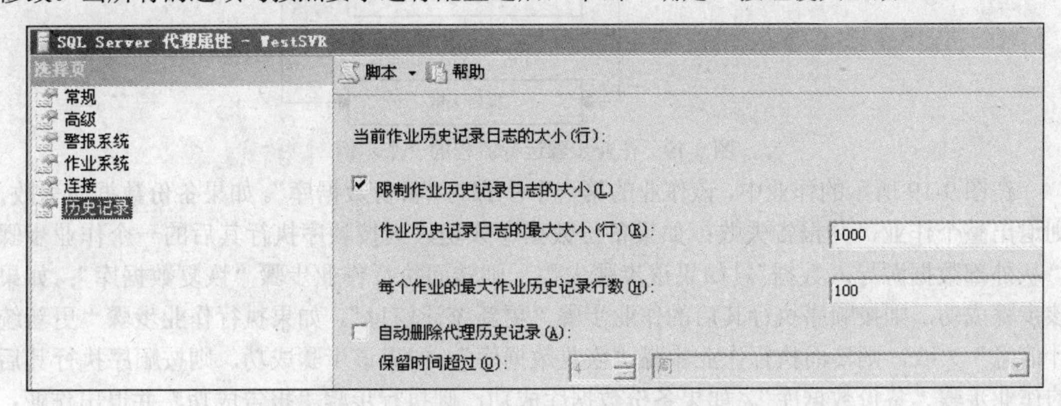

图 9-18　SQL Server 代理属性历史记录选项

9.4 作　业

作业是一系列由 SQL Server 代理按顺序执行的指定操作步骤。作业可以执行一系列活动。

作业可以运行重复任务或那些可计划的任务，它们可以通过生成警报来自动通知用户(操作员)作业状态，从而极大地简化了 SQL Server 管理。

可以手动运行作业，也可以将作业配置为根据计划或响应警报来运行。

9.4.1 作业步骤类型及运行计划

在 SQL Server 2005 中，作业类型包括运行 T-SQL 脚本、CmdExec(命令行应用程序)、Microsoft ActiveX 脚本、Integration Services 包、Analysis Services 命令和查询或复制任务。在一个单独的作业中可以包含所有这些类型的作业步骤，但作业中的每个步骤中只能属于其中一种类型。

作业中的每个步骤运行的结果要么成功要么失败，可以根据作业运行的结果来配置接下来应该作何种操作。例如，当作业中的一个步骤成功运行时，是继续运行其后的一个步骤，还是运行明确指定的某个步骤；当某个步骤运行失败时，是退出整个作业，还是运行指定的某个步骤。图 9-19 显示了作业步骤运行流程的一个示例。

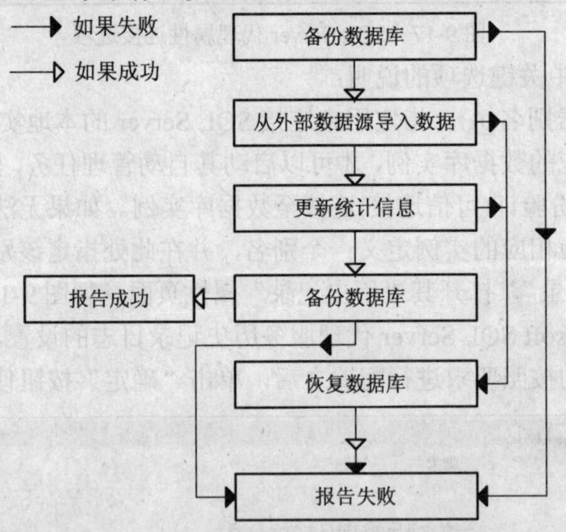

图 9-19　作业步骤运行流程的一个示例

在图 9-19 所示的作业中，该作业的第一个步骤为“备份数据库”。如果备份数据库失败，则退出整个作业，并报告失败；如果备份数据库成功，则按顺序执行其后的一个作业步骤“从外部数据源导入数据”。如果该步骤失败，则转而执行作业步骤“恢复数据库”；如果该步骤成功，则按顺序执行其后的作业步骤“更新统计信息”。如果执行作业步骤“更新统计信息”失败，则转而执行作业步骤“恢复数据库”；如果该步骤成功，则按顺序执行其后的作业步骤“备份数据库”。如果备份数据库成功，则执行步骤“报告成功”并退出作业；如果该步骤失败，则执行步骤“报告失败”并退出作业。在执行作业步骤“恢复数据库”

时，不管成功还是失败，都要执行作业步骤“报告失败”并退出整个作业。

对于数据库中一般的作业来说，其步骤可能没有图 9-19 所示的那样复杂，但该图比较详细地阐述了作业步骤在执行时的大致流程。

作业可以手动执行，但这种执行方式主要是为了测试作业及其步骤是否能正常执行，通常情况都是将作业配置为按计划自动运行。自动运行作业的方式有很多种，作业可以配置为连续地运行(例如某些监视作业)，或者只要当处理器处于空闲状态时就开始运行，或者按规律重复运行(例如每小时、每天或每周等)，也可以将作业配置为只运行一次，或当某个警报发生时运行以响应该警报。有关警报的内容，可参阅 9.5 节内容。

如果要将作业配置为当处理器处于空闲状态时运行，则必须首先定义处理器在何种情况下可算作是空闲状态。可以在 SQL Server 代理服务的属性中定义处理器空闲状态，见图 9-15。

9.4.2　创建并运行作业

可以在 SQL Server 管理控制台中按如下步骤来创建作业：

(1) 打开 SQL Server 管理控制台，连接至数据库实例，在对象资源管理器中展开节点“SQL Server 代理”。然后右击节点“作业”，选择“新建作业(N)...”。弹出新建作业对话框，在此对话框中“常规”选项处于默认选中状态，如图 9-20 所示。

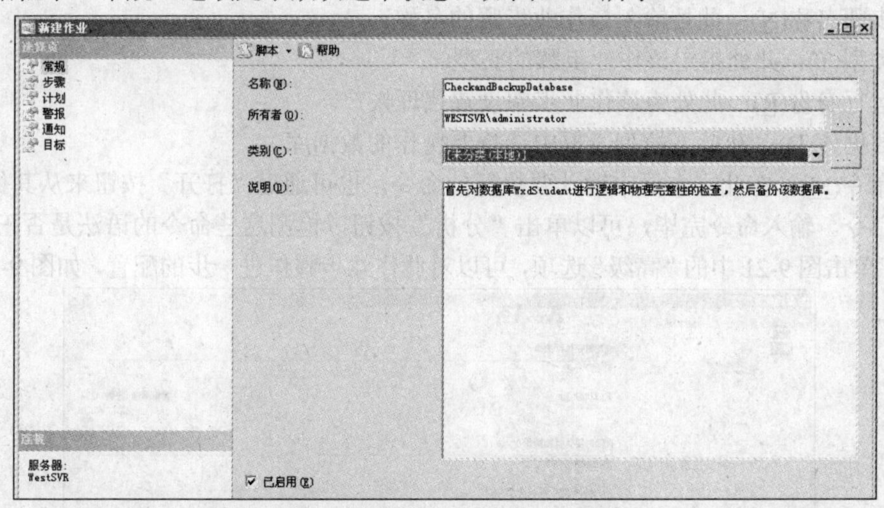

图 9-20　新建作业“常规”选项

以下为对图 9-20 中关键选项的说明：

♦ 名称(N)：此处输入该作业的名称。

♦ 所有者(O)：此处指定该作业的所有者，可直接输入，也可单击右边的按钮来选择。所有者默认为创建该作业的数据库用户。如果创建作业的数据库用户是固定服务器角色“sysadmin”中的成员，则可以将此作业的所有者指派为其他数据库用户。

♦ 类别(C)：显示该作业所属的类别，默认为“未分类(本地)”。

♦ 说明(D)：此处可输入对该作业的描述性文字。

♦ 已启用(E)：勾选此项以启用该作业，否则作业不会自动运行(但仍可手动运行)。

(2) 配置完“常规”选项后，单击“步骤”选项，此处可添加作业步骤。单击下部的“新建(N)...”按钮，弹出新建作业的对话框，新建作业对话框的“常规”选项处于默认选中状态，如图 9-21 所示。

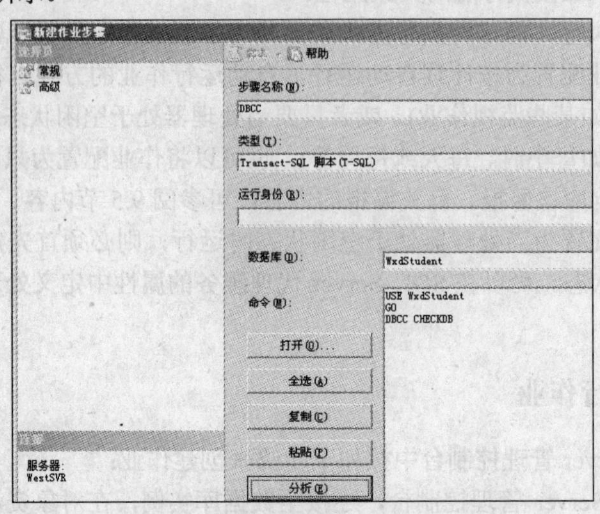

图 9-21　新建作业步骤“常规”选项

以下为对图 9-21 中关键选项的说明：

♦ 步骤名称(N)：此处输入该作业步骤的名称。

♦ 类型(T)：此处指定该作业步骤的类型。

♦ 运行身份(R)：此处为该作业步骤设置代理帐户。

♦ 数据库(D)：从此下拉列表框中选择要操作的数据库。

♦ 命令(M)：在此文本框中输入要执行的命令，也可通过“打开”按钮来从其他文本框中导入命令。输入命令完毕，可以单击“分析”按钮以检测这些命令的语法是否正确。

(3) 单击图 9-21 中的“高级”选项，可以对此作业步骤作进一步的配置，如图 9-22 所示。

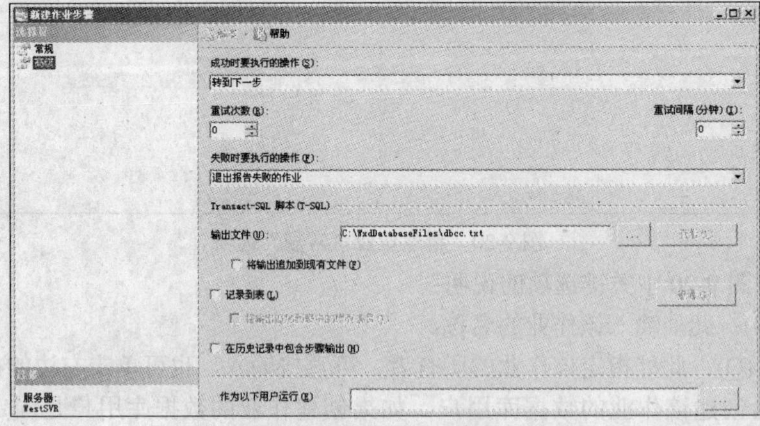

图 9-22　新建作业步骤“高级”选项

以下为对图 9-22 中关键选项的说明：

♦ 成功时要执行的操作(S)：此处表明如果该作业步骤成功执行，则下一步应该执行怎样的操作，可选的选项有：

转到下一步：表示继续该作业步骤的下一步作业步骤。

退出报告成功的作业：退出该作业，并且报告作业已成功执行。

退出报告失败的作业：退出该作业，并且报告作业执行失败。

♦ 重试次数(R)：此处设置如果该作业步骤执行失败，则 SQL Server 代理将尝试重新执行该步骤的次数。

♦ 重试间隔(分钟)(I)：此处设置如果要重新尝试执行该作业步骤，则在每次重试之间的间隔时间。

♦ 失败时要执行的操作(F)：此处表明如果该作业步骤执行失败，则下一步应该执行怎样的操作，可选的选项与成功时可执行的选项一样，其意义也一样。

♦ 输出文件(U)：此处输入文件名路径，作业步骤的输出信息可以保存到此文件中，也可单击右边按钮来定位该输出文件路径。

♦ 将输出文件追加到现有文件(F)：当作业步骤将输出信息保存至此文件时，只追加到文件末尾，而不覆盖前面的文件内容。

♦ 记录到表(L)：将作业步骤的输出记录到 msdb 数据库的 sysjobstepslogs 表中。

♦ 在历史记录中包含步骤输出(H)：如果选择此选项，将在作业的历史记录中包含此步骤的输出。

♦ 作为以下用户运行(H)：此处可指定一个数据库用户，该作业步骤将以该用户的身份来执行。注意，如果指定用户身份的权限不足以执行此步骤，则该作业步骤的执行将失败。只有创建该作业的用户是固定服务器角色“sysadmin”中的成员时，才有资格在此处进行用户指定操作。

(4) 对图 9-22 的设置完毕之后，单击“确定”按钮完成该作业步骤的创建。如有必要，可以重复第(2)和第(3)步骤以创建多个作业步骤。所有已创建的作业步骤可在新建作业的“步骤”选项中查看和修改，如图 9-23 所示。

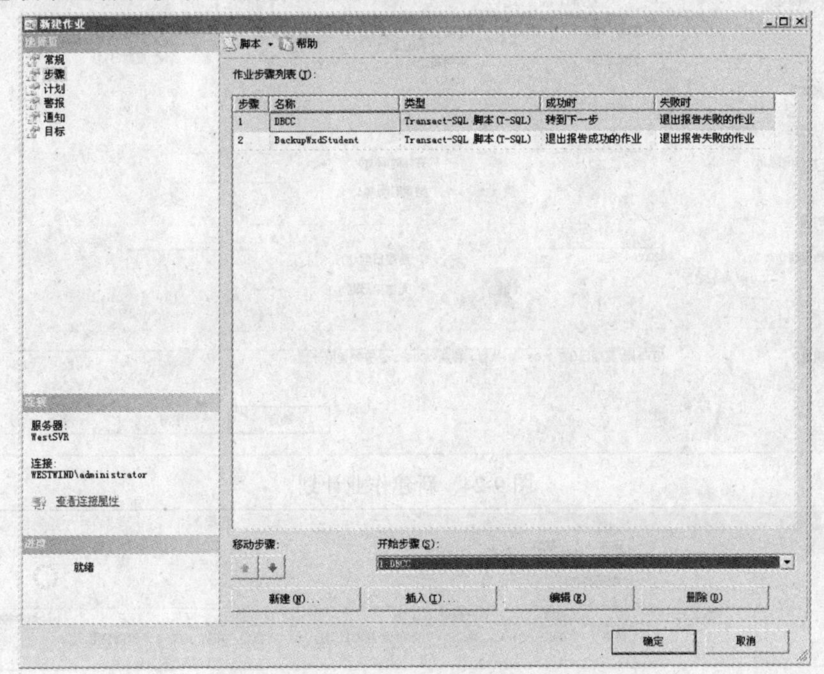

图 9-23　新建作业“步骤”选项

以下为对图 9-23 中关键选项的说明：

♦ 作业步骤列表(J)：在此列表中列出了该作业所包含的所有步骤。

♦ 移动步骤：在作业步骤列表中选中一个作业步骤之后，单击向上或向下箭头按钮可上移或下移该作业步骤。

♦ 开始步骤(S)：在此下拉列表框中选择当执行作业时首先从哪一个作业步骤开始执行。默认情况下从步骤编号为“1”的作业步骤开始执行。

♦ 新建(N)：单击此按钮可按提示新建一个作业步骤。

♦ 插入(I)：单击此按钮可在作业步骤列表中所选作业步骤的上方创建新的作业步骤。

♦ 编辑(E)：单击此按钮可编辑在作业步骤列表中所选的作业步骤。

♦ 删除(D)：单击此按钮可删除作业步骤列表中所选的作业步骤。

(5) 对图 9-23 的步骤配置完毕之后，单击“计划”选项，可以设置该作业以何种方式来自动运行。当新建作业时，此时尚无任何计划，可单击下方的“新建(N)...”按钮以创建一个新的执行计划，如图 9-24 所示。设置完毕，单击“确定”按钮，将此计划加入该作业的“计划”之中，如图 9-25 所示。同样，可以在下部单击相应的按钮，以对这些作业计划进行“编辑”或“删除”操作。

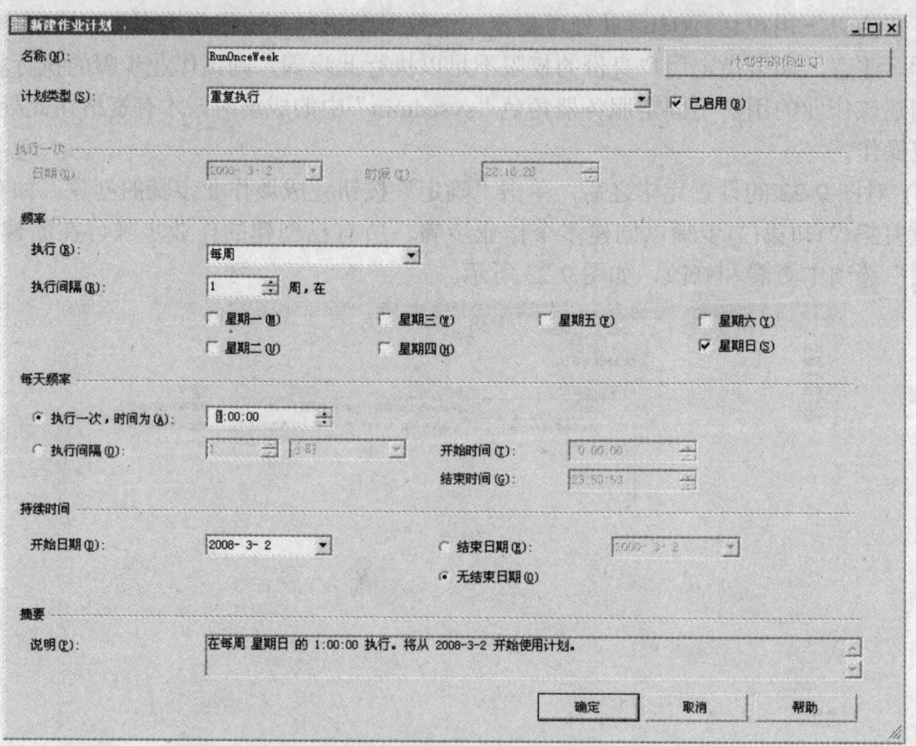

图 9-24　新建作业计划

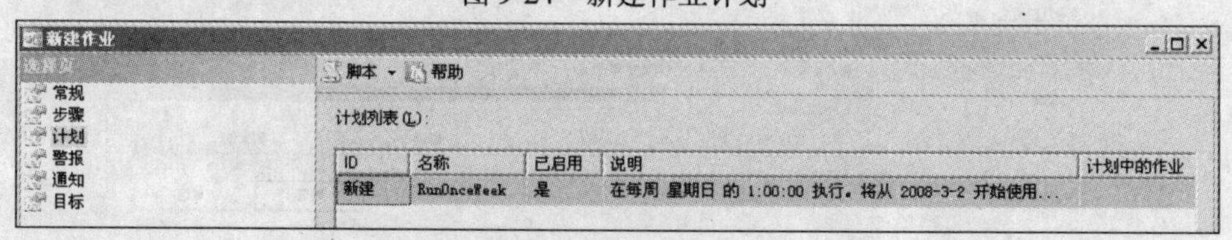

图 9-25　作业的计划列表

(6) 对作业的“计划”配置完毕，单击“警报”按钮，进入“警报”选项配置，如图 9-26 所示。如果某些警报被触发时将运行该作业，则这些警报将在此图的“警报列表(L)”中显示。也可通过下面的“添加”按钮来添加合适的警报。有关警报内容，可参阅 9.5 节。

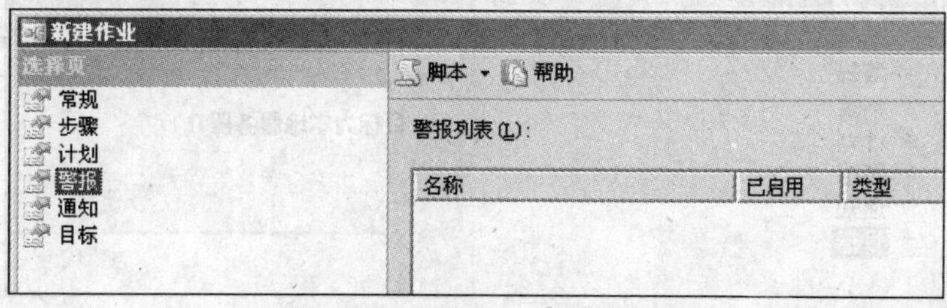

图 9-26　新建作业“警报”选项

(7) 单击“通知”按钮，可以配置当此作业完成时，将以什么方式通知哪些操作员，如图 9-27 所示。

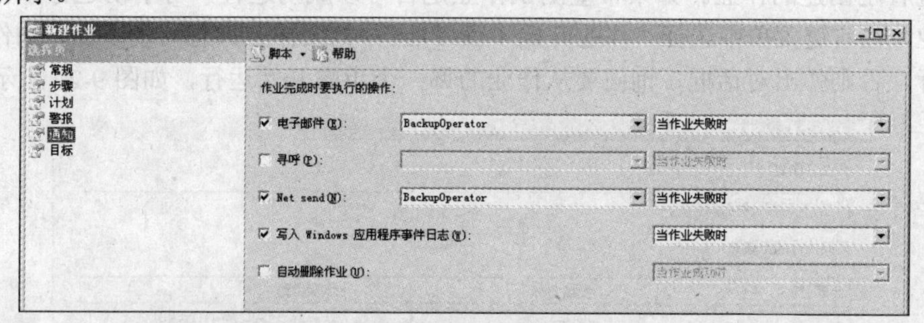

图 9-27　新建作业“通知”选项

以下为对图 9-27 中关键选项的说明：

♦ 电子邮件(E)：勾选此项，表明当作业完成时要以电子邮件的形式通知操作员。可在中间的下拉列表框中选择合适的操作员。在最右侧的下拉列表框中可选择通知的条件，可选项有：

当作业失败时：如果执行作业时失败，则通知操作员，否则不通知。

当作业成功时：如果执行作业时成功，则通知操作员，否则不通知。

当作业完成时：不论作业的执行情况如何，只要作业完成，都要通知操作员。

♦ 寻呼(P)：勾选此项，表明当作业完成时要以寻呼的形式通知操作员。右方下拉列表框的意义与前述相同。

♦ Net send(N)：勾选此项，表明当作业完成时要以 Net send 的形式通知操作员。右方下拉列表框的意义与前述相同。

♦ 写入 Windows 应用程序事件日志(W)：勾选此项将在作业完成时将条目写入到应用程序事件日志中。可通过右方下拉列表框来选择写入的条件。

♦ 自动删除作业(U)：勾选此项，将在作业完成时自动将此作业删除。可通过右方下拉列表框来选择删除的条件。

(8) 单击“目标”，进入目标选项，如图 9-28 所示。此选项的意义是指如果配置为“目标为多台服务器(M)”，则该作业将被复制到其他配置为“目标服务器”的数据库服务器中，然后按计划执行。如果没有配置“主服务器”与“目标服务器”，则该选项将不可用。可以在 SQL Server 管理控制台中右击“SQL Server 代理”，然后选择“多服务器管理(U)”

来配置“主服务器”和“目标服务器”。有关“主服务器”和“目标服务器”的更多内容，可参阅 SQL Server 联机文档。

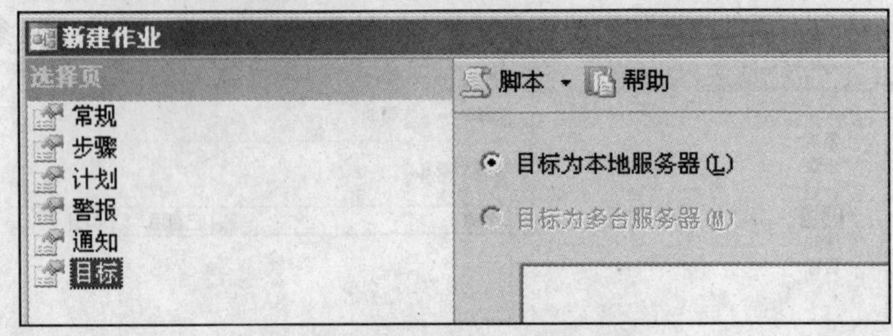

图 9-28　新建作业“目标”选项

(9) 最后单击“确定”按钮，完成新建作业的创建。此时可在对象资源管理器详细信息窗口中查看刚创建的作业。如果希望测试作业是否可以成功运行，可手动运行该作业。右击该作业，在右键菜单中选择“作业开始步骤(T)...”，如果作业只有一个步骤，则作业马上开始运行，否则弹出对话框，询问要从作业的哪一个步骤开始运行，如图 9-29 所示。

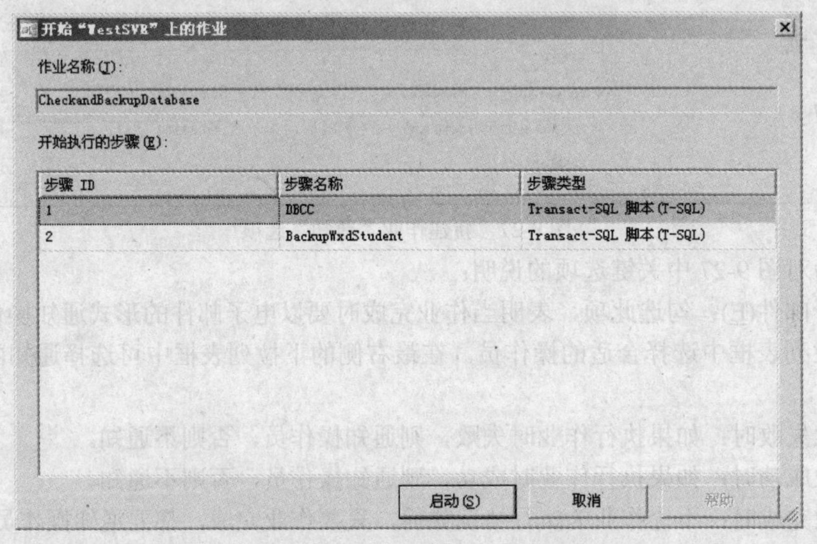

图 9-29　选择作业开始执行的步骤

(10) 选择开始执行的步骤，然后单击“启动(S)”按钮，作业开始运行。如果作业选择了在完成时以 Net send 的方式通知操作员，则操作员应该收到 Net send 信息，如图 9-30 所示。

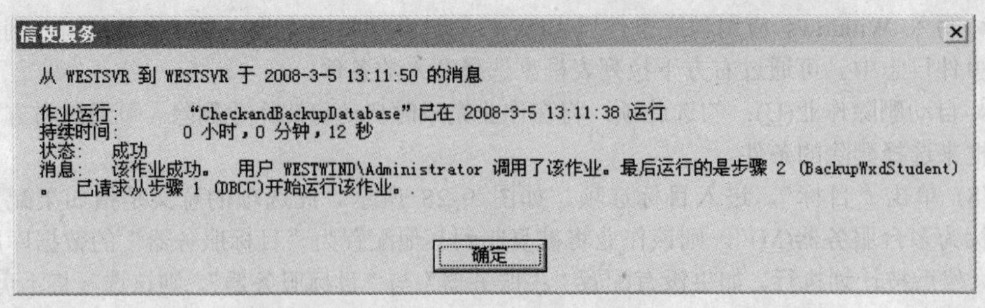

图 9-30　作完成时以 Net send 的方式通知操作员

(11) 如果作业选择了在完成时以电子邮件的方式通知操作员，则操作员还可以收到电子邮件(当然前提是“SQL Server 代理”已经启用了邮件配置文件)，如图 9-31 所示。注意，如果只选择了当作业失败时才通知操作员，则当作业成功完成时，操作员将不会收到这样的通知。

图 9-31　作业完成时以电子邮件的方式通知操作员

另外，也可以通过系统存储过程来创建作业，与创建作业相关的存储过程有“sp_add_job”、“sp_add_jobschedule”、“sp_add_jobstep”、“sp_add_jobserver”。本书不讨论这些存储过程的使用方法，读者若有兴趣，可参阅 SQL Server 联机文档(在其索引中键入这些存储过程名就可搜索到)。

若要修改已创建的作业，可在对象资源管理器中选中节点“作业”，然后在右方的对象资源管理器详细信息窗口中右击要修改的作业，选择“属性”以打开其属性窗口。此窗口中的选项与前述新建作业窗口的选项是一样的，可按前述对各项的说明进行相应的修改。

读者可于此处完成本章上机实验二“创建数据库自动备份作业”，以加深对作业的理解和认识。

9.5　警　报

SQL Server 警报与 Windows 系统警报的作用及目的其实很相似，都是为了监视某些事件或性能，一旦被监视的事件发生或性能条件达到指定的阈值，则触发该警报。警报触发时可马上通知管理员，以使管理员能及时了解系统情况并采取合适措施。SQL Server 中的警报还可配置为在触发时调用相应的作业来响应该警报，以自动实现某些处理工作。例如，可以配置警报来监视数据库事务日志文件的使用情况，一旦数据库事务日志文件的使用量已达到或超过其总容量的 80%，则调用相应的数据库事务日志备份作业以对该数据库进行事务日志备份，对数据库进行事务日志备份将截断(TRUNCATE)旧的事务日志，从而释放数据库事务日志文件的空间。

下面以创建一个警报的过程来说明有关警报的知识点。

(1) 打开 SQL Server 管理控制台，连接至数据库实例，在对象资源管理器中展开节点“SQL Server 代理”，然后右击节点“警报”，选择“新建警报(N)...”。弹出新建警报对话框，在此对话框中“常规”选项处于默认选中状态，如图 9-32 所示。

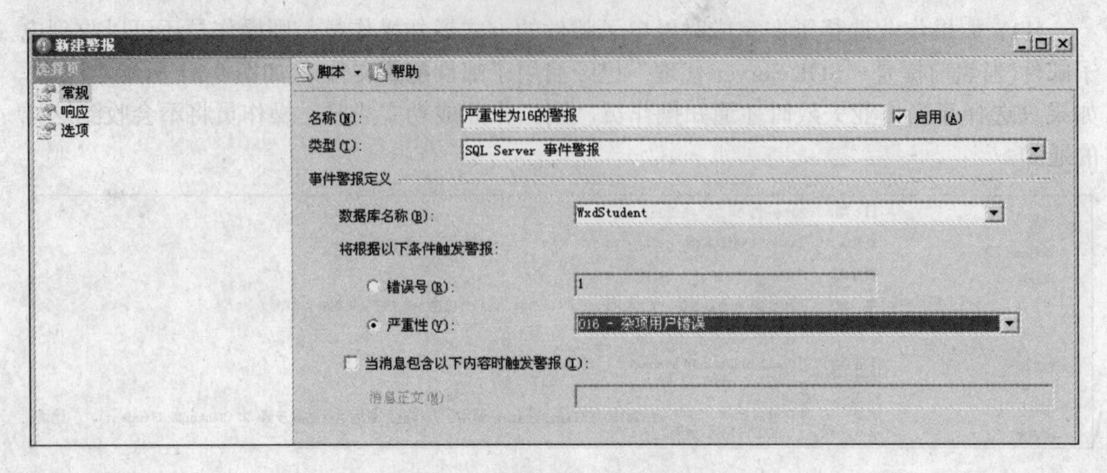

图 9-32　新建警报“常规”选项

以下为对图 9-32 中关键选项的说明：

♦ 名称(N)：此处输入新建警报的名称。

♦ 启用(A)：是否启用警报。如果未启用警报，则警报中指定的操作将不会发生。

♦ 类型(T)：SQL Server 2005 的警报共有三种类型：

SQL Server 事件警报：SQL Server 代理监视写入 Windows 应用程序的日志，并将其与在警报中定义的警报触发条件(例如错误号或严重性)进行比较。如果有相符合的，则该警报被触发。这种警报就是 SQL Server 事件警报。

SQL Server 性能条件警报：SQL Server 代理也监视 SQL Server 的性能对象计数器，如果发现其值符合警报中定义的警报触发条件(例如小于、等于或大于该值)，则该警报被触发。这种警报就是 SQL Server 性能条件警报。

WMI 事件警报：该警报用于响应 Windows Management Instrumentation(WMI)事件。该警报需要用到 WMI 查询语言(WQL)语句。本书暂不讨论 WMI 事件警报。

如果在“类型(T)”下拉列表框中选择了“SQL Server 事件警报”，则可配置以下选项：

♦ 数据库名称(B)：为该事件警报指定一个数据库，或者指定“所有数据库”，这样不管在哪一个数据库中发生该事件，都会对消息作出响应。

♦ 错误号(R)：指定一个错误号，当发生符合该错误号的错误时，将触发该警报。

♦ 严重性(V)：选择一个错误的严重程度，当发生符合该严重程度的错误时，将触发该警报。

注意，在选择由“错误号(R)”或“严重性(V)”来触发警报时，如果符合该“错误号(R)”或“严重性(V)”的错误事件在发生时并没有将此事件写入日志，则该事件将不会触发警报。这可以从系统视图“sys.messages”中的列“is_event_logged”是否为“1”看出，如果此值为“1”，则表明此事件可以触发警报，否则不能。可通过在 T-SQL 查询窗口中运行“select * from sys.messages”来查询该视图，如图 9-33 所示。此图中的“message_id”列对应着图 9-32 的“错误号(R)”项，“severity”列对应着图 9-32 的“严重性(V)”选项。可通过系统存储过程“sp_addmessage”添加用户自定义错误消息。

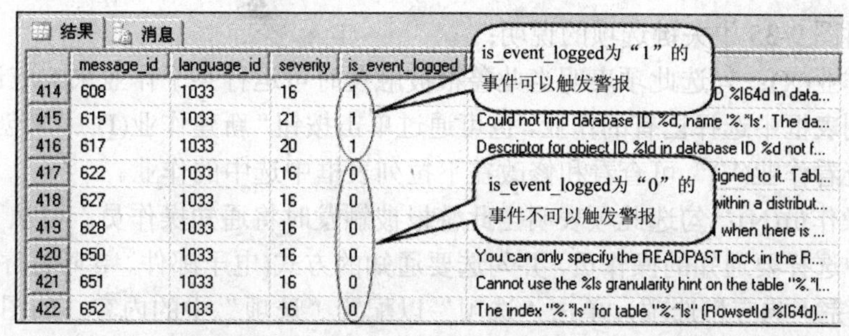

	message_id	language_id	severity	is_event_logged	text
414	608	1033	16	1	...D %I64d in data...
415	615	1033	21	1	Could not find database ID %d, name '%.*ls'. The da...
416	617	1033	20	1	Descriptor for object ID %ld in database ID %d not f...
417	622	1033	16	0	...igned to it. Tabl...
418	627	1033	16	0	...ithin a distribut...
419	628	1033	16	0	...when there is ...
420	650	1033	16	0	You can only specify the READPAST lock in the R...
421	651	1033	16	0	Cannot use the %ls granularity hint on the table "%.*l...
422	652	1033	16	0	The index "%.*ls" for table "%.*ls" (RowsetId %I64d)...

图 9-33　查阅系统视图“sys.messages”的“is_event_logged”列值

♦ 当消息包含以下内容时触发警报(I)：若勾选此选项，则当发生事件的消息中包含在“消息正文(M)”指定的文本时就会触发该警报。事件的消息是指系统视图“sys.messages”的列“text”中的内容。该选项与“错误号(R)”或“严重性(V)”一起组合使用。

如果在“类型(T)”下拉列表框中选择了“SQL Server 性能条件警报”，则可配置以下选项，如图 9-34 所示。

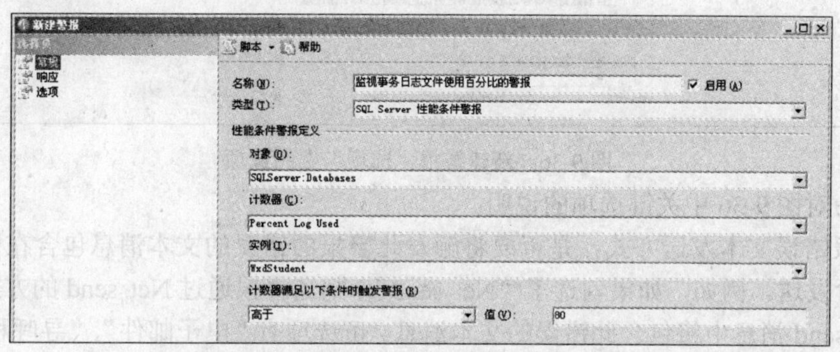

图 9-34　“SQL Server 性能条件警报”配置选项

以下为对图 9-34 中关键选项的说明：

♦ 对象(O)：选择要监视的性能对象。这些性能对象也已经注册到 Windows 系统的性能对象中，从“管理工具”的“性能”中可以获取到。

♦ 计数器(C)：选择属于在“对象(O)”中指定的对象的计数器。

♦ 实例(I)：选择要监视的该计数器的实例。

♦ 计数器满足以下条件时触发警报(R)：可选项，分为“低于”、“等于”、“高于”。

♦ 值(V)：此处输入计数器的阈值。

(2) 配置完“常规”选项，单击“响应”开始配置“响应”中的选项，如图 9-35 所示。

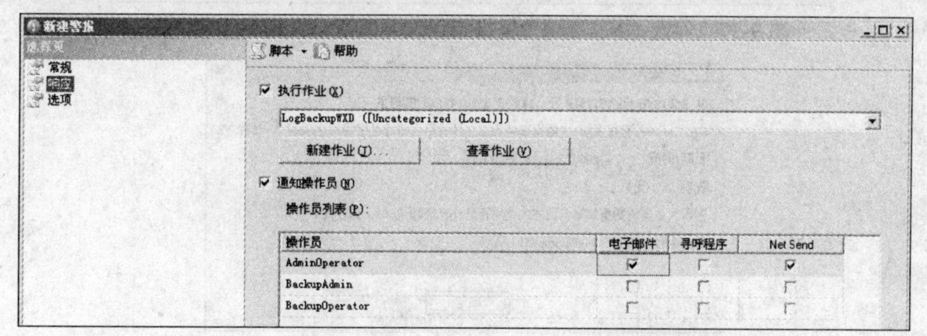

图 9-35　新建警报“响应”选项

以下为对图 9-35 中关键选项的说明：

♦ 执行作业(X)：勾选此项表明当此警报被触发时可运行某个作业来响应该警报。可从下部的下拉列表框中选择已有的作业，也可通过单击按钮“新建作业(J)...”来创建一个作业。单击按钮“查看作业(V)”可查看和修改在下拉列表框中选中的作业。

♦ 通知操作员(N)：勾选此项表明当此警报被触发时将通知操作员。可从下部的“操作员列表(P)”中选择要通知的操作员，并勾选要通知的方式(电子邮件、寻呼程序或 Net send)。

(3) 配置完“响应”选项，单击“选项”以配置“选项”中的内容，如图 9-36 所示。

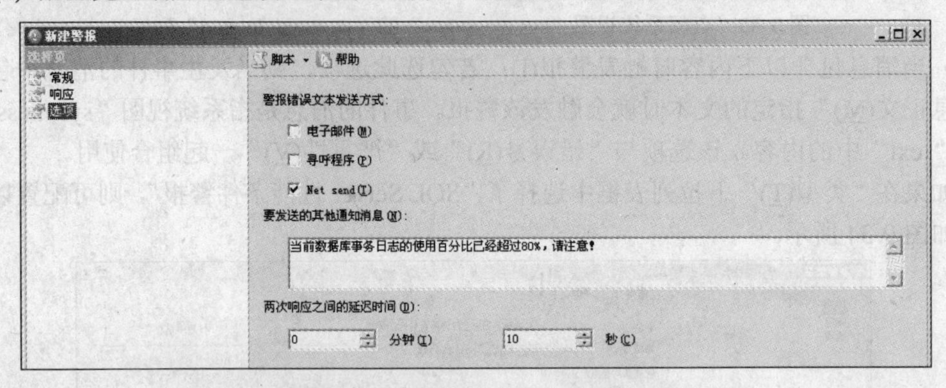

图 9-36　新建警报“选项”中的选项

以下为对图 9-36 中关键选项的说明：

♦ 警报错误文本发送方式：是否要将触发此警报的错误的文本消息包含在以下所列的方式中进行发送。例如，如果勾选了“Net send”，则当警报通过 Net send 的方式通知操作员时，Net send 消息中将包含此错误的文本消息。可选项有“电子邮件”、“寻呼程序”、“Net send”。图 9-37 和图 9-38 分别显示了当警报被触发时勾选和未勾选“Net send”警报错误文本发送方式时的发送消息，注意其“说明”中的不同。

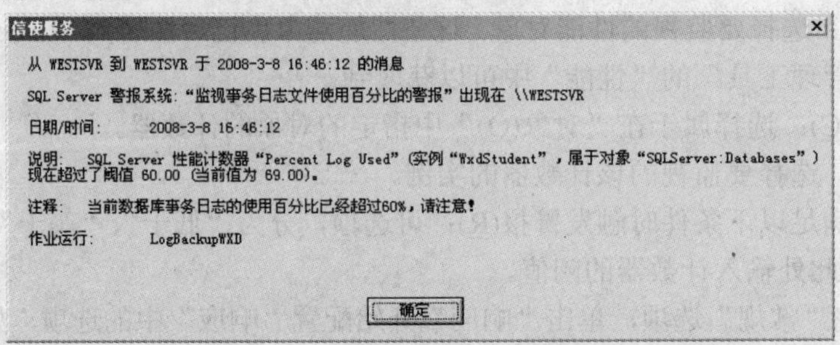

图 9-37　勾选“Net send”警报错误文本发送方式时的发送消息

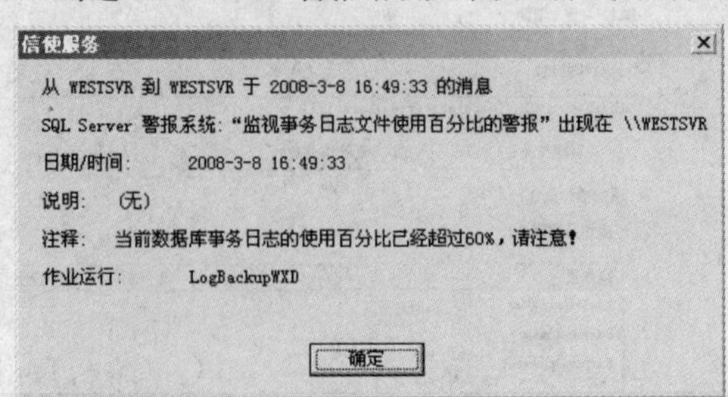

图 9-38　未勾选“Net send”警报错误文本发送方式时的发送消息

♦ 要发送的其他通知消息(N)：在此处键入当警报触发时，要向操作员发送的其他附加提示消息，如图 9-37 和图 9-38 中的“注释”所示。

♦ 两次响应之间的延时时间(D)：警报有可能被连续触发，例如，如果事务日志使用百分比超过定义的阈值，则此警报可能连续触发，操作员将连续收到通知，系统可能对此不堪重负，所以最好在此处定义两次响应之间的延时时间。当上一次警报发生时，至少要经过此处指定的时间方才触发下一次警报。一般来说，此值常设为 1 分钟。如果做实验，可减小此值。

(4) 配置完成，单击“确定”按钮完成整个警报的创建。可在“对象资源管理器”的节点“警报”下查看所有已经创建好的警报。

若要修改现有警报，仍然可打开 SQL Server 管理控制台，连接至数据库实例，在对象资源管理器中展开节点“SQL Server 代理”，选中节点“警报”，于右方“对象资源管理器详细信息”窗口右击要修改的警报，选择“属性”打开其属性窗口。窗口界面与前述新建警报时一样，可按前述说明进行修改操作。

此时，修改警报属性页面将多出一个“历史记录”属性，记录了该警报触发的次数以及最近一次触发的时间，如图 9-39 所示。勾选“重置计数(R)”并单击“确定”按钮，可将“发生次数(N)”重置为“0”次。

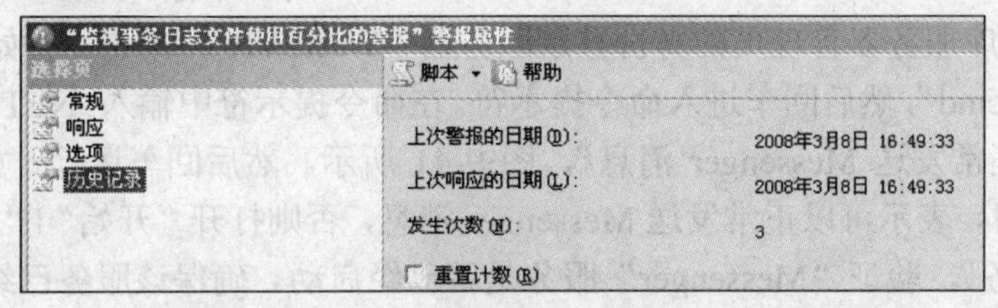

图 9-39 警报的“历史记录”

读者可于此处完成本章上机实验三“创建 SQL Server 事件警报”和实验四“创建 SQL Server 性能条件警报”，以加深对数据库警报的理解和认识。

9.6 上机实验

为了保证数据库在遇到突发事件时能够及时恢复还原，WXD 学生管理数据库制定了图 9-40 所示的数据库备份计划。

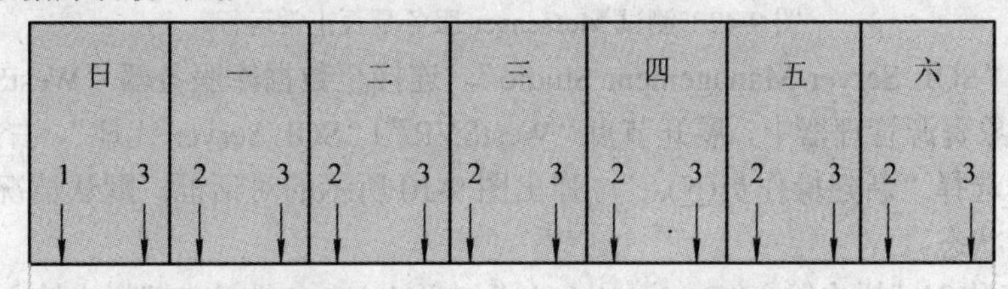

对该数据库备份计划的备注说明：

1 时刻处：表示凌晨 1:00 时分，进行数据库完整数据备份任务。

2 时刻处：表示凌晨 2:00 时分，进行数据库差异数据备份任务。

3 时刻处：表示晚上 22:00 时分，进行数据库事务日志备份任务。

图 9-40 WXD 学生管理数据库备份计划

该备份计划以一周为一个循环单位反复进行。所有的备份集均以追加的方式添加到“WXD 媒体集”中，该媒体集由两个逻辑备份设备构成，分别是“wxd_BAK_1”和“wxd_BAK_2”，这两个备份设备分别指向物理文件“C:\WxdDatabaseFiles\Backup\wxd_BAK_1.bak”和“C:\WxdDatabaseFiles\Backup\wxd_BAK_2.bak”。这两个备份设备在本书第4章中已经添加到数据库服务器的默认实例中。

本实验要求将此备份计划以作业的方式自动实现，并在每次作业自动完成时(不论成功还是失败)通知相应的操作员。

1．实验一：创建操作员

1) 实验要求

本实验有以下要求：

创建一个备份操作员，当数据库备份作业自动完成时将以 Net send 的方式通知该操作员。

2) 实验目的

掌握操作员的创建过程以及如何使用操作员。

3) 实验步骤

(1) 以数据库服务器管理员的身份登录服务器“WestSVR”，单击“开始”|“运行”，在运行框中输入“cmd”，然后回车进入命令提示符。在命令提示符中输入“NET SEND WestSVR 测试是否可以正常发送 Messenger 消息”，图 9-41 所示，然后回车运行。如果收到图 9-42 所示的提示消息，表示可以正常发送 Messenger 消息，否则打开“开始”|“控制面板”|“管理工具”|“服务”，验证“Messenger”服务是否已经启动。确保该服务已经启动。

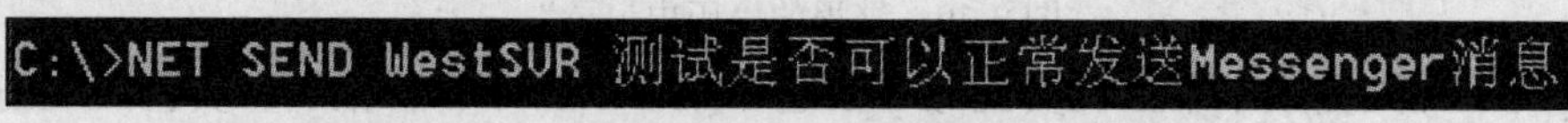

```
C:\>NET SEND WestSVR 测试是否可以正常发送Messenger消息
```

图 9-41　测试 Messenger 服务是否正常运行

信使服务

从 WESTSVR 到 WESTSVR 于 2008-3-5 16:02:42 的消息

测试是否可以正常发送Messenger消息

确定

图 9-42　测试 Messenger 服务是否正常运行

(2) 打开“SQL Server Management Studio”，连接至数据库服务器“WestSVR”默认实例引擎。在对象资源管理器中，展开节点“WestSVR”|“SQL Server 代理”，右击“操作员”，在右键菜单中选择“新建操作员(N)...”，弹出图 9-10 所示的对话框。默认情况下，“常规”选项处于选中状态。

(3) 在“名称(N)”栏内输入“BackupAdmin”，在“Net send 地址(T)”栏内输入“WestSVR”。

(4) 其余选项保持为默认，单击“确定”按钮完成该操作员的创建。

(5) 重复第(2)～(4)步骤，重复第(3)步骤时，在“名称(N)”栏内输入“EventAdmin”以创建一个名为“EventAdmin”的操作员。

(6) 重复第(2)～(4)步骤，重复第(3)步骤时，在“名称(N)”栏内输入“PerformanceAdmin”以创建一个名为“PerformanceAdmin”的操作员。

2．实验二：创建数据库自动备份作业

1) 实验要求

本实验有以下要求：

(1) 创建一个完整数据库备份的作业，该作业在每周日凌晨 1:00 时分自动运行。

(2) 创建一个差异数据库备份的作业，该作业在每周一至周六凌晨 2:00 时分自动运行。

(3) 创建一个事务日志备份的作业，该作业在每周日至周六(相当于每天)凌晨 3:00 时分自动运行。

(4) 验证以上作业是否可以正常运行。

2) 实验目的

掌握如何通过创建作业并使其自动运行来完成数据库的自动管理维护任务。

3) 实验步骤

(1) 打开 SQL Server 管理控制台，以数据库管理员身份连接至数据库服务器“WestSVR”的默认实例。单击“新建查询(N)...”打开一个 T-SQL 查询窗口，在此查询窗口中输入代码清单 9-1 中的代码并运行。该代码创建两个名为“Wxd_AutoBack_1”和“Wxd_AutoBack_2”的逻辑备份设备。

```
USE MASTER
GO
EXEC sp_addumpdevice
@devtype = 'disk',
@logicalname = 'Wxd_AutoBack_1',
@physicalname = 'C:\WxdDatabaseFiles\Backup\wxd_AutoBack_1.bak'
EXEC sp_addumpdevice
@devtype = 'disk',
@logicalname = 'Wxd_AutoBack_2',
@physicalname = 'C:\WxdDatabaseFiles\Backup\wxd_AutoBack_2.bak'
```

代码清单 9-1

(2) 在对象资源管理器中展开节点“SQL Server 代理”(如果“SQL Server 代理”未启动，则通过“SQL Server 管理控制台”将其启动，并设置为自动启动)，然后右击节点“作业”，选择“新建作业(N)...”。弹出新建作业对话框，在此对话框中“常规”选项处于默认选中状态，如图 9-20 所示。

(3) 在“名称(N)”栏内输入“FullBackupWXD”，保持“所有者(O)”和“类别(C)”不变，在“说明(D)”栏内输入“该作业将于每周日凌晨 1:00 时分自动运行以对数据库 WxdStduent 进行完整数据备份”。

(4) 单击“步骤”选项，然后单击下部的“新建(N)...”按钮，弹出新建作业的对话框，新建作业对话框的“常规”选项处于默认选中状态，如图 9-21 所示。

(5) 在“步骤名称(N)”中输入“FullBack”，类型保持为“Transact-SQL 脚本(T-SQL)”，无须选择“运行身份(R)”，在“命令(M)”中输入代码清单 9-2 中的代码。该段代码对数据库“WxdStudent”进行完全备份。

```
USE MASTER
GO
BACKUP DATABASE WxdStudent
TO Wxd_AutoBack_1,Wxd_AutoBack_2
WITH
    NOINIT,
    MEDIANAME = 'WXD 媒体集',
    MEDIADESCRIPTION = '该媒体集用于对数据库 WxdStudent 进行备份，包括该数据库的完
    全备份、差异备份、事务日志备份。采用追加方式',
    NAME = '完整备份集_SUN',
    DESCRIPTION = '这是周日凌晨 1:00 时分对数据库进行完整备份的备份集'
```

代码清单 9-2

(6) 单击“高级”选项，在“成功时要执行的操作(S)”中选择“退出报告成功的作业”，“失败时要执行的操作(F)”中选择“退出报告失败的作业”，然后单击“确定”按钮完成作业步骤“FullBack”的创建。此时界面回到“新建作业”对话框，在“作业步骤列表(J)”中显示了刚创建的作业步骤“FullBack”。

(7) 单击“计划”选项，然后单击下方的“新建(N)...”按钮以创建一个新的执行计划。在弹出的“新建作业计划”对话框中，在“名称(N)”栏内输入“FullBackPlan”，其他设置如图 9-43 所示。该计划将此作业配置为每周日凌晨 1:00 时分自动运行。设置完毕，单击“确定”按钮将此计划加入“计划列表(L)”中。

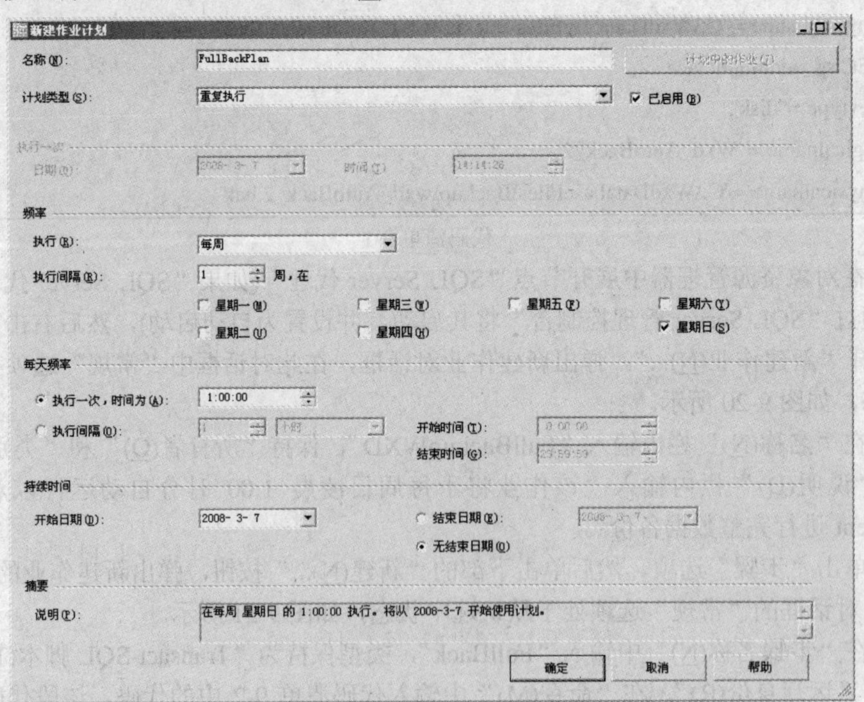

图 9-43　数据库完全备份作业的自动运行时间

(8) 不用配置“警报”选项，单击“通知”选项。勾选“Net send(N)”，并在右侧的下拉列表框中分别选择操作员“BackupAdmin”和“当作业完成时”，表示只要当作业完成，就会通过 Net send 的方式通知操作员“BackupAdmin”。然后单击“确定”按钮，完成对数据库完全备份计划作业“FullBackupWXD”的创建。

(9) 重复本实验第(2)～(8)步骤以创建自动进行差异备份的作业。重复第(3)步时，在“名称(N)”栏内输入“DiffBackupWXD”，在“说明(D)”栏内输入“该作业将于每周一至周六凌晨 2:00 时分自动运行以对数据库 WxdStudent 进行差异数据备份”。重复第(5)步骤时，在“步骤名称(N)”中输入“DiffBack”，在“命令(M)”中输入代码清单 9-3 中的代码。该段代码对数据库“WxdStudent”进行差异备份。在重复第(7)步骤时，在“名称(N)”栏内输入“DiffBackPlan”，其他设置如图 9-44 所示。

```
USE Master
GO
BACKUP DATABASE WxdStudent
TO Wxd_AutoBack_1,Wxd_AutoBack_2
WITH
    DIFFERENTIAL,
    NAME = '差异备份集',
    DESCRIPTION = '这是每周一至周六凌晨 2:00 时对数据库进行的差异备份'
```

代码清单 9-3

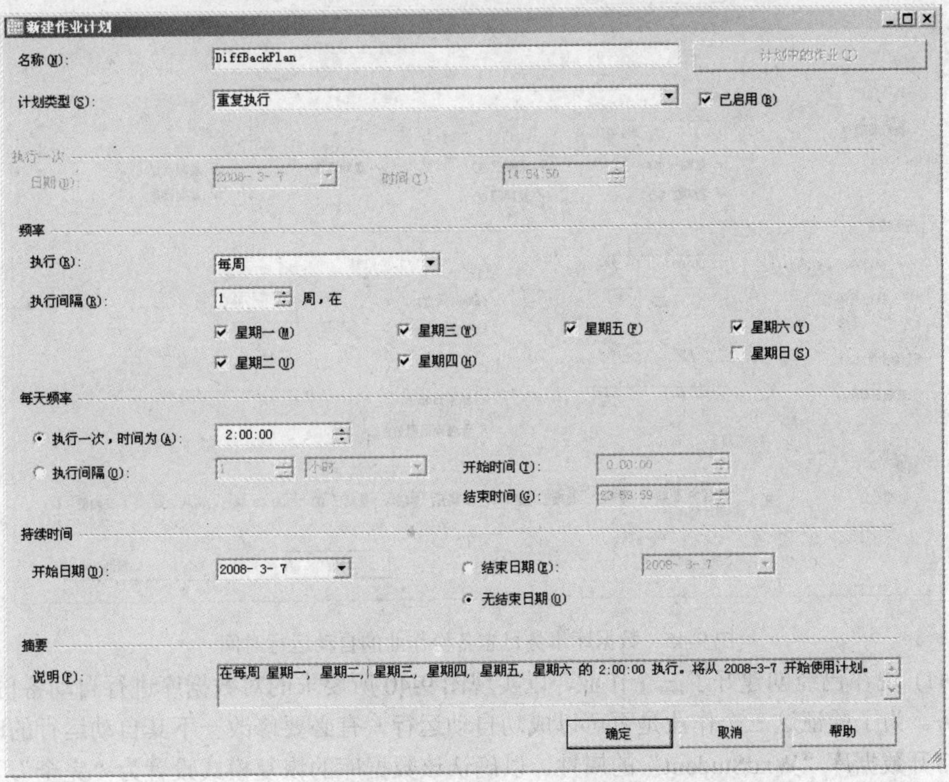

图 9-44 数据库差异备份作业的自动运行时间

(10) 重复本实验第(2)～(8)步骤以创建自动进行事务日志备份的作业。重复第(3)步时，在“名称(N)”栏内输入“LogBackupWXD”，在“说明(D)”栏内输入“该作业将于每周日至周六晚上 22:00 时分自动运行以对数据库 WxdStudent 进行事务日志备份”。重复第(5)步骤时，在“步骤名称(N)”中输入“LogBack”，在“命令(M)”中输入代码清单 9-4 中的代码。该段代码对数据库“WxdStudent”进行差异备份。在重复第(7)步骤时，在“名称(N)”栏内输入“LogBackPlan”，其他设置如图 9-45 所示。

```
USE MASTER
GO
BACKUP LOG WxdStudent
TO Wxd_AutoBack_1,Wxd_AutoBack_2
WITH
    NOINIT,
    NAME = '事务日志备份集',
    DESCRIPTION = '这是每周日至周六晚上 22:00 时对数据库进行的事务日志备份'
```

代码清单 9-4

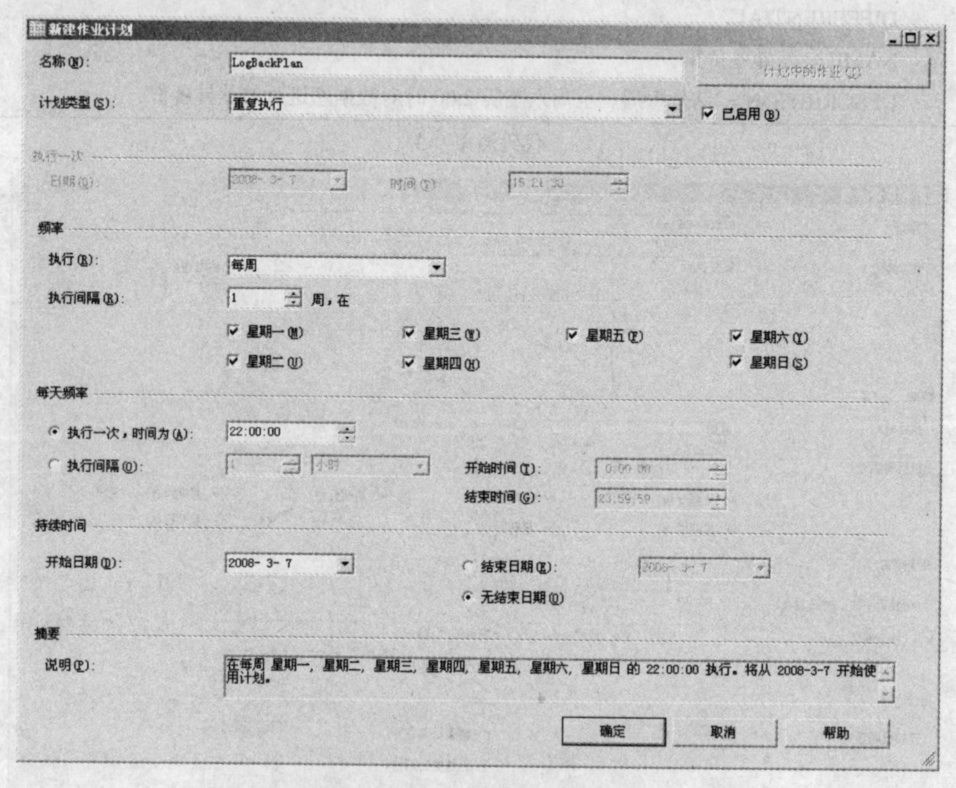

图 9-45　数据库事务日志备份作业的自动运行时间

(11) 现在已经创建好了三个作业，以实现图 9-40 所要求的对数据库进行自动备份计划的任务。为了验证这三个作业是否可以成功自动运行，有必要修改一下其自动运行的时间。首先打开数据库“WxdStudent”的属性，以确认该数据库的恢复模式设置为“完全”，否则如果设置为“简单”将不能成功地进行事务日志数据库备份。在“对象资源管理器”中选中节点“作业”，然后在“对象资源管理器详细信息”窗格中右击作业“FullBackWXD”，打开其属性页面，在左侧选中“计划”选项，然后编辑“FullBackPlan”计划，将此计划的“计划类型(S)”选择为“执行一次”，然后将“日期(D)”和“时间(T)”设置为“当前时间+5 分钟”(注意，此“当前时间”以服务器 WestSVR 的时钟为准)。按相同操作将作业“DiffBackWXD”的计划时间设置为“当前时间+7 分钟”，将作业“LogBackWXD”的计划时间设置为“当前时间+9 分钟”(上述作业之间的时间差异可根据自身情况调整)。等候 5 分钟左右的时间，如果陆续收到图 9-46 所示的系列通知，则证明这三个作业是可以成功地自动运行的。

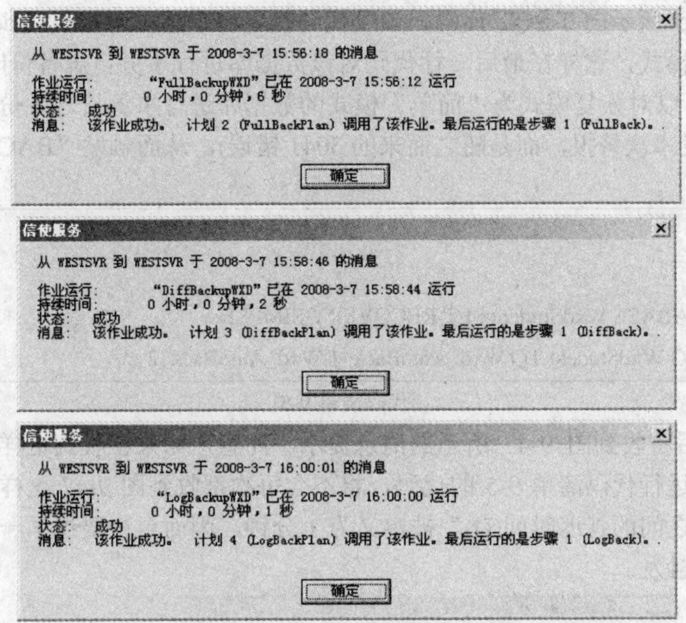

图 9-46　三个备份作业自动运行成功时操作员所收到的消息

(12) 重新将这三个作业的计划时间分别修改为图 9-43、图 9-44、图 9-45 所示的时间。

3. 实验三：创建 SQL Server 事件警报

1) 实验要求

本实验有以下要求：

(1) 首先完成实验一和实验二。

(2) 创建一个 SQL Server 事件警报，当对恢复模式为“简单”的数据库进行事务日志备份时所产生的错误会触发该警报。

(3) 警报触发时通知操作员“EventAdmin”。

2) 实验目的

掌握如何创建 SQL Server 事件警报，并理解何时触发该类警报。

3) 实验步骤

(1) 打开 SQL Server 管理控制台，连接至数据库实例，在对象资源管理器中展开节点“SQL Server 代理”。右击节点“警报”，选择“新建警报(N)...”，弹出新建警报对话框，在此对话框中“常规”选项处于默认选中状态，如图 9-32 所示。

(2) 在此对话框的“名称(N)”栏中输入“BACKUP 事件警报”，保持“类型(T)”为“SQL Server 事件警报”，选择“数据库名称(B)”为“WxdStudent”，选中单选按钮“错误号(R)”并在右侧文本框中输入“3041”。

(3) 单击“响应”，勾选“通知操作员(N)”，并在“操作员列表(P)”中，勾选操作员“EventAdmin”的“Net send”选项。

(4) 单击“选项”在“警报错误文本发送方式”中勾选“Net send”，在“要发送的其他通知消息(N)”文本框中键入“这是模拟 BACKUP 命令遇到错误时触发的警报消息!”，定义“两次响应之间的延迟时间(D)”为 1 分钟。单击“确定”按钮完成该警报的创建。

(5) 在 SQL Server 管理控制台的工具栏中单击“新建查询(N)”打开一个新的查询窗口，输入代码清单 9-5 所示的 T-SQL 代码。该段代码首先将数据库“WxdStudent”的恢复模式设置为“简单”模式，这样在最后一行代码对该数据库进行事务日志备份时将会出现 3701 的错误(因为不可以对恢复模式为“简单”模式的数据库进行事务日志备份操作，但注意并非 3701 错误触发本次警报，而是随之而来的 3041 错误)，从而触发“BACKUP 事件警报”警报。

```
USE master
GO
ALTER DATABASE WxdStudent SET RECOVERY SIMPLE
BACKUP LOG WxdStudent TO Wxd_AutoBack_1,Wxd_AutoBack_2
```

代码清单 9-5

(6) 运行之后将收到图 9-47 所示的消息提示。注意，如果在收到这样的提示之后马上再次或多次连续运行代码清单 9-5 的代码，将不会每次都收到图 9-47 这样的提示，因为该警报“两次响应之间的延迟时间(D)”被定义为 1 分钟，因而至少要过了一分钟之后，该警报才可能再次被触发。

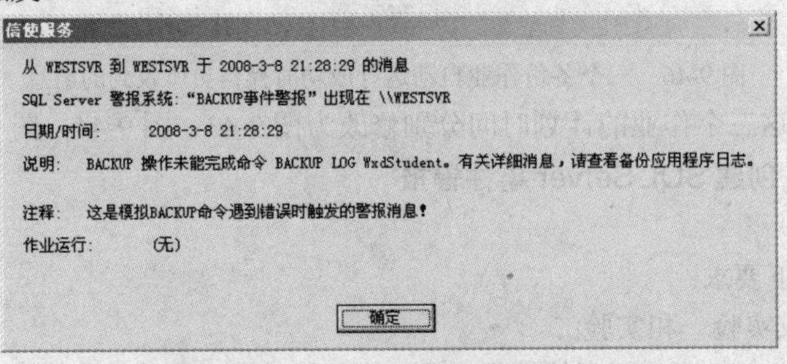

图 9-47　“BACKUP 事件警报”被触发时收到的警报消息

(7) 在此查询窗口中另起一行，输入代码清单 9-6 所示的 T-SQL 代码并且只运行该段代码(用鼠标高亮选中这段代码，然后单击“执行(X)”按钮)。这段代码将数据库“WxdStudent”的恢复模式重新设置为“完全”模式。

```
USE master
GO
ALTER DATABASE WxdStudent SET RECOVERY FULL
```

代码清单 9-6

4．实验四：创建 SQL Server 性能条件警报

1) 实验要求

实验有以下要求：

(1) 首先完成实验一和实验二。

(2) 创建一个 SQL Server 性能条件警报，监视数据库“WxdStudent”事务日志文件使用百分比的情况。

(3) 警报触发时通知操作员“PerformanceAdmin”并运行作业“LogBackupWXD”。

2) 实验目的

掌握如何创建 SQL Server 性能条件警报，并理解何时触发该类警报。

3) 实验步骤

(1) 以管理员身份登录数据库服务器，打开“开始”|“控制面板”|“管理工具”|“性能”，连续单击删除按钮“☒”将图中的计数器清除干净(默认为三次)，然后单击添加按钮“+”，在弹出的对话框中按图 9-48 所示进行选择。

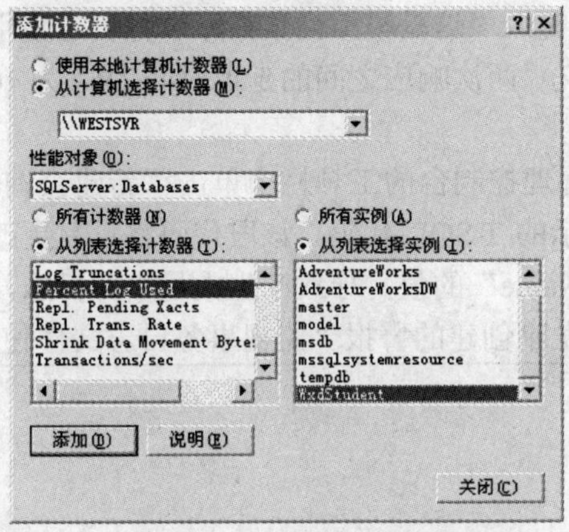

图 9-48　添加性能计数器

(2) 单击“添加”、“确定”按钮，此时“性能”窗口将显示数据库“WxdStudent”事务日志文件目前的百分比使用情况，如图 9-49 所示，记录其平均值为 LOG_{AVG}(该图显示的平均值为 48，请以实际显示平均值为准)。LOG_{AVG}=____________________。

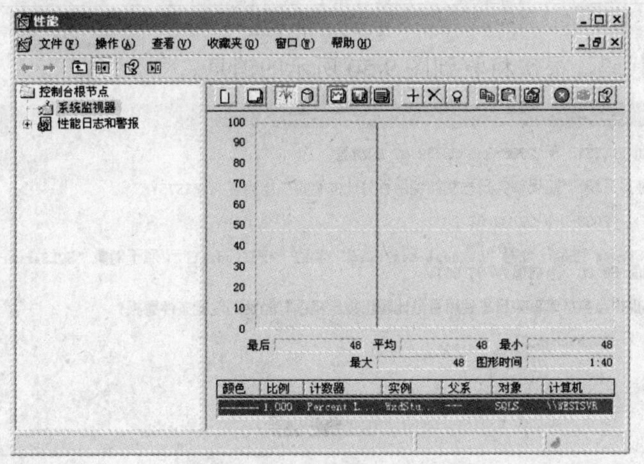

图 9-49　数据库“WxdStudent”事务日志文件的百分比使用情况

(3) SQL Server 管理控制台，连接至数据库实例，在对象资源管理器中展开节点“SQL Server 代理”，然后右击节点“警报”，选择“新建警报(N)...”。弹出新建警报对话框，在此对话框中“常规”选项处于默认选中状态，如图 9-32 所示。

(4) 在此对话框的“名称(N)”栏中输入“监视事务日志文件使用百分比的警报”，选择“类型(T)”为“SQL Server 性能条件警报”，选择“对象(O)”为“SQLServer:Databases”，选择“计数器(C)”为“Percent Log Used”，选择“实例(I)”为“WxdStudent”。在“计数器满足以下条件时触发警报(R)”的下拉列表框中选择“高于”，然后在“值(V)”的文本框中输入“LOG_{AVG}+10”的值(例如，如果在第(2)步骤中记录的 LOG_{AVG} 的值为 48，则此处输入 58)。

(5) 单击“响应”，勾选“执行作业(X)”，并在下拉列表框中选中作业“LogBackupWXD”。勾选“通知操作员(N)”，并在“操作员列表(P)”中，勾选操作员“PerformanceAdmin”的“Net send”选项。

(6) 单击“选项”，在“警报错误文本发送方式”中勾选“Net send”，在“要发送的其他通知消息(N)”文本框中键入“这是模拟当数据库事务日志使用百分比超出规定范围时触发的性能条件警报！”，定义“两次响应之间的延迟时间(D)”为 10 秒钟。单击“确定”按钮完成该警报的创建。

(7) 在 SQL Server 管理控制台的工具栏中单击“新建查询(N)”打开一个新的查询窗口，输入代码清单 9-7 所示的 T-SQL 代码。该段代码将反复更改数据库“WxdStudent”表“Student”中列“StudentName”的值，导致产生大量事务日志，从而使事务日志使用空间百分比迅速增加，最后触发刚创建的警报“监视事务日志文件使用百分比的警报”。

```
USE WxdStudent
GO
WHILE 1=1
BEGIN
    UPDATE Student SET StudentName = StudentName
    WAITFOR DELAY '000:00:00:002'
END
```

代码清单 9-7

(8) 执行该段代码，很快将收到图 9-50 所示的消息。

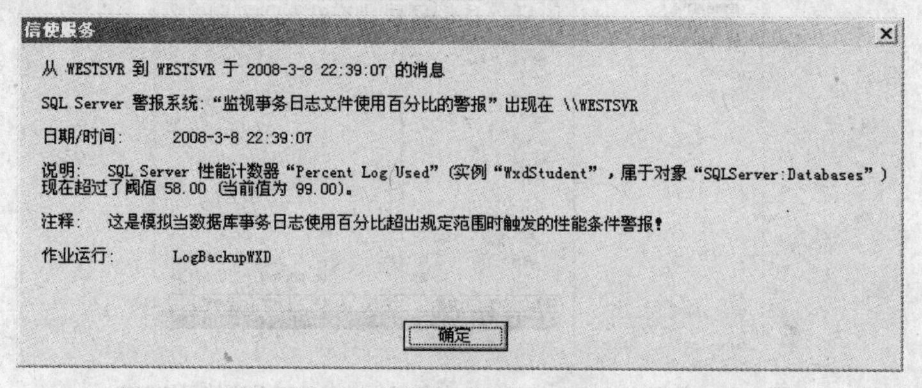

图 9-50 “监视事务日志文件使用百分比的警报”被触发时的消息

(9) 单击“确定”按钮之后，将收到另外一条消息，如图 9-51 所示。该消息是作业“LockBackupWXD”运行完毕时发送的消息，此作业之所以运行是因为警报“监视事务日志文件使用百分比的警报”被触发时调用了该作业。

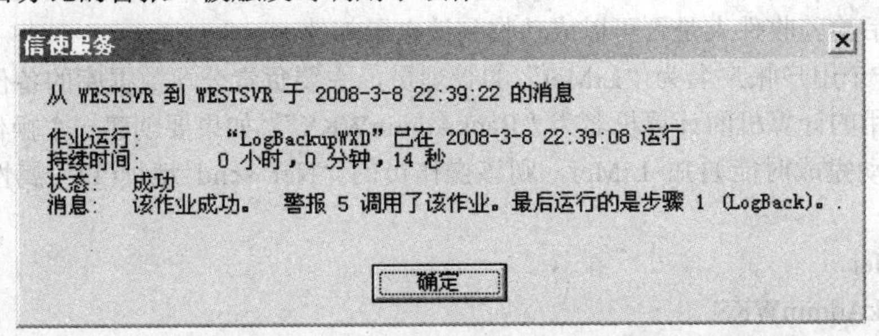

图 9-51　警报被触发时调用运行了相应的事务日志备份作业

(10) 同时注意图 9-49 所示的“性能”监视窗口中，反映事务日志使用百分比的曲线正在发生急剧振荡，如图 9-52 所示。

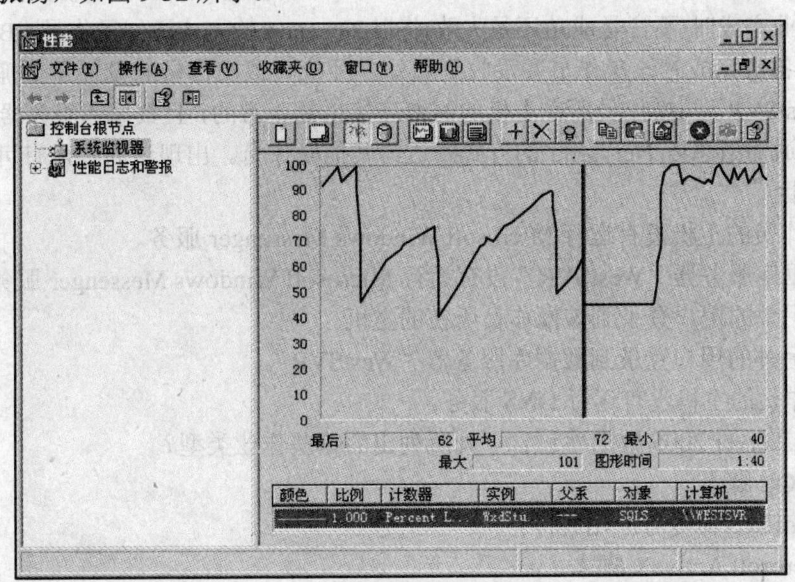

图 9-52　事务日志使用百分比曲线发生急剧振荡

(11) 单击 SQL Server 管理控制台工具栏中的停止按钮“■”以停止代码清单 9-7 代码的运行。

习　题

一、选择题(下面每个选择题有一个或多个正确答案)

1. 如何测试数据库邮件配置文件是否可以正常使用？

A. 在“SQL Server Management Studio”的“对象资源管理器”中，右击“数据库邮件”，选择“发送测试电子邮件(S)...”，然后按提示操作，最后检验收件人是否可以成功收到该电子邮件。

B．通过 Outlook 发送一封电子邮件，检验收件人是否可以成功收到该电子邮件。

C．通过 Foxmail 发送一封电子邮件，检验收件人是否可以成功收到该电子邮件。

D．按正确使用系统存储过程“sp_send_dbmail”的方式来使用该存储过程发送一封电子邮件，然后检验收件人是否可以成功收到该电子邮件。

2．有一个用户帐户名为“LiMei”的管理员，主要负责公司数据库的备份操作，该管理员经常使用的计算机的计算机名为“BackAdminWKS”。如果要创建一个操作员，以便当备份作业自动完成时能通知 LiMei，则该操作员的“Net send 地址(T)”属性栏应该输入什么？

A．LiMei

B．BackAdminWKS

C．Net send

D．Net send BackAdminWKS

3．在数据库服务器“WestSVR”上已创建了一个备份作业来自动备份数据库“WXD”，当此备份作业完成时(不管是成功还是失败)将以 Net send 的方式通知操作员“BackAdmin”。但实际上当备份完成时该操作员并没收到通知。经检查该操作员的设置是正确的，数据库服务器“WestSVR”与操作员所在主机的网络连接也是正常的，且数据库服务器“WestSVR”能正常地将通知消息以 Net send 的方式发送给其他操作员。出现该问题最有可能是以下所列的哪些原因？

A．操作员的主机没有运行 Microsoft Windows Messenger 服务。

B．数据库服务器“WestSVR”没有运行 Microsoft Windows Messenger 服务。

C．有另外的用户登录到该操作员所在的主机。

D．有另外的用户登录到数据库服务器“WestSVR”。

E．操作员的主机没有运行 DNS 服务。

4．SQL Server 2005 数据库包含下列所列出的哪些作业类型？

A．T-SQL 脚本

B．CmdExec(命令行应用程序)

C．Microsoft ActiveX 脚本

D．Integration Services 包

E．Analysis Services 命令

5．以下有关数据库作业的说法中，正确的是：

A．如果作业中的某个步骤运行失败，则该作业将自动退出。

B．如果作业中的某个步骤运行成功，则会继续运行其后的步骤。

C．如果作业中的某个步骤运行失败，可以指定此时是自动退出作业并报告作业失败还是运行某个指定的步骤。

D．如果作业中的某个步骤运行成功，可以指定此时是自动退出作业并报告作业成功还是运行某个指定的步骤。

6．以下有关数据库警报和作业的说法中，正确的是：

A．作业的运行可能触发警报。

B．当某警报触发时可以运行某个作业以响应该警报。

C．作业的运行不可能触发警报。

D．作业和警报之间是互不关联的。

7．作业可以有哪些执行方式？

A．手动执行。

B．配置为按周期自动执行。

C．配置为只运行一次。

D．当某警报被触发时执行(如果指定了当该警报被触发时运行该作业)。

8．如果要配置当作业中的某个步骤成功运行时退出整个作业，则该步骤应该配置为：

A．转到下一步。

B．退出报告成功的作业。

C．退出报告失败的作业。

D．强制退出作业。

9．如果要使某作业在运行完成时(不论成功或失败)要以电子邮件的形式通知某操作员，应该在该作业的“通知”属性中作怎样的配置？

A．勾选“电子邮件”，在右方第一个下拉列表框中选择要通知的操作员，在第二个下拉列表框中选择“当作业失败时”。

B．勾选“电子邮件”，在右方第一个下拉列表框中选择要通知的操作员，在第二个下拉列表框中选择“当作业成功时”。

C．勾选“电子邮件”，在右方第一个下拉列表框中选择要通知的操作员，在第二个下拉列表框中选择“当作业完成时”。

D．勾选“电子邮件”，在右方第一个下拉列表框中选择要通知的操作员，在第二个下拉列表框中选择“当作业成功或失败时”。

10．SQL Server 2005 数据库警报分为哪几类？

A．SQL Server 事件警报

B．SQL Server 性能条件警报

C．WMI 事件警报

D．事务日志警报

二、简答题

1．数据库邮件有什么作用？如何在 SQL Server 2005 中启用数据库邮件服务？

2．如果当作业完成时要向相应的操作员成功地发送电子邮件以通知该操作员，需要具备哪些先决条件？

3．当警报被触发或作业完成时，如果相应的操作员未能成功地接收到通知信息，此时希望可以将此通知信息通知数据库管理员，应该如何设置以实现此目的？

4．如果数据库服务器的 SQL Server 代理没有设置为自动启动，则其作业和警报能正常地自动运行吗？

上机实验与习题答案

第 1 章

上机实验答案

实验步骤

(2) 仔细阅读 1.3.2 节对安装 SQL Server 2005 企业版数据库的描述。然后按照该步骤在服务器 WestSVR 中安装 SQL Server 2005 数据库的默认实例。

♦ 请问如何才能实现默认实例的安装？

答：注意当进行到图 1-12 所示的步骤时，选择“默认实例”，而不是“命名实例”。

(3) 默认实例安装完毕之后，再一次运行 SQL Server 2005 安装程序……

♦ 要实现安装命名实例“WESTWIND”需要注意些什么？

答：当安装程序进行到图 1-13 所示的“实例名”步骤时，请选择“命名实例”，并在命名实例名中填入“WESTWINDSQL”。

习题答案

一、选择题

1．ABCFG	2．A	3．ABCDE	4．B	5．EFG
6．C	7．BC	8．B	9．B	10．B

二、简答题

1．阅读了数据库的发展历史之后，请谈谈你对数据库的认识。

答：略。

2．在一台 SQL Server 2005 数据库服务器上如果已经安装了一个默认实例，请问还可以再安装另一个默认实例吗？还可以再安装另一个命名实例吗？为什么？

答：不可以再安装另一个默认实例，因为一台服务器只能安装一个默认实例。但是可以安装另一个命名实例，因为一台服务器中可以安装多个命名实例。

3．在安装 SQL Server 2005 数据库时，如果要求该数据库的组件服务运行在服务器一个名为“SQLServerAccount”的帐户之下，应该如何操作？

答：首先以管理员的身份登录服务器 WestSVR，打开“开始”|“控制面板”|“管理工具”|“计算机管理”，选择“本地用户和组”，右击“用户”，选择“新用户”，创建一个名

为“SQLServerAccount”的用户帐户，注意选中“密码永不过期”。然后运行数据库安装程序，当安装程序进行到如图 1-14 所示步骤时，选择“使用域用户帐户”，并在“用户名”中输入“SQLServerAccount”，随后依提示进行操作即可。

4．如何获取 SQL Server 2005 Express Edition 版本的数据库？

答：可在微软公司官方网站(http://msdn2.microsoft.com/zh-cn/express/bb410792.aspx)下载。

第 2 章

上机实验答案

实验一

实验步骤

(4) ……并按第(2)步骤的操作查看默认实例的服务状态。此时该数据库默认实例的服务状态是什么？

答：此时该数据库默认实例的服务状态是“正在运行”。

(5) ……单击“刷新”，此时在右边详细窗格中显示该数据库默认实例的服务状态是什么？

答：此时该数据库默认实例的服务状态是“停止”。

(8) …… 此时，右方窗格中四种协议的状态有什么变化吗？

答：有。此时“TCP/IP”协议状态已显示为“禁用”。

(10) ……此时，右方显示该数据库默认实例的远程连接状况是什么？……

答：右方显示该数据库默认实例的远程连接状况是“仅限本地连接”。

(11) ……打开文件“StudySQL.txt”，请问该文件的内容是什么？查看完毕，将该文件删除。

答：该文件的内容是“我正在努力学习 SQL Server 2005”。

(17) ……此时能成功地运行该查询窗口的 T-SQL 语言吗？转到 C 盘根目录，查看是否存在文件“StudySQL.txt”，如果存在，请问该文件的内容是什么？

答：能。存在。该文件的内容是“我正在努力学习 SQL Server 2005”。

习题答案

一、选择题

1．BCDE	2．A	3．ABE	4．A	5．BCF
6．AD	7．AC	8．AD	9．AC	10．A

二、简答题

1．通过 Windows 操作系统的“服务”来更改数据库服务的登录身份是合理的操作吗？为什么？

答：可以，但是并不合理。因为数据库服务要正常运行，需要其服务帐户至少具备一定的权限，称之为最小权限。通过SQL Server配置管理器来更改登录身份时，配置管理器可以自动为该服务帐户赋予此最小权限(这也是为什么只需要为数据库服务创建一个普通用户帐户即可的原因)，而Windows操作系统的“服务”却不能，必须要手动赋予权限。如果手动赋予该帐户的权限过小，则数据库服务不能正常运行；权限过大，又增加了数据库服务的不安全性。

2．通过SQL Server Management Studio连接数据库服务时，可以连接到哪几种类型的数据库服务器？

答：五种类型，分别是数据库引擎、分析服务(Analysis Services)、报表服务(Reporting Services)、SQL Server 精简版本(Compact Edition)、综合服务(Integration Services)。

3．…… 当使用远程连接的方式并分别使用TCP/IP协议和Named Pipes协议连接到此数据库服务器的默认实例和命名实例时，其服务器名称应当如何指定？

答：使用TCP/IP连接到默认实例(tcp:192.168.100.10)

使用TCP/IP连接到命名实例(tcp:192.168.100.10\WXD_Instance, 1465)

使用Named Pipes连接到默认实例(np:\\192.168.100.10\sql\query)

使用Named Pipes连接到命名实例(np:\\192.168.100.10\MSSQL$WXD_Instance\sql\query)

4．可以通过sqlcmd工具来创建数据库和数据库表吗?如果可以，请简要描述如何创建。

答：可以。首先通过 sqlcmd 连接到数据库实例，然后运行相关的创建数据库和表的T-SQL语句。

5．简要描述数据库文件的自动增长方式有哪些种类。

答：按百分比和按MB值的方式增长。

6．在关系数据库中设计数据库表时，应当使表尽量符合哪些原则？

答：每一个表应该只存储一种类型对象的信息，每一个表都应该有一列(字段)作为表的唯一标识列，数据库表列的值应尽量避免为空值(NULL)，数据库中的表不应该有多个列存储相同类型的值。

第 3 章

习题答案

一、单项选择题

1．A	2．C	3．B	4．A	5．B
6．C	7．C	8．B	9．D	10．C

二、填空题

1．SELECT StudentID as '学号', SubjectName as '科目', Score as '成绩' FROM TestInformation

2．SELECT * FROM　TestInformation ORDER BY StudentID　ASC, Score DESC

3．SELECT * FROM　student　WHERE　StudentName　LIKE　'李%'

4. SELECT * FROM student WHERE IsLost='是'

5. SELECT count(*) FROM TestInformation WHERE Score>=85

6. SELECT MAX(Score) FROM TestInformation
WHERE SubjectName='全国英语等级考试' AND Degree='二级'

7. SELECT LEFT(studentID, 6) as '班别', COUNT(*) as '人数' FROM student
GROUP BY LEFT(studentID,6)

8. SELECT SubjectName,Degree, MAX(Score) as '最高分', MIN(Score) as '最低分'
FROM TestInformation GROUP BY SubjectName , Degree

9. SELECT * INTO MaleStudent FROM student WHERE SEX='男'

10. SELECT S.StudentName , T.SubjectName , T.Degree , T.Score
FROM student S INNER JOIN TestInformation T ON (S.StudentID=T.StudentID)

11. UPDATE student SET HomePhone='020-87592362' WHERE studentID='20020714'

12. DELETE FROM TestInformation WHERE Degree='一级'

三、简答题

1. 在使用 INSERT 语句向表中插入记录时，遇到 identity 类型的字段时应如何处理？

答：在 INSERT 语句中，不用指定标识列(设置了 identity 属性的列)的值，系统会在目前所有记录标识列的最大值的基础上自动增加 1(根据设置也可以为其他的数值)。

2. GROUP BY 子句的主要作用是什么？

答：GROUP BY 子句可以将查询结果按照指定的字段进行分组，值相等的记录就划分为同一组，然后可以利用聚合函数对每一个分组分别进行统计。GROUP BY 子句的功能很强大，灵活地应用它，可以很简单地完成通常需要多个步骤才能完成的任务。

3. 简述所学过的聚合函数的功能。

答：COUNT 函数用来统计总数，MAX 函数用来求最大值，MIN 函数用来求最小值，SUM 函数用来求和，AVG 函数用来求平均值，它们的返回值都是一个数值。

4. 简述几种类型的表联接查询的含义。

答：表的联接可以分为内联接和外联接两大类型。

内联接是根据一个或多个相同的字段将记录匹配在一起，并且只返回那些存放在字段匹配的记录。

外联接分为三种：左联接、右联接和完整联接。

(1) 左联接：至少返回左表(即写在 JOIN 子句左边的表)的所有行，但不包括右表中的不满足联接条件的行。

(2) 右联接：至少返回右表(即写在 JOIN 子句右边的表)的所有行，但不包括左表中的不满足联接条件的行。

(3) 完整联接：在完整联接中能返回两个表的所有行，但如果某些记录没有在另外的表中找到匹配的行，则在输出结果中，相应属于另外的表的字段值显示为 NULL。

5. 约束有哪几种？它们的主要作用分别是什么？

答：约束主要有四种。

(1) 主键(Primary Key)约束利用表中的一列或多列数据来唯一地标识一个记录。

(2) 唯一(Unique)约束是用来确保不受主键约束列上的数据的唯一性。

(3) 外键(Foreign Key)约束主要用来维护两个表之间一致性的关系。

(4) 检查(Check)约束通过检查输入表列的数据的值来维护值域的完整性，它在数据类型限制的基础上对输入的数据进一步进行限制，或者通过逻辑表达式来定义列的有效值。

第 4 章

上机实验答案

实验三

实验步骤

(1) 在“SQL Server Management Studio”中打开一个新的查询窗口，输入代码清单4-29所示的代码然后运行此段代码。该段代码从数据完整备份集“备份集_SUN”中还原数据库。再次运行代码清单4-28所示的代码，此时数据库中有“200901”班级记录吗？该班级中有学生记录吗？为什么？

答：没有“200901”班级记录，该班级中也没有学生记录，因为在星期日凌晨对数据库进行数据完整备份操作时还没有插入该班级记录。

(2) 打开一个新的查询窗口，输入代码清单4-30所示的代码，然后运行此段代码。该段代码将数据完整备份集“备份集_SUN”和事务日志备份集“事务日志备份集_SUN”作为一个组合，并从该组合中还原数据库。再次运行代码清单4-28所示的代码，此时数据库中有“200901”班级记录吗？该班级中有学生记录吗？为什么？

答：有“200901”班级记录，但该班级中没有学生记录，因为在星期日晚上对数据库进行事务日志备份操作前只插入了该班级记录，还没有向该班级中插入任何学生记录。

(3) 打开一个新的查询窗口，输入代码清单4-31所示的代码，然后运行此段代码。该段代码将数据完整备份集“备份集_SUN”和差异备份集“差异备份集_MON”作为一个组合，并从该组合中还原数据库。再次运行代码清单4-28所示的代码，此时数据库中有“200901”班级记录吗？该班级中有学生记录吗？为什么？

答：有“200901”班级记录，并且该班级中有一条学生记录，该学生记录为“刘涛”。因为已将数据库还原到了星期一凌晨的差异备份集“差异备份集_MON”，在进行该差异备份前已经插入了学生记录“刘涛”，但还没有插入其他学生记录。

(4) 打开一个新的查询窗口，输入代码清单4-32所示的代码，然后运行此段代码。该段代码将数据完整备份集“备份集_SUN”和差异备份集“差异备份集_MON”以及“事务日志备份集_MON”作为一个组合，并从该组合中还原数据库。再次运行代码清单4-28所示的代码，此时数据库中有“200901”班级记录吗？该班级中有学生记录吗？为什么？

答：有“200901”班级记录，并且该班级中有三条学生记录，分别为“刘涛”、“王思飞”、“宋雄”。因为已将数据库还原到了星期一晚上的事务日志备份集“事务日志备份集_MON”，在进行该事务日志备份前已经插入了这三条学生记录。

(5) 打开一个新的查询窗口，输入代码清单4-33所示的代码，然后运行此段代码。该段代码将数据完整备份集“备份集_SUN”和差异备份集“差异备份集_MON”以及“事务日志备份集_MON”作为一个组合，并从该组合中还原数据库，通过时点还原方式将数据库还原到 T7 时刻。再次运行代码清单 4-28 所示的代码，此时数据库中有“200901”班级记录吗？该班级中有学生记录吗？学生记录中有“宋雄”吗？为什么？

答：有“200901”班级记录，但该班级中只有两条学生记录，分别为“刘涛”、“王思飞”，但没有学生记录“宋雄”。因为只是将数据库通过时点还原到了 T7 时刻，而在此时刻尚未向数据库表“Student”中插入“宋雄”这条学生记录。

(6) 如果以记录的 T5 实际时刻替换代码清单 4-33 中的 T7，并运行该段代码，则数据库中有“200901”班级记录吗？该班级中有哪些学生记录？请做出解释。

答：有“200901”班级记录，但该班级中只有一条学生记录“刘涛”，没有“王思飞”和“宋雄”。因为只是将数据库通过时点还原到了 T5 时刻，而在此时刻尚未向数据库表“Student”中插入“王思飞”和“宋雄”这两条学生记录。

习题答案

一、选择题

1．AB　　2．ABCD　　3．ACD　　4．B　　5．D

6．ABCE　　7．BCD　　8．ABDE　　9．ABC　　10．AB

二、简答题

1．简述什么是备份设备及其在备份操作中的作用。

答：在备份操作过程中，备份设备用于容纳将要备份的数据，它是由备份媒体构成的。备份设备以可分物理备份设备和逻辑备份设备。物理备份设备是备份媒体为磁带机或操作系统提供的磁盘文件。逻辑备份设备是指向特定物理备份设备(磁盘文件或磁带机)的可选用户定义名称。通过逻辑备份设备，可以在引用相应的物理备份设备时使用该逻辑备份设备名称来代表实际的物理备份设备。

2．本章实践操作六结束之后，“WxdStudent”数据库的表“Class”中将有班级“200801”这条记录，表“Student”中将有该班级的两条学生记录，姓名分别是“宋一”和“宋二”，但没有“宋三”和“宋四”。对此应当如何验证？试写出验证的 T-SQL 语句。

答：可在 SQL Server 管理控制台的查询窗口中运行以下代码以进行检验：

```
USE WxdStudent
GO
SELECT * FROM Class WHERE ClassID = '200801'
SELECT * FROM Student WHERE ClassID = '200801'
```

3．如果要使“WxdStudent”数据库的表“Class”中有班级“200801”这条记录，表“Student”中将有该班级的三条学生记录，姓名分别是“宋一”、“宋二”和“宋三”，只是没有“宋四”这条学生记录，试问应当从“WxdStudent 媒体集”中选择哪些备份集来做为还原组合？

答：可选择以下任一组合并依次还原：

组合一：“备份集 4”、“差异备份集 2”、“事务日志备份集 1”

组合一："备份集 4"、"事务日志备份集 1"

4. 什么是分离和附加数据库？在什么情况下采用分离和附加数据库的操作比较合适？试举例说明。

答：分离数据库是指将数据库从 SQL Server 实例中删除，但使数据库在其数据文件和事务日志文件中保持不变。之后，就可以使用这些文件将数据库附加到任何 SQL Server 实例，包括分离该数据库的服务器，这就是数据库的附加操作。

如果只是在数据库实例之间进行数据库的移动操作，则比较适合采用分离和附加数据库操作。

第 5 章

上机实验答案

实验二

实验步骤

(11) ……此时下部消息提示框中有什么消息提示？可以访问该数据库吗？……

答：消息提示为：服务器主体"WESTSVR\LiMei"无法在当前安全上下文下访问数据库"WxdStudent"。此时不可以访问该数据库。

(12) ……在数据库默认实例中并没有与用户 LiuTao 直接形成映射关系的登录名，为什么 LiuTao 仍然可以成功登录？重复第(11)步骤时，结果是否与 LiMei 的相同？

答：因为用户帐户 LiuTao 是组"SQLServerUsers"中的成员，而该组在此默认数据库实例中有与其相关的 Windows 登录名"WestSVR\SQLServerUsers"。重复第(11)步骤时，结果与 LiMei 是相同的。

(13) ……"SongQing"，因本次以用户帐户 SongQing 的身份登录至数据库服务器 WestSVR。重复第(11)步骤时，结果是否与 LiMei 的相同？

答：不相同，SongQing 可以成功地运行该行代码，并且 SongQing 可以在数据库"WxdStudent"中执行任何操作，因为该用户帐户属于计算机"WestSVR"组"SQLServerAdmins"的成员，该组"SQLServerAdmins"在数据库默认实例中有与其相关的登录名"WestSVR\SQLServerAdmins"，且该登录名属于固定服务器角色"sysadmin"中的成员，该角色中的成员可以在其所属的数据库实例中执行任何操作。

实验三

实验步骤

(9) ……此时下部消息提示框中有什么消息提示？可以访问该数据库吗？

答：消息提示为：服务器主体"sb"无法在当前安全上下文下访问数据库"WxdStudent"。此时不可以访问该数据库。

(10) 重复第(7)～(9)的步骤，但此次以登录"sc"的身份进行连接。登录"sc"的情况与登录"sb"的情况是否是一样的？

答：登录"sc"的情况与登录"sb"的情况是一样的。

实验五

实验步骤

(8) 重复实验三的第(7)～(9)步骤。此时登录“sb”可以成功地运行代码“USE WxdStudent”。在重复第(9)步骤的查询窗口中回车以另起一行，输入下列语句并运行该语句，请问运行的结果是什么？此时登录“sb”是以数据库“WxdStudent”中什么用户的身份来访问该数据库的？可以读取其中的表吗？

答：结果为：拒绝了对对象“Student”(数据库“WxdStudent”，架构“dbo”)的 SELECT 权限。以数据库“WxdStudent”中的“sb”用户身份来访问该数据库，不可以读取其中的表。

实验六

实验步骤

(7) 再次将窗口转换到数据库用户“sb”的 T-SQL 查询窗口(注意，该查询窗口下部的状态栏显示为该用户名称“sb”)并运行刚才输入的代码清单 5-44 的代码。这次可以成功执行吗？为什么？

答：可以成功地执行。因为数据库用户“sb”是数据库角色“Student_Read”的成员，而该数据库角色对表“Student”具有“SELECT”权限。

(9) 重复第(7)步骤，此次可以成功执行吗？为什么？

答：不可以。因为数据库用户“sb”不再是数据库角色“Student_Read”的成员，而该用户本身对表“Student”并不具有“SELECT”权限。

(11) 重复第(7)步骤，此次可以成功执行吗？为什么？

答：可以成功执行。因为已经通过“GRANT”语句对该数据库用户“sb”授予了对表“Student”的“SELECT”权限。

习题答案

一、选择题

1．AB　　2．A　　3．C　　4．A　　5．BCDE

6．B　　7．A　　8．ABD　　9．ABD　　10．ABC

二、简答题

1．数据库服务器 WestSVR 中的某位 Windows 用户，其帐户名为“WangFei”。在该服务器的数据库实例中，没有与其帐户对应的登录名，在实例的数据库中也没有与其帐户相对应的数据库用户，但是该用户仍然可以登录数据库引擎实例并访问其中的数据库。请问这种情况可能吗？如果可能，在哪些情况下会有这样的现象？

答：是有可能的。① 该用户帐户是计算机 WestSVR 的内置系统管理员组(BUILTIN\administrators)中的成员；② 该用户帐户是计算机 WestSVR 中某个组的成员，该组在数据库实例中有与其相对应的 Windows 登录，并且该登录在实例中的每个数据库中都有与其对应的数据库用户(或者数据库中的用户 guest 处于启用状态)。

2．有哪些方式可以将登录添加到固定服务器角色中？

答：① 在 SQL Server 管理控制台中，通过打开相应固定服务器角色的“属性”或打开该登录的“属性”对话框进行操作；② 通过存储过程“sp_addsrvrolemember”来实现。

3．有十个用户，均采用 SQL Server 身份验证方式连接至数据库实例，均分别有自己的 SQL Server 登录名。要求这十个用户只能访问数据库“WxdStudent”中的表“Student”、“Class”、“Teacher”，其他表均不能访问。请问实现该目标的最方便快捷的方法是什么？

答：在数据库“WxdStudent”中建立一个自定义数据库角色，给该角色分派权限使其只能访问数据库“WxdStudent”中的表“Student”、“Class”、“Teacher”，其他表均不能访问。然后将这十个数据库用户加入此自定义数据库角色中。

4．请谈谈你对 Windows 组、固定服务器角色、固定数据库角色、自定义数据库角色的认识体会。

答：略。

第 6 章

习题答案

一、判断题

1．√　2．×　3．√　4．×　5．×

二、填空题

1．CREATE PROCEDURE, ALTER PROCEDURE, DROP PROCEDURE

2．输入参数 ，输出参数

3．EXEC <变量>=<存储过程名>

三、简答题

1．为什么不把 T-SQL 程序存放在客户端，而是尽量使用存放在服务器的存储过程？

答：因为存储过程能够减少网络流量。对于同一个针对数据数据库对象的操作(如查询、修改)，如果这一操作所涉及到的 T-SQL 语句被组织成一存储过程，那么当在客户计算机上调用该存储过程时，网络中传送的只是该调用语句，否则将是多条 SQL 语句，从而大大增加了网络流量。

2．执行存储过程时，若省略 EXECUTE 关键字，会有什么结果？

答：在一个包含有多个语句的批处理中，如果只保留存储过程名称而省略掉 EXECUTE 关键字，容易造成存储过程名称在上下文的含义不清楚而得不到预期结果或者出错。

3．简述存储过程的输入参数和输出参数的作用，以及默认参数的机制。

答：存储过程的参数分为输入参数和输出参数，输入参数允许调用程序向存储过程传送数据值，而输入参数相反，是允许存储过程将数据传回给调用程序。在声明存储过程的参数时，是可以为其指定默认值的，如果在调用存储过程时没有指定参数值，那么就认为参数的值为默认值，否则就为所指定的值，对于有多个参数的情况，也可以指定部分参数值，其余的参数则采用默认值。

4．简述如何设置存储过程的返回值。

答：可以自定义存储过程的返回值，只需要在存储过程中使用 RETURN 语句，具体语法如下：

RETURN [<返回的整数值>]

第 7 章

习题答案

一、判断题

1. × 2. × 3. × 4. √ 5. √ 6. √

二、填空题

1. 存储过程，执行某些特定的T-SQL语句时自动被触发
2. CREATE TRIGGER
3. DDL触发器，DML触发器，DDL触发器，After触发器，Instead Of触发器
4. 将系统错误或警告消息返回到应用程序中
5. INSERT和UPDATE，DELETE和UPDATE

三、简答题

1. 简述触发器的主要功能。

答：触发器主要有以下几种功能：

(1) 对数据库进行强化约束，完成比约束更复杂的数据约束。

(2) 检查所做的操作是否符合指定的业务规则。

(3) 执行级联操作，触发器可以监视数据库内的操作，并自动地级联影响整个数据库的相关数据。

(4) 进行存储过程的嵌套调用。

2. 简述触发器的工作原理。

答：略(参考7.2节)。

3. 什么是事务？ROLLBACK TRANSACTION的作用是什么？

答：事务是单个的工作单元。如果某一事务成功，则在该事务中进行的所有数据修改均会提交，成为数据库中的永久组成部分。如果事务遇到错误且必须取消或回滚，则所有数据修改均被清除。ROLLBACK TRANSACTION语句的作用是将本次事务中所做的更改全部取消。

4. 通常可以用触发器来实现用约束无法实现的业务规则，试在本章找出这样的例子。

答：略(参考本章代码清单7-3的例子)。

第 8 章

习题答案

一、单项选择题

1. C 2. A

二、填空题

1．SQL Server Management Studio ，Create view

2．虚拟表，随之改变

3．聚集索引，非聚集索引

4．CLUSTERED，NONCLUSTERED，UNIQUE

三、简答题

1．当使用CREATE VIEW语句创建视图时，若同时使用WITH CHECK OPTION，则对以后通过视图更改基表的数据有什么影响？

答：WITH CHECK OPTION 强制针对视图执行的所有数据修改语句都必须符合在定义视图的 SELECT 语句中设置的条件，因此，通过视图修改行时，WITH CHECK OPTION 可确保提交修改后，仍可通过视图看到数据。

2．若一个视图只引用了基表的部分列，则通过视图向基表插入记录的操作是否一定能成功？为什么？

答：对视图进行插入记录的操作时要注意，如果视图没有显示出基表的所有字段，并且这些没有显示出来的字段既不允许 NULL 值，也没有默认值，那么插入记录的操作就会出错。

3．什么是聚集索引和非聚集索引？

答：在聚集索引中，索引树的叶级页包含实际的数据，即记录的索引顺序与物理顺序相同。聚集索引根据数据行的键值在表或视图中排序和存储这些数据行，索引定义中包含聚集索引列。每个表只能有一个聚集索引，因为数据行本身只能按一个顺序排序。

非聚集索引具有独立于数据行的结构。非聚集索引包含非聚集索引键值，并且每个键值项都有指向包含该键值的数据行的指针。

4．在什么情况下，SQL Server 2005会自动创建聚集索引？

答：如果当初创建表的时候指定了主键，那么系统会自动在主键上创建起一个名为“PK_表名”的聚集索引。

第 9 章

习题答案

一、选择题

1．AD	2．B	3．A	4．ABCDE	5．CD
6．AB	7．ABCD	8．B	9．C	10．ABC

二、简答题

1．数据库邮件有什么作用？如何在SQL Server 2005中启用数据库邮件服务？

答：数据库邮件是一种通过 Microsoft SQL Server 2005 数据库引擎发送电子邮件的企业解决方案。通过使用数据库邮件，数据库应用程序可以向用户发送电子邮件。邮件中可以包含查询结果，还可以包含来自网络中任何资源的文件。数据库邮件旨在实现可靠性、灵活性、安全性和兼容性。可以通过“SQL Server 外围应用配置器”来启用数据库邮件服务。

2. 如果当作业完成时要向相应的操作员成功地发送电子邮件以通知该操作员，需要具备哪些先决条件？

答：① 数据库实例已经配置并启用了数据库邮件，该数据库邮件可以正常发送电子邮件；② SQL Server 代理启用了相应的邮件配置文件；③ 作业的属性中已经设置了“当作业完成时向相应的操作员发送电子邮件”，并且该操作员的电子邮件是正确的。

3. 当警报被触发或作业完成时，如果相应的操作员未能成功地接收到通知信息，此时希望可以将此通知信息通知数据库管理员，应该如何设置以实现此目的？

答：启用 SQL Server 代理防故障操作员。可在 SQL Server 代理属性警报系统选项中进行设置。

4. 如果数据库服务器的 SQL Server 代理没有设置为自动启动，则其作业和警报能正常地自动运行吗？

答：有可能不能正常地自动运行。因为作业、警报的自动运行依赖于 SQL Server 代理服务是否处于运行状态，这些任务的调度是由 SQL Server 代理来实现的。如果在自动运行作业或警报的时刻并没有运行 SQL Server 代理服务，则该作业或警报将不会自动运行。

软件工程(第二版)(邓良松) 22.00

软件技术基础(高职)(鲍有文) 23.00

软件技术基础(周大为) 30.00

嵌入式软件开发(高职)(张京) 23.00

~~~计算机辅助技术及图形处理类~~~

电子工程制图 (第二版) (高职) (童幸生) 40.00

电子工程制图(含习题集) (高职) (郑芙蓉) 35.00

机械制图与计算机绘图 (含习题集) (高职) 40.00

电子线路 CAD 实用教程 (潘永雄) (第三版) 27.00

AutoCAD 实用教程(高职)(丁爱萍) 24.00

中文版 AutoCAD 2008 精编基础教程(高职) 22.00

电子CAD(Protel 99 SE)实训指导书(高职) 12.00

计算机辅助电路设计Protel 2004(高职) 24.00

EDA 技术及应用(第二版)(谭会生) 27.00

数字电路 EDA 设计(高职)(顾斌) 19.00

多媒体软件开发(高职)(含盘)(牟奇春) 35.00

多媒体技术基础与应用(曾广雄) (高职) 20.00

三维动画案例教程(含光盘)(高职) 25.00

图形图像处理案例教程(含光盘) (中职) 23.00

平面设计(高职)(李卓玲) 32.00

~~~~~~~操 作 系 统 类~~~~~~~

计算机操作系统(第二版)(颜彬)(高职) 19.00

计算机操作系统(修订版)(汤子瀛) 24.00

计算机操作系统(第三版)(汤小丹) 30.00

计算机操作系统原理——Linux实例分析 25.00

Linux 网络操作系统应用教程(高职) (王和平) 25.00

Linux 操作系统实用教程(高职)(梁广民) 20.00

~~~~~~微 机 与 控 制 类 ~~~~~~

微机接口技术及其应用(李育贤) 19.00

单片机原理与应用实例教程(高职)(李珍) 15.00

单片机原理与应用技术(黄惟公) 22.00

单片机原理与程序设计实验教程(于殿泓) 18.00

单片机实验与实训指导(高职)(王曙霞) 19.00

单片机原理及接口技术(第二版)(余锡存) 19.00

新编单片机原理与应用(第二版)(潘永雄) 24.00

MCS-51单片机原理及嵌入式系统应用 26.00

微机外围设备的使用与维护 (高职) (王伟) 19.00

微机装配调试与维护教程(王忠民) 25.00

《微机装配调试与维护教程》实训指导 22.00

~~~~~数据库及计算机语言类~~~~~

C程序设计与实例教程(曾令明) 21.00

程序设计与C语言(第二版)(马鸣远) 32.00

C语言程序设计课程与考试辅导(王晓丹) 25.00

Visual Basic.NET程序设计(高职)(马宏锋) 24.00

Visual C#.NET程序设计基础(高职)(曾文权) 39.00

Visual FoxPro数据库程序设计教程(康贤) 24.00

数据库基础与Visual FoxPro9.0程序设计 31.00

Oracle数据库实用技术(高职)(费雅洁) 26.00

Delphi程序设计实训教程(高职)(占跃华) 24.00

SQL Server 2000应用基础与实训教程(高职) 22.00

Visual C++基础教程(郭文平) 29.00

面向对象程序设计与VC++实践(揣锦华) 22.00

面向对象程序设计与C++语言(第二版) 18.00

面向对象程序设计——JAVA(第二版) 32.00

Java 程序设计教程(曾令明) 23.00

JavaWeb 程序设计基础教程(高职) (李绪成) 25.00

Access 数据库应用技术(高职) (王趾成) 21.00

ASP.NET 程序设计与开发(高职)(眭碧霞) 23.00

XML 案例教程(高职)(眭碧霞) 24.00

JSP 程序设计实用案例教程(高职)(翁健红) 22.00

Web 应用开发技术：JSP(含光盘) 33.00

~~~~电子、电气工程及自动化类~~~~

电路(高赟) 26.00

电路分析基础(第三版)(张永瑞) 28.00

电路基础(高职)(孔凡东) 13.00

电子技术基础(中职)(蔡宪承) 24.00

模拟电子技术(高职)(郑学峰) 23.00

模拟电子技术(高职)(张凌云) 17.00

数字电子技术(高职)(江力) 22.00

数字电子技术(高职)(肖志锋) 13.00

数字电子技术(高职)(蒋卓勤) 15.00

数字电子技术及应用(高职)(张双琦) 21.00

高频电子技术(高职)(钟苏) 21.00

现代电子装联工艺基础(余国兴) 20.00

微电子制造工艺技术(高职)(肖国玲) 18.00
~~~~

Multisim电子电路仿真教程(高职) 22.00
电工基础(中职)(薛鉴章) 18.00
电工基础(高职)(郭宗智) 19.00
电子技能实训及制作(中职)(徐伟刚) 15.00
电工技能训练(中职)(林家祥) 24.00
电工技能实训基础(高职)(张仁醒) 14.00
电子测量技术(秦云) 30.00
电子测量技术(李希文) 28.00
电子测量仪器(高职)(吴生有) 14.00
模式识别原理与应用(李弼程) 25.00
信号与系统(第三版)(陈生潭) 44.00
信号与系统实验(MATLAB)(党宏社) 14.00
信号与系统分析(和卫星) 33.00
数字信号处理实验(MATLAB版) 26.00
DSP原理与应用实验(姜阳) 18.00
电气工程导论(贾文超) 18.00
电力系统的MATLAB/SIMULINK仿真及应用 29.00
传感器应用技术(高职)(王煜东) 27.00
传感器原理及应用(郭爱芳) 24.00
测试技术与传感器(罗志增) 19.00
传感器与信号调理技术(李希文) 29.00
传感器技术(杨帆) 27.00
传感器及实用检测技术(高职)(程军) 23.00
电子系统集成设计导论(李玉山) 33.00
现代能源与发电技术(邢运民) 28.00
神经网络(含光盘)(侯媛彬) 26.00
电磁场与电磁波(曹祥玉) 22.00
电磁波——传输·辐射·传播 (王一平) 26.00
电磁兼容原理与技术(何宏) 22.00
微波与卫星通信(李白萍) 15.00
微波技术及应用(张瑜) 20.00
嵌入式实时操作系统μC/OS-Ⅱ教程(吴永忠) 28.00
音响技术(高职)(梁长垠) 25.00
现代音响与调音技术 (第二版) (王兴亮) 21.00

~~~~~~通信理论与技术类~~~~~~

专用集成电路设计基础教程(来新泉) 20.00
现代编码技术(曾凡鑫) 29.00
信息论、编码与密码学(田丽华) 36.00
信息论与编码(邓家先) 18.00
密码学基础(范九伦) 16.00
通信原理(高职)(丁龙刚) 14.00
通信原理(黄葆华) 25.00
通信电路(第二版)(沈伟慈) 21.00
通信系统原理教程(王兴亮) 31.00
通信系统与测量(梁俊) 34.00
扩频通信技术及应用(韦惠民) 26.00
通信线路工程(高职) 30.00
通信工程制图与概预算(高职)(杨光) 23.00
程控数字交换技术(刘振霞) 24.00
光纤通信技术与设备(高职)(杜庆波) 23.00
光纤通信技术(高职)(田国栋) 21.00
现代通信网概论(高职)(强世锦) 23.00
电信网络分析与设计(阳莉) 17.00

~~~~~~仪器仪表及自动化类~~~~~~

现代测控技术 (吕辉) 20.00
现代测试技术(何广军) 22.00
光学设计(刘钧) 22.00
工程光学(韩军) 36.00
测试技术基础 (李孟源) 15.00
测试系统技术(郭军) 14.00
电气控制技术(史军刚) 18.00
可编程序控制器应用技术(张发玉) 22.00
图像检测与处理技术(于殿泓) 18.00
自动检测技术(何金田) 26.00
自动显示技术与仪表(何金田) 26.00
电气控制基础与可编程控制器应用教程 24.00
DSP 在现代测控技术中的应用(陈晓龙) 28.00
智能仪器工程设计(尚振东) 25.00
面向对象的测控系统软件设计(孟建军) 33.00
计量技术基础(李孟源) 14.00

~~~~~~~自动控制、机械类~~~~~~~

自动控制理论(吴晓燕) 34.00
自动控制原理(李素玲) 30.00
自动控制原理(第二版)(薛安克) 24.00
自动控制原理及其应用(高职)(温希东) 15.00
控制工程基础(王建平) 23.00
~~~~~~~

现代控制理论基础(舒欣梅)	14.00	数控加工与编程(第二版)(高职)(詹华西)	23.00
过程控制系统及工程(杨为民)	25.00	数控加工工艺学(任同)	29.00
控制系统仿真(党宏社)	21.00	数控加工工艺(高职)(赵长旭)	24.00
模糊控制技术(席爱民)	24.00	数控加工工艺课程设计指导书(赵长旭)	12.00
工程电动力学(修订版)(王一平)(研究生)	32.00	数控加工编程与操作(高职)(刘虹)	15.00
工程力学(张光伟)	21.00	数控机床与编程(高职)(饶军)	24.00
工程力学(皮智谋)(高职)	12.00	数控机床电气控制(高职)(姚勇刚)	21.00
理论力学(张功学)	26.00	数控应用专业英语(高职)(黄海)	17.00
材料力学(张功学)	27.00	机床电器与PLC(高职)(李伟)	14.00
材料成型工艺基础(刘建华)	25.00	电机及拖动基础(高职)(孟宪芳)	17.00
工程材料及应用(汪传生)	31.00	电机与电气控制(高职)(冉文)	23.00
工程材料与应用(戈晓岚)	19.00	电机原理与维修(高职)(解建军)	20.00
工程实践训练(周桂莲)	16.00	供配电技术(高职)(杨洋)	25.00
工程实践训练基础(周桂莲)	18.00	金属切削与机床(高职)(聂建武)	22.00
工程制图(含习题集)(高职)(白福民)	33.00	模具制造技术(高职)(刘航)	24.00
工程制图(含习题集)(周明贵)	36.00	模具设计(高职)(曾霞文)	18.00
工程图学简明教程(含习题集)(尉朝闻)	28.00	冷冲压模具设计(高职)(刘庚武)	21.00
现代设计方法(李思益)	21.00	塑料成型模具设计(高职)(单小根)	37.00
液压与气压传动(刘军营)	34.00	液压传动技术(高职)(简引霞)	23.00
先进制造技术(高职)(孙燕华)	16.00	发动机构造与维修(高职)(王正键)	29.00
机械原理多媒体教学系统(资料)(书配盘)	120.00	机动车辆保险与理赔实务(高职)	23.00
机械工程科技英语(程安宁)	15.00	汽车典型电控系统结构与维修(李美娟)	31.00
机械设计基础(郑甲红)	27.00	汽车机械基础(高职)(娄万军)	29.00
机械设计基础(岳大鑫)	33.00	汽车底盘结构与维修(高职)(张红伟)	28.00
机械设计(王宁侠)	36.00	汽车车身电气设备系统及附属电气设备(高职)	23.00
机械设计基础(张京辉)(高职)	24.00	汽车单片机与车载网络技术(于万海)	20.00
机械基础(安美玲)(高职)	20.00	汽车故障诊断技术(高职)(王秀贞)	19.00
机械CAD/CAM(葛友华)	20.00	汽车营销技术(高职)(孙华宪)	15.00
机械CAD/CAM(欧长劲)	21.00	汽车使用性能与检测技术(高职)(郭彬)	22.00
机械CAD/CAM上机指导及练习教程(欧)	20.00	汽车电工电子技术(高职)(黄建华)	22.00
画法几何与机械制图(叶琳)	35.00	汽车电气设备与维修(高职)(李春明)	25.00
《画法几何与机械制图》习题集(邱龙辉)	22.00	汽车使用与技术管理(高职)(边伟)	25.00
机械制图(含习题集)(高职)(孙建东)	29.00	汽车空调(高职)(李祥峰)	16.00
机械设备制造技术(高职)(柳青松)	33.00	汽车概论(高职)(邓书涛)	20.00
机械制造基础(高职)(郑广花)	21.00	现代汽车典型电控系统结构原理与故障诊断	25.00

欢迎来函索取本社书目和教材介绍！　通信地址：西安市太白南路2号　西安电子科技大学出版社发行部
邮政编码：710071　邮购业务电话：(029)88201467　传真电话：(029)88213675。